国家农业公益性行业科技专项
生态康复型农田绿色控害技术研究
青藏高原天敌昆虫资源调查与生物防治技术应用
上海市农业技术推广服务中心科技发展基金

青藏高原
瓢虫

Coccinellidae of The Qinghai-Xizang Plateau

胡胜昌　林祥文　王保海　编著
By Hu Shengchang, Lin Xiangwen, Wang Baohai

河南科学技术出版社
Henan Science and Technology Press
·郑州·
Zhengzhou

图书在版编目（CIP）数据

青藏高原瓢虫 / 胡胜昌，林祥文，王保海编著. — 郑州：河南科学技术出版社, 2013.9

ISBN 978-7-5349-6485-5

Ⅰ. ①青… Ⅱ. ①胡… ②林… ③王… Ⅲ. ①青藏高原-瓢虫科-图集 Ⅳ. ①Q969.48-64

中国版本图书馆CIP数据核字(2013)第224056号

出版发行：河南科学技术出版社

地址：郑州市经五路66号　邮编：450002

电话：（0371）65737028　65788613

网址：www.hnstp.cn

邮箱：hnstpnys@126.com

策划编辑：陈淑芹

责任编辑：田　伟

责任校对：柯　姣

封面设计：张　伟

版式设计：栾亚平

责任印制：张　巍

印　　刷：河南省瑞光印务股份有限公司

经　　销：全国新华书店

幅面尺寸：210 mm × 297 mm　印张：14　字数：365千字　彩页：32

版　　次：2013年9月第1版　2013年9月第1次印刷

定　　价：80.00元

《青藏高原瓢虫》编写单位

上海市农业技术推广服务中心　　西藏自治区农牧科学院

西藏自治区农牧学院　　青海省农林科学院

上海市青浦区农技中心　　西藏日喀则地区农科所

西藏日喀则地区农技推广中心

《青藏高原瓢虫》编审委员会

主　审　朱建华

委　员　王保海　郭玉人　张登峰　钱益芳

《青藏高原瓢虫》编写委员会

主　编　胡胜昌

副主编　林祥文　王保海

委　员　胡伟田　张登峰　潘朝晖　覃　荣　姚小波

　　　　王文峰　扎　罗　张亚玲　陈宗麒

（主编邮箱：13321934388@163.com）

前　言

瓢虫科昆虫统称瓢虫，藏语称“特吉（译音）”。以西藏、青海为主体，包括四川、云南、新疆等部分区域在内的广大地区，统称“青藏高原”，详见下页图 1。

顾名思义，本书所记述的就是以西藏、青海为主体的瓢虫的发生研究概况、发生特点和形态特征。本书所记述的瓢虫种类绝大部分发生于西藏、青海，同时也包括发生于云南、四川等部分属于青藏高原范围的瓢虫，共涉及 7 个亚科、11 个族、49 个属、172 种，其中新种 9 种，中国新纪录种 2 种。新种的模式标本全部保存在西藏自治区农牧科学院标本室。

瓢虫是一类非常重要的经济昆虫，以前常常以翅膀上的斑纹来确定瓢虫的种类，后来才在不断的饲养研究、解剖观察中才逐步知道瓢虫的斑纹是多变的，往往同一个种个体之间斑纹差异很大，而不同的种却有时候斑纹很相近，加上瓢虫幼虫与成虫具有完全不同的外形，使得不少农民群众常常把有益的瓢虫当作害虫，甚至使用农药进行防治。

20 世纪二三十年代开始，有些国外学者开始发现通过解剖瓢虫外生殖器能够获得较为稳定的鉴定特征，因此便渐渐普及开来，我国自 20 世纪八十年代以来也开始普遍应用。因此，本书着力追求两点：一是尽可能收齐种类，绘制出主要形态图，供农民群众对照使用；二是尽可能绘制好生殖器图片，供专业工作者使用。对于前者，我们根据国内外学者已记录分布于西藏、青海的瓢虫，除小长崎齿瓢虫 *Afissula parvula* (Crotch) 外，全部记录在书中；图片绘制方面，除雅致小瓢虫和蛇后裸瓢虫外，全部绘制了生殖器图。

另外，除了新种和中国新纪录种外，书中记述的瓢虫种类基本上都能在国内有关专家的著述中找到文字描述，为了统一、准确，除了我们观察的标本和原有描述有不同之处外，哪怕是我们有标本的种类也尽可能不再做重新描述，何况部分种类我们并没有采到标本，特别是小毛瓢虫和刻眼瓢虫亚科。为了尊重前人的劳动成果，同时又节省篇幅，我们特列了“参考文献和引用文献”的附录，凡在正文第一、二章中引用的内容，均在章节开始时说明或在引用的自然段末尾用引用文献的编号做上标标出；正文第三章的种类描述凡主要是引用其他作者的描述，均在种名后用引用文献的编号做上标标出，以便于查阅引用文献的出处，特此说明。

本书的编写是上海市农委、农技中心落实“科技援藏”的重要举措之一，我们得到了许多部门和专家的支持、帮助和鼓励。我们特别要提到的是对我国瓢虫分类做出杰出贡献的庞雄飞教授，他在 20 世纪 80 年代就为西藏农业病虫草害及天敌资源普查鉴定标本，同时无偿提供了大量瓢虫分类资料。还有杨集昆、章士美、赵永祥教授，日本瓢虫科专家佐佐治宽之（Sasaji H.）、印度的食虫虻分类专家 Joseph A. N. T. 等老一辈昆虫学家，都曾帮助收集或赠送了大量的国内外资料。戈峰、花保祯、蒲天胜、彩万志等诸位新一代的昆虫学家，也在资料收集中提供了很多帮助。特别是虞国跃研究员，不但在过去对我们提供过帮助，在本书的撰写过程中也给予不少指导和帮助，并审阅了文稿，提出了许多宝贵的修改意见，文中的很多文字描述也出自虞国跃研究员的专著。这使我们的工作变得相对容易，记述也更为完整和准确。如平缘光瓢虫属 Priscibrumus 的属征，完全是虞国跃研究员提供的尚未发表过的描述。在这里我们表达由衷的感谢。上海市老年科协陈积芳先生（原上海市科协副主席），上海市体育局赵荣善处长，上海市农业科学院王晓华、陶雪娟研究员，闫其淘老师，江西农业大学副校长王华林，江西农业大学农学院党委书记陶继烈，《科技日报》专版主编吴红雅，中国农业科学技术出版社编辑姚欢等也给予了很多的支持和帮助，在此一并致以诚挚的谢意。如果没有以上诸位长期的帮助和支持，要在短短的一年内完成这本书是不可能的。

由于作者知识水平有限，书中难免有疏漏、错误之处，希望读者批评指正。

编者

2013 年春

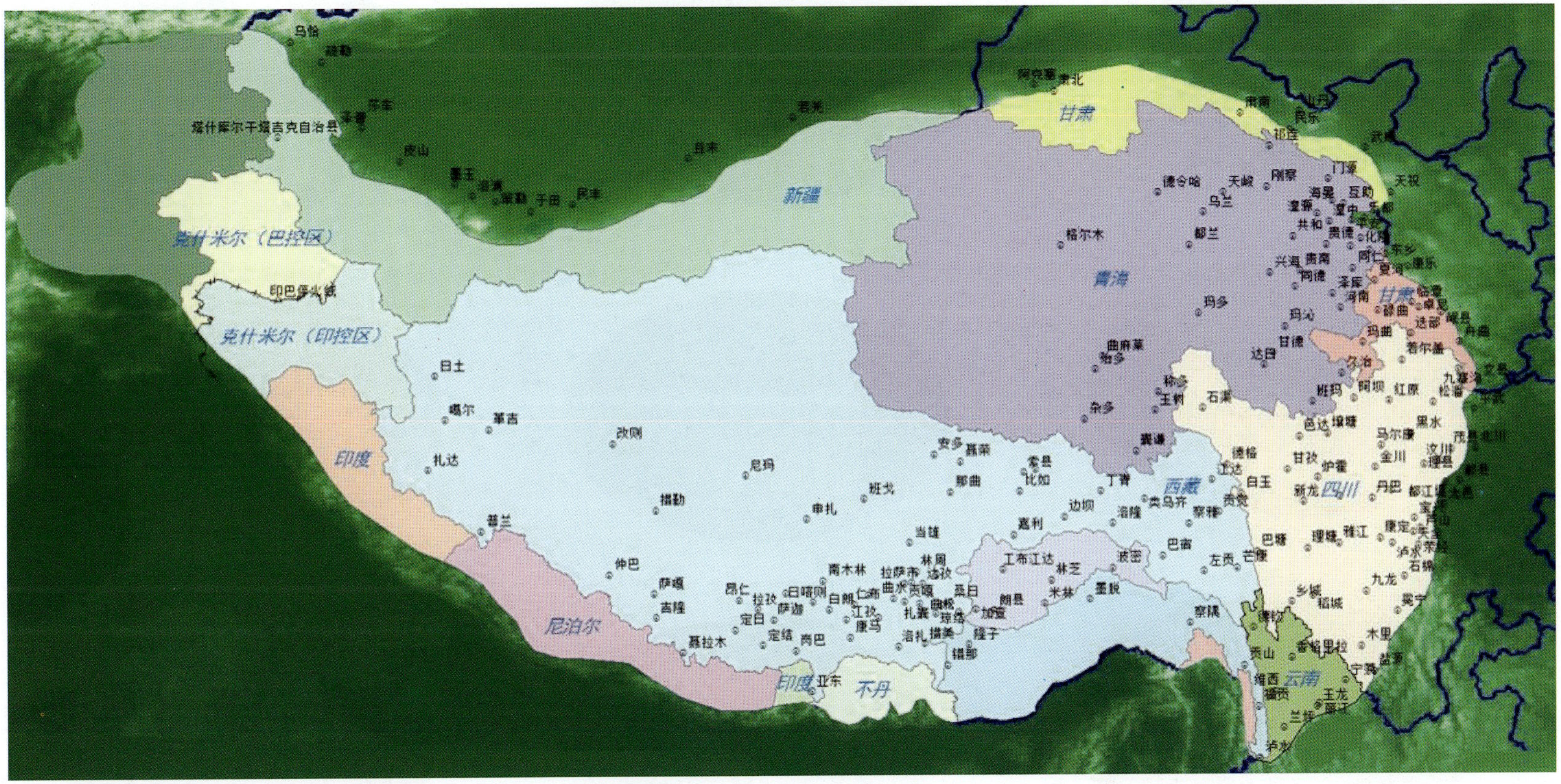

图1　本书所指“青藏高原”大致包括的范围（“青藏高原”范围之外为深绿色低海拔区）

图版 I Plate I

1. 西藏弯叶毛瓢虫

2. 米林小瓢虫

3. 多齿小瓢虫

4. 雅致小瓢虫

5. 黑背小瓢虫

6. 束小瓢虫

7. 日本小瓢虫

8. 越南花瓢虫

9. 二点隐势瓢虫

图版Ⅱ　Plate Ⅱ

10. 尼泊尔隐势瓢虫

11. 射鹄隐势瓢虫

12. 喜马拉雅隐势瓢虫

13. 丽江隐势瓢虫

14. 喜马拉雅光瓢虫

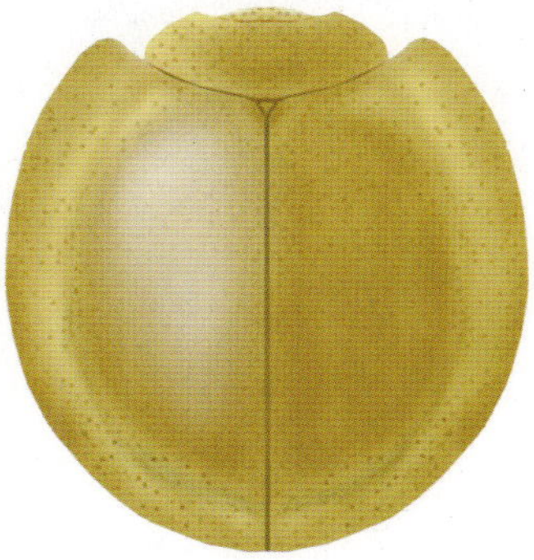

15. 细须唇瓢虫

16. 二双斑唇瓢虫

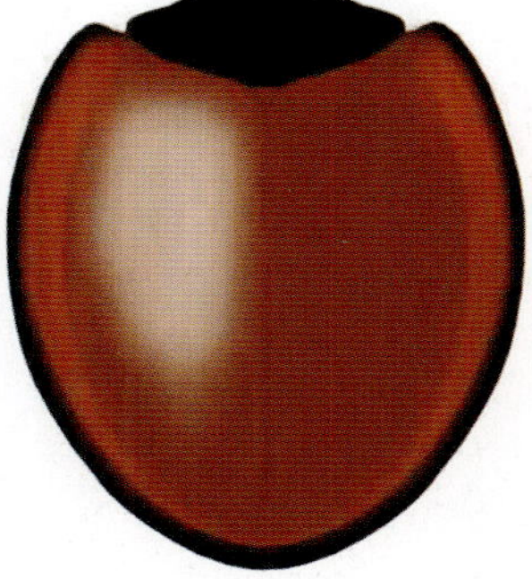

17. 黑缘红瓢虫

18. 红褐唇瓢虫

图版Ⅲ　PlateⅢ

19. 红点唇瓢虫

20. 斧斑广盾瓢虫

21. 大红瓢虫

22. 十三星瓢虫

23. 北方异瓢虫

25. 十斑弯角瓢虫

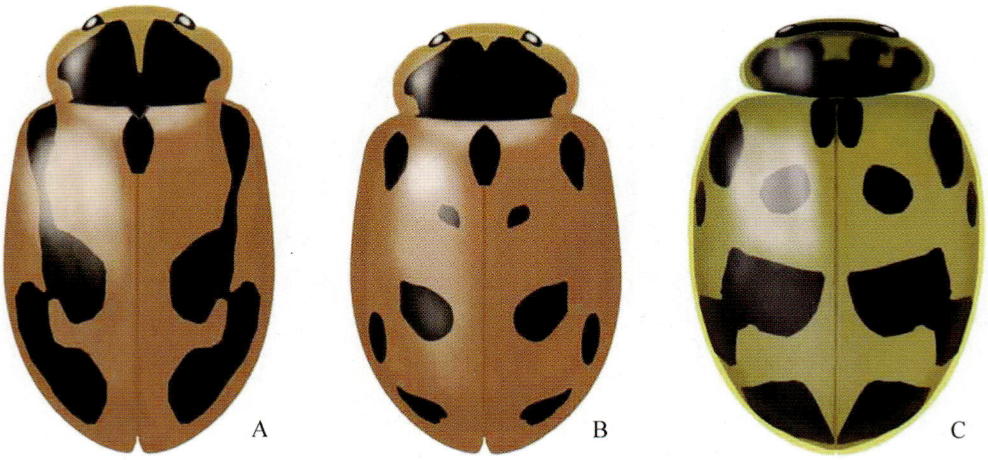

24. 多异瓢虫（A. 波密产　B. 林芝产　C. 定结产）

图版Ⅳ　PlateⅣ

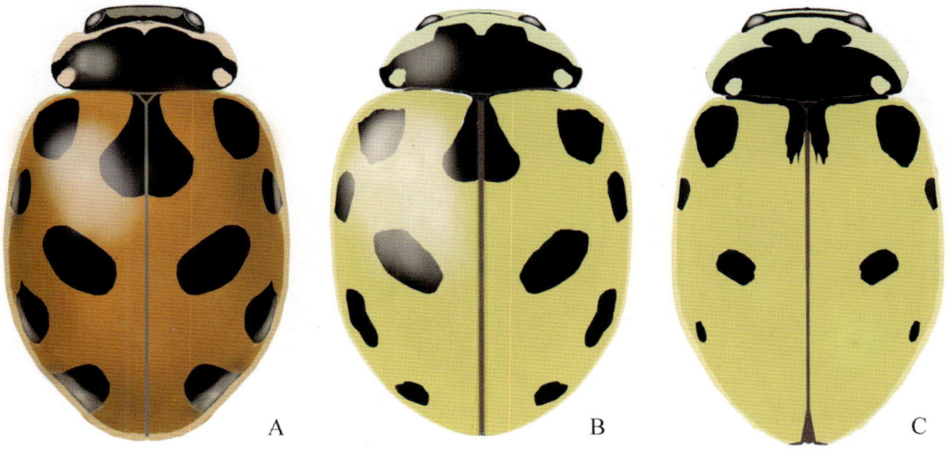

26. 淡唇突角瓢虫（A～C. 全部为波密产）

27. 理县突角瓢虫

28. 黑斑突角瓢虫

30. 矛斑突角瓢虫

29. 变斑突角瓢虫（仿 Kapur，1963）

图版 V　Plate V

31. 墨脱突角瓢虫，新种
Asemiadalia medoensis
Hu & Wang, sp. nov.

32. 古乡突角瓢虫，新种
Asemiadalia guxiangensis
Hu, sp. nov.

33. 维氏异瓢虫
（青海民和产）

34. 乌氏异瓢虫

35. 黑条长瓢虫

36. 奇异长瓢虫

37. 二星瓢虫

38. 七星瓢虫

39. 小七星瓢虫

图版Ⅵ　Plate Ⅵ

40. 狭臀瓢虫

41. 横带瓢虫

42. 横斑瓢虫

43. 大斑瓢虫

44. 西藏瓢虫

45. 黄斑瓢虫

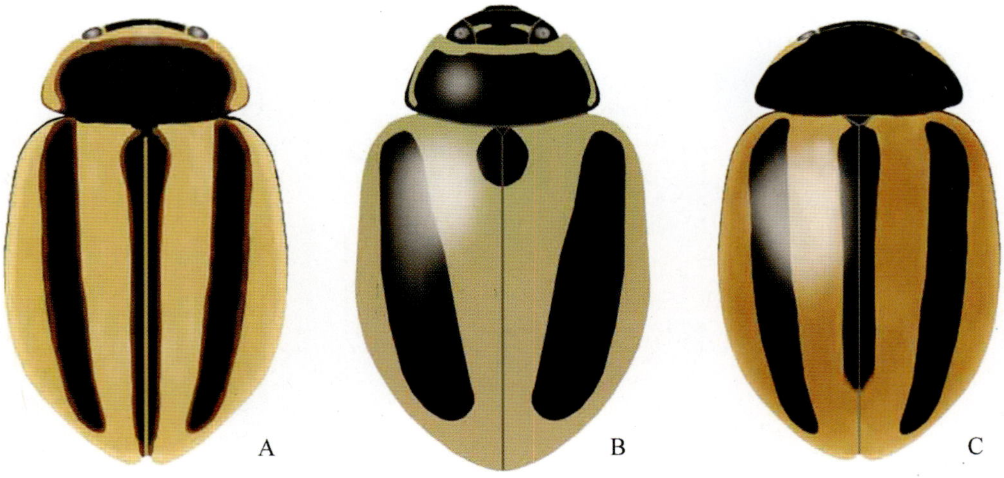

46. 纵条瓢虫（A. 青海西宁产　B. 丁青产　C. 林芝产）

图版Ⅶ　PlateⅦ

47. 黑中齿瓢虫

48. 十二星中齿瓢虫

49. 中华长隆瓢虫

50. 锯毛腹瓢虫

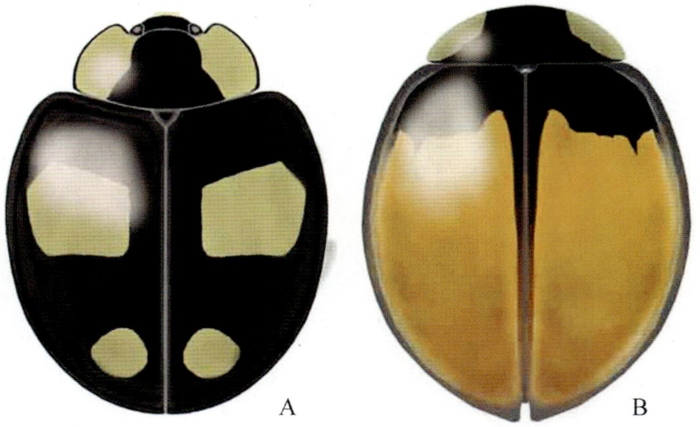

51. 异色瓢虫（A. 云南产　B. 青海西宁产）

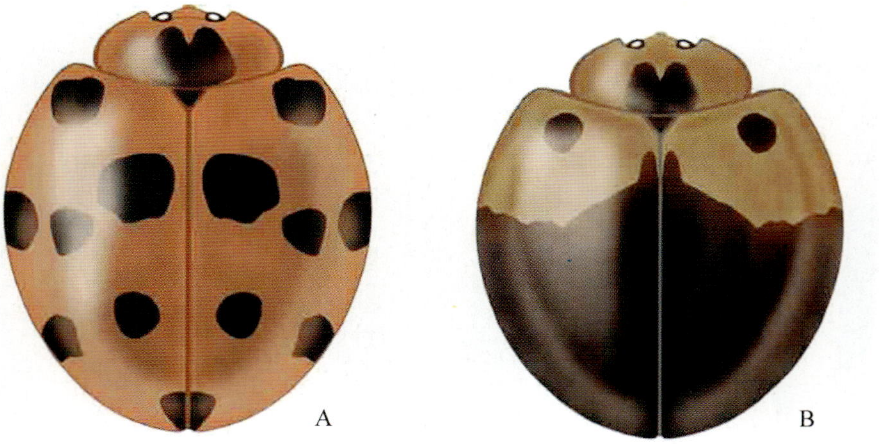

52. 红肩瓢虫（A. 豹纹型　B. 点肩型）

图版Ⅷ　PlateⅧ

A　B　C

D　E　F

53. 奇斑瓢虫（A～F，不同的色斑变异）

54. 纤丽瓢虫

A　B

55. 隐斑瓢虫（A～B）

图版Ⅸ　Plate Ⅸ

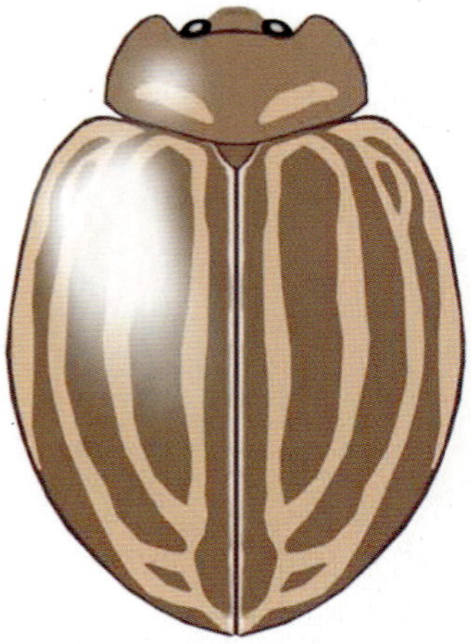

56. 细纹裸瓢虫

57. 宽纹裸瓢虫

58. 草黄裸瓢虫

59. 华裸瓢虫

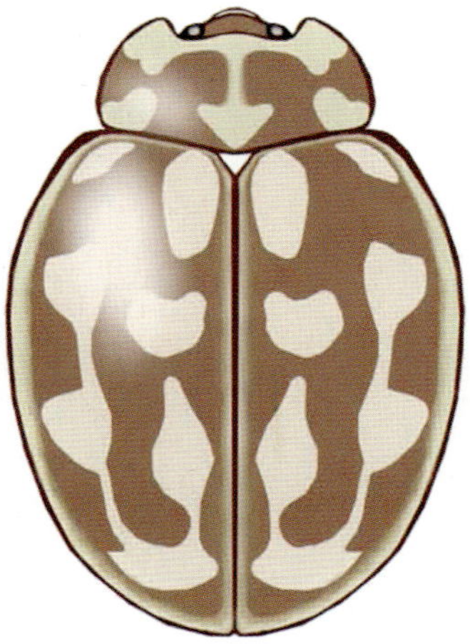

60. 枝斑裸瓢虫

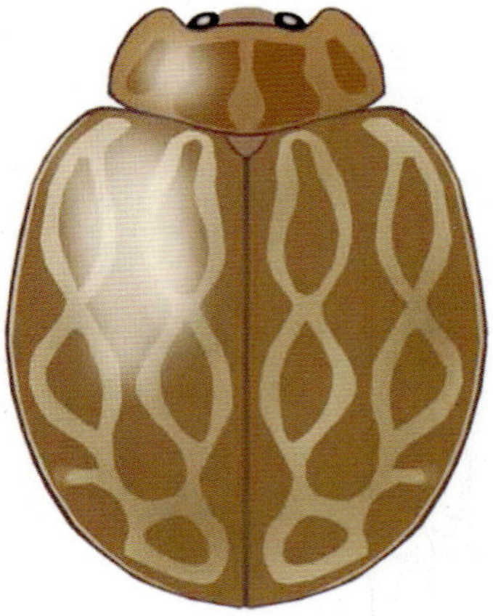

61. 链纹裸瓢虫

62. 三纹裸瓢虫

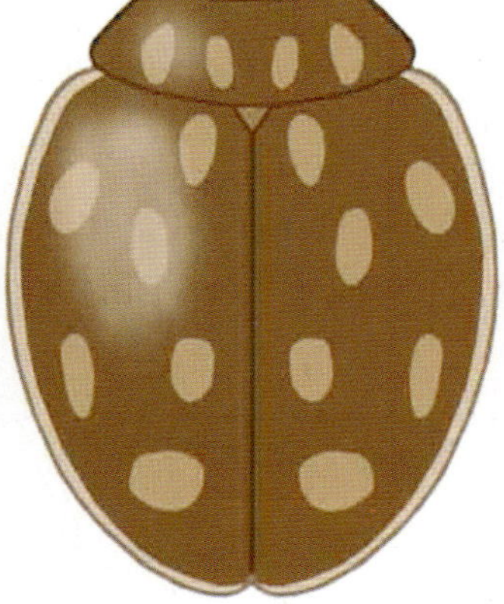

63. 四斑裸瓢虫

64. 六斑裸瓢虫

图版 X　Plate X

A　　B　　C

65. 十四星裸瓢虫（A. 波密产　B. 林芝产　C. 昌都产）

66. 十五星裸瓢虫

67. 蛇后裸瓢虫

A

68. 变异裸瓢虫（十四斑型）

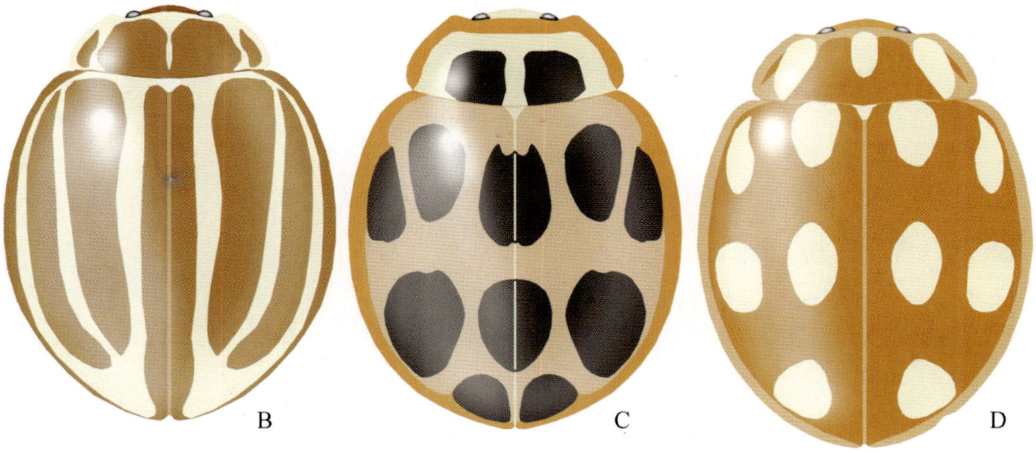

B　　C　　D

68. 变异裸瓢虫（B. 三纹型　C. 十二斑型　D. 十斑型）

图版XI　PlateXI

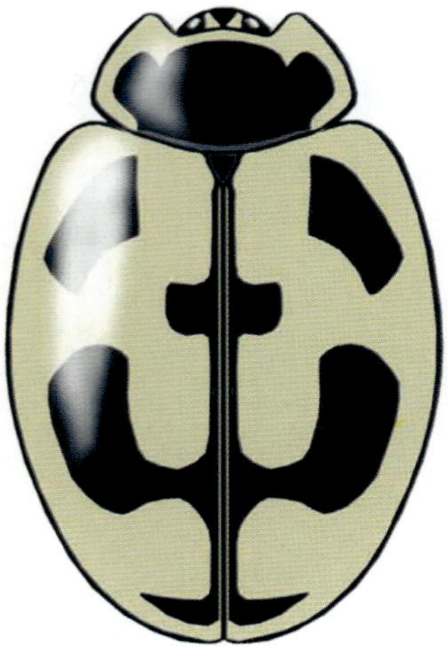

69. 龟纹瓢虫

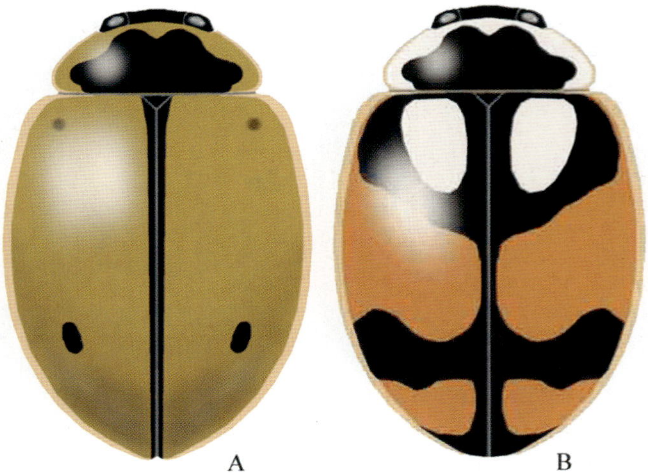

A　B

70. 西南龟瓢虫（A. 墨脱产　B. 云南产）

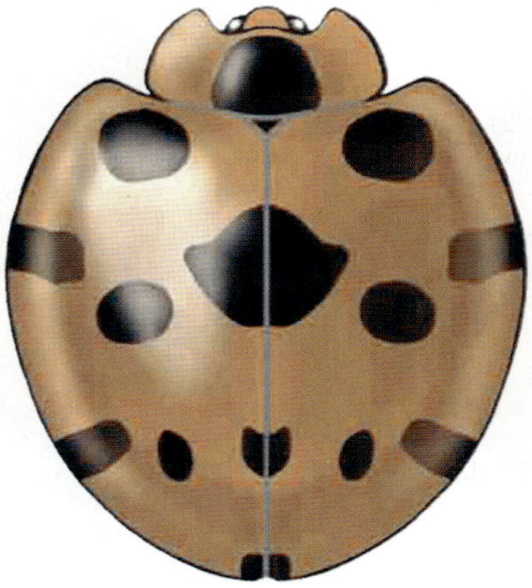

71. 大突肩瓢虫

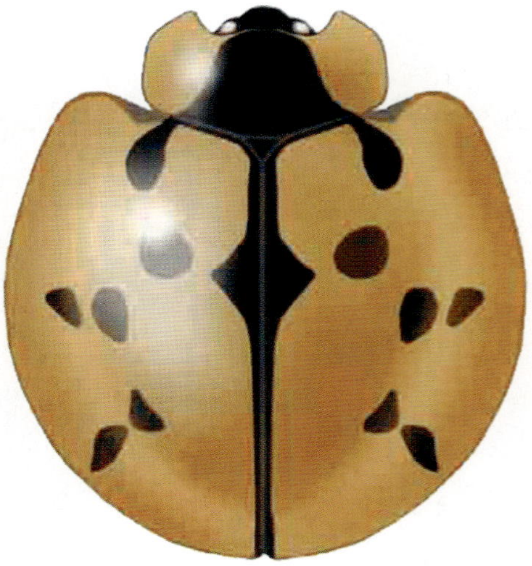

73. 苹斑大瓢虫

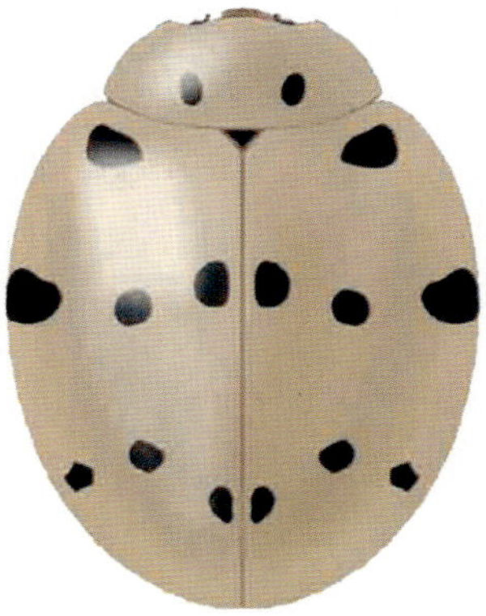

72. 日本丽瓢虫

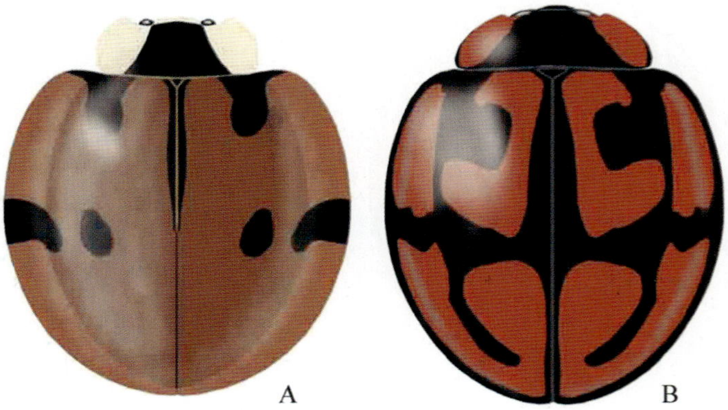

A　B

74. 六斑异瓢虫（A. 西藏林芝产　B. 青海产）

图版Ⅻ PlateⅫ

75. 十二斑奇瓢虫

76. 双带盘瓢虫

77. 十斑盘瓢虫

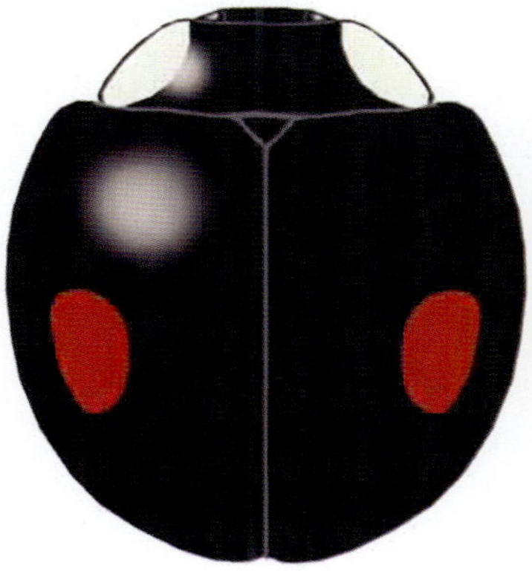

78. 黄斑盘瓢虫

79. 泸水盘瓢虫

80. 红颈瓢虫

81. 双五腔瓢虫

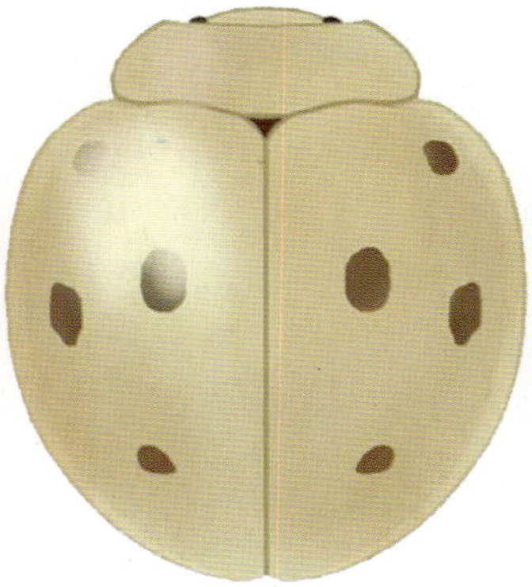

82. 小圆星盘瓢虫

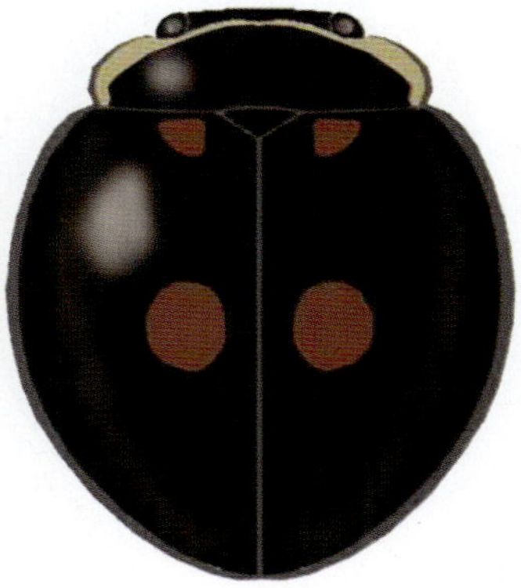

83. 小黑星盘瓢虫

图版XⅢ　Plate XⅢ

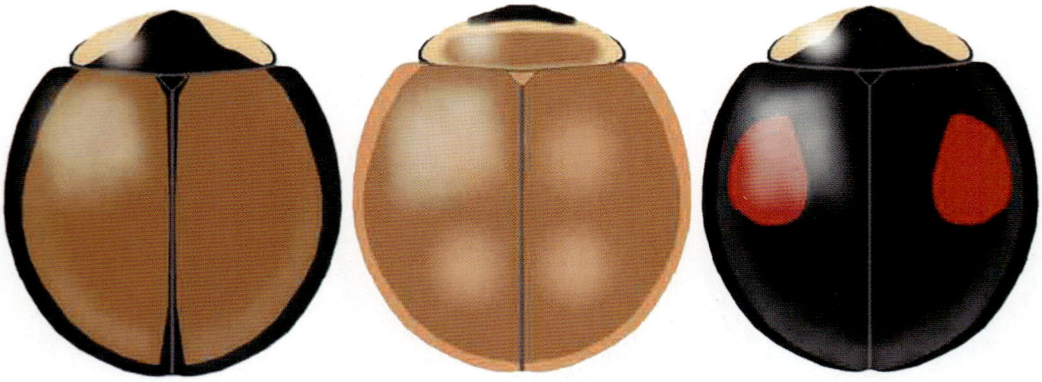

84. 红星盘瓢虫（A. 黑缘型　B. 四斑型　C. 二星型）

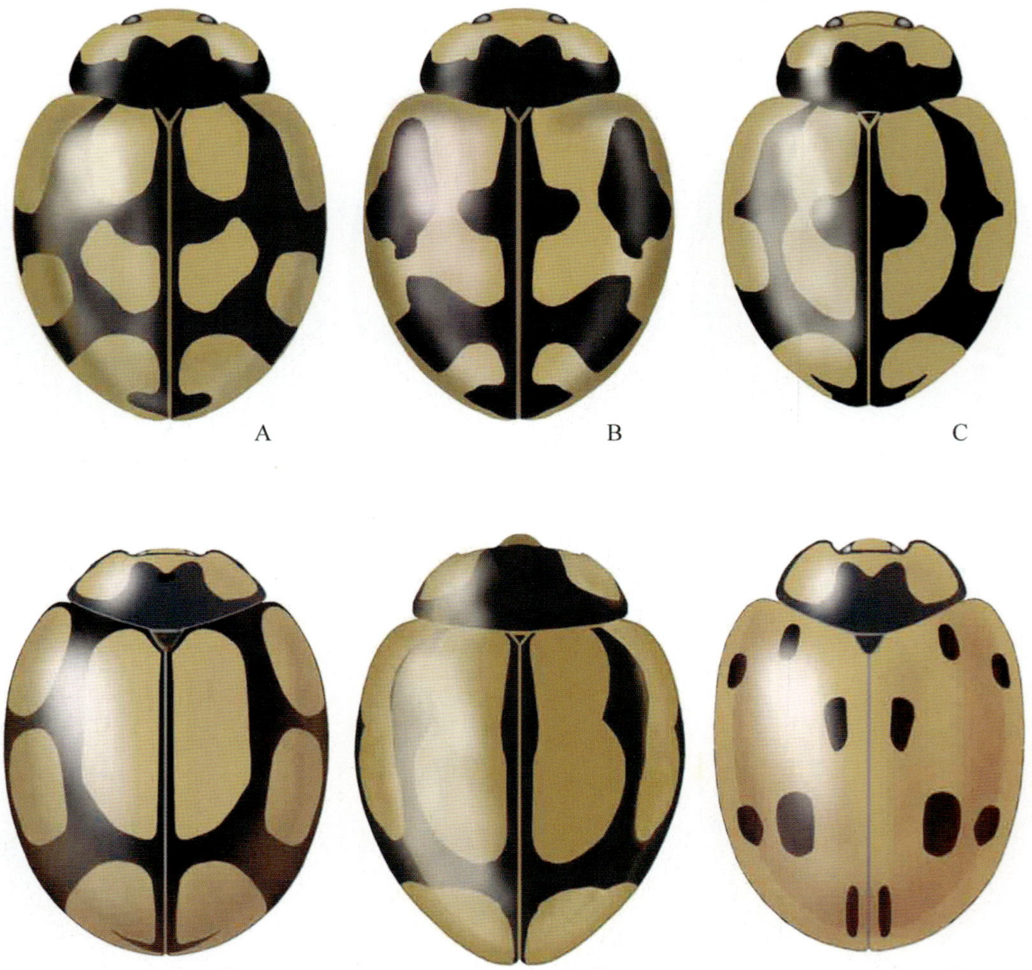

85. 黄宝盘瓢虫（A～F 不同的色斑变异）

图版XIV　Plate XIV

86. 六斑月瓢虫（A. 墨脱产　B. 青海产）

87. 滇黄壮瓢虫

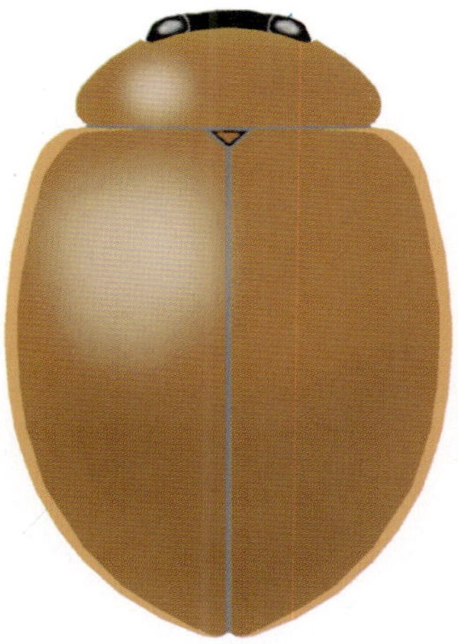

88. 乡城黄壮瓢虫

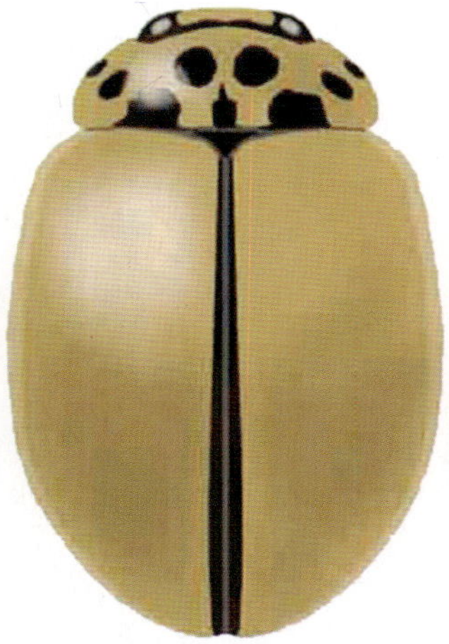

89. 墨脱巧瓢虫

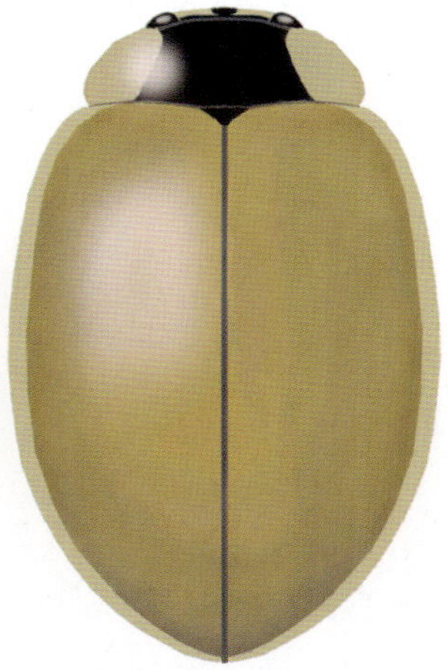

90. 亚东巧瓢虫，新种
Oenopia yadongensis
Hu, sp. nov.

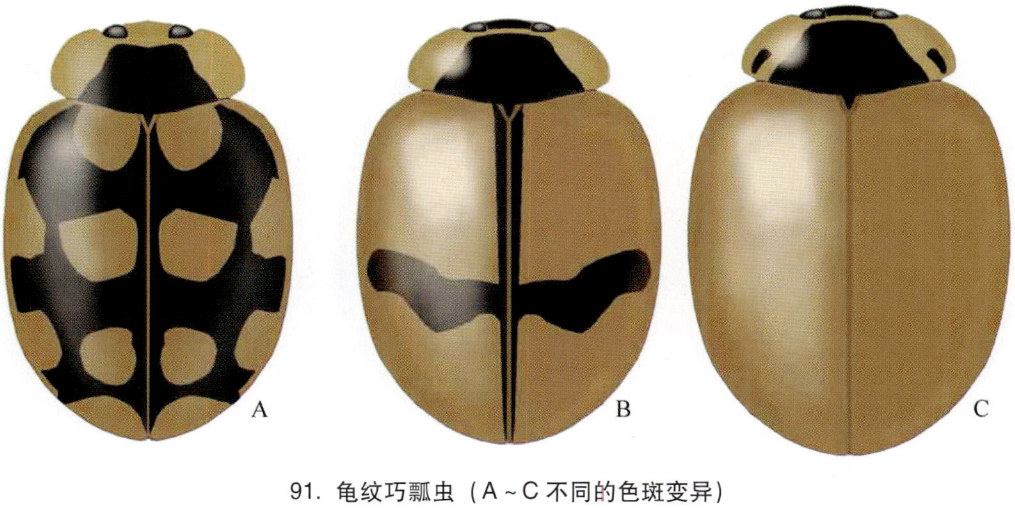

91. 龟纹巧瓢虫（A～C 不同的色斑变异）

图版XV PlateXV

92. 吉隆巧瓢虫，新种
Oenopia gilongi
Hu, sp. nov.

93. 十二斑巧瓢虫（青海产）

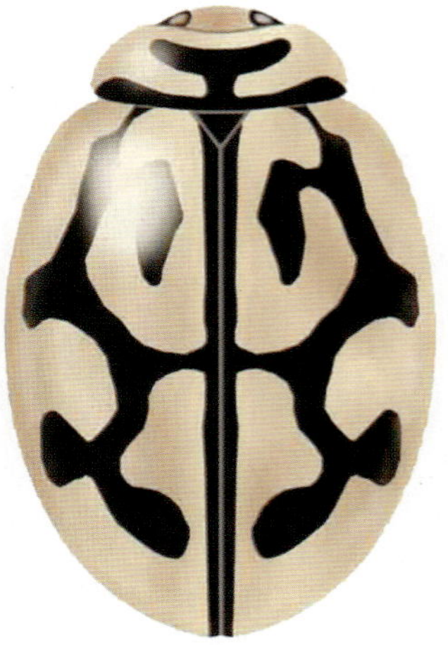

95. 龙斑巧瓢虫

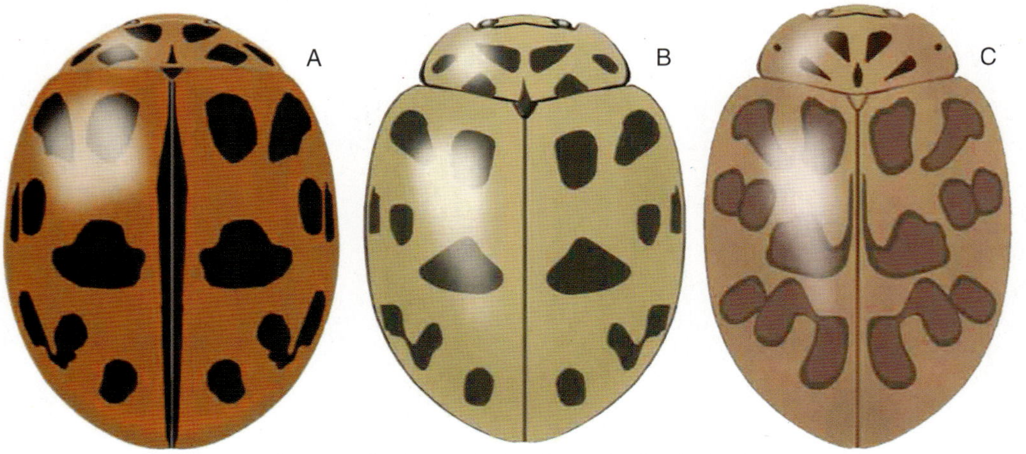

94. 菱斑巧瓢虫（A. 青海产 B. 菱斑型 C. 褐斑型）

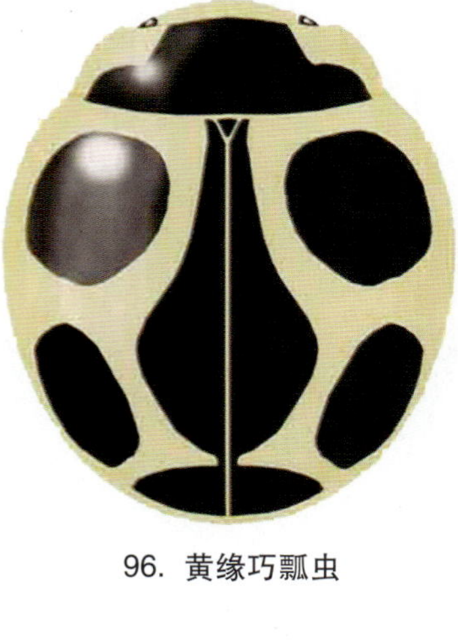

96. 黄缘巧瓢虫

97. 黑缘巧瓢虫

98. 细网巧瓢虫

图版XⅥ　PlateXⅥ

99. 粗网巧瓢虫

100. 四斑巧瓢虫

101. 波密巧瓢虫

102. 淡红巧瓢虫

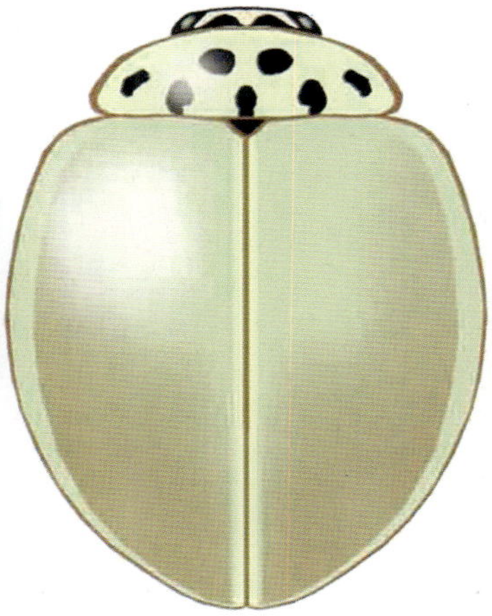

103. 点斑巧瓢虫

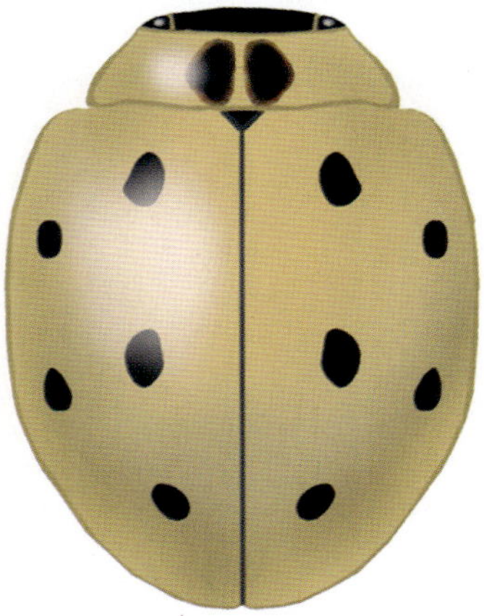

104. 德钦巧瓢虫

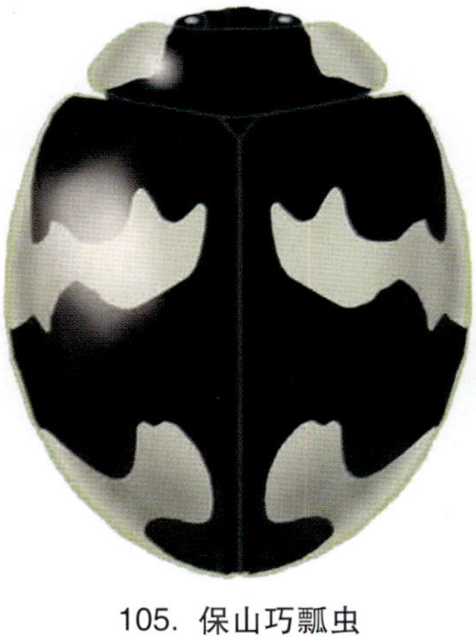

105. 保山巧瓢虫

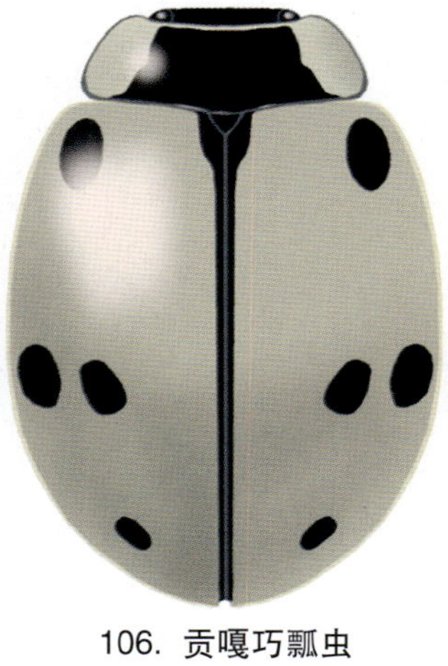

106. 贡嘎巧瓢虫

107. 黑胸巧瓢虫

图版XVII Plate XVII

108. 兰坪巧瓢虫

109. 六斑巧瓢虫

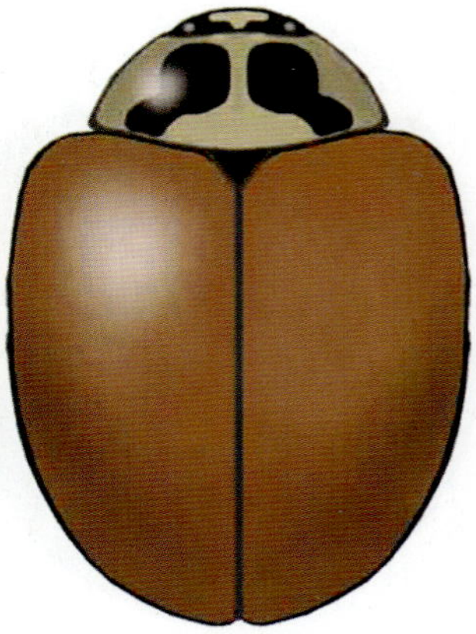

110. 黄褐巧瓢虫

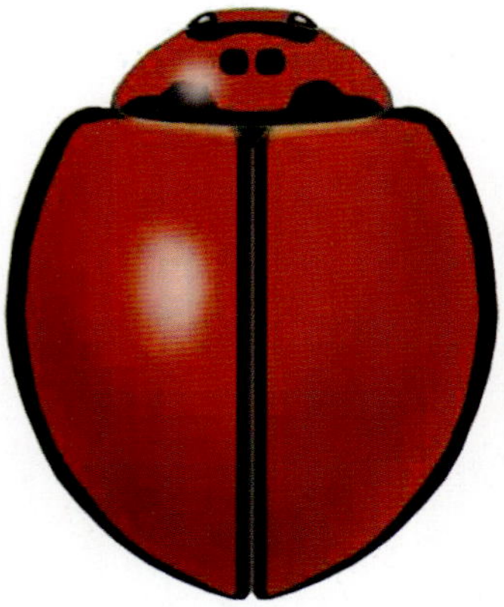

111. 稻红瓢虫

112. 四斑兼食瓢虫

113. 黑条兼食瓢虫

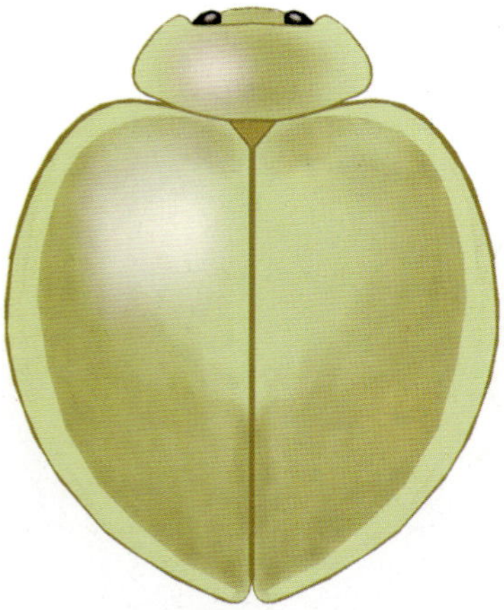

114. 加热萨兼食瓢虫，新种
Micraspis jiaresaensis
Hu & Wang, sp. nov.

115. 狭叶素菌瓢虫

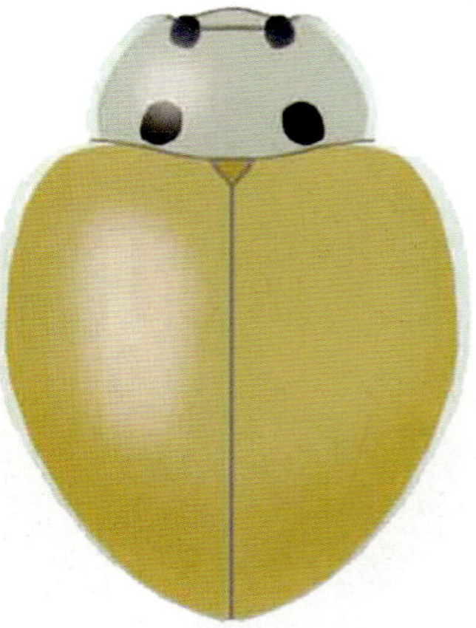

116. 柯氏素菌瓢虫

图版XVIII Plate XVIII

117. 梵文菌瓢虫

118. 山寨黄菌瓢虫

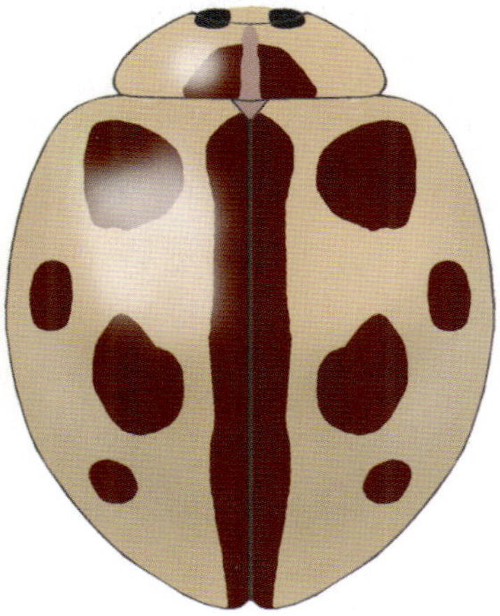

119. 草黄菌瓢虫

120. 十二斑褐菌瓢虫

121. 中甸褐菌瓢虫

122. 哥氏褐菌瓢虫

123. 白条菌瓢虫

124. 马铃薯瓢虫（A. 樟木口岸产 B. 波密产）

图版XIX　Plate XIX

125. 茄二十八星瓢虫

126. 眼斑裂臀瓢虫

127. 十二斑裂臀瓢虫

128. 四斑裂臀瓢虫

129. 奇斑裂臀瓢虫

130. 大豆瓢虫

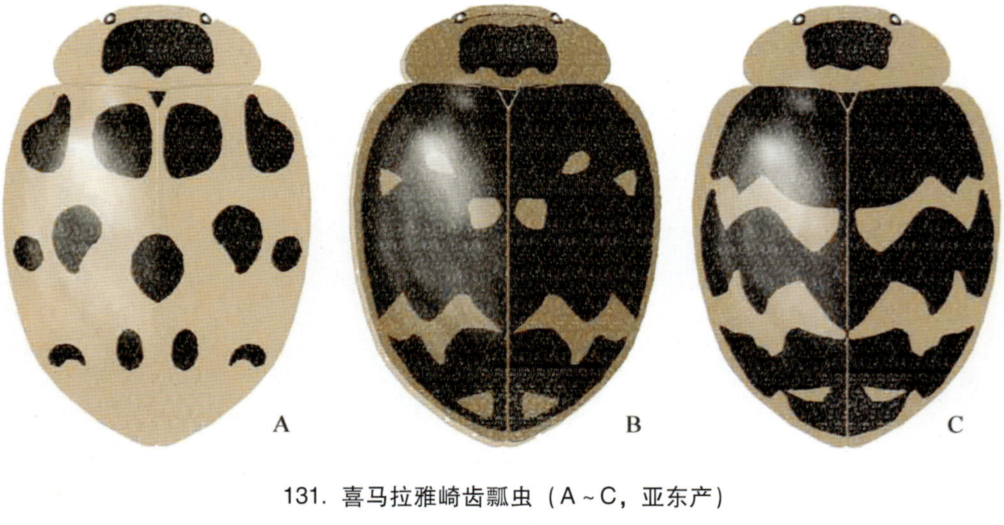

131. 喜马拉雅崎齿瓢虫（A～C，亚东产）

图版XX PlateXX

132. 双四星崎齿瓢虫

133. 十斑小崎齿瓢虫

134. 十五斑崎齿瓢虫

135. 长崎齿瓢虫

136. 亚东崎齿瓢虫，新种
Afissula yadongensis
Hu & Lin, sp. nov.

137. 缘毛长崎齿瓢虫

138. 环管崎齿瓢虫

139. 角管崎齿瓢虫

140. 刀叶崎齿瓢虫

图版XXI　Plate XXI

141. 钩管崎齿瓢虫

142. 八斑崎齿瓢虫，新种
Afissula octomaculatus
Hu, sp. nov.

143. 云南长崎齿瓢虫

144. 拱背食植瓢虫

145. 绒辖食植瓢虫

146. 孟食植瓢虫

147. 察隅食植瓢虫

148. 错那食植瓢虫

149. 环斑食植瓢虫

图版XXII Plate XXII

150. 聂拉木食植瓢虫

151. 匙叶食植瓢虫

152. 花斑食植瓢虫

153. 艾菊瓢虫

154. 九斑食植瓢虫

155. 十一斑食植瓢虫

156. 十二斑食植瓢虫，新种
Epilachna dodecaspilota
Hu & Wang, sp. nov.

157. 十三斑食植瓢虫

158. 十四斑食植瓢虫

图版XXⅢ PlateXXⅢ

159. 索通食植瓢虫，新种
Epilachna suotongensis
Hu, sp. nov.

160. 雅鲁藏布食植瓢虫

161. 五味子瓢虫

162. 四川食植瓢虫

163. 连斑食植瓢虫

164. 眼斑食植瓢虫

165. 端尖食植瓢虫

166. 瓜茄瓢虫

167. 长管食植瓢虫

图版XXIV　PlateXXIV

168. 钩管食植瓢虫

169. 旋管食植瓢虫

170. 剑川食植瓢虫

171. 银莲花瓢虫

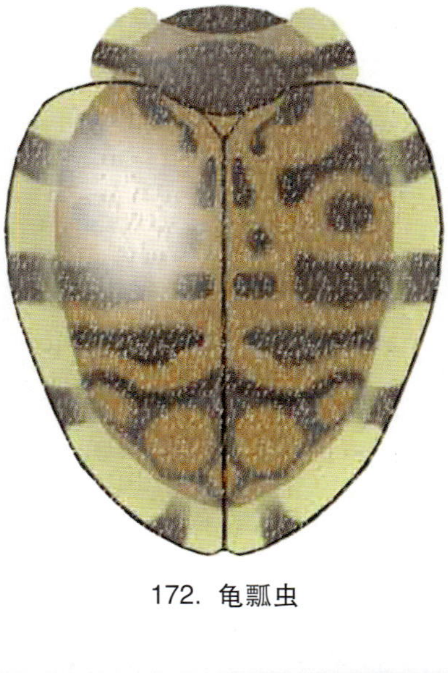

172. 龟瓢虫

1994 年考察队在中尼边境吉隆热索桥采集标本

目　　录

第一章　青藏高原瓢虫的发生和研究概况

第一节　研究概况

西藏、青海研究瓢虫的历史还没有超过100年，而喜马拉雅山脉南面的原英属印度则早已开始了瓢虫资源的调查和瓢虫分类工作，同时还建立了相应的研究机构。20世纪20年代初，大英博物馆在世界各地的“探险考察”开始深入进行，他们于1921年、1922年、1924年组织了3次“珠穆朗玛峰探险考察”。据印度动物调查所卡普尔（Kapur A. P.）记载，前两次的“珠穆朗玛峰探险考察”没有采到瓢虫标本。1924年的“珠穆朗玛峰探险考察”，有一名军医博物学者兴斯顿（Major R. W. G. Hingston）于4月中旬从锡金北上到达西藏的亚东，再深入岗巴、定结、定日，在中国境内珠穆朗玛峰的东、北两侧共采集了瓢虫标本80头带回了大英博物馆。这批标本1963年由当时已是世界知名的瓢虫分类学家卡普尔先生进行鉴定，包括采于西藏的瓢虫11种，其中模式产地为西藏的瓢虫新种有小七星瓢虫、西藏瓢虫、纹条瓢虫（后来查明为纵条瓢虫的同物异名）和绒辖食植瓢虫共4种。《第三次珠峰探险考察报告：瓢虫科》对此有记载。

近百年来，大英博物馆和印度的瓢虫专家不仅对印度瓢虫资源进行了认真的调查研究，而且对尼泊尔的瓢虫种类也进行了调查，他们还在靠近中国西藏、新疆、云南等省区的阿萨姆、大吉岭、克什米尔地区对喜马拉雅山地区的瓢虫进行了多次的调查，而这些地区的瓢虫种类与西藏的瓢虫种类属于相同的类群，不少是共有种。因此，要研究西藏的瓢虫类群，首先要熟悉他们的研究成果。

西藏和平解放后不久，中国科学院于1960年开始对西藏进行多学科的综合科学考察。中国科学院昆虫专家王春光于1960年，蝴蝶专家李传隆、王林瑶等于1961年5～6月进藏考察。1966年5～6月，昆虫专家王书永再次进藏考察。然而，由于当时生产的急需，后又因为“文革”的影响，在20世纪60年代出版的《藏南地区的农业昆虫》《青藏高原综合科学考察报告》中，均没有瓢虫科的记述。直到1977年，庞雄飞、毛金龙根据1961—1974年黄复生、王书永、张学忠、王林瑶所采标本，进行了西藏食植瓢虫亚科的分类鉴定，发表了《西藏自治区瓢虫记述——食植瓢虫亚科》的论文，记述了西藏食植瓢虫亚科19个种，其中6个新种，7种为我国分布新纪录。

1973—1976 年，中国科学院再次组织对西藏进行综合科学考察，有多个目、科的昆虫分类学者进藏考察，如昆虫专家黄复生、张学忠等于 1973—1974 年再次进藏，后来又有林再、陈泰鲁、韩寅恒等，以及全国各地大学、研究所的昆虫专家也相继进藏考察。中国科学院 1981 年组织编著出版了《西藏昆虫（一）》《西藏昆虫（二）》，李鸿兴在书中记述了瓢虫科昆虫 29 种和 1 亚种，分隶于 2 亚科 11 属。

1979—1984 年，中国科学院组织了青藏高原横断山地区昆虫资源考察。在西藏芒康，四川泸定、乡城、卧龙、灌县、南平、若尔盖、道孚、松潘、炉霍、西昌、荥经、红原、理县、马尔康、汶川、甘孜、德格、康定、贡嘎山、雅江、盐源、理塘、巴塘，云南中甸、维西、泸水、丽江、德钦、大理、志奔山、永胜、兰坪、元江、沧源、下关、六库、保山、雀儿山等地进行了昆虫资源调查和标本采集。1992 年经希立编著出版了《横断山区昆虫》一书，在书中共记述瓢虫科昆虫 98 种（37 种分布于西藏），分属于 36 属，其中包括 13 个新种和 1 个新纪录种。

1981—1987 年，西藏自治区科委、自治区农牧厅组织了西藏首次农业病虫草害及天敌昆虫普查。胡胜昌、王保海领导的普查队跑遍了西藏 7 个地市 40 多个县的农林区域，1987 年由章士美主持编写了《西藏农业病虫及杂草（一）》《西藏农业病虫及杂草（二）》。庞雄飞也参与了编写，并在书中记述了西藏瓢虫科昆虫 52 种。1989—1994 年，西藏日喀则地区科委又组织了“喜马拉雅山昆虫资源考察”，对喜马拉雅山脉南北坡的 20 余个县进行了补充考察，但此次考察未能如期完成，本书所用瓢虫标本也主要来自这次考察采集。

1982—1984 年，中国科学院登山科学考察队先后组织了有关科研机构和大专院校共 22 个单位 100 余人次，对雅鲁藏布江大拐弯南迦巴瓦峰地区的米林、墨脱、波密、林芝等 4 个县进行登山科学考察。1982—1983 年，韩寅恒、林再参加了昆虫组的考察，采集了大量的昆虫标本。1982 年前后又有黄复生、李铁生、印象初、李法圣、金根桃、吴建毅、谌漠美、李广武等人先后进入这一地区开展昆虫资源调查和标本采集工作。1988 年，考察队编辑出版了《西藏南迦巴瓦峰地区昆虫》，经希立在书中记述了采自南迦巴瓦峰地区的瓢虫科昆虫 45 种，隶属于 5 个亚科，其中 6 种为国内尚未描述的老种。

1992 年王保海等又编辑出版了《西藏昆虫区系及其演化》一书。

1998 年 10 月 29 日到 12 月 3 日整整 36 天，姚建参加了雅鲁藏布大峡谷科学考察活动，首次全程穿越雅鲁藏布大峡谷，深入无人区地段和过去很难触及的地方进行昆虫标本采集，采集了大量的昆虫标本，填补了许多空白。1994 年杨星科主持编辑出版了《西藏雅鲁藏布大峡谷昆虫》一书，虞国跃在书中记述了瓢虫科昆虫 13 属 19 种，其中 3 种为中国新纪录，4 种为新种。

然而，到目前为止，尚没有国内知名的瓢虫分类专家亲自进藏考察和采集，使西藏瓢虫科昆虫的专项调查受到一定的影响。

在青藏高原东北部的青海省，中华人民共和国成立前已有少量国内外昆虫学家和传教士进行过昆虫标本的采集和调查，但文献资料极少。中华人民共和国成立后，中国科学院、国家农业部、西北农林科技大学，以及青海省农林牧医等有关部门的专家、学者曾多次对青海省的昆虫资源进行了调查研究。刘崇乐于1962年根据采自青海、新疆的标本，发表了纵条瓢虫等新种。蔡振声等于1994年又编辑出版了《青海经济昆虫志》，其中记述瓢虫19种。

第二节　瓢虫的种类和分布特点

瓢虫科属于一个较大的科，世界上已记录约5 000种。美国和加拿大1985年已记录了瓢虫475种（Gordon，1985），欧洲227种（Klausnitzer & Klausnitzer，1997），日本180种（Sasaji，1998），印度次大陆（包括印度、巴基斯坦、孟加拉国、不丹、尼泊尔、斯里兰卡、缅甸）516种（Poorani，2004），澳大利亚265种（Pope，1989）。目前中国已知瓢虫700多种（虞国跃，2010），居世界首位。我国的国土面积大，包含了热带、亚热带、温带和亚寒带等各种气候带，也有热带雨林和戈壁荒漠等，气候条件、地理环境复杂，植物种类及昆虫资源丰富，以植物或昆虫为食的瓢虫数量也相当丰富。据虞国跃（2010）统计，1963—2005年，在中国记述的瓢虫新种达368种（未经订正，下同），其中华人发表的中国瓢虫新种318种，外国人发表的中国瓢虫新种为50种。经过近百年的调查研究，目前已经鉴定和描述了青藏高原的瓢虫约有200种，其中分布于西藏的瓢虫有119种（包括已有文献记载但本书没有记述的小长崎齿瓢虫），分布于青海省的瓢虫有21种。

西藏的瓢虫科材料主要采集于西藏自治区的聂拉木、亚东、吉隆、察隅、墨脱、波密、林芝、泽当、错那等地区，最高海拔达5 200 m。在海拔3 500 m以上的地区采获的材料主要属于瓢虫亚科的瓢虫族Coccinellini，食菌瓢虫族Psylloborini和长足瓢虫族Hippodamiini。食植瓢虫亚科的材料则主要在海拔3 000 m以下的地区采获。庞雄飞（1977）认为，这与这些地区瓢虫食料植物的垂直分布有关。

卡普尔（Kapur，1963）认为，发生于海拔2 800 m以上地区的种类几乎都是古北区系的属和古北区种或特有种，发生于海拔700～2 600 m的种类多是特有种和东洋区系的混合类型。在这两类地区中，特有成分都很大，51种中有36种，占70.6%。

生长在高海拔地区的动物，大多表皮较厚，以抵御高原的严寒。例如高海拔地区的鱼类，表皮明显厚实，即使相同的种类也比低海拔地区有明显的增厚。但瓢虫却不是这样，生长在海拔越高地区的种类，鞘翅反而越薄，骨化程度越低，如多异瓢虫。我们解剖了从青海循化、西藏吉隆（海拔2 000 m）到西藏定日县珠穆朗玛峰地区（海拔超过5 000m）的标本，结果均是如此。

为了抵御强烈的紫外线辐射，高原昆虫个体往往向深色型发展。如七星瓢虫，我们对采自亚东的17头标本进行了观察，发现类似于图60的K－T斑纹扩大、发生连斑的个体有10头，深色型个体占58.8%。再如二星瓢虫，我们观察了从日喀则、拉萨、亚东、林芝采集的29头标本，结果全部是鞘翅斑纹超过2个黑斑的个体，深色型个体占100%。

从总体的发生与分布特点看，分布于内地平原地区的种类在青藏高原地区则分布较少；而内地较少的类群，在青藏高原地区则发生很多，种群繁盛。如长足瓢虫族（Hippodamiini），古北区和东洋区共有9个属，在我国共有其中8个属20种，基本上都分布在青藏高原地区。又如小巧瓢虫属 *Oenopia*，据1982年 Iablokoff-Khnzorian 的记录，当时全世界共有19种，目前我国已知27种，其中青藏高原有22种，分布于内地平原地区的仅有几个种。再如食植瓢虫亚科，全世界已知1 051种（Jadwiszczak & Wegrzynowicz，2003），约占瓢虫科种类的20%；我国已知145种（任燕，2007），占我国已记录瓢虫（庞虹等，2004）的20.03%；其中西藏有33种，含小长崎齿瓢虫 *Afissula parvula*（Crotch），占西藏已知瓢虫的27.7%。

从适生种的发生情况看，内地和青藏高原相同的种类，往往在西藏发生的密度大，个体大。如七星瓢虫，我们采自云南昆明（海拔2 200 m）的27头标本，平均体长6.14 mm，而采自亚东（海拔2 800~3 300 m）的17头标本，平均体长为6.7 mm。

第三节　瓢虫的生物学特性

瓢虫的生物学特性尽管不是本书讨论的重点，但初步了解瓢虫的生物学特性却是十分必要的，通过它既可以了解瓢虫的发生发展规律，也是进行瓢虫分类的重要条件。为了系统地记录瓢虫的生物学特性，本节全部引用了虞国跃（2010）的资料，并进行了一些已有材料的补充，在文中就不再另外说明了。

1. 瓢虫的食性和经济意义

与害虫生物防治相关的捕食性天敌，首推瓢虫。人们对于瓢虫有益性的认识和利用，有着悠久的历史。大多数瓢虫是蚜虫、蚧虫、粉虱和螨类等害虫的重要天敌，在自然和人工生态系统中，对于保持害虫与植物之间的平衡起着重要的作用。我们的祖先很早就用蚂蚁防治椿象以及其他储藏害虫和柑橘害虫。但现代的生物防治始于1888年，当时美国加利福尼亚州从澳大利亚引入澳洲瓢虫成功地防治了柑橘上的吹绵蚧。吹绵蚧曾一度毁灭了加利福尼亚州的柑橘业。从那时起，瓢虫成为害虫生物防治的“英雄”。当一种同翅目害虫侵入新区并为害严重时，引入瓢虫成为常见措施。有关国内瓢虫的输出及引入可参见《瓢虫　瓢虫》（虞国跃，2008），但引进的负面作用亦应充分考虑。

食植瓢虫亚科的种类多取食茄科和葫芦科的植物，也取食其他科的植物，特别是豆科和菊科。由于许多栽培植物如马铃薯、番茄、南瓜和豆类属于这些科，时常遭受食植瓢虫的为害，但多数种类并不造成经济损失。有些甚至取食农业杂草，如木通食植瓢虫（*Epilachna clematicila*）专食毛茛科植物小木通，爪哇食植瓢虫（*E. gedeensis*）取食菊科恶性杂草紫茎泽兰（西藏喜马拉雅山南麓普遍发生），均可作为防治杂草的天敌昆虫。有些作者记录，某些食植性瓢虫，如茄二十八星瓢虫，有时也捕食蚜虫。

少数瓢虫是菌食性的，取食真菌孢子（食菌瓢虫族），特别是白粉菌。因此这些瓢虫可在白粉病的防治上起到一定的作用。由于白粉菌难以人工培养，因而对这类瓢虫的研究并不深入，也谈不上利用。

瓢虫的有益性有时与所处的环境有关。有些食虫性瓢虫在某些情况下被认为是害虫，如七星瓢虫、稻红瓢虫等取食某些植物如苎麻和枣的花，造成经济损失，某些食蚧瓢虫如盔唇瓢虫由于取食资源昆虫如紫胶虫和白蜡虫而需要防治。有些瓢虫成为病毒和螨类的传媒。

收集和饲养并出售瓢虫也是一种产业，不少天敌公司出售捕食性瓢虫。此外，瓢虫常作为其他生命科学如进化生物学、种群生态学、遗传学、细胞学、生物地理学及物种问题等的实验材料。

2. 瓢虫幼期的生物学特性

瓢虫是全变态昆虫，即幼期的形态与成虫完全不一样。一生要经历 4 个虫期：卵、幼虫、蛹和成虫。因为本书不以研究幼期生物学为目的，故以下仅简单叙述瓢虫幼期的形态和生物学。

（1）卵：卵通常为卵形或纺锤形，颜色从浅黄色到红黄色，不同瓢虫种类，卵的长度 0.25 ~ 2 mm 不等。雌虫产卵时，卵通过雌虫的精子储存器（受精囊）开口时才受精，这时精子通过卵一端的许多小孔（卵孔）进入卵内。

（2）幼虫：卵孵化后，爬出来的小幼虫会停在卵壳上，通常几个小时，至多1 天，等待体表、口器等器官的硬化。随后小幼虫分散觅食。通常有 3 次蜕皮，可把幼虫分为 4 个龄期。瓢虫幼虫的体形通常有以下 4 种（图 2）：①体纺锤形，行动活跃，明显可见 3 对足，体背上有毛片和瘤突（或少量的枝刺），身体表面常常有鲜艳的颜色，如七星瓢虫、龟纹瓢虫、红环瓢虫等；②体形与上一类相近，或稍胖，但身体表面具很发达的分枝的刺（枝刺），如食植瓢虫族和盔唇瓢虫属；③身体柔软，毛片和瘤突退化，身体表面覆盖着白色的棉絮状蜡丝，如小毛瓢虫类；④体扁卵形，足短，看上去像一个薄片，如四斑广盾瓢虫。不同的形态是长期进化的结果，通常与生活的环境特别是捕食性天敌有很大的关系，如有白色蜡丝的小毛瓢虫幼虫，能在蚂蚁出没的蚜群中生活；有强大枝刺的食植瓢虫可防御捕食性天敌。不少幼虫受惊后会分泌防御液，抵御潜在的天敌。

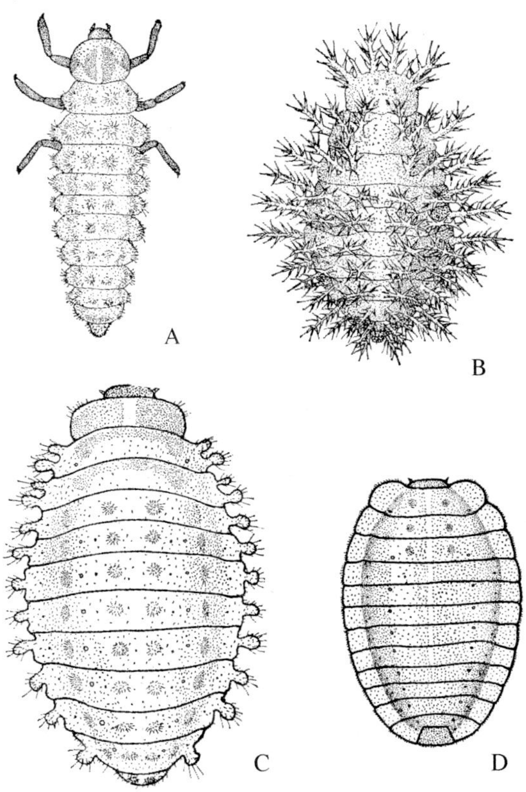

图 2　瓢虫幼虫的类型（图自庞雄飞，1979）
A. 瓢虫属　B. 裂臀瓢虫属　C. 红瓢虫属　D. 隐势瓢虫属

幼虫蜕皮前停止取食，用尾部的肛器固定在基质上，头向下而蜕皮。化蛹前，4 龄幼虫不食不动。如遭干扰，虫体可立起来，但有时未见有外来影响，它也可挺立起来。

有些人把这一时期单列为“前蛹期”。

（3）蛹：瓢虫蛹多数是裸露的，即在化蛹时把幼虫的蜕皮壳蜕在与基质相连的一端。但盔唇瓢虫族和短角瓢虫族中，化蛹后的蜕皮壳仅在前部或背面中央开裂，蛹的大部仍在幼虫皮内，仅部分外露（图 3）。蛹也并不是完全不动，如受刺激，即可挺起来动几下，甚至在腹背具有沟槽，挺起来后收缩的沟槽可以夹住敌人，赶走像蚂蚁一类的捕食者（T. 艾斯纳，2008）。

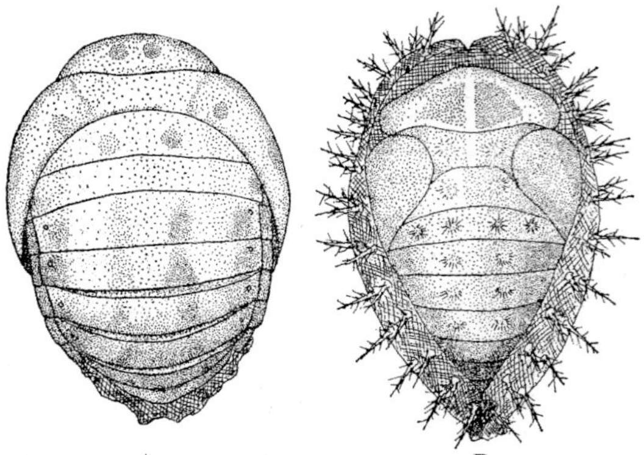

图 3　瓢虫蛹的形式（图自庞雄飞，1979）
A. 瓢虫属　B. 盔唇瓢虫属

3. 瓢虫成虫的生物学特性

（1）交尾：成虫经过一段时间后，达到性成熟，开始寻找异性交配。瓢虫的交尾方式与其他甲虫一样，即雄虫用足握住雌虫的鞘翅，并由雌虫背着。瓢虫是一类可以多次交配的昆虫，交配的时间也长，如西藏日喀则的二星瓢虫交配时间最长达 218 min，最短 37 min，平均为 121 min。而据有关报道，六斑异瓢虫交尾的姿态可持续长达几天。雌虫也可拒绝交配，逃跑或把已爬到背上的雄虫甩掉。同时一些种的雌性瓢虫对雄性瓢虫的不同色斑型有喜好。英国曾在二星瓢虫的研究中发现，雌虫对黑色型雄性的喜好是由基因控制的，不管雌性自己的基色是红是黑，均喜欢与黑色的雄虫交配。另外，野外可观察到不同种的瓢虫（通常属于同一属）之间的杂交（Marjeus，1994）。

有些瓢虫具有群集越冬的习性，它们在飞离越冬地前，雌性瓢虫通常已交配过。

（2）产卵：产卵量是指雌虫一生所产卵的总和，瓢虫的产卵量从几十粒到超过 4 000 粒不等。通常卵量较大的种有较长的产卵期。雌虫通常成堆产卵，每堆从几枚到几十枚，多时达 100 多粒，每个卵的一端粘在叶片、小树枝等基质上。成堆的卵对于瓢虫的捕食性天敌（不包括同种瓢虫）具有警示及防御作用，但也有许多瓢虫的卵单产。有些种如黑襟毛瓢虫和黑方突毛瓢虫的雌成虫产卵时，用猎物蚜虫的皮壳或未消化的残渣把卵包盖起来，起到保护卵的作用。卵孵化前颜色变暗。

七星瓢虫是瓢虫中已知产卵最多的瓢虫，室内记录的最大产卵量是 4 725 粒。但在野外，不可能有这么大的产卵量，这是因为作为食物的蚜虫常常发生短缺，或瓢虫间的相互干扰所致。食蚜瓢虫是一类精明的捕食者，它们对产卵的环境进行评估。如果卵产在没有蚜群的地方，那么它的后代不可能存活。如果产卵在蚜群发展的早期，孵化的幼虫可以把蚜虫食完，使蚜群崩溃，幼虫无法完成发育，或依赖自相残杀，只有极少数完成发育。如果产卵于蚜虫发展的晚期，一是刚孵化的幼虫不能有效地捕食大蚜虫，对存活有影响；二是蚜群已接近崩溃，由于没有蚜虫，瓢虫的存活面临危机。因此只有在蚜群发展高峰的前期产适当数量的卵，那么初孵幼虫有小蚜虫可捕食，蚜群的数量和持续的时间也可使幼虫完成发育。除了上述精明的产卵习性外，什么样的习性对食蚜瓢虫的生存及发展有利呢？与食蚧瓢虫相比，食蚜瓢虫卵及幼虫的发育更快，同类自相残杀和迁飞更常见。因为这些习性或行为都有利于其族群的繁衍。

（3）觅食：捕食性瓢虫成虫寻找猎物的过程由下列步骤组成。首先寻找适宜的生境，即猎物的寄生植物，然后在植物上寻找猎物，抓住并捕食。显然，在寻找生境过程中，视觉起着重要的作用；但亦有例外，有些植物的挥发性物质对一些瓢虫的寻食产生作用，如对灰眼斑瓢虫而言，松树的挥发性物质更有吸引力。植物的高度对瓢虫的寻食也有作用，瓢虫对植被的总体情况如落叶树或针叶树，灌木或草本可以做出判断，并到可能存在猎物或替代猎物的生境中去寻觅。有时蚜虫、介壳虫等同翅目昆虫分泌的蜜露，也可对瓢虫的定向起作用。如果瓢虫在一个区域内捕捉到了猎物，那么它会花较多的时间在这一区域搜索，称之为集中型搜索，具体表现为瓢虫在爬行时会转很多的弯。如果没有碰到合适的猎物，瓢虫就会展开广域型搜索，具体表现为直线爬行，很少拐弯。

对于瓢虫的幼虫而言，由于成虫产卵在食物的附近，它们只需在周围搜索就可找到食物。有些可能根本不存在食物问题，如澳洲瓢虫，雌成虫产卵在吹绵蚧的身体上，如果产的卵仅 1 ~2 个，而吹绵蚧又肥大，孵化的小瓢虫几乎无须为食物而担心。当捕食的猎物个体小，瓢虫的幼虫又多，幼虫搜索食物的范围也会较大。搜索的方式与成虫一样，也分两种，即广域型搜索和集中型搜索。植食性瓢虫的幼虫更不用担心，只管张嘴就行；所需的搜索也就是沿着植物的茎爬行而已。

瓢虫幼虫的大小和总的食物消耗量多取决于 3 ~4 龄期，据胡胜昌（1990）对二星瓢虫的观察研究，1 ~4 龄幼虫平均每天取食麦蚜 127.5 头，各个龄期的取食量分别占比是 9.8%，19.6%，31.4% 和 39.2%。而据有关报道，1 头黄斑盘瓢虫在幼虫期可取食多达 536 头棉蚜。瓢虫的嗜食性经常可在短时间内把猎物吃光。

这里需要指出的是，雌雄成虫的取食量是不一样的，具有明显的性别差异。雌性在生殖后代的消耗上远远大于雄性，需要大量的营养，因此雌虫在产卵期的食量明显比雄虫大。张涪平（1997）在林芝八一镇的观察发现，横斑瓢虫对麦长管蚜的捕食效应在一定密度范围内，捕食量随猎物密度的增加而增大。不同性别的横斑瓢虫有所差异，雌虫的捕食潜能大于雄虫，但瞬间攻击率略低于雄虫，处置猎物时间短于雄虫，所以做食量试验时应区分雌雄，特别当田间雌性和雄性数量不等时。

刚羽化成虫的鞘翅非常柔软，浅色而无斑纹。有些种类如七星瓢虫的后翅会伸出鞘翅展开直至硬化，有些瓢虫如长管小毛瓢虫、红环瓢虫、澳洲瓢虫等会静静地待在蛹壳下，直至翅硬化。鞘翅上的斑纹逐渐出现，有时是几分钟，几个小时，甚至几天或几周。对于有红色斑的瓢虫而言，新羽化的成虫红色较浅，呈红黄色或黄色，可保持几周或几个月，这样在较长时间内比较容易区分是新一代成虫还是越冬代或老一代的成虫。

在野外，瓢虫的寿命各不相同，一些休眠期较长的种类，成虫可生存 1 年左右，生存 2 年也较常见。有些瓢虫如果没有合适的产卵条件，成虫可以不产卵而度过第 2 个冬天。实验室寿命最长的纪录是黑缘红瓢虫，成虫共生存了 1 037 天，加上卵至蛹的时间接近 3 年，而且 3 年内均产卵。1 年多代的瓢虫，各代的寿命通常不同，越冬代最长。

在南方，许多瓢虫1年发生5~6代，有些种类1年发生的代数更多，如大突肩瓢虫1年则可发生多至11代，而在北方地区1年发生的代数相对少些。但有些瓢虫不管在南方或北方，发生的代数不变，如六斑异瓢虫等1年发生1代。

在西藏高原，由于气温低，大多数瓢虫一年可能只有1~2代。据胡胜昌（1990）在西藏日喀则饲养观察，每年也是发生2代，卵期一般为7~10天，幼虫17~19天，蛹期6~9天，从卵到成虫出现需32~36天，第一代的成虫期30~45天，越冬代的成虫期长达9~10个月。据张涪平（1997）在西藏林芝八一镇对横斑瓢虫的研究，二星瓢虫每年发生2代。

（4）食性：不同瓢虫取食不同的食物。按食性分，我们可以把瓢虫分为3大类。

1）肉食性瓢虫：捕食多种昆虫纲（多属于同翅目的蚜虫、介壳虫、粉虱等）和蛛形纲（红蜘蛛）的动物，大多数瓢虫属于这一类。亲缘关系近的种类如同一个属或同一个族的瓢虫取食的猎物也是近缘的。譬如，盔唇瓢虫族和寡节瓢虫属主要捕食盾蚧，红瓢虫属主要捕食身体软的介壳虫，食螨瓢虫捕食红蜘蛛（螨类），瓢虫族多捕食蚜虫等。

2）植食性瓢虫：食植瓢虫亚科及一部分瓢虫亚科的种类属于这一类。它们取食植物的叶子，有的喜欢豆角（豆科植物），有的喜欢茄子或马铃薯（葫芦科）等。

3）菌食性瓢虫：食菌瓢虫族及小盾瓢虫族部分种类属于这一类。这些瓢虫多取食白粉菌的孢子。

上面所述的只是瓢虫的适宜食物，即能使成虫产卵生殖并繁殖成功。有时缺乏适宜的食物，它们也会取食一些其他的食物来维持生命，但不能繁殖。这样的食物很广，包括许多节肢动物（活的或死的，也包括其他各种瓢虫）、花粉、花蜜、同翅目昆虫的蜜露、植物的幼嫩部分及汁液等。这些食物的营养不满足瓢虫的生殖需求，同时雌虫也不会在这些食物上产卵。在野外，我们常常可以见到一些瓢虫不在它们适宜的食物上取食，如取食阔叶树上叶甲的卵及小幼虫的六斑异瓢虫在竹子上捕食蚜虫。有时它们会取食一些类型完全不同的食物，以维持生命。如食蚜瓢虫会取食花蜜、植物的幼嫩部分等，以度过困难时期，等待下一顿大餐并繁殖后代。植食性瓢虫在困难期也会取食一些蜜露，甚至也会开荤，尝尝蚜虫的味道。食物的质量及数量对瓢虫的活力及生殖力有很大的影响。

不同捕食性瓢虫的食物常常不同，如食蚜瓢虫的小食谱各有不同。一种瓢虫的可口食物对另一种瓢虫来说，可能并不合适，甚至有毒。同一种蚜虫的不同型（如有翅型蚜虫或无翅型蚜虫的若虫），对瓢虫来说也存在营养上的巨大差异。这除与不同型蚜虫的营养不同有关外，可能还与不同型蚜虫对瓢虫产生的刺激不同有关。蚜群中有翅蚜增多，这对瓢虫来说是一个信号，表明蚜群将会逐渐离开此地。取食会变成有翅蚜的若蚜、少产卵也是瓢虫的一种生态适应。

（5）生境：生境即瓢虫生活的地方。农田、庭园、林地、草地及城市可认为是不同的生境，农田还可进一步细分为稻田、麦田、蔬菜田等。有蚂蚁的地方常有瓢虫，这是因为有蚂蚁的地方常有蚜虫、介壳虫等同翅目昆虫，而它们是瓢虫的食物。许多瓢虫只在特定的生境中生活，有时仅限于生活在特定生境的少数几种植物上。相反，许多种类如异色瓢虫、龟纹瓢虫是广布的，许多生境中均可发现它们的踪迹。判定典型生境的可靠标准是某种瓢虫能在那里繁殖，即成虫在那里产卵，幼虫能成长至成虫。

当生境中的食物变得稀少时，瓢虫会离开去他处寻找食物。在一个生长季节里，它们可在几个不同的生境里转换。七星瓢虫常常在麦子收割前后从麦田飞向棉田或其他生境。

瓢虫的一个种或几个种有时会大量聚集在某一特定场合一起越冬。由于避风、向阳及前一年尸体的气味等因素，瓢虫常常年复一年选择同一地点越冬，如发生于日喀则的二星瓢虫，常常在各种园林的老杨树翘起的树皮底下成百上千头的群集越冬。有时瓢虫会进入人类的住宅越冬，这在异色瓢虫中特别常见，尤其在我国的东北地区。

第二章　瓢虫的形态和瓢虫科的分类概述

第一节　瓢虫的基本形态特征

瓢虫的分类和识别是保护利用的基础，瓢虫的分类主要是对成虫的鉴定。因此，本章将重点介绍与分类有关的瓢虫成虫形态。这是基本理论，论述必须准确，故除了一些必要的变动外，本节的内容基本上全部引用了庞雄飞（1979）的论述。

瓢虫通常为短卵形至圆形，体长 1 ~ 16 mm，身体背面强烈拱起，腹面通常扁平。从背面看，前胸背板和鞘翅基部常紧密相连，通常宽度相近。头常嵌入前胸中，有时完全被前胸背板盖住。前胸背板和鞘翅背面光滑，或长有或稀或密的细小短毛。

瓢虫科属于鞘翅目，多食亚目，扁甲总科。大多数瓢虫区别于鞘翅目其他各科的主要特征如下：①跗节隐四节式。跗节的第 2 节宽大，第 3 节特别细小，第 4 节特别细长，第 3、4 节连接成跗爪端节，自第 2 节的下陷或分裂中伸出；有些种类第 3 节退化或与第 4 节愈合，因而跗爪端节仅有 1 节；但在四节瓢虫亚科 Lithophilinae（Tetrabrachinae）中，跗节的第 2 节不特别宽大，第 3 节不特别细小，第 4 节亦不特别细长而为四节式。②可见第 1 腹板上有后基线，这是瓢虫科区别于其他近缘科的重要特征。仅瓢虫亚科的长足瓢虫属 *Hippodamia* 和食植瓢虫亚科的龟瓢虫属 *Epiverta* 等个别种无此特征。③下颚须末节斧状，两侧向末端扩大，或两侧相互平行，如两侧向末端收窄，则前端减薄而平截。但小艳瓢虫亚科的下颚须末节呈锥形、长锥形、卵形或圆筒形而向末端缩小。

在瓢虫科中大多数种同时具备这 3 个特征，仅有少数只有其中的两个特征。长足瓢虫属和龟瓢虫属没有后基线，其跗节为隐四节式、下颚须末节斧状；小艳瓢虫亚科下颚须不成斧状，跗节隐四节式且有后基线；四节瓢虫亚科的跗节四节式，有后基线，且下颚须末节斧状。因而上述特征可以作为鉴别瓢虫科的依据，如果从 1 个甲虫中可找到 2 个或 3 个上述特征，我们可以认定它是瓢虫。一些属如展唇瓢虫属仅具后基线 1 个特征，只是这样的种类并不常见，至今采到的标本数量并不多。

1. 成虫的体形、大小、刻点及斑纹

瓢虫给人的印象是瓢形的甲虫。虫体周缘近于卵圆形，半球形拱起。这是大多数瓢虫种类的体形特征（图 4）。但在瓢虫科内，体形还有各种变异。主要有下面三个类型：

（1）瓢型：以瓢虫属 *Coccinella* 为代表，前胸背板近基部处最宽，从背面看，虫体周缘近于圆形、卵圆形或卵形，从横切面看近于半圆形（图5B、图5E）。

（2）突肩型：以突肩瓢虫属 *Synonycha* 为代表，与瓢型的区别在于鞘翅外缘向外平展甚宽，从背面看，虫体周缘近于圆形或短卵形，从横切面看近于盔形，鞘翅上有明显的肩胛突起（图5A、图5D）。

（3）长足型：以长足瓢虫属 *Hippodamia* 为代表，前胸背板近中部最宽，其侧缘接近弧形，虫体周缘长圆形，鞘翅的两侧缘中部近于平行，从横切面看扁平拱起（图5C、图5F）。

瓢虫的大小有明显的差异。在小艳瓢虫亚科 Sticholotinae 和小毛瓢虫亚科 Scymninae 中，有体长仅 0.8～1.5 mm 的微小种类，大部分是 1.5～4 mm 的小型种；其他亚科大多数为中型种，体长为 4～10 mm；在瓢虫亚科 Coccinellinae 和食植瓢虫亚科 Epilachninae 中，有体长超过 10 mm 的大型种，其中有的突肩瓢虫个别种，体长可达 17 mm。

瓢虫体背密被细毛或不被细毛，这是分类上常用的特征之一。前胸背板、小盾片、鞘翅及腹面的刻点或粗疏或细密，或深或浅，或粗深与细浅的刻点相间等特征常用以区别近似种。头部、前胸背板、小盾片、鞘翅及腹面的色泽及斑纹，也是常用的特征。瓢虫的体色多为红、橙、黄、白、黑等色，一些种还有金属光泽；斑纹多为点形，也有呈条形或网状的；在斑点较多的种类，常将一个鞘翅上的斑点自内而外，自前而后排成次序以便描述。但一些种内的体色及斑纹变异甚大，例如异色瓢虫 *Harmonia axyridis*（Pallas），鞘翅上浅色的基色上具有19个黑色斑点，或部分黑点消失以至全部消失，或黑点扩大连接而围绕成各种浅色斑纹以至全为黑色；又如裂臀瓢虫属，鞘翅上28个黑色斑点至仅留12个黑色斑点，或出现连斑，且其中还包括不同的种。这些种在应用色斑时要注意其变异规律和应用其他形态特征才能正确鉴别。

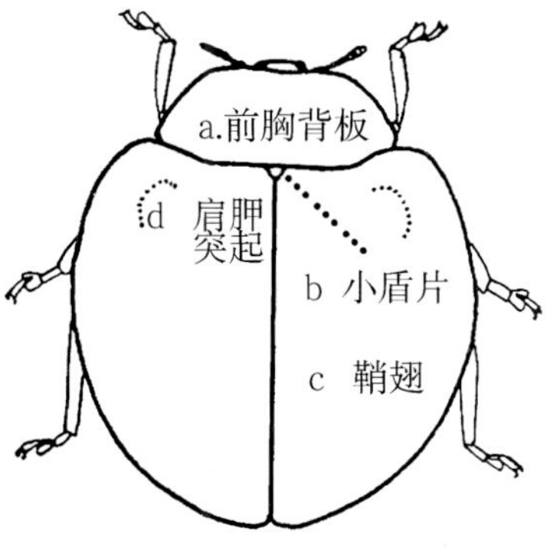

图4　瓢虫的背面形态
（图自庞雄飞，1979）

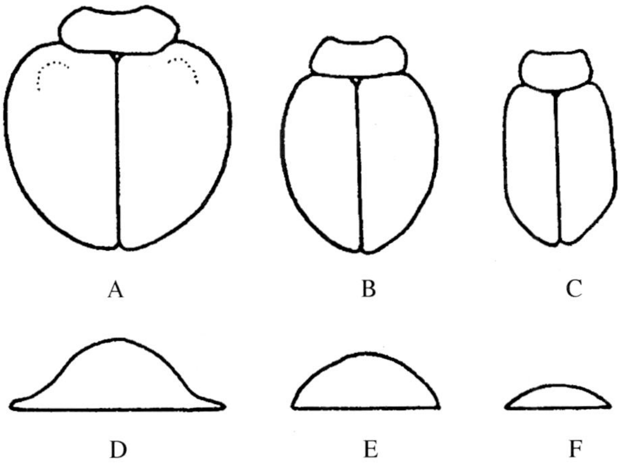

图5　瓢虫的体型特征（图自庞雄飞，1979）
A、D 前突肩型　B、E 瓢虫型　C、F 长足型

2. 成虫各部位形态特征

（1）头部：头壳结构比较简单，骨片愈合，甚至额与唇基的分界（额唇基缝）亦不明显。但头部骨片的一些部分伸延而成的特殊形态，成为重要的分类特征。

1）额：在两复眼与触角之间，与头顶无明显的分界。一些种类在两触角的后方额部向两侧形成细窄的额刺突，插入复眼而致复眼的内缘形成狭而深的内陷（刻眼瓢虫族 Ortaliini）。颊的分化更不明显，但一些种类如隐胫瓢虫亚科 Aspidimerinae 在复眼之前有一具纤毛的窄带，也可认为是颊的部分。

2）唇基：一般在复眼之前收窄，但在盔唇瓢虫亚科 Chilocorinae 中，唇基明显向两侧伸展于复眼之前，包围复眼前缘，且遮盖触角基部。在大多数种类中，上唇直接与唇基前缘相连；但盔唇瓢虫亚科中由于唇基前缘向前伸展，上唇基部的大部分甚至全部被伸展的唇基所遮盖，而在隐胫瓢虫亚科中，唇基前缘亦向前伸展，仅遮盖上唇的基部。唇基的特化可能与食性有关。

3）触角（图6）：一般11节，可分为柄节、梗节和鞭节，鞭节的端部常有明显的锤节。但一些种类触角节数减少，最少的仅有7节。触角一般细长，但一些种类如隐胫瓢虫亚科的柄节及梗节特别大，鞭节成短棒状；刀角瓢虫属 *Serangium* 的锤节仅有一节，呈刀状，形成该属的特有形态。

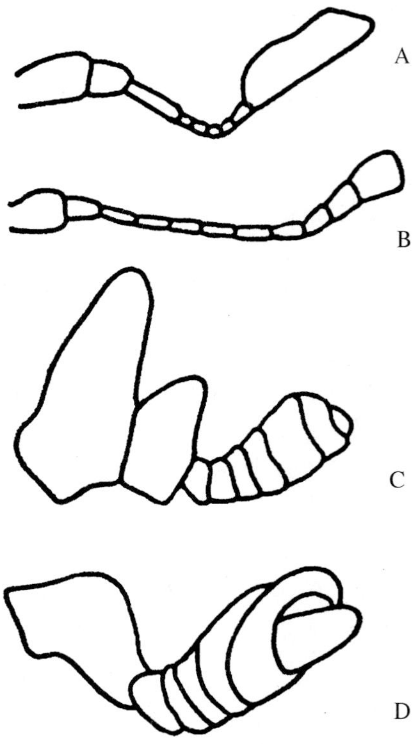

图6 瓢虫的触角类型（图自庞雄飞，1979）
A. 刀角瓢虫属 B. 瓢虫属 C. 隐势瓢虫属 D. 寡节瓢虫属

触角一般着生于头部背面或侧面，大多数着生于复眼之前。但食植瓢虫亚科 Epilachninae 的触角着生处偏于两复眼之间，即位于两复眼前缘延线的稍后方；盔唇瓢虫亚科的触角着生于头部的腹面，触角基部被伸展的唇基所遮盖。触角着生处（触角窝）的周缘简单或有边缝围绕，也是分类上常用的特征（图7）。

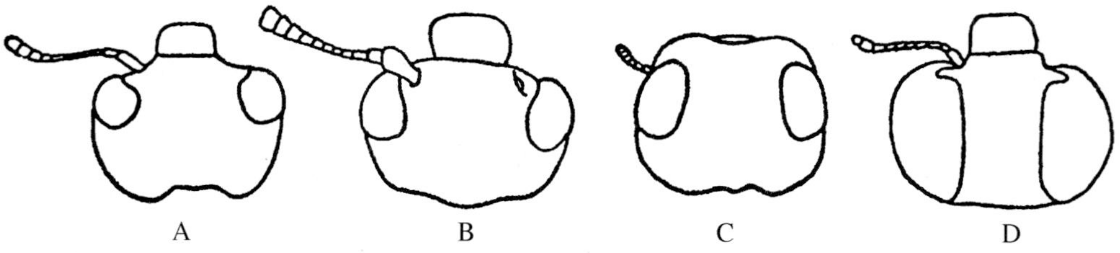

图7 触角着生于头部的位置（图自庞雄飞，1979）
A. 瓢虫属 B. 食植瓢虫属 C. 盔唇瓢虫属 D. 刻眼瓢虫属

4）上颚（图8）：上颚的构造与食性有密切的关系。捕食性的种类上颚末端尖锐，多数分裂为两个小齿（端齿和亚端齿），且绝大多数有基齿。植食性的种类（绝大多数为食植瓢虫亚科）的上颚，适应于植食性的特点，末端及内侧有多个小齿，但无基齿。

以真菌为食的种类（食菌瓢虫族Psylloborini）的上颚末端分裂为5～8个小齿，呈梳状，左右交错合拢，适于取食真菌的孢子和菌丝。瓢虫的上颚形态与食性的适应，是形态进化的有趣的例子。

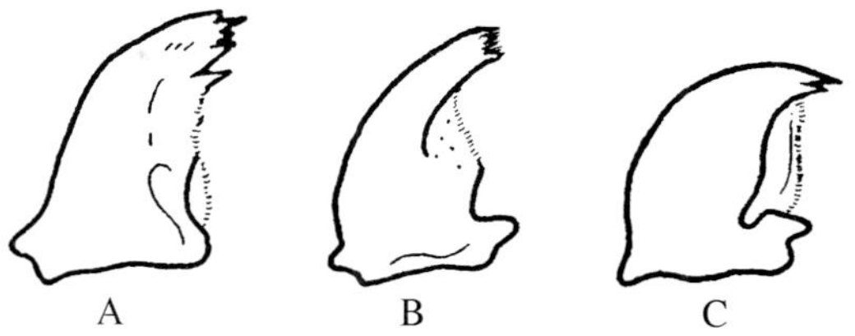

图8 瓢虫的上颚（图自庞雄飞，1979）

A. 食植瓢虫属，末端及侧缘有多个小齿，无基齿
B. 食菌瓢虫属，末端分裂为5～8个小齿，有基齿
C. 瓢虫属，末端分裂为2个小齿，有基齿

5）下颚（图9）：下颚须末节的形态成为瓢虫科分类的重要特征。瓢虫亚科和食植瓢虫亚科的下颚须末节两侧向端部变宽减薄、末端平截而呈斧状。大多数大型或中型的种类具有这个典型特征。但盔唇瓢虫亚科、小毛瓢虫亚科的大多数种的下颚须末节两侧近于平行或稍向端部收窄。小艳瓢虫亚科的下颚须末节常成细长的筒形、卵形或锥形，构成这个亚科的特殊形态。

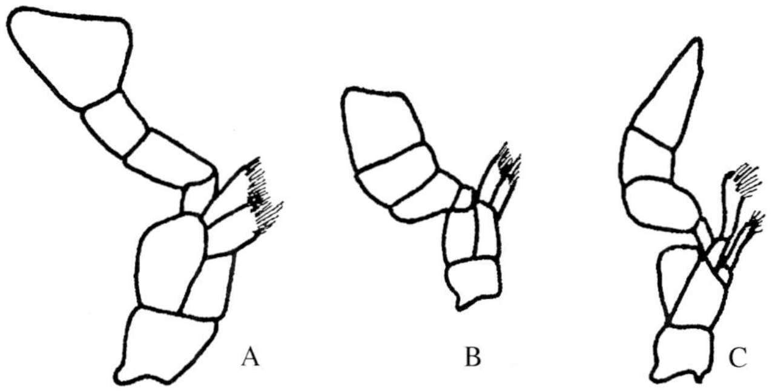

图9 瓢虫的下颚须类型（图自庞雄飞，1979）

A. 瓢虫属，下颚须末节斧状 B. 食螨瓢虫属，下颚须末节端部稍收窄，末端平截 C. 小艳瓢虫属，下颚须末节锥形

6）下唇：下唇可区分为颏、前颏及亚颏三部分。在食植瓢虫亚科中，颏呈梯形，基部较宽；而在大多数其他种类中，颏常向基部收窄；在小艳瓢虫亚科中，颏的基部甚窄而端部甚宽。下唇须一般着生于前颏腹面的两侧，且距颏的前端较远，下唇须基部的一节甚短；下唇须一般有三节，但红瓢虫属 *Redolia* 仅有两节。

（2）胸部：胸部背面仅前胸背板和小盾片外露，其他部分被鞘翅所覆盖。

1）前胸背板：一般横形，常窄于鞘翅基缘，或与鞘翅基缘同宽。前缘一般内凹。一些种类凹入甚深（如盔唇瓢虫属 *Chilocorus*），一些种类近于平截或仅弧形内凹。大多数种类前胸背板最宽处近于基部，但在长足瓢虫属等的最宽处位于中部，两侧呈弧形外弯。前胸背板的基角一般钝圆，但在四节瓢虫属 *Lithophilus* 等的一些种类中基角明显，且与鞘翅基缘紧密相接。前胸背板的侧缘及前缘是否具有边缝，也是分类上常用的特征。前胸背板在腹面的外露部分为前胸背板缘折，前胸背板缘折上是否有凹陷及凹陷的形状，是瓢虫亚科中用于属的分类特征。

2）小盾片：小盾片露出于前胸背板之后两鞘翅基部之间，呈三角形的小片，其形状或呈正三角形，或呈长三角形，或两侧弧形。小盾片上的刻点也常用于近似种的鉴别。

3）鞘翅：鞘翅常在背面紧密并合，中间形成直缝即鞘缝（鞘翅缝）。仅在眼斑瓢虫属 *Anatis* 中，鞘缝的后面部分凹入成纵沟，并着生细毛。鞘翅的外缘一般呈弧形外弯，但在长足瓢虫属等两侧缘中央之前近于平行。鞘翅基缘一般平直，至外段顺次后弯而形成肩角；但在原有的突肩瓢虫族 Synonychini 中，鞘翅基缘稍向前屈折而后顺次后弯而形成肩角，且于基缘屈折部分之后有明显的肩胛突起。鞘翅的外缘一般向下弯曲，或仅有细窄的向外平展的边缘，但在龟瓢虫属 *Epiverta*、小艳瓢虫属 *Sticholotis* 等鞘翅外缘向外平展甚宽。鞘翅于腹面的外露部分为鞘翅缘折（图 10），鞘翅缘折或宽阔而且到达末端，或狭窄而消失于末端之前。一些种类在鞘翅缘折上有下陷以承纳中、后足股节末端。鞘翅缘折常向内倾斜，或与腹面成水平，但在龟瓢虫属中，鞘翅缘折的外缘 2/3 与腹面垂直，而鞘翅缘折内缘的 1/3 与腹面成水平，因而内外成直角屈折。

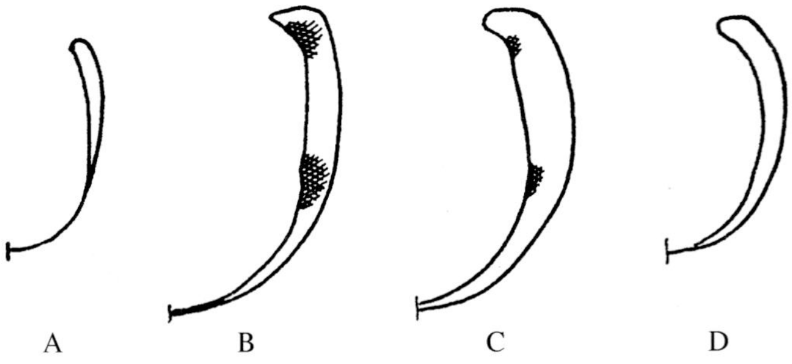

图 10　瓢虫鞘翅缘折的特征（图自庞雄飞，1979）

A. 小毛瓢虫属，缘折于中部逐步消失　B. 寡节瓢虫属，缘折宽阔且有深陷承纳股节末端　C. 盔唇瓢虫属，缘折宽阔，有深陷承纳股节末端，D. 瓢虫属，缘折消失于末端之前

4）前胸腹板（图 11）：一般呈“T”形。为了便于描述，我们把两前足基节窝之前横置的部分称为基片，两前足基节窝之间向后突出的部分称为前胸腹板突。前胸腹板突的两侧常有纵隆线，纵隆线围绕区常简称中隆区。在刀角瓢虫属中，前胸腹板略成三角形，无纵隆线。在食螨瓢虫属 *Stethorus* 中，基片的前缘中部向前弧形弯曲，且向下斜伸，亦无纵隆线。在隐唇瓢虫属 *Cryptolaemus* 中，基片大且长，纵隆线甚短；在弯叶毛瓢虫属 *Nephus* 中，前胸腹板呈正常的“T”形，但无纵隆线。在小毛瓢虫属中，前胸腹板呈正常的“T”形，有明显的纵隆线。在方突毛瓢虫属 *Sasajiscymnus* 中，前胸腹板基片甚短，外露部分呈线状的横带，前胸腹板突呈方形。前胸腹板及其纵隆线的形态，成为分类上常用的特征（图 12）。

5）中胸腹板：中胸腹板近于方形或梯形，其前缘平直、弯曲或中央内凹以承受前胸腹板突，其侧面外露于腹面的三角形或梯形的骨片为中胸后侧片（图 11）。

6）后胸腹板：后胸腹板在中足基节之间形成前突。后胸腹板侧面的长形骨片为后胸前侧片，后胸前侧片后方的横形骨片为后胸后侧片。后胸前侧片前缘一般平截，但在食植瓢虫亚科的后胸前侧片前缘斜截，成为该亚科的特征之一（图 11）。

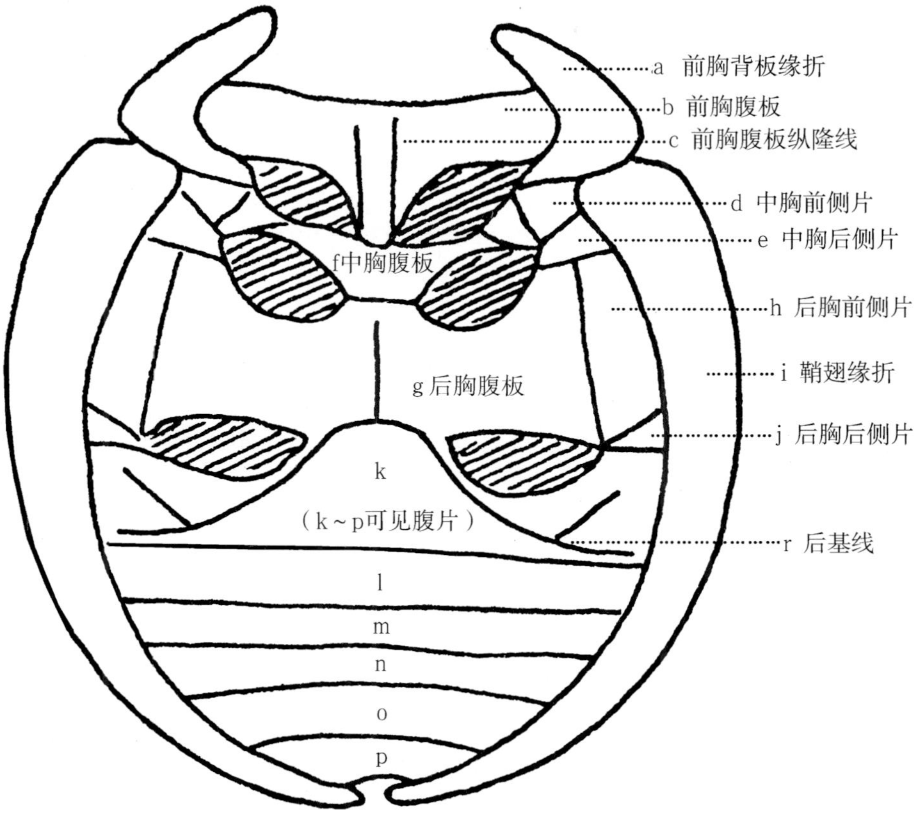

图 11　瓢虫的胸腹部腹面（图自庞雄飞，1979）

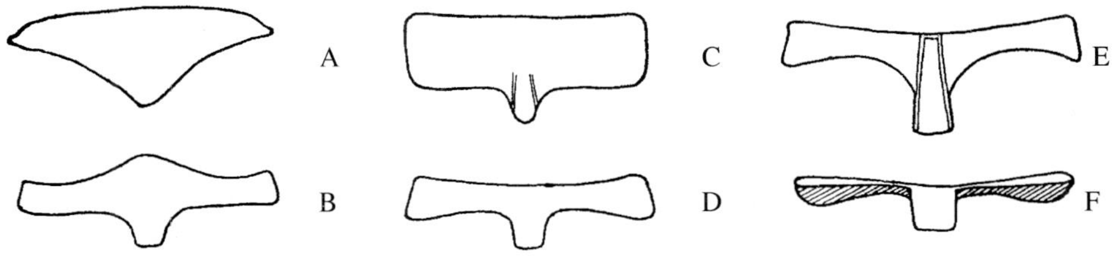

图 12　瓢虫前胸腹板的各种形态（图自庞雄飞，1979）

A. 刀角瓢虫属　B. 食螨瓢虫属　C. 隐唇瓢虫属　D. 弯叶毛瓢虫属
E. 小毛瓢虫属　F. 方突毛瓢虫属

7）足：股节一般不露出于体缘之外（甚至全部隐于鞘翅缘折及腹面的下陷之中，如隐胫瓢虫亚科 Aspidimerinae），但长足瓢虫族等由于体缘狭窄，股节末端露出于体缘之外。一些种类股节扁平扩展，甚至可全部遮盖胫节（如隐胫瓢虫亚科等）。胫节一般细长，但一些种类甚扁平，或外缘呈角状突出（如盔唇瓢虫属），或有纵沟以承纳跗节（如红瓢虫属）（图 13）。

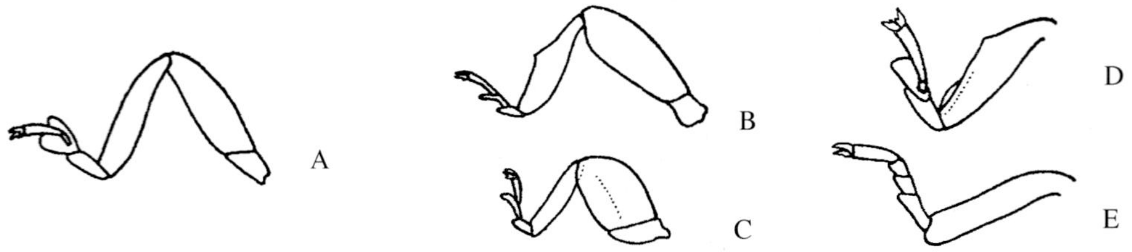

图 13　瓢虫的足（图自庞雄飞，1979）

A. 瓢虫属，跗节隐四节式　B. 红瓢虫属跗爪端节仅有 1 节，胫节外缘有角状突起
C. 隐胫瓢虫属，股节扁平，扩大，胫节可被覆盖　D. 盔唇瓢虫属，
胫节外缘有角状突起　E. 四节瓢虫属，跗节四节式

跗节一般为隐四节式。跗节第 2 节宽大，第 3 节特别细小，第 4 节细长，第 3、4 节连接成跗爪端节，自第 2 节的下陷或分裂中伸出。有些种类第 3 节退化或与第 4 节愈合，因而跗爪端节仅有 1 节（如红瓢虫属、隐胫瓢虫属等）。但在四节瓢虫亚科 Lithophilinae（Tetrabrachinae）中，跗节第 2 节不特别宽大，第 3 节不特别小，第 4 节亦不特别细长而为四节式。

（3）腹部：

1）腹部可见腹板：5 或 6 节，少数种第 7 节露出于腹部末端（图 11）。从比较形态上来看，第 1 可见腹板实际上由第 1、2 腹板愈合而成，第 2 至第 6 可见腹板实际上是第 3 至第 7 腹板。在习惯上亦把第 1 至第 6 可见腹板称为第 1 至第 6 腹板。第 1 腹板较大且长，中部向前伸展构成两后足基节间的前突而与后胸腹板后缘相连。前突的前缘成弧形或平截；自前突的两侧各有一隆线向后及向两侧弧形伸出，在第 1 腹板上形成一对弧形的隆线即后基线（图 14）。瓢虫科中除长足瓢虫属和龟瓢虫属外都有后基线。具有后基线是瓢虫科区别于鞘翅目其他各科的重要特征。一些种类后基线呈半圆形，其末端到达第 1 腹板前缘，称为完整的后基线。一些种类的后基线亦近于半圆形，但末端消失于第 1 腹板前缘之前，称为近于完整的后基线。一些种类的后基线呈 1/4 圆，其末端伸向第 1 腹板的侧缘或伸达第 1 腹板的侧缘，称为不完整的后基线。在不完整的后基线中，还有一些种类具有向前外方斜伸的侧支，称为分支的后基线。后基线的特征常用于种间及类群之间的区别。在后基线围绕的区域称后基区，在小毛瓢虫亚科中，后基区内的刻点粗疏或细密，分布均匀或沿后基线附近光滑无刻点的区域等特征，也用于种间或亚属之间的区别。

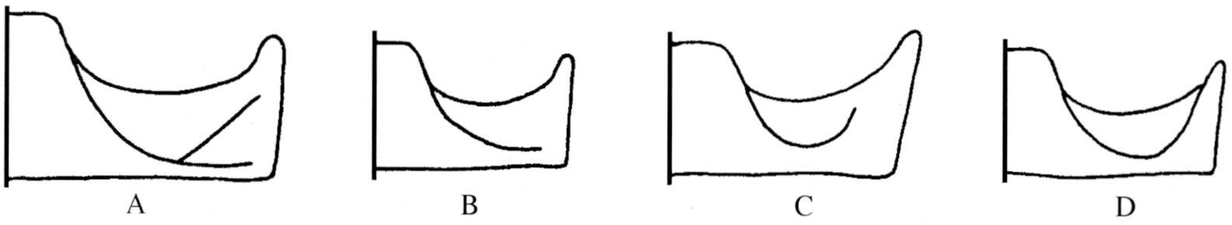

图 14　后基线的各种类型（图自庞雄飞，1979）

A. 分叉的后基线　B. 不完整的后基线　C. 近于完整的后基线　D. 完整的后基线

大部分瓢虫的第二性征并不明显，难于区别雌雄，但第 5 或第 6 腹板后缘的形态

常可作为雌雄区别的参考。多数雌性第 5 或第 6 腹板弧形向外突出，而雄性第 5 或第 6 腹板后缘常较平直或内凹，或有轻微的凹陷或缺切。

2）外生殖器：从比较形态上来看，腹部第 9 及第 10 节构成生殖节。在分类应用上，生殖节是骨化程度较强且用氢氧化钠或氢氧化钾溶液处理后比较稳定的部分。

外生殖器在种内比较稳定而种间常有明显的差别，在瓢虫科中常用来作为近似种鉴别的依据。

雄性外生殖器主要分为弯管（阳茎）及阳基（阳茎基）两部分。弯管常为弯曲的管状，其基部常扩大为弯管囊。弯管囊突出于弧外的称为外突，突出于弧内的称为内突，弯管的末端部分称为弯管端，一些种类的弯管端形成特殊的形态，甚至有特殊的附突。阳基可分为基片、中叶及两侧叶，且常有强度骨化的基柱。在大多数瓢虫中，阳基在腹部的位置常偏于左方（从背面看），侧置，侧叶向外而腹面向内；弯管成弧形弯曲，端部插入基片和中叶之内，中叶的腹面为弯管的开口（图 15）。

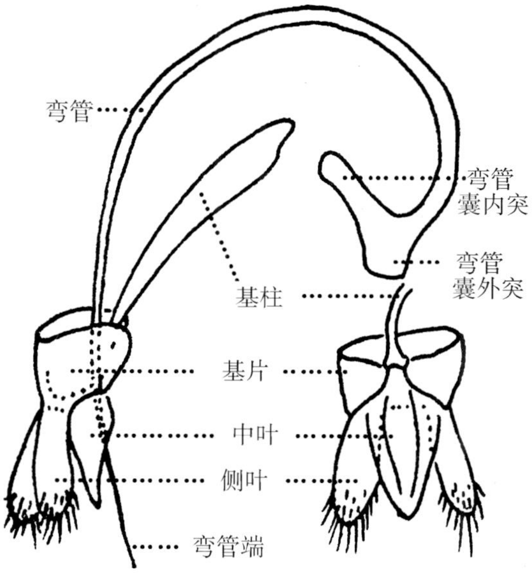

图 15　雄性外生殖器构造
（图自庞雄飞，1979）
右下方为阳基的腹面观（正面观）

雌性外生殖器在分类上常应用生殖片（基腹片）及受精囊的形态特征。在一些情况下，还可应用第 10 腹板的特殊形态（图 16）。

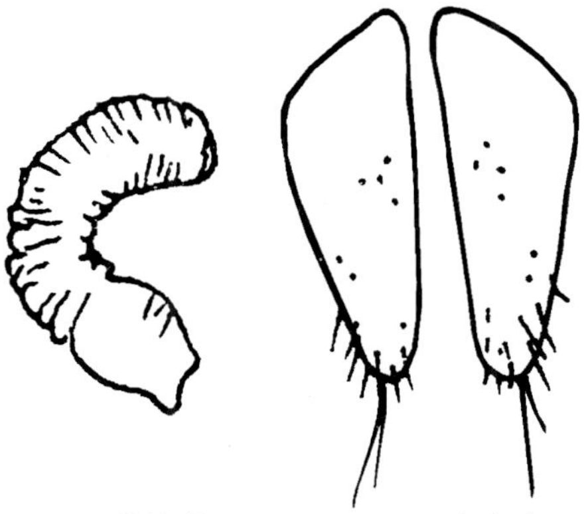

图 16　雌性外生殖器
（图自庞雄飞，1979）

值得注意的是，在解剖观察标本的时候，不同的观察角度也会得到不同的结果，甚至会将同一种瓢虫看成是不同的种。如作者在观察察隅食植瓢虫的时候，首先看到的是玻片水滴上的弯管背面，弯管基本上是直的；后来去掉水滴才看到侧面，看到的结果则完全不一样了，根据当时照片描成的线条图（图 17）。又如我们在观察长崎齿瓢虫上颚的时候，从背面和内侧面观察的情况也是完全不同的（图 18）。

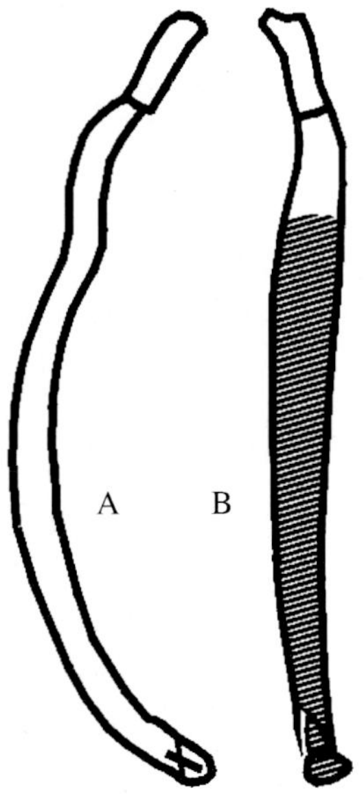

图17　不同角度观察到的察隅食植瓢虫弯管
A. 侧面观　B. 背面观

图18　不同角度观察到的长崎齿瓢虫上颚
A. 背面观　B. 侧面观

第二节　瓢虫科的分类

1. 亚科的分类[2]

Coccinellidae（瓢虫科）的名称首先是由韦斯特伍德（Westwood，1839）开始应用的。至1846年，马尔桑特（Mulsant）在*Histoire des Colepteres de France*中把这个类群称为“Securipaipes”（下颚须斧状的）。在这个分类系统中，以体背是否被毛为特征而把瓢虫分为两大类群的系统没有被后人所采纳，但在这两类下面的群，相当于族，大部分仍保留下来。

克罗奇（Crotch，1874）把瓢虫科分为7个亚科，即Coccinellides（Coccinellides、Epilachnides）、Thythaspides、Chilocorides、Hyperaspides、Scymnides、Exoplectrides、Rhizobiides。

在这7个亚科中，Coccinellides包括了Coccinellides和Epilachnides，这两个类群的食性显然不同，前者食蚜，后者食植，而Thythaspides的特征实际上甚近似于Coccinellides，目前作为瓢虫族（Coccinellini）中的一个属。除此以外，在这个系统中其他各亚科在形态上有明确的区别。

蔡皮乌斯（Chapius，1876）注意到瓢虫科的食性，把瓢虫科分为两大类，即Phytophages（食植瓢虫）和Aphidiphages（食蚜瓢虫）。其中Phytophages包括了相当于马尔桑特（Mulsant，1846）系统中的Epilachnidis，而Aphidiphages则包括了Coccinellides中的其他部分。

蔡皮乌斯（Chapius，1876）的系统曾在相当长的时期内作为瓢虫科分类的基础。维斯（Weise，1879—1925）的系统也基本上是以这个系统为基础的。但当时注意到其中的一些种类与瓢虫科的“下颚须呈斧状”的特征不相符合，因而，维斯（Weise，1887）把下颚须末节不呈斧状的另建立了一个独立的科（拟瓢虫科）。但以后学者的著作中仍将这个类群归入瓢虫科内。

刚尔鲍尔（Ganglbauer，1899）把 Phitophages 称为 Epilachninae（食植瓢虫亚科），而 Aphidiphages 称为 Coccinellinae（瓢虫亚科），把拟瓢虫科归入瓢虫亚科内而成 Pharini 族。同时，把其中跗节为四节式的 *Lithophilus*（*Tetrabrachys*）属列为独立的亚科 Lithophilinae（Tetrabrachinae）（四节瓢虫亚科），从而建立了把瓢虫科分为三个亚科的系统。

瓢虫科分为三个亚科的系统在一个相当长的时期内继续被采用。哥尔舍夫斯基（Korschefsky，1931－1932）是采用分为三个亚科的系统来整理当时已有记录的瓢虫种类。

胡经甫（1937）在《中国昆虫名录》中的瓢虫名录和刘崇乐（1963）在《中国经济昆虫志：第五册瓢虫科（一）》中，也都采用了瓢虫科分为三个亚科的上述系统。

马德尔（Mader，1926—1937，1941，1951，1954，1955）、卡普尔（Kapur，1963）、比拉夫斯基（Bielawski，1959）、富尔希（Fursch，1960，1963）、阿尔尼特（Arnett，1962）、巴勒克维尔德尔（Blackwelder，1944—1957）、杂斯拉夫斯基（Zaslavskii，1965）等也采用了把瓢虫科分为三个亚科的上述系统。

在亚科的名称中，四节瓢虫亚科 Lithophilinae 由于 *Lithophilus* 的属名曾在步行虫科中早先采用，因而一些学者建议改用 *Tetrabrachys* 的属称，而四节瓢虫亚科也改用 Tetrabrachinae。卡普尔（Kapur，1948）、马德尔（Mader，1955）、刘崇乐（1963）等都是采用这个亚科名和属名的。但由于 *Lithophilus* 在步行虫科中属于废弃名称，因而仍有维持原定属名、科名的意见，如任顺祥（2009）用的就是 *Lithophilus*（四节瓢虫属）的属名。

佐佐治宽之（Sasaji）从幼虫的特征研究了瓢虫科的系统发育问题（Kamiya，1965），并以成虫及幼虫的比较形态研究了系统发育（Sasaji，1968），从自然分类的观点出发，把瓢虫科分为 6 个亚科，即小艳瓢虫亚科 Sticholotinae、小毛瓢虫亚科 Scymninae、盔唇瓢虫亚科 Chilocorinae、红瓢虫亚科 Coccidulinae、瓢虫亚科 Coccinellinae、食植瓢虫亚科 Epilachninae。这一分类系统得到了广泛的认可，并在 20 世纪后半叶得到瓢虫科分类学者的普遍重视。富尔希（Fursch，1971）、佐佐治宽之（Sasaji，1971）等继续应用这个系统。虞国跃（2011）在编著《台湾瓢虫图鉴》时，也是采用上述 6 个亚科的分类系统，在其 1994 年的著作中又把新红瓢虫族 Singhikaliini 归在瓢虫亚科中（Yu，1994）。

庞雄飞、毛金龙（1979）在著述《中国经济昆虫志：瓢虫科（二）》时也是以这 6 个亚科为基础的，并且认为，大多数瓢虫跗节的隐四节式（包括跗爪端节 2 节或 1 节的类型）与四节瓢虫亚科跗节的典型四节式之间是有明显区别的。从形态进化的观点看来，四节瓢虫跗节的形态不能不看成是与其他类群亲缘关系较远的一个标志，因此建议保留四节瓢虫亚科 Lithophilinae。隐胫瓢虫成虫触角着生于头侧面偏于腹面；唇基向两侧延伸，在复眼之前形成一横带，横带上着生纤毛，唇基的两侧内凹，因而触角基部不完全被遮盖；唇基亦向前延伸而遮盖上唇的基部，上唇着生于唇基的腹面；下颚须末节宽扁；中、后足股节可隐于股节下面、鞘翅缘折的下陷和腹面的凹陷之中；第 1 腹板后缘向后呈弧形突出，使第 2 腹板的中部甚短于其两侧。根据这些特征加上研究了原有隐胫瓢虫族的幼虫形态后，建议将原有的隐胫瓢虫族提升为隐胫瓢虫亚科 Aspidimerinae。这样，瓢虫科就分为了 8 个亚科，即小艳瓢虫亚科 Stcholotinae、小毛瓢虫亚科 Scymninae、隐胫瓢虫亚科 Aspidimerinae、盔唇瓢虫亚科 Chilocorinae、红瓢虫亚科 Coccidulinae、瓢虫亚科 Coccinellinae、食植瓢虫亚科 Epilachninae、四节瓢虫亚科 Lithophilinae（Tetrabrachinae）。

Kovar（1996）新增了 1 个亚科，即将原 8 个亚科中属于小毛瓢虫亚科的刻眼瓢虫族 Ortaliini 和红瓢虫亚科的短角瓢虫族 Noviini 合并组建为刻眼瓢虫亚科 Ortalinae。

任顺祥（2009）在编著的《中国瓢虫原色图鉴》中，保留了 Kovar（1996）的刻眼瓢虫亚科 Ortalinae，但仅包括原小毛瓢虫亚科的刻眼瓢虫族。另外，将原瓢虫亚科的显盾瓢虫族提升为显盾瓢虫亚科 Hyperaspinae。这样，瓢虫科一共分为 10 个亚科。

2. 族的分类

对于亚科以下的分类，依据研究过的种数计算，主要有瓢虫亚科、食植瓢虫亚科和小毛瓢虫亚科等 3 个亚科。现分别简述如下。

（1）瓢虫亚科：在瓢虫亚科的分类阶元内，包括了 Korschefsky（1931，1932），Mader（1955），刘崇乐（1963），庞雄飞、毛金龙（1979）所列入的瓢虫族 Coccinellini、突肩瓢虫族 Synonychini、食菌瓢虫族 Psyloborini 和庞雄飞、毛金龙（1979）所列入的长足瓢虫族 Hippodamiini。Sasaji（1968，1971）把瓢虫族、突肩瓢虫族、长足瓢虫族合并为瓢虫族 Coccinellini。Iablokoff – Khnzorian（1979）则把 4 个族全部合并为瓢虫族 Coccinenllini。

在任顺祥（2009）、虞国跃（2010）的著作中，把瓢虫亚科分为瓢虫族 Coccinellini、小盾瓢虫族 Tytthaspidini、食菌瓢虫族 Psyllobolini、新红瓢虫族 Singhikaliini 等 4 个族。

虞国跃（2010）在对瓢虫亚科进行了全面的研究后，在《中国瓢虫亚科图志》中列出了我国所有已知瓢虫亚科的种类，共计 4 族 37 属 165 种，其中包括 11 个新纪录种，10 个新异名和 6 个新组合。每种列出相关的研究文献、外部形态特征、分布，并对其鉴别特征、生物学等进行注释，除 12 种没有标本图外，其他均提供彩色标本图，其中 93 种具成虫生态图，46 种具幼期图，是我国目前最权威、在全球也有很大影响力的瓢虫亚科专著。

（2）食植瓢虫亚科：在食植瓢虫亚科的分类阶元内，过去的材料中，食植瓢虫亚科不分族，或仅有一族，即食植瓢虫族 Epilachnini。谢佛罗勒（Chevrolat）于 1873 年首先应用食植瓢虫属 *Epilachna* 这个属名，把当时已知的欧洲、亚洲、美洲的种类列入该属之中，但没有指定属模，也没有描述属征。*Epilachna* 的属模是何甫（Hope，1840）指定的，但仍没有描述该属的特征。该属的特征是由雷登巴赫尔（Redtenbacher，1843）所描述的，当时描述该属的特征为“上颚有多个端齿，端齿侧缘锯齿状；唇舌锥形，末端钝圆；跗爪分裂，有一尖锐而宽阔的齿”。

至1898年，维斯（Weise）根据跗爪有基齿或无基齿为主要特征，以雷登巴赫尔（Redtenbacher，1843）所描述的特征为依据，将跗爪有基齿的保留于 *Epilachna* 属内，而将跗爪无基齿的分出，建立了 *Solanophila* 属。迪克（Dieke，1947）在检查了 *Epilachna* 的属模 *E. borealis* F. 后，发现雷登巴赫尔（Redtenbacher，1843）的描述与属模本身的特征并不完全符合，特别是 *E. borealis* F. 的跗爪无基齿。*Solanophila* 作为分属的主要特征即跗爪无基齿，刚好就是 *Epilachna* 属本来的特征。因此，迪克（Dieke，1947）把 *Solanophila* 列为 *Epilachna* 属的异名；同时，据雌性第6腹板是否纵裂作为主要特征，辅以跗爪的构造而将 *Epilachna* 属分为3个属。把雌性第6腹板不纵裂而跗爪无基齿的建立新属 *Afissa*；把雌性第6腹板不纵裂而跗爪有基齿的建立新属 *Afidenta*；雌性第6腹板纵裂而跗爪有基齿的仍保留在 *Epilachna* 属内。

直至1961年，李景星和库克（Li et Cook，1961）在检查 *E. borealis*（*Epilachna* 的属模）的雌性时，发现其第6腹板中央并不纵裂，仅在中央纵线骨化较弱；同时检查了 *E. flavicollis* 的雌性，其第6腹板中央纵线稍有下陷。迪克（Dieke，1947）在建立 *Afissa* 属时没有明确指定属模，但他是以 *E. flavicollis* 作为典型而与其他属模比较的，这也可以认为它是作者所指定的属模。因而两个属的模式种在主要形态上是近似的，同样是跗爪无基齿，第6腹板不纵裂。这样，李景星和库克（Li and Cook，1961）把 *Afissa* 属列为 *Epilachna* 属的异名。与此同时，他们把跗爪分裂而有基齿，第6腹板纵裂，雄性外生殖器中叶上有细毛的种，建立裂臀瓢虫属 *Henosepilachna*，并以 *E. sparsa*（*E. vigintioctopunctata*）为属模；而跗爪无基齿，第6腹板不纵裂的仍保留于食植瓢虫属内；崎齿瓢虫属 *Afidenta* 不做改变。

在20世纪60年代以来的著作中，渐趋于同意李景星等（1961）的意见。如比劳斯基（Beilawski，1964）及他以后的著作，也将 *Afissa* 列为 *Epilachna* 的异名。佐佐治宽之（Sasaji，1968，1971）、Kamiya（1965）也应用了 *Henosepilachna* 以整理日本的瓢虫区系，富尔希（Fursch，1971）也应用了这个属称。

国内对于食植瓢虫亚科的研究，首先是庞雄飞等（1977）对西藏的食植瓢虫亚科进行了研究，著有《西藏自治区瓢虫记述：食植瓢虫亚科》，共记述了西藏食植瓢虫亚科19种，其中6个新种，7种为我国分布的新纪录。

庞雄飞等（1979）也认为李景星对于裂臀瓢虫属 *Henosepilachna* 和食植瓢虫属 *Epilachna* 的处理是合理的。庞雄飞、毛金龙（1979）在所著的《中国经济昆虫志：瓢虫科（二）》中，记述了我国食植瓢虫亚科已达7属61种，并将食植瓢虫亚科分为食植瓢虫族 Epilachnini、龟瓢虫族 Epivertini、豆形瓢虫族 Subcoccinellini。这3个族的系统一直沿用至今。

国内比较零散的对食植瓢虫亚科的研究，还有曹诚一、肖宁年（1984）对云南食植瓢虫8个新种的记述，曹诚一、王红（1990）对云南长崎齿瓢虫的记述，虞国跃、庞雄飞（1993）对内隆裂臀瓢虫的记述，虞国跃（2000，2004）对河南、西藏食植瓢虫亚科的研究和新种记述，彭正强、庞雄飞（2001）对拟球端食植瓢虫的记述，曾涛等（1996）对弄岗崎齿瓢虫、鸟喙崎齿瓢虫描述，曾涛和杨莲芳（1996）对花端食植瓢虫、短叶食植瓢虫、浪平食植瓢虫、靴管食植瓢虫、管刺食植瓢虫的记述，曾涛（2000）对网纹食植瓢虫、峨眉食植瓢虫的记述，曾涛（2002）对茂兰食植瓢虫的记述。

（3）小毛瓢虫亚科：在小毛瓢虫亚科的分类阶元内，除了Kapur、Sasaji等国外学者对小毛瓢虫开始研究较早以外，我国的相关研究工作也很早就已展开。庞雄飞（1986）首先发表了《中国的小毛瓢虫族》一文（英文），后来（1985，1986，1988，1990）又对广东、福建、广西等地的小毛瓢虫进行了系统研究。虞国跃、任顺祥从1990年起系统进行了小毛瓢虫亚科的研究，并从1991年起分别对浙江、湖南等地的小毛瓢虫新种进行了报道。虞国跃、庞雄飞（1992）发表了《中国小毛瓢虫属厘定》一文，为国内学者继续研究打下了基础。

另外，在地方志的编著方面，目前真正将瓢虫科编著为地方志的并不多，仅有陕西（魏建华等，1985）、云南（曹诚一等，1992）和台湾（虞国跃等，1999；虞国跃，2011）等完成了瓢虫科的地方志编著。有些省区仅仅是将瓢虫科列入地方志的《昆虫图志》或《天敌昆虫图册》中，如青海的瓢虫科昆虫记述放在《青海经济昆虫志》（1994）中，广西壮族自治区放在《广西经济昆虫图册》（1990）中。而不少的省区市仅有一个《瓢虫科昆虫名录》。如福建、江西、海南等省均是如此。还有不少省区市连一个完整的名录也没有。

在本书中，我们除了仍按我国沿用的习惯将瓢虫亚科的长足瓢虫族继续保留独立的地位以外，瓢虫亚科的其他族完全按虞国跃（2010）设立的族、属系统进行记述。食植瓢虫亚科和小毛瓢虫亚科（除刻眼瓢虫族外），按照庞雄飞等（1979，1986，1991）等设立的族、属系统进行记述。其他亚科则按照任顺祥10个亚科的系统进行记述。

第三节　瓢虫的亚科检索表

瓢虫科分亚科是瓢虫分类的第一步，为了使亚科的分类更加清晰、明了，本节以庞雄飞等（1979）分8个亚科的检索为基础，编制了10个亚科的检索表。

1（18）跗节隐四节式，第2节宽大，第3节特别细小，第4节细长，第3、4节构成跗爪端节，自第2节的分裂或下陷中伸出；或第3节退化，或第3节与第4节愈合而跗爪端节仅有1节。

2（3）触角着生处位于头部的腹面，唇基向前及向两侧伸展成片状，包围复眼前缘，遮盖触角基部，上唇的基部以至全部亦被伸展的唇基所遮盖。背面被毛或光滑。跗爪端节一节或两节……………………………………………………………………… 盔唇瓢虫亚科 Chilocorinae

3（2）触角着生处位于头部的背面或侧面；唇基不向两侧延伸，即使延伸亦不遮盖触角基部。

4（5）触角着生处偏于两复眼之间，即位于两复眼前缘延线之上；背面密披细毛；下颚须末节斧状；跗爪端节一般两节…………………………………………… 食植瓢虫亚科 Epilachninae

5（4）触角着生处位于两复眼之前，即位于两复眼前缘延线之下；体背被毛或光滑。

6（17）下颚须末节斧状，两侧向末端宽展或近于平行；如两侧向末端收窄，则向端部减薄而前端平截。

7（8）唇基向两侧伸展而于复眼前缘形成具纤毛的窄带，唇基的侧面内凹，不遮盖触角基部；触角着生处位于两侧而偏于腹面；第 1 腹板后缘弧形后弯，因而第 2 腹板的中央甚短于两侧的长度；股节宽扁，鞘翅缘折及腹面有深凹以承纳中、后足股节，其胫节全长可隐于下陷之内，被宽展的股节所遮盖；体背面披毛…………………………………… **隐胫瓢虫亚科 Aspidimerinae**

8（7）复眼前面无具纤毛的窄带所围绕；触角着生于背面或两侧，但不偏于腹面，第 1 腹板后缘平截。

9（12）体背光滑，不被细毛。下颚须末节斧状；触角 11 节；跗爪端节 2 节。体中至大型。

10（11）触角短于头长，锤节圆锥形。鞘翅缘折及腹面有深凹以承纳中、后足股节。胫节外缘有角状突起。小盾片较大。阳基中叶不对称………………………… **显盾瓢虫亚科 Hyperaspinae**

11（10）触角 11 节，触角着生处位于两复眼前缘延线之前，不在复眼之间。鞘翅缘折及腹面无深凹，或仅于缘折上有浅凹以承纳股节末端。胫节正常，外缘无角状突起…………………………………………………………………………………………… **瓢虫亚科 Coccinellinae**

12（9）体背密被细毛。下颚须末节斧状，或两侧向端部稍扩大或近于平行，少数向末端收窄，但向端部减薄而前端平截；触角 11 节或少于 11 节。

13（14）前胸背板常窄于鞘翅基缘，其后角钝圆，与鞘翅基缘不紧密衔接；如前胸背板与鞘翅基缘同宽，两者紧密衔接，则前胸背板中部或近中部处最宽；跗爪端节常仅有 1 节。体中型…………………………………………………………………………………**红瓢虫亚科 Coccidulinae**

14（13）前胸背板与鞘翅基缘同宽，两者紧密衔接；如前胸背板后角钝圆，其最宽处仍近于基部。

15（16）体微小至小型。下颚须末节斧状，如两侧向前收窄则端部较扁平。触角着生于复眼之前，不被唇基遮盖，复眼一般，卵形………………………………… **小毛瓢虫亚科 Scymninae**

16（15）复眼大，内缘相互平行，在触角附近有一额刺突插入复眼内缘而形成狭而深的内陷。跗节三节式……………………………………………………………… **刻眼瓢虫亚科 Ortaliinae**

17（6）下颚须末节锥形、长锥形、卵形或圆筒形而向末端缩小，不呈斧状；颏及亚颏向基部收窄。背面披毛或光滑。体微小至小型，少数中型……………………**小艳瓢虫亚科 Sticholotinae**

18（1）跗节四节式，第 2 节不特别宽大，第 3 节不特别细小，第 4 节不特别细长；体背面密被细毛……………………………………………………………………… **四节瓢虫亚科 Lithophilinae**

第三章　青藏高原瓢虫种类记述

第一节　小毛瓢虫亚科 Scymninae

背面密被细毛。前胸背板近基部处最宽，其后缘与鞘翅基缘同宽，两者紧密衔接。触角着生于复眼之前头部背面或侧面，不被唇基所遮盖。下颚须斧状，如两侧向前收窄，则端部较扁平，不呈锥形，不呈卵形，亦不呈圆筒形。[2]

体微小至小型，少数中型。复眼前面裸露，其前缘无带毛的窄带。复眼一般中等大小，卵形。触角短，最长的亦仅及头宽的2/3。前胸腹板呈正常的“T”形，或前缘中央向前反向下弧形突出，或基片甚长，或基片甚短而成细窄的横带。可见腹片6节，有时还可见外露的第7节。跗节隐4节式，一些种类跗爪端节仅有1节。[2]

小毛瓢虫族 Scymnini

复眼卵圆形，中等大小，前面无带纤毛的窄带所包围。复眼的内缘不相平行，无额刺突插入而形成的深而窄的内凹，或在触角之后仅有弧形的内凹。前胸腹板前缘齐平或稍内凹，前缘中央不呈弧形向前突出，可见腹板6节。[2]

体微小至小型，少数中型。虫体周缘卵形至长卵形，拱起，鞘翅的外缘不明显向外平展。触角8～11节，着生于头部复眼之前。下颚须末节宽展而呈斧状，或两侧近于平行而前端平截。前胸腹板基片及前胸腹板突呈正常的“T”形。但一些种类基片甚长大，其长度大于前胸腹板突宽度的3倍；一些种类基片甚短，其外露部分呈成线状的横带。前胸腹板突长形或方形；有纵隆线或无纵隆线。鞘翅缘折狭窄，消失于末端之前，无明显的下陷以承纳股节末端。后基线完整或不完整；后基线围绕区内的刻点细密，分布均匀，或刻点粗疏，或分布不均匀而沿后基线有光滑而无刻点的部分。足股节及胫节细长。跗节隐四节式，但一些种类跗爪端节仅有1节。[2]

弯叶毛瓢虫属 *Nephus* Mulsant，1846

前胸腹板基片的长度相当于前胸腹板突的宽度。后基线不完整，一般仅及第1腹板后缘。后基线围绕区内的刻点分布不均匀，沿后基线附近有光滑而无刻点的部分。跗爪端节仅有1节。[2]

体长卵形，背面披毛。触角第1节与第2节愈合，两者无明显的分界，其长度约为宽度的 2 倍；第 3 节稍长于宽，第 4、5、6 节的宽度与第 3 节相似，第 5 节稍短；第 7、8 节向端部增大，其第 9、10 节最宽，第 11 节的长度仅及第 10 节之半，顶端呈半圆形。前胸腹板上无纵隆线。[2]

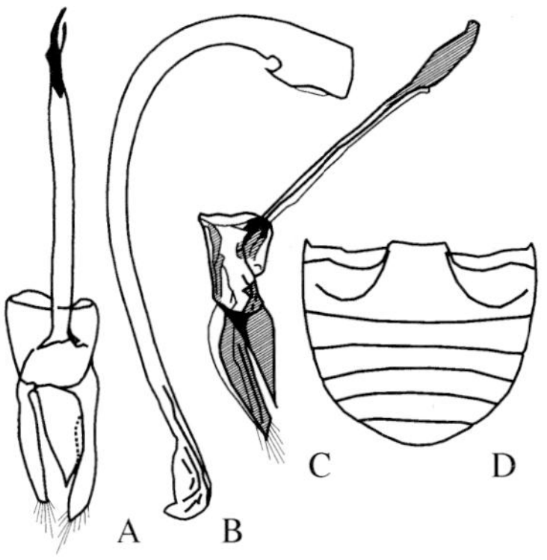

图 19　西藏弯叶毛瓢虫（仿任顺祥，2009）

A. 阳基正面观　B. 弯管

C. 阳基侧面观　D. 腹板

1. 西藏弯叶毛瓢虫 *Nephus*（*Sidis*）*obsoletus* Weise（图版 I －1，图 19）

体长 1.7 mm，体宽 1 mm。

虫体小型，略扁平，卵圆形，密被白色细毛。头红棕色，复眼黑色。前胸背板红棕色，无斑纹。小盾片红棕色。鞘翅红棕色，每鞘翅各有 2 个前后排列的黄色斑。腹面红棕色。足黄色。[8]

雄性外生殖器形态特征见图 19。弯管基部粗，前半部广弧形弯曲，端部膨大。阳基侧面观中叶长三角尖形，侧叶基、中部宽，端部尖。阳基正面观基片宽大，中叶基部最宽，端部尖，侧叶中部弯曲，端部膨大。

分布　西藏。蒙古。

小毛瓢虫属 *Scymnus* Kugelann，1794

体小，卵形，中度隆起，毛密度中等。触角 11 节，少数 10 节，第 1 节粗，弯曲，其长为宽的两倍。第 2 节基部的宽度与第 1 节相似，且与第 1 节的端部紧密相连，长小于宽。第 3 节长，长为宽的两倍，第 4 节至第 6 节的宽度相似。第 7 节及第 8 节较长而宽。第 9 节端部较基部宽，第 10 节较其余各节宽，其宽过于长。第 11 节长与第 10 节相似，末端钝圆。触角如只有 10 节（毛瓢虫亚属），则鞭节由 8 节组成。下颚须末节接近斧状。前胸腹板呈“T”形，纵隆线一般明显且伸达前缘，少数缺纵隆线。可见腹板 6 节。后基线完整，如不完整，则伸向第 1 腹板前缘。跗节隐四节式，跗爪端节 2 节。[2]

本属中国共记载有 3 个亚属。本书记述的 6 种西藏小毛瓢虫均属于小瓢虫亚属。

2. 米林小瓢虫 *Scymnus*（*Pullus*）*mianling* Yu[10]（图版Ⅰ-2，图 20）

体长 2.1 mm，体宽 1.4 mm。

虫体卵形，中度拱起，被黄棕色毛，鞘翅上毛的排列呈“S”形。虫体全为棕色，复眼黑褐色。两眼缘稍呈拱形，眼距约是眼宽的 1.5 倍。

头部及前胸背板上的刻点细密，鞘翅上的刻点比前胸背板的粗、疏，鞘缝处无粗大刻点列。前胸腹板上的纵隆线几乎平行伸达前缘。后基线完整，后缘达第 1 腹板最短处的 3/4，后基线内刻点细，后半部光滑，第 1 腹板中部的刻点明显大于两侧。雄性第 5 腹板后缘圆突，第 6 腹板后缘几乎平截，中部稍内凹。

雄性外生殖器形态特征见图 20。弯管基部 1/3 弯曲明显，弯管囊内、外突长短相似，内突稍细；弯管端具膜质附属物。阳基中叶稍短于侧叶，腹面观中叶两侧基部3/4平行，后平缓向端部收尖；侧面观中叶比较直。

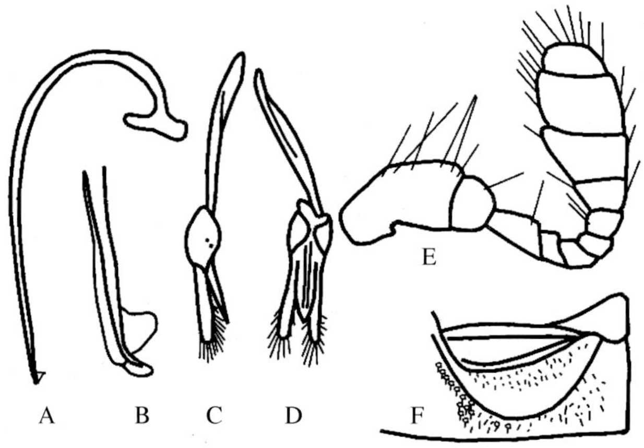

图20 米林小瓢虫（图自虞国跃2004）

A. 弯管 B. 弯管端 C. 阳基侧面观 D. 阳基腹面观 E. 触角 F. 第1腹板

分布 西藏（米林大渡卡2 950 m）。

从阳基侧面观，本种与产于尼泊尔的*S.*（*P.*）*kosianus*（Canepari，1997）相似，但后者的弯管囊外突明显短于内突，中叶腹面观比较宽大；从弯管上看，它与产于河南及日本的直管小瓢虫*S.*（*P.*）*rectoides*（Sasaji，1971）很相似，但后者的中叶腹面观很宽大，而且这两个种的体色不是全体棕色。本种中叶腹面观基部大部两侧平行，易与其他棕色种区分。

3. 多齿小瓢虫 *Scymnus*（*Pullus*）*myridentatus* Yu[10]（图版Ⅰ-3，图21）

体长2.6 mm，体宽1.5 mm。

虫体卵形，中度拱起，披黄棕色毛，鞘翅上毛的排列略呈“S”形。头黄色，复眼黑色。前胸背板黄色。小盾片棕色，两侧缘黑色。鞘翅黑色，翅端1/4黄色，每一鞘翅的黑色端部稍内凹。虫体腹面黄色，但中、后胸及鞘翅缘折黑色，前胸腹板中部色稍深。两眼缘明显向外扩展，眼距最窄处小于眼宽的1.5倍。

头部及前胸背板上的刻点细密，鞘翅上的刻点比前胸背板的稍粗，鞘缝处具2行粗大刻点列。前胸背板较长；前胸腹板上的纵隆线平行伸达前缘，长度约是宽的4倍。后基线完整，比较平缓，后缘不达第1腹板的2/3，后基线内刻点细，外角有粗大刻点，后半部光滑，第1腹板中部的刻点明显小于中侧的刻点。雄性第5腹板后缘宽内凹，第6腹板后缘明显内凹，两侧呈叶状突出。

雄性外生殖器形态特征见图21。弯管基部1/3弯曲明显；弯管端内侧膜质，外侧骨化，具很多小齿。阳基中叶稍短于侧叶，腹面观中叶基部最宽，近基部轻微内凹，中叶中部及附叶上有很多纤毛；侧面观中叶比较直，侧叶在基部1/4弯曲。

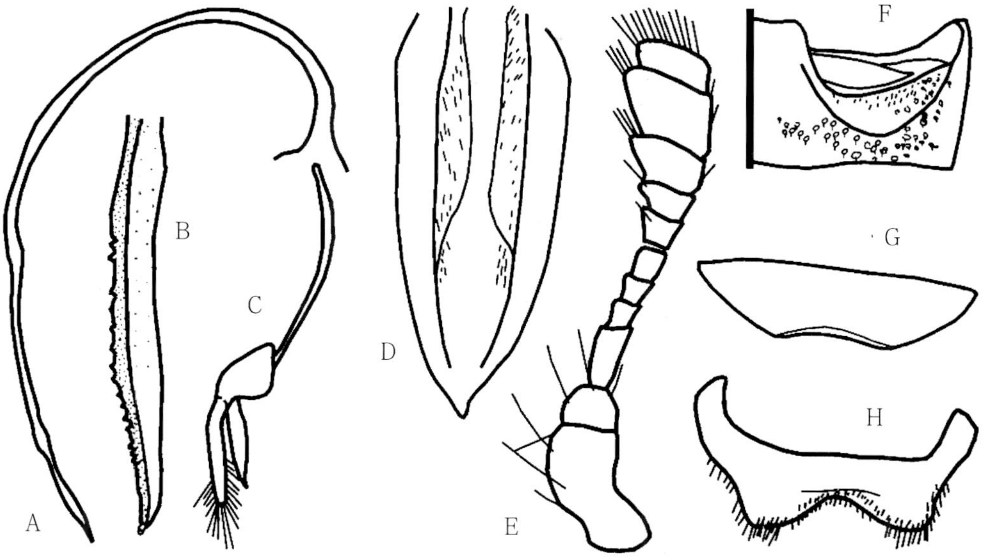

图 21　多齿小瓢虫（图自虞国跃，2004）

A. 弯管　B. 弯管端　C. 阳基侧面观　D. 阳基中叶腹面观　E. 触角
F. 第 1 腹板　G. 雄虫第 5 腹板　H. 雄虫第 6 腹板

分布　西藏（墨脱马迪 1 000 m）。

该种在体形及体色上与产于锡金的 S.（P.）*testacecollis*（Kapur，1963）相近，但后者每一鞘翅上的黑色端部呈弧形后突；阳基中叶基部明显厚，中、侧叶长度相似而可以区分。从第 5 腹板及第 6 腹板的形态及阳基基部不特别隆起易与其他种区分。

4. 雅致小瓢虫 *Scymnus*（*Pullus*）*facetus* Canepari[10]（图版Ⅰ-4）

体长 1.9～2.1 mm，体宽 1.3～1.4 mm。

虫体卵形，中度拱起，黄棕色毛，鞘翅上毛的排列呈“S”形。头褐色，复眼黑色。前胸背板褐色，基部有一个近四方形的黑斑，不达前缘。小盾片黑色。鞘翅黑色，端部 1/5 褐色。腹面褐色，但中后胸及腹部基两节黑色。鞘缝处有两列粗大刻点。前胸背板上的两纵隆线伸达前缘，稍向前收束。后基线完整，后缘达第 1 腹板最短处的 4/5。后基线内刻点稍细，沿后基线光滑，第 1 腹板中部的刻点与两侧的刻点相似。

雄性外生殖器弯管仅基部弯曲，弯管囊内突长，外突短（约为内突的 1/3）。弯管端呈匙状，外侧有一线状附属物。中叶侧面观基部最厚，渐向端部收尖，中叶长于侧叶。

分布　西藏（墨脱背崩 820～1 100 m）。印度。

5. 黑背小瓢虫 *Scymnus*（*Pullus*）*kawamurai*（Ohta）[2]（图版Ⅰ-5，图 22）

体长 1.8～2.6 mm，体宽 1.2～1.8 mm。

体卵圆形。头部包括触角、口器棕红色，前胸背板黑色，但常有红棕色的前侧缘。小盾片黑色。鞘翅黑色，鞘翅末端有甚窄的红棕色的边缘。腹面黑色，前胸腹板侧缘及腹部末端数节棕红色。足棕红色，或股节基部有黑色的部分。

额近于方形，前半部两侧近于平行，稍拱起，两侧的刻点较密而中央的刻点较疏。前胸背板上的刻点较密而鞘翅上的刻点较疏。前胸腹板上的纵隆线直达前缘而明显收窄。纵隆区呈长梯形。后基线完整，后基线围绕区内的刻点细密，但分布不均匀，向后基线逐渐稀疏而于后基线附近有光滑而无刻点的部分。

雄性外生殖器形态特征见图22。侧叶稍长于中叶。中叶舌状，逐步向端部尖缩。弯管囊的内突长而外突短，弯管端的外侧有丝状突。

寄主　蚜虫。

分布　西藏（墨脱 1100 m），四川，福建，云南。日本。

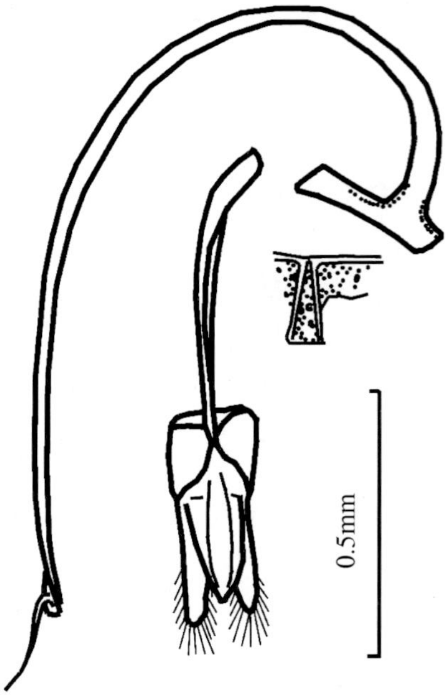

图22　黑背小瓢虫生殖器
（图自庞雄飞，1979）

6. 束小瓢虫 *Scymnus*（*Pullus*）*sodalist*（Weise）[2]
（图版Ⅰ-6，图23）

体长 1.7 ~ 2.4 mm，体宽 1.27 ~ 1.7 mm。

虫体长卵形。头部棕红至黄褐色。前胸背板棕红至黄褐色，基部至中央有一大型的三角形黑斑。小盾片黑色，鞘翅黑色而末端棕黄色至黄褐色。腹面黑色，但前胸背板缘折、腹部末端数节及足棕红至黄褐色。

前胸腹板两纵隆线的中部近于平行，前面及后面部分稍向外弯。后基线完整，后基线围绕区内的刻点较细致，近基部的较密，中部至后基线附近有较宽的光滑而无刻点的部分。

雄性外生殖器形态特征见图23。阳基的中叶长舌形，短于侧叶，端部尖锐。弯管囊的内突长而外突短，弯管中部广弧形弯曲，并从基部到端部逐步缩小，弯管端有丝状突向外伸出。

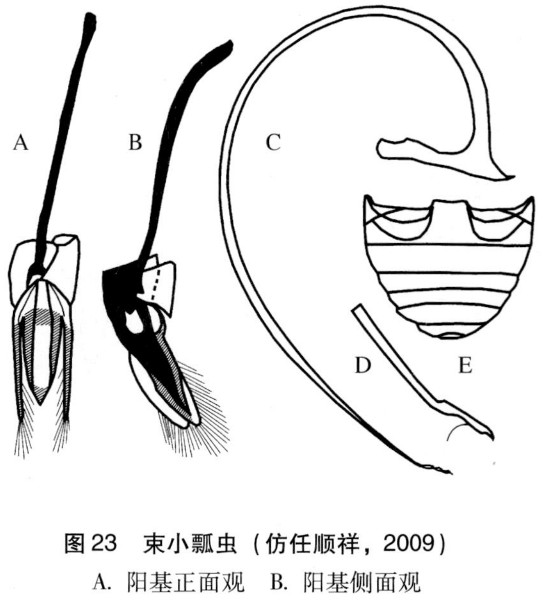

图23　束小瓢虫（仿任顺祥，2009）
A. 阳基正面观　B. 阳基侧面观
C. 弯管　D. 弯管端　E. 腹板

本种的外形及雄性外生殖器的构造与黑背小瓢虫相似，但前胸背板的色斑、前胸腹板突的形态，以及后基线围绕区内的刻点分布有明显的区别。雄性外生殖器阳基的中叶及侧叶均较短。根据这些形态特征而易于将两者区别开来。

寄主　蚜虫，粉蚧。

分布西藏（墨脱背崩850m，加热萨1 200 m），江苏，四川，台湾，广东。日本。

7. 日本小瓢虫 *Scymnus*（*Pullus*）*japonicus* Weise[2]（图版Ⅰ-7，图24）

体长2.5~3.2 mm，体宽1.8~2.3 mm。

头部黄褐色，唇基、触角及口器亦为黄褐色。前胸背板黄褐色，有时基部中央出现黑色的中斑。小盾片黑色，有时前面部分色泽较浅。鞘翅黑色，其端部有明显红褐色的末端。腹面前胸腹板黄褐色，但前胸腹板突以至中央亦常为黑色。中胸腹板及后胸腹板黑色，腹部基部黑色，端部数节红褐色，足红褐至黄褐色。

虫体长圆形，是本属中较大型的种。额部在两复眼之间略呈弧形拱起。前胸腹板隆线自基部两侧平直伸出，基部稍宽而端部稍窄，中隆区的长度约为其基部宽度的2.5倍。后基线完整，弧形，后基线围绕区内的刻点细密，但在后基线的内侧甚稀，以至光滑而无刻点。

雄性外生殖器形态特征见图24。阳基的中叶从侧面看内缘平直，外缘向端部斜伸，末端尖锐；从正面看呈锥形，末端尖细。侧叶几乎与中叶等长。弯管成圆形弯曲，较粗；弯管囊内突长而外突短；弯管近端部之前外侧有一细长的附突。

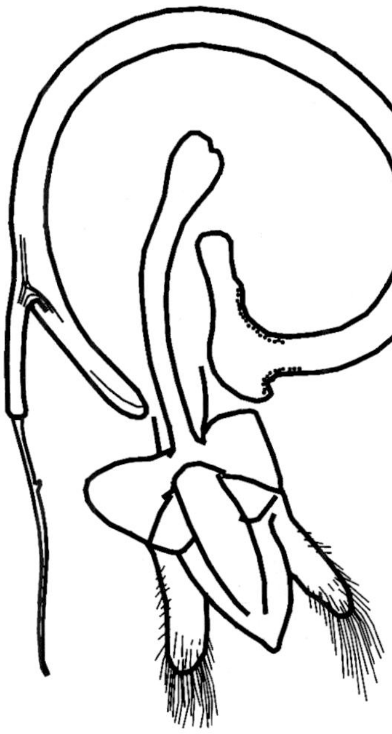

图24　日本小瓢虫生殖器
（图自庞雄飞，1979）

寄主　蚜虫。

分布　西藏（墨脱地东800~1 200 m），云南。日本。

第二节　刻眼瓢虫亚科 Ortaiinae

体中型，少数小型。虫体周缘近于长卵形，背面被毛。复眼大，内缘互相平行，在触角附近有一额刺突插入复眼内缘，形成狭而深的内陷。上唇较长，其长度相当于宽度的2/3。触角9~11节，末端3节形成棒节。前胸腹板有纵隆线或无纵隆线。胫节有隆线且有陷沟以承纳跗节，或简单而无特殊的构造。本亚科仅有1个族，即刻眼瓢虫族。[8]

刻眼瓢虫族 Ortaliini

复眼大，内缘互相平行，在触角附近有一额刺突插入复眼内缘，形成狭而深的内陷。上唇较长，其长度相当于宽度的2/3。腹部雄性可见腹板6节，雌性可见腹板5节或6节。后基线弧形，不完整。跗节三节式。[2]

花瓢虫属 *Amida* Lewis，1896

虫体周缘近于长卵形，体型中等，背面被短而细的绒毛。复眼大，内缘近于平直，触角之后有一个很窄而深的凹陷。触角较长，11节，端部3节形成一个细长的棒，端节长椭圆形。下颚须端节长大于宽。前胸背板基缘明显窄于鞘翅基缘。中胸腹板前缘微凹。鞘翅缘折狭窄，近第3腹板后缘结束。雌虫腹部由5个可见腹板组成；雄虫由6个可见腹板组成，但第6腹板非常短而横宽。跗节由3节组成。本属不同于刻眼瓢虫属 *Ortalia* 在于触角由11节组成。分布于我国广东、广西、台湾的三色花瓢虫 *Amida tricolor*（Harold）为本属的模式种。

8. 越南花瓢虫 *Amida vietnamica* Hoàng（图版Ⅰ-8，图25）

体长4.6~5 mm，体宽3.7~4 mm。

虫体卵圆形，背面不甚拱起，被金黄色细毛。前胸背板黄色，鞘翅鲜红色。后基线呈弧形，伸达第1腹板的3/4，而后上弯消失于腹板的1/2处。雄性第5腹板后缘成浅弧形内凹，第6腹板侧缘的端部内凹，后缘中央呈弧形深内凹。雌性第5腹板后缘弧形内凹，第6腹板后缘广弧形外突。本种前胸背板和鞘翅颜色在乙醇里很容易退成黄色，因此鉴定干标本时需要注意。

雄性外生殖器形态特征见图25。阳基的中叶扁平，左右不对称，从侧面看末端外弯。侧叶稍长于中叶，内侧近端部之前有一三角形的内突。弯管呈弧形弯曲，弯管囊扩展成圆形，且有一较长的内突，弯管端的构造甚特殊，有两片长形的叶状突，形成鱼尾的形状，在叶状突的基部一甚长的弯曲成弹簧状的丝状突。[2]

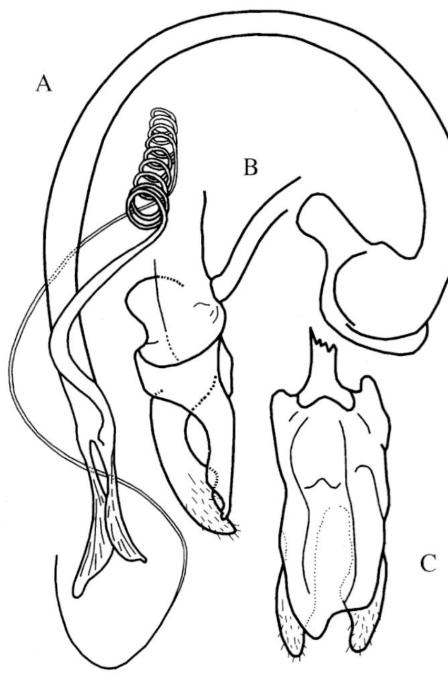

图25 越南花瓢虫（图自庞雄飞，1979）

A. 弯管 B. 阳基侧面观 C. 阳基正面观

寄主 蚜虫。

分布 西藏（墨脱背崩800~900 m，墨脱地东950~1 000 m），广西，云南。印度。

第三节　隐胫瓢虫亚科 Aspidimerinae

体背被毛。复眼前缘被一带纤毛的窄带所包围。触角着生于头部的侧面复眼的前方，9 节，少数 8 节，其中第 1、2 节特别大，其余各节组成紧密的短棒。下颚须末节斧状。可见第 1 腹板后缘弧形后弯，因而第 2 腹板的两侧较长而中央较短；跗节的跗爪端节仅有一节。

本亚科仅有一族，即隐胫瓢虫族 Aspidimerini。[2]

隐胫瓢虫族 Aspidimerini

可见第 1 腹板后缘弧形向后突出，第 2 腹板两侧较长而中央较短。复眼前缘被一带纤毛的窄带所包围。触角 9 节，少数 8 节，甚短，其中第 1、2 节特别大，其余各节组成紧密的短棒。[2]

体小型至中型。前胸腹板有纵隆线或无纵隆线；纵隆线自基部向前向两侧分开，或与前面部分互相联合而形成平坦的中隆区。腹面及缘折有明显的下陷以承纳股节。基节及股节宽展成扁平的椭圆形，胫节扁平，可隐于股节之下及腹面的凹陷之中。跗节三节式。我国有隐胫瓢虫属和隐势瓢虫属 2 个属。本书记载了西藏隐势瓢虫 3 个种。[2]

隐势瓢虫属 *Cryptogonus* Mulsant，1850

体小型至中型；虫体周缘短卵形；背面隆起，密被绒毛。前胸腹板外露部分呈三角形，两纵隆线向前方收窄，相连而成半圆形的弧，或相平行而达前缘，或向前成直线收窄。雄性外生殖器的弯管较细，中叶亦较狭长。[2]

9. 二点隐势瓢虫 *Cryptogonus bimaculatus* Kapur（图版Ⅰ-9，图 26）

体长 2.2～2.3 mm，体宽 1.8～2 mm。

虫体近圆形，前胸背板大部分黑色，仅前缘黄褐色，小盾片黑色；鞘翅红褐色，每鞘翅具一近圆形大黑斑。虫体腹面黑色，可见第 1 腹板前缘中央突起的中间微凹，腹板后缘弧形向后突出。后基线不完整，伸达接近后缘。足的大部分红褐色。

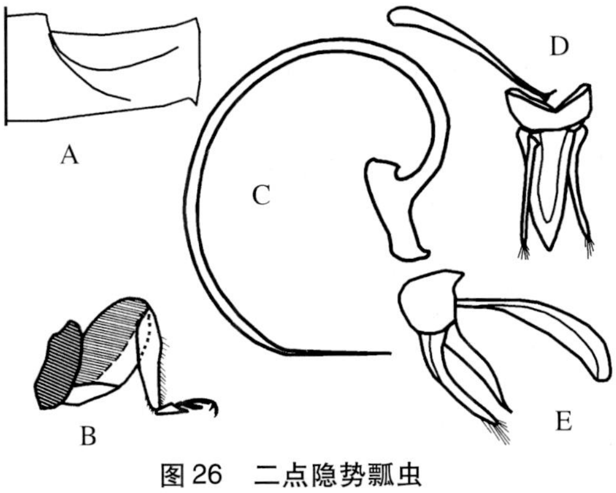

图 26　二点隐势瓢虫

A. 后基线　B. 后足　C. 弯管

D. 阳基正面观　E. 阳基侧面观

雄性外生殖器形态特征见图 26。弯管 360°圆形弯曲，弯管囊内突宽短，外突长方形，远长于内突，弯管细长，近端部一段直，从较粗的基部逐步缩小到尖锐的端部。中叶自基部至中部几乎同宽，中部以后收窄而端部较尖，侧叶稍短于中叶。

分布 西藏（墨脱 1 000 m），云南（盈江 300 m）。印度，缅甸。

10. 尼泊尔隐势瓢虫 *Cryptogonus nepalensis* Bielawski[2]（图版Ⅱ-10，图 27）

体长 3 ~3.2 毫米，体宽 2.4 ~2.7 毫米。

头部黑色至黑棕色，在复眼之间的额部有两个并列的红棕色斑，边缘与基色的分界不明显，唇基前缘黑色。前胸背板前缘红棕色，两侧前角各有一个红棕至红褐色的侧斑。小盾片黑色。鞘翅基色红褐色，鞘翅基缘黑色，其宽度超过小盾片的末端，但在肩胛突起之前较细窄；鞘翅外缘在 1/2 以后有较宽的黑色边缘延至鞘翅末端，鞘缝黑色，细窄，在鞘翅中部之前有一大型的近于圆形的黑色缝斑；在鞘翅中部近外缘处各有一个近于圆形的黑色斑，较缝斑小，其边缘与鞘翅 1/2 以后的黑色边缘相连；在鞘翅的端部，还各有一个较小的近于圆形的黑斑，位于前面两个黑斑及端部黑色边缘之间。虫体腹面黑色，前胸背板缘折及鞘翅缘折红褐色。足股节的大部分、胫节及跗节红褐色。

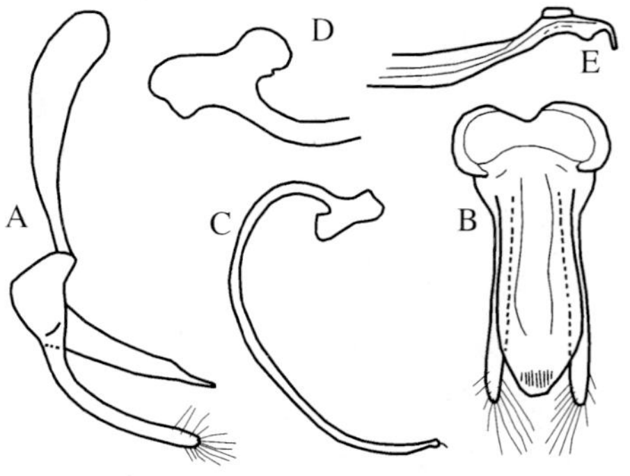

图 27 尼泊尔隐势瓢虫（图自曹诚一，1992）

A. 阳基侧面观 B. 阳基正面观

C. 弯管 D. 弯管囊 E. 弯管端

体卵圆形，拱起。前胸腹板上的两纵隆线自基部平行伸出，至端部之前弧形内弯，相连而成半圆形的弧，前缘不达前胸腹板前缘，与前胸腹板前缘的距离较远。

雄性外生殖器形态特征见图 27。阳基的中叶外缘较平直，内缘成弧形内弯，至端部上弯而成尖锐的末端。从正面看，两侧较宽，舌形，末端稍钝。侧叶的长度与中叶相似。弯管囊较粗，弯管成弧形弯曲，弯管端的构造较特殊。

分布 西藏（樟木口岸 2 200 m），云南（盈江 300 m）。尼泊尔。

11. 射鹄隐势瓢虫 *Cryptogonus trioblitus*（Gorham）[2]（图版Ⅱ-11，图 28）

体长 2.6 mm，体宽 2 mm。

雄虫头部栗褐色，有时中部色泽较浅；雌虫头部黑色。前胸背板黑色，其前缘栗褐色，雄虫两侧前角上各有一个黄色的侧斑；雌虫则仅侧缘的前面部分栗褐色。小盾片黑色。鞘翅栗褐色至黄褐色，鞘翅基缘黑色，外缘线黑色，鞘缝黑色，在鞘缝上有两个黑色的缝斑，前斑近于圆形，位于中部稍前；后斑于鞘翅的端部，在每一鞘翅上黑斑的前缘成弧形凹入，外侧平直；此外，于外缘的中部还各有一个黑斑，其外缘与鞘翅的外缘相连，其内缘成半圆形。腹面黑色至黑褐色，足红褐色，股节的端部和胫节、跗节的色泽较浅；鞘翅缘折与背面基色相似，腹部末端外缘亦常为红褐色。

虫体卵圆形，拱起。前胸腹板隆线与前胸腹板同宽，自前胸腹板突的两侧平行前伸，至端部弧形内弯，两者连成半圆形的弧，弧的前缘不达前胸腹板前缘，与前胸腹板前缘的距离约相当于隆线宽度的 3 倍。

雄性外生殖器形态特征见图28。弯管半圆形弯曲，弯管囊粗大，内突短于外突，弯管端尖锐，弯向外方。阳基正面观中叶基部甚为宽阔，到3/4处两侧几乎平行，然后收窄为尖形的端部，侧叶棍棒状，与中叶约等长；阳基侧面观中叶呈“S”形弯曲，基半部直形，两侧缘近于平行，端半部逐步收窄，形成弯向内侧的尖端。

分布　西藏（樟木口岸2 200 m），云南（盈江、梁河、潞西300 ~ 1 050 m）。缅甸，印度（阿萨姆）。

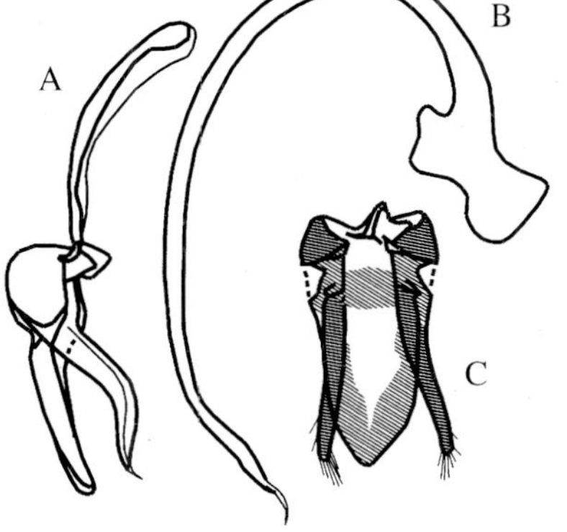

图28　射鹄隐势瓢虫（仿任顺祥，2009）

A. 弯管　B. 阳基正面观　C. 阳基侧面观

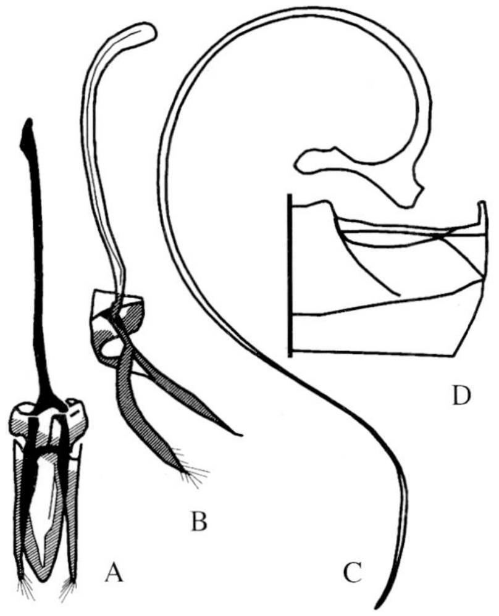

图29　喜马拉雅隐势瓢虫（仿任顺祥，2009）

A. 阳基正面观　B. 阳基侧面观　C. 弯管　D. 后基线

12. 喜马拉雅隐势瓢虫 *Cryptogonus himalayensis* Kapur[2]（**图版Ⅱ-12，图29**）

体长2.2 ~2.5 mm，体宽1.8 ~2.2 mm。

头部黄褐色，复眼灰黑色，唇基、口器、触角红褐色。前胸背板黑色，其前缘有较宽的红褐色横带，前角有黄褐色三角形侧斑。小盾片黑色。鞘翅黑色，鞘翅末端1/3红褐色至黄褐色，鞘缝黑色。虫体腹面红褐色，中、后胸腹板黑褐色。

虫体卵圆形，后端稍收窄，背面拱起，被灰黄色较长而密的绒毛。前胸腹板上的两条纵隆线自基部两侧伸出，在基半部近于平行，以后呈弧形收窄，两隆线相遇成半圆形的弧。

雄性外生殖器形态特征见图29。阳基中叶向端部渐变薄。从正面观两侧弧形，较平直，中叶端舌状，宽阔，侧叶稍短于中叶。弯管囊有棱角，弯管细长，末端尖。

寄主　蚜虫等。

分布　云南（怒江、保山、德宏、梁河、盈江、景东、勐腊、勐海、景洪300 ~ 1 250 m），广东。缅甸。印度（锡金）。

13. 丽江隐势瓢虫 *Cryptogonus lijiangiensis* Pang et Mao[2]（**图版Ⅱ-13，图30**）

体长2.1 ~2.3 mm，体宽1.6 ~1.7 mm。

雄性头部黑色而额部黄色，雌性头部全为黑色，唇基、触角及口器黑棕色。前胸、背板黑色，前缘为细窄的红棕色边缘，两侧前角上各有一个黄色的小侧斑。小盾片黑色。鞘翅黑色，各有一弧形的黄色条斑，自肩胛延线后方的鞘翅中央向内方斜伸而达鞘缝的2/3处，鞘缝仍保留黑色。两鞘翅上弧形的黄斑在背面构成马蹄铁形的半圆形黄斑。腹面黑色。足股节基部黑色，端半部红褐色，胫节及跗节红褐色。

虫体卵圆形，较狭长，匀称，肩胛突起不太显著。头部刻点粗而密，前胸背板与鞘翅上的刻点相似，较粗，背面被黄白色而较长的毛。后胸腹板中央突起部分的刻点较浅，向外缘渐粗而深。前胸腹板上的两纵隆线自基部平行伸出，至距基部的3/4成弧形内弯，而后两者相遇而成半圆形的弧，弧的前缘接近前胸腹板前缘，与前缘隆线的距离仅相当于隆线的宽度。

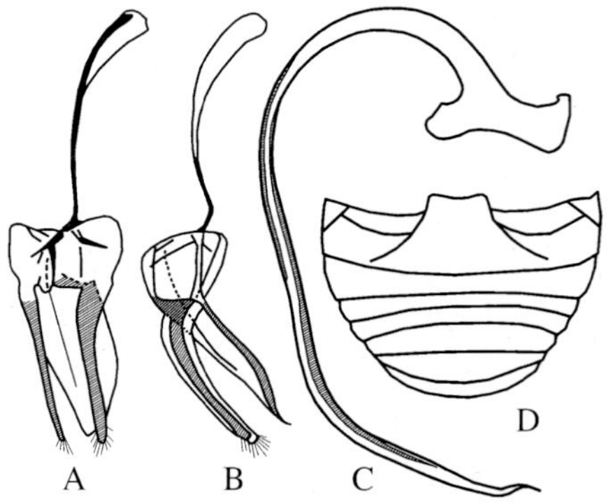

图30　丽江隐势瓢虫（图自庞雄飞，1979）
A. 阳基正面观　B. 阳基侧面观
C. 弯管　D. 后基线

雄性外生殖器形态特征见图30。阳基的中叶从侧面看外缘较平直，下缘亦较平直地伸出，至距基部的2/3以后急剧弯曲而形成尖细的末端。从正面看两侧略呈弧形，端部的1/3缓慢收窄，末端钝圆。弯管成弧形内弯，弯管囊的外突长而内突较短，端部收窄而内弯，末端成细丝状。在末端之前两侧有羽状齿突。

寄主　核桃上的蚜虫。

分布　云南（丽江、安宁1 800～2 400 m），陕西，湖北。

第四节　盔唇瓢虫亚科 Chilocorinae

在瓢虫科中，本亚科区别于其他亚科的主要特征：唇基向两侧伸展于复眼之前，遮盖触角基部；触角短，7～10节，其基部着生于头部的腹面。[2]

体小型至中型，周缘卵圆形至卵形，鞘翅外缘常向外平展甚宽。下颚须末节两侧近于平行，末端平截，或少数细长而末端较尖。鞘翅基缘较前胸背板后缘宽阔，两者不紧密衔接，或鞘翅基缘与前胸背板基缘同宽且紧密衔接。鞘翅缘折宽阔且延达末端，或较窄，但内脊亦常延达末端。可见腹板5节或6节。足股节扁平，胫节的外缘常有角状突起。跗节的跗爪端节1节或2节。主要以介壳虫为食，是介壳虫的重要天敌。[2]

本亚科包括3个族，即盔唇瓢虫族 Chilocorini、广盾瓢虫族 Platynaspini 和寡节瓢虫族 Telsimiini。西藏地区已知2族6种。

盔唇瓢虫族 Chilocorini

本族包括盔唇瓢虫亚科中的大多数种，即除广盾瓢虫族和寡节瓢虫族以外全归入本族。背面光滑，不被绒毛，或仅于前胸背板的前角上有稀疏的细毛，仅有少数种背面被毛。一般前胸背板后角钝圆，前胸背板的后缘狭于鞘翅基缘，前胸背板的后角与鞘翅肩角不紧密衔接。鞘翅外缘常向外平展甚宽。唇基前缘内凹。触角 7 ~ 10 节。前胸腹板上一般无纵隆线。鞘翅缘折宽阔，常伸达末端。可见腹板雄性常为 5 节，雌性常为 6 节，但亦有雌、雄均为 5 节或 6 节的。跗节隐四节式，跗爪端节 2 节。[2]

平缘光瓢虫属 *Priscibrumus* Kovař，1997

本属区别于盔唇瓢虫族其他各属的主要特征：触角 10 节；中、后足胫节端部有 2 个刺距，明显长于端部的刚毛；跗爪有基齿；前胸背板后缘具完整的边，与鞘翅的基缘全线相接，其两侧与鞘翅肩角处于同一水平，不被后者所覆盖；鞘翅缘折上无下陷以承纳中、后足股节末端；后基线完整或近于完整。

体卵圆形至近于圆形，中度拱起，背面光滑或被毛。触角第 1 节稍弯曲，其长稍短于其宽的 2 倍；第 2 节稍近于圆形，长与宽几乎相等，其宽与第 1 节的宽度相似；第 3 节长仅及第 2 节长的 1/2，其宽亦仅及第 2 节宽的 1/2；第 4、5、6 节大小相似，各节的端部稍宽而基部稍窄；第 7 节形态与第 6 节相似，但长仅及宽的 1/2，与其端部的第 8、9、10 节形成细长的纺锤形的棒，其中第 10 节细小，圆锥形，嵌于第 9 节的端部。下颚须末节近于斧状，前端明显斜切。下唇须末节圆筒形，长 2 倍于宽。鞘翅缘折无下陷以承纳股节末端。雄性腹板 6 节，雌性腹板 5 节。*Exochomus puniceipennis* (Semenov，1900) 是本属的模式种。

14. 喜马拉雅光瓢虫 *Priscibrumus himalayensis* (Kapur)，中国新纪录种（图版 Ⅱ－14，图 31）

Exochomus himalayensis (Kapur，1955)：333

Priscibrumus himalayensis (Kapur)：(Kovar，1997)：118

体长 2.4 ~ 3.3 mm，体宽 1.7 ~ 2.7 mm。

虫体卵圆形。头部黑色，口器、复眼黑色。前胸背板黑色。小盾片黑色。鞘翅基色深黄至砖红色，小盾片之后的鞘缝黑色，其后的鞘缝和鞘翅基部约 2/7 处及鞘翅末端组成黑色的“工”字形斑纹；鞘翅外缘中部一半具一不与外缘相连的黑色纵条，此纵条上端有时与“工”字形黑斑相连，但多数个体为狭窄的分离。虫体腹面黑色，鞘翅缘折一直到达鞘翅末端，深黄色至砖红色，端部黑色。

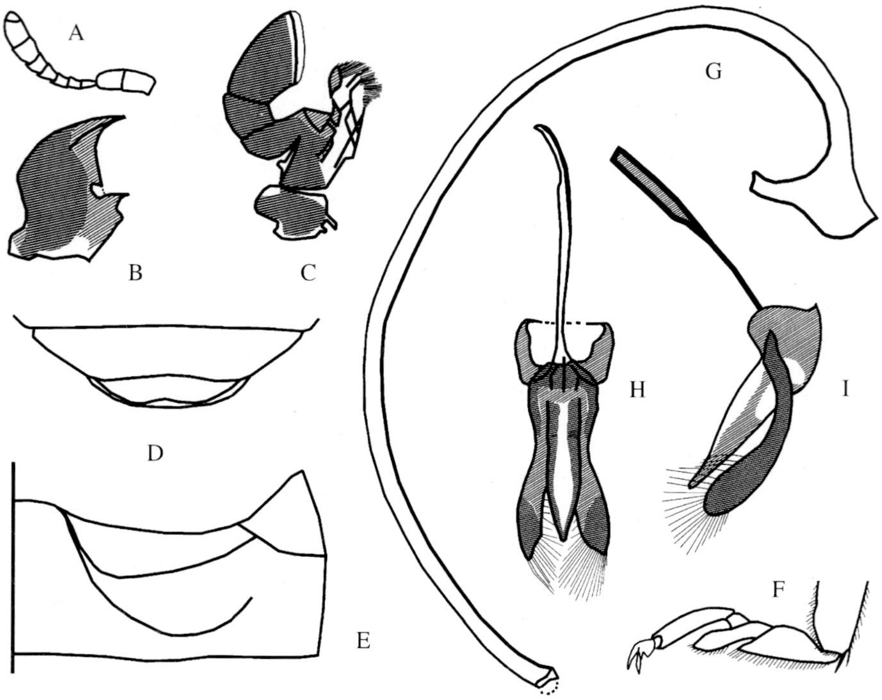

图31　喜马拉雅光瓢虫

A. 触角　B. 上颚　C. 下颚须　D. 雄虫第5、6腹板
E. 后基线　F. 中足跗节和爪　G. 弯管　H. 阳基正面观　I. 阳基侧面观

触角10节。第10节细小，圆锥形；第1、2、8、9节粗大。下颚须末节顶端仅略宽于基部。后基线不完整，向后广弧形弯曲，不达腹板后缘，然后折向前方。雄虫第5腹板长度远长于第4腹板，后缘内凹，第6腹板后缘中央深内凹。

雄性外生殖器形态特征见图31。弯管广弧形弯曲，没有端区和端前区；弯管囊内突细长，外突粗壮，近方形；弯管末端有开口，围有包膜。阳基从正面观中叶尖刀形，侧叶明显长于中叶；从侧面观中叶亦呈尖刀形，侧叶弯曲，端半部棒状。

分布　西藏（定日绒辖2 200 m）。尼泊尔。

细须唇瓢虫属 *Phaenochilus* Weise，1895

本属的主要特征：触角8节，下颚须末节细长，其长为宽的2.5倍以上，末端尖细；足胫节全无端距；跗爪细长，基齿的内缘与跗爪的外缘互相平行的伸出部分达跗爪之半。

虫体周缘近于圆形，明显拱起，背面光滑无毛。触角第1节短，粗，弯曲；第2节较第1节长而粗，其端部甚收细；第3节的长度相当于其基部宽度的2倍，基部的宽度仅及端部宽度的1/2；第4~6节的形状相似，其中第5节及第6节的大小一致；第7节长及宽均大于第5节；第8节仅为第6节的2倍，末端尖细。下唇须尖细，顶端钝圆。鞘翅的外缘向外平展甚宽；鞘翅缘折上有圆形的下陷以承纳股节末端。雄性腹部6

节，其第 5 节后缘近于平截；雌性腹板 9 节，其第 5 节后缘广弧形，第 6 腹板被遮盖。后基线成 1/4 弧伸向后缘而后沿后缘伸向侧缘，消失于到达侧缘之前。足较短，胫节细长，外侧有纵沟以承纳跗节，中足及后足胫节在纵沟前端的位置上有三角形的齿突，后足胫节上的齿突较中足胫节上的强大。本属在我国分布的已知仅有 1 种。[2]

15. 细须唇瓢虫 *Phaenochilus metasternalis* Miyatake[2]（**图版Ⅱ-15，图 32**）

体长 3.4～3.75 mm，体宽 3.2～3.55 mm。

除复眼黑色及上颚末端沥青黑色外，全体褐黄色，鞘翅周缘外展部分及前胸背板外展部分黄色而半透明，跗爪近于红色。

虫体周缘近于圆形，背面明显拱起。触角 8 节，下颚须甚细长，下颚须末节长形，向端部削尖，其长度 4 倍于其宽度。前胸背板侧缘弧形，后角内侧各有一斜脊沿基缘伸出。鞘翅缘折有明显的凹陷以承纳中后足股节末端。后基线成 1/4 弧，伸向后缘而与后缘相平行外伸，消失于外缘之前。雄性第 5 腹板后缘平截，第 6 腹板后缘稍有内凹；雌性第 5 腹板后缘广弧形，第 6 腹板后缘稍有缺刻。

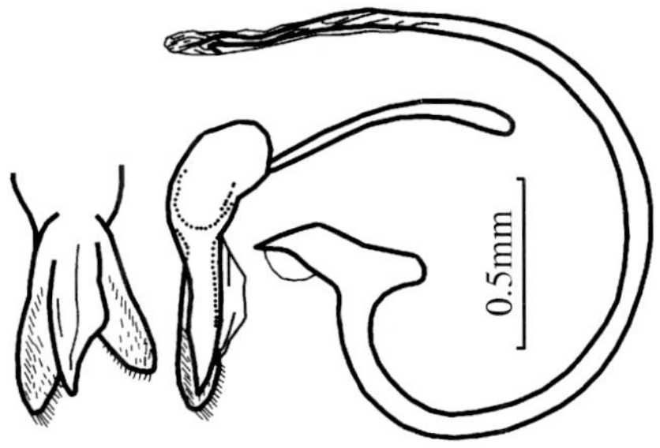

图 32　细须唇瓢虫生殖器
（图自庞雄飞，1979）

雄性外生殖器形态特征如图 32。阳基的中叶上缘成波状曲折、下缘弧形，末端尖刀状，腹面的附叶突出于下缘之外；从正面看左右不对称，左缘弧形，右缘呈波状，末端收窄。左方的侧叶长于中叶，右方的侧叶与中叶几乎等长。弯管弯曲，弯管囊的外端甚尖，弯管端钩状，且有膜质的囊膜。

分布　西藏（墨脱 1 500 m），海南，广西。

盔唇瓢虫属 *Chilocorus*（Leach，1815）

本属区别于盔唇瓢虫族中的其他属的主要特征：触角 8 节；下颚须末节长宽相等，至多长为宽的 1.5 倍，其末端斜截。足胫节全无端距，中、后足胫节外侧有三角形的齿突，前端有纵沟以承纳跗节。[2]

体长卵形，背面明显拱起，光滑，仅前胸背板前角常有稀疏的细毛。触角第 1 节长，近于圆筒形，稍弯曲，长超过宽的 2 倍；第 2 节长宽几乎相等，前端弧形收窄，基部最宽；第 3 节楔形，宽为长的 2 倍；第 4 节近于方形，宽过于长；第 5～8 节形成纺锤状的棒节；第 5 及第 6 节的长度与第 4 节相似，端部较基部宽；第 7 节长稍过于宽，且宽于第 6 节；第 8 节锥形。下颚须的侧缘近于平行，顶端斜截。下唇须近于长圆锥形，长稍过于宽的 2 倍。鞘翅缘折上有圆形的下陷以承纳股节末端。后基线成 1/4 弧，消失于第 1 腹板的后缘。雄性腹板 6 节；雌性腹板 5 节，第 6 节几乎不外露。[2]

16. 二双斑唇瓢虫 *Chilocorus bijugus* Mulsant[2]（**图版Ⅱ-16，图 33**）

体长 4.4～5.5 mm，体宽 3.8～4.5 mm。

头部黑色，复眼灰色，上唇红棕色而前缘色泽较浅，在前胸背板覆盖之下两复眼之间有一橙黄色的横带。前胸背板黑色，但两前角的色泽较浅。小盾片黑色。鞘翅黑色，在鞘翅上各有两个橙红色的圆斑，位于中央之前，两斑成横线排列，内斑大而外斑小，斑近于圆形，有时两斑相连而呈哑铃状。腹面胸部腹板黑色，鞘翅缘折及足均为黑色，腹部为红褐色。

虫体近于心形，在肩胛附近最宽而后端狭窄，拱起。触角 8 节，第 1 节圆筒形，长大于宽的两倍以上；第 2 节圆鼓形，第 3 节最细小；末节圆锥形。下颚须末节长形，两侧缘近于平行，端缘斜切。前胸背板基缘弓形，侧缘弧形，前角及后角钝圆。各足胫节背面有一排小的尖角突起，外侧均有一三角形外突。雄性第 5 腹板后缘中部微凹，第 6 腹板宽圆凸出；雌性第 5 腹板后缘略弧形凸出，第 6 腹板后缘圆弧形凸出。

雄性外生殖器形态特征见图 33。阳基的中叶自基部 1/3 处开始渐次减薄，微向下弯，末端尖锐，微向上弯；从正面看，两侧近于平行，自距基部的 2/3 以后缓慢收窄，末端尖细。侧叶与中叶几乎等长。弯管基半部呈半圆形弯曲，端半部呈弧形内弯，弯管端呈钩状内弯，有膜状囊膜，近末端之前还有膜质的叶突。雌性生殖瓣较宽，外角明显。

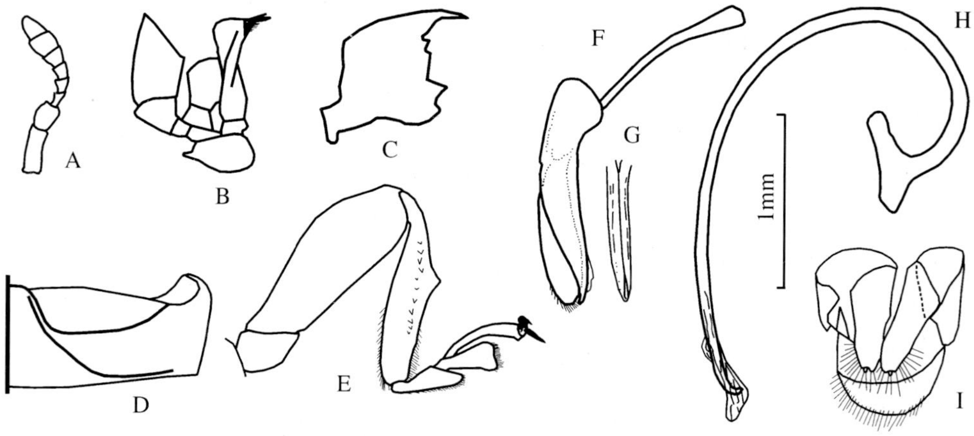

图 33　二双斑唇瓢虫（雄外生殖器图自庞雄飞，1979）

A. 触角　B. 下颚须　C. 上颚　D. 后基线　E. 后足

F. 阳基侧面观　G. 中叶正面观　H. 弯管　I. 雌虫生殖节

寄主　盾蚧亚科的一些种类。

分布　西藏（林芝 3 000 m），云南，湖北。印度。

17. 黑缘红瓢虫 *Chilocorus rubidus* Hope[2]（图版Ⅱ-17，图 34）

体长 5. 2 ~7 mm，体宽 4. 5 ~5. 7 mm。

头部、前胸背板及鞘翅周缘黑色，背面中央枣红色，小盾片亦常为黑色，枣红色与黑色之间的分界不明显。在越冬的部分个体中，鞘缝亦为黑色，因而每一鞘翅的中央枣红色而边缘渐次黑色。前胸背板缘折和鞘翅缘折的外缘均为黑色，内缘红褐色。口器及触角红褐色，胸、腹部亦为红褐色，但胸部中央色泽较深，足的色泽亦较深，趋于枣红色。

虫体周缘近于心脏形，背面显著拱起。前胸背板两侧伸出部分的刻点较粗，且有白色的短毛；前胸背板的侧缘平直，肩角及前角钝圆。鞘翅缘折宽，但无明显的下陷以承纳中、后足股节末端。雌性第5腹板后缘圆弧形外突，第6腹板几乎全被覆盖；雄性第5腹板后缘亦为弧形外突，第6腹板稍外露。跗爪基部之半有一宽阔的近于三角形的基齿。

雄性外生殖器形态特征见图34。阳基的中叶从侧面看呈三角形，基部厚，逐渐向端部减薄，最后形成尖锐的端部；从正面看，左右不对称，近基部稍收窄。侧叶稍长于中叶。弯管基部之半成圆弧形弯曲，内突较细，外突长方形，粗大；弯管端部较平直，末端弯扭。雌性生殖片狭长，三角形；受精囊逗点形。

寄主　桃球蚧 *Didesmococcus koreanus*，沙里院蚧 *Rhodococcus sariuoni*，白蜡虫 *Ericerus pela* 等。

分布　西藏（墨脱1 500 m，吉隆2 700 m），青海（民和、西宁），云南（永善、泸西、东川、昆明、安宁、路南、开远1 800～2 300 m），北京，河北，河南，山东，江苏，浙江，湖南，东北地区。日本、俄罗斯（西伯利亚）。蒙古。印度。

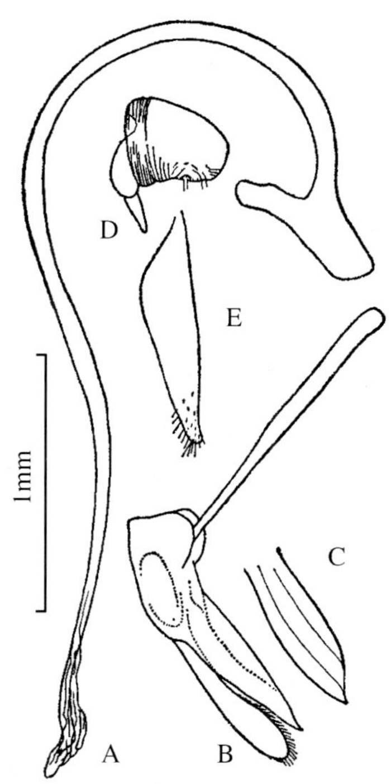

图34　黑缘红瓢虫
（图自庞雄飞，1979）
A. 弯管　B. 阳基侧面观　C. 中叶
D. 受精囊　E. 生殖片

18. 红褐唇瓢虫 *Chilocorus politus* Mulsant[4]（图版Ⅱ-18，图35）

体长5.4～5.5 mm，体宽5.3～5.4 mm。

虫体圆形，呈半球形拱起。全部褐红色，仅复眼黑色。

刻点细小，在头部和前胸背板较均匀，在鞘翅略稀疏。复眼内缘平直，前缘斜平，伸展到腹面，被唇基横片所分隔。前胸背板前缘凹入，在基部中央微凸出，两侧弧形向后斜倾，在小盾片前平截。小盾片三角形。鞘翅肩胛明显，肩角宽阔钝圆，缘折前宽后窄，外竖内斜，有两个深凹陷。中胸腹板前缘有三角形深凹陷。后基线弧形，沿腹板后缘向外下方斜伸，到达腹板外缘。雄虫第5腹板长度为第4腹板的2倍，后缘齐

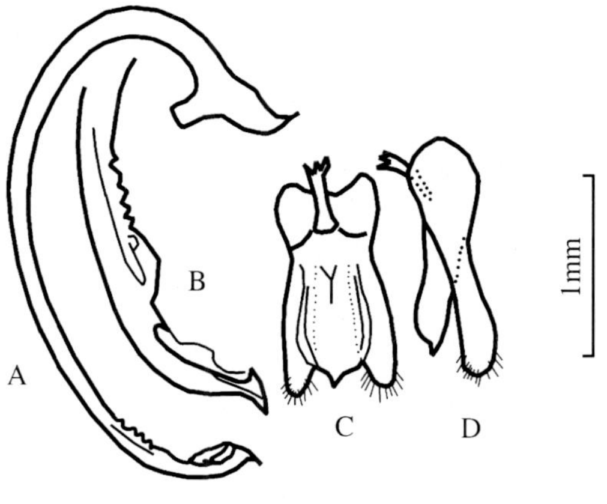

图35　红褐唇瓢虫
（图自曹诚一，1987）
A. 弯管　B. 弯管端　C. 阳基正面观　D. 阳基侧面观

平，第6腹板后缘中央内凹。雌虫第5腹板长度为第4腹板的2倍，后缘圆凸，第6腹板后缘圆凸。

雄性外生殖器形态特征见图35。阳基正面观中叶肥大，近椭圆形，末端有一乳突；侧叶亦较肥大，左侧叶较长。弯管基部圆形弯曲，中部广弧形弯曲，近端部内弯，末端稍扩大，内侧有一齿突，端缘平截。

寄主　介壳虫。

分布　西藏（墨脱背崩850 m），云南（腾冲、梁河、瑞丽、怒江、德宏、保山、临沧、大理、思茅820～1 700 m）。印度。

19. 红点唇瓢虫 *Chilocorus kuwanae* Silvestri[2]（**图版Ⅲ-19，图36**）

体长3.3～4.9 mm，体宽2.9～4.5 mm。

头部黑色，唇基前缘红棕色。前胸背板黑色。小盾片黑色。鞘翅黑色，在中央之前各有一个橙红色的小斑，长形横置或近于圆形，其宽度相当于鞘翅的2/7～4/7。腹面前、中、后胸腹板黑色，中、后胸侧片黑色至黑褐色，前胸背板缘折、鞘翅缘折亦为黑色；腹部各节红褐色，但第一节基部中央黑色，足黑色。

虫体周缘近于圆形，端部稍收窄，背面拱起。前胸背板基缘弓形，侧缘弧形，前角及后角均钝圆，但前角狭于后角。后角内侧有一斜脊沿基缘斜伸，与基缘形成一尖角状的窄带，在这窄带内较光滑，无明显的刻点；侧缘的缝线自前角的外缘连至前缘，但消失于前缘中央之前。雄性第5腹板后缘中央平截而稍内凹，第6腹板弧形外凸而后缘中央较齐平；雌性第5腹板后缘弧形外凸，第6腹板后缘亦为弧形外凸，但几乎全被第5腹板所覆盖。

雄性外生殖器形态特征见图36。阳基的中叶从侧面看上缘自基部的1/3处急剧下弯，下缘距基部的5/6处稍上弯而构成尖锐的末端，腹面的膜质叶亦露出于下缘之外；从正面看，基部稍窄，两侧弧形收窄而形成锥形，左右对称。侧叶显著长于中叶。弯管基半部呈半圆形弯曲，端半部弧形内弯，弯管末端钝，端部至末端之前有膜质的囊膜。

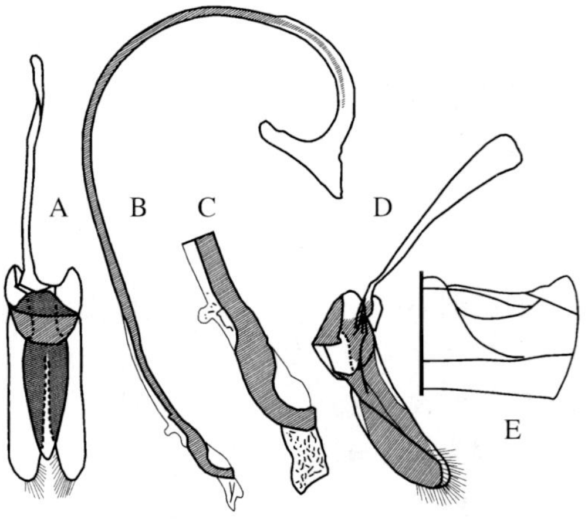

图36　红点唇瓢虫（仿任顺祥，2009）
A. 阳基正面观　B. 弯管　C. 弯管端
D. 阳基侧面观　E. 后基线

寄主　桃球蚧、桑白蚧、洋槐上的东方盔蚧，褐圆蚧，盾蚧亚科的一些种。

分布　青海（平安、循化孟达），云南（安宁1 800 m，昆明），四川（西昌1 530 m），北京，黑龙江，宁夏，河北，山西，陕西，山东，河南，江苏，安徽，上海，江西，湖南，福建，广东，贵州。日本。意大利。印度。

广盾瓢虫族 Platynaspini

唇基向两侧伸展于复眼之前，遮盖触角基部；背面密被细毛；两性可见腹板均为 6 节；跗节隐四节式。[2]

体小型至中型。虫体周缘卵圆形至卵形。上唇不显露，被伸展的唇基所遮盖。触角 9 节，第 1 节与第 2 节分界明显，较大，但两者之和短于其余部分之半；触角端节前端近于平截。前胸背板后缘与鞘翅基缘同宽，两者紧密衔接。鞘翅缘折有凹陷以承纳中足及后足股节末端。

本族包括两属，即 *Platynaspis* Redtenbacher 和 *Boschalis* Weise，前者分布于古北区、东洋区和非洲区，后者仅分布于非洲区。[2]

广盾瓢虫属 *Platynaspis* Redtenbacher，1843

唇基向两侧伸展于复眼之前，遮盖触角基部；背面密被细毛；可见腹板 6 节；跗节隐四节式。模式种为 *Coccinella luteorubra* Goeze。[2]

体小型至中型。虫体周缘卵圆形至卵形。上唇不显露，被伸展的唇基所遮盖。触角 9 节，柄节及梗节分界明显，较大，但短于其余部分之半，其端节前端平截。前胸背板后缘与鞘翅基缘同宽，两者紧密衔接。鞘翅缘折至中部逐渐消失，且有凹陷承纳中、后足股节末端。

20. 斧斑广盾瓢虫 *Platynaspis angulimaculata* Mader[2]（**图版Ⅲ**-20，**图** 37）

体长 3 ~3. 1 mm，体宽 2. 5 ~2. 6 mm。

雄虫头部黄红色；雌虫头部黑色。前胸背板黑色，两侧各有一个长形的红黄色的侧斑。小盾片黑色。每一鞘翅上各有一个红黄色的斑，该斑近于长圆形，于其外缘的后方成柄状延伸，因而形成较特殊的斑点。虫体腹面黑色，仅口器、触角、胫节及跗节、腹部末端外缘红黄色。

虫体广卵圆形，拱起。下颚轴节向外侧成片状扩展，伸达头部的侧缘。前胸腹板上的两纵隆线距离甚窄，向端部收窄，仅伸达两前足基节窝连线之前。中胸腹板横置，宽过于长。后基线弧形，伸达腹板后缘而向前弧形斜伸，末端超过腹板的 1/2。中足股节内侧无特殊的齿突。雄性第 5 腹板后缘近于平截，第 6 腹板后缘中央成广弧形内凹；雌性第 5 腹板近于平直，第 6 腹板广弧形外突。

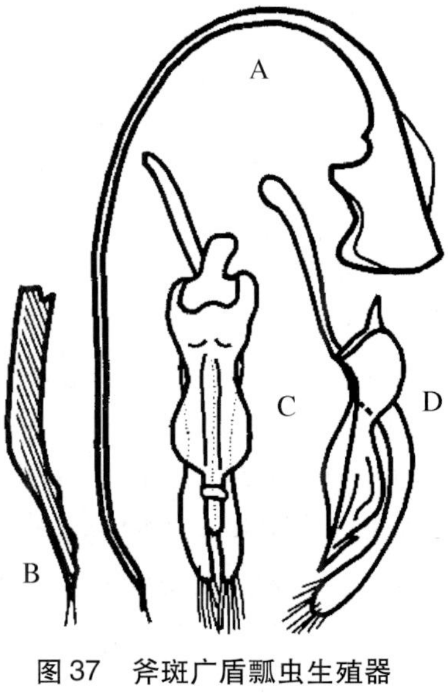

图 37　斧斑广盾瓢虫生殖器

（图自庞雄飞，1979；任顺祥，2009）

A. 弯管　B. 弯管端　C. 阳基正面观

D. 阳基侧面观

雄性外生殖器形态特征如图 37。阳基的中叶从侧面看上缘呈弧形叶状突出，端部呈矢状，末端尖锐，下缘平直，但腹膜呈弧形突出；从正面看，两侧弧形突出，端部细长；基叶上有三角形的叶状突出。侧叶长于中叶。

寄主　蚜虫，介壳虫。

分布　西藏（芒康盐井 2 600 m），四川（泸定、磨西 1 500 m），云南（兰坪 2 300 m），广东。泰国。

第五节　红瓢虫亚科 Coccidulinae

虫体中型，少数小型，背面被绒毛。触角 8 ~ 11 节；有些种群小眼面粗大。前胸背板常窄于鞘翅基缘，其后角钝圆，与鞘翅基缘不紧密衔接；如前胸背板与鞘翅基缘同宽，则两者紧密衔接，且前胸背板中部或近中部最宽，可见腹板 5 ~ 6 节。跗节隐四节式或三节式，跗爪端节常仅有 1 节。我国有粗眼瓢虫族 Coccidulini 和短角瓢虫族 Noviini。[8]

短角瓢虫族 Noviini

虫体背面和复眼有毛，复眼眼面细小。唇基两侧不向复眼前伸延，即便细窄伸延，触角基部也完全不被遮盖。触角 8 节，短于头长。前胸背板窄于鞘翅，其后角与鞘翅肩角有一定距离。鞘翅肩角多圆形。可见腹板 6 节。跗节三节式。

红瓢虫属 *Rodolia* Mulsant，1850

本属的主要特征是触角短，8 节，触角棒不明显，体常红色，密被细毛。目前我国记录了约 15 种。青藏高原仅有大红瓢虫 1 种。

21. 大红瓢虫 *Rodolia rufopilosa* Mulsant[1]　**（图版Ⅲ - 21，图 38）**

体长 5 ~ 6 mm，体宽 4. 6 ~ 4. 8 mm。

虫体近于圆形，鞘翅肩角部分较宽，呈半球形拱起，密被金黄色毛。头、触角、口器、前胸背板、小盾片、腹面各部和足黄红色。复眼黑色。鞘翅樱红色。

头部刻点单纯，只有细小紧密的刻点。触角 8 节，短于头部长度，锤节不紧密相接。复眼椭圆形，上被细毛，小眼面细。唇基浅短，不在复眼前向两侧伸延。上唇宽带形，前缘齐平，被有密毛。前胸背板中部最宽，后部向内斜倾，在小盾片前平截，前缘凹入很深，两侧弧形，肩角钝圆，基角不明显；刻点单纯，细小紧密。小盾片近于等三角形但两边略长，刻点同前胸背板。鞘翅刻点复杂，在稠密的细刻点间有稀疏的粗刻点，外缘仅有细微隆线，其内侧无粗刻点。鞘翅缘折前宽后窄，直至端末，全部倾斜，最宽处为后胸前侧片的 3 倍，无深陷。前胸腹板中部拱起，由前向后倾斜，在

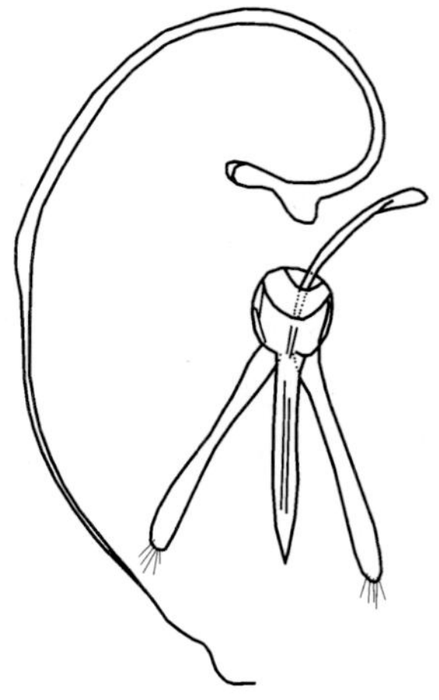

图 38　大红瓢虫生殖器
（图自蒲天胜，1990）

前缘形成横隆线，纵隆线直达前缘，逐渐向内靠近，两线之间下陷。中胸腹板前缘稍微向前圆凸。后基线完整弧形，在腹板2/5处向外弯转达到腹板前缘。雄虫第5腹板后缘浅渐内凹，第6腹板中央拱起，后缘平截。雌虫第5腹板后缘齐平，第6腹板后缘向后圆凸。足胫节有特殊的纵陷，其侧缘具长毛，以承纳跗节，爪具三角形基齿，在爪的中部分叉。爪不对裂，基齿三角形，尖锐。

雄性外生殖器形态特征见图38。阳基细长，中叶正面观呈长披针形；侧叶长于中叶，棍棒状，端部刚毛稀、短。弯管广弧形弯曲；弯管囊内突显著地长于外突；弯管体1/2起收窄后渐变细；弯管端尖细、简单。

寄主 吹绵蚧。

分布 西藏（墨脱背崩850 m），云南（勐海、沧源、元阳750 m），湖北，江苏，浙江，福建，香港，四川，广东，广西。印度。缅甸。斯里兰卡。菲律宾。印度尼西亚（苏门答腊）。

第六节 瓢虫亚科 Coccinellinae

瓢虫亚科 Coccinellinae 是瓢虫科中比较常见的类群，对于瓢虫亚科种类的鉴定，由于20世纪30年代以前基本上是以斑纹、色彩为依据进行的，而后来发现瓢虫科的很多种类在同种的个体之间差异很大，因此查出了很多同种异名，鉴定时也总觉得一些属间的区别很不明确，一些种只有鉴定到种后才能依据过去的材料决定所归入的属，这是该亚科在分类上长期存在的问题。针对这个问题，Timberlake（1943）曾经应用外生殖器的特征整理了一些属及种。Sasaji（1968，1971）曾经较详细地进行了比较形态的研究而整理了一些属。Iablokoff-Khnzorian（1979）依据外生殖器的特征对分布于古北区的种类。庞雄飞（1979，1980）、经希立（1986）分别对我国瓢虫科分类系统进一步做了调整。虞国跃（2010）对我国的瓢虫亚科种类进行了完整的整理，是目前我国对瓢虫亚科最完整的分类资料。本书除保留了原长足瓢虫族作为独立族的地位以外，均按虞国跃的分类体系记述。

瓢虫亚科的主要特征：个体较大，多数大于3 mm；下颚须端节斧形；触角11节，较长，通常长于头宽的2/3，着生于头的背面两侧；跗节4节，第3节短小；体背光滑无毛，或个别体背具密毛，具密毛者个体较大，常大于6 mm。[9]

本亚科的瓢虫多数捕食蚜虫、蚧虫等同翅目昆虫和螨类，也有一部分捕食叶甲幼虫、鳞翅目幼虫等，另有一些取食白粉菌的菌丝和孢子，个别种类取食植物及花粉等。据虞国跃（2010）报道，我国已知瓢虫亚科的瓢虫有165种。本书记述了青藏高原地区的102种。

长足瓢虫族 Hippodamiini

1963年，刘崇乐在《中国经济昆虫志：瓢虫科》中，把长足瓢虫族并入瓢虫族。1968年和1971年，在佐佐治宽之（Sasaji）的有关著作中，也把长足瓢虫族并入瓢虫族中。1979 年，庞雄飞等在《中国经济昆虫志：瓢虫科（二）》中，仍然把长足瓢虫作为独立的族；1980 年，在庞雄飞的《中国瓢虫亚科昆虫名录》中，列有长足瓢虫族 3 属 5 种。近年来，任顺祥（2009）、虞国跃（2010）也把长足瓢虫包含在瓢虫族中。

庞雄飞的长足瓢虫族包括有 Chevrolat 1837 年建立的长足瓢虫属 *Hippodamia*，Chevrolat 1837 年建立的异点瓢虫属 *Anisosticta*，Casey 1894 年建立的小长瓢虫属 *Macronaemia* 等 3 个属。其中，在 Iablokoff-Khnzorian（1982）著述的《东洋和古北区的瓢虫》一书中，长足瓢虫属包含了他自己 1979 年建立的 *Parippodamia* 新异瓢虫属，Mulsant 1846 年建立的 *Adonia* 多异瓢虫属，Crotch 1873 年建立的 *Ceratomegilla* 异瓢虫属，Crotch 1874 年建立的 *Semiadalia* 弯角瓢虫属，Capra 1926 年建立的 *Adaliopsis* 属，Barovskij 1927 年建立的 *Asemiadalia* 突角瓢虫属等 6 个属，这 6 个属也被认为是长足瓢虫属 *Hippodamia* 的亚属。经希立（1986）经过进一步的研究，认为应该保持这些属的独立地位，这样，长足瓢虫族目前共有 9 个属，我国共有其中 8 个属 20 种，其中西藏有 5 属 14 种，青海有 2 属 2 种。为了更细化一些范围，便于研究，本书仍采用庞雄飞、经希立的分类系统，将长足瓢虫单列为一族，Iablokoff-Khnzorian（1982）归并在长足瓢虫属 *Hippodamia* 中各属独立的地位也予以保留。

长足瓢虫族的基本特征：前胸背板近中部处最宽，其侧缘接近弧形，虫体周缘近于长圆形，鞘翅的两侧缘中部近于平行，从横切面看呈浅弧形拱起。第 1 腹板前突狭窄；足股节末端可露出于鞘翅外缘之外。长足瓢虫属无后基线，但其跗节为隐四节式，下颚须末节斧状。触角 11 节；跗爪端节 2 节。

长足瓢虫族雄外生殖器的发育是十分完全的，特别是阳基中叶，从腹面到背面可分为 3 层，为属、种的鉴定提供了重要的依据。为了叙述的方便，我们将中叶的 3 层称之为腹层、中层和背层，这 3 层又可分成左右对称的两叶（图 39）。背层和腹层一般最长大，骨化最强，是种间区别最大，用于种类鉴定最好的器官。

长足瓢虫属 *Hippodamia* Dejean，1836

虫体长形，前胸背板在中部最宽，后缘无隆线，前缘几乎齐平。后胸腹板侧隆线不围绕前突前缘。鞘翅长形，扁平拱起。无后基线。中、后足股节伸出体缘之外，胫节各具 2 个刺距。爪在中部具小齿。

22. 十三星瓢虫 *Hippodamia tredecimpunctata*（Linnaeus）[1]**（图版Ⅲ-22，图 39）**

体长 6～6.2 mm，体宽 3.4～3.6 mm。

虫体长形，扁平拱起，背面光滑无毛。头部黑色，但前缘黄色，并呈三角形突入复眼之间，复眼黑色，触角、口器黄褐色。前胸背板橙黄色，中部有一大型近于梯形的黑斑，自基部前伸几达前缘，在靠近侧缘中部各一小圆形黑斑。小盾片黑色。鞘翅基色橙红色到褐黄色，共有 13 个黑斑，除一个位于小盾片下方鞘缝上椭圆形黑斑外，其他各斑分别在鞘翅的位置：在外线基部肩胛上有一小圆斑；另一较大的近于圆形斑位于内线 1/4 处；外线外侧 2/3 处一小斑；在内线 1/2 处一横形斑；外线 2/3 处和中线 5/6 处各一小斑。前三处斑构成端角向前的三角，后三处斑构成端角向外的三角。前胸背板和鞘翅的缘折橙黄色。腹面除中、后胸后侧片黄白色和腹部第1～5腹板外缘部分橙黄色外，全为黑色。足股节以上橙黄色，以下黑色，但跗节末节端部和爪黑色。

头部、前胸背板、小盾片刻点细密，鞘翅刻点深密，在外侧粗稀。头部全部露出，复眼半球形拱起，明显高过颜面，小眼面细。触角11节，长于额宽，锤节均匀膨大，结合紧密。唇基前缘齐平。上唇前缘齐平，侧角钝圆。前胸背板圆拱起，前缘弧形浅微内凹，前角钝圆，外缘弧形，细窄隆起，纵槽浅宽，后缘中部弧形凸出，在小盾片前平截，两侧内凹使基角明显突出。小盾片矮三角形。鞘翅长形，长与宽为3∶1，端角尖锐，外缘前2/3平行，之后向内向后弧形弯曲至端角。外缘向外平展，纵槽在中部最宽最深，肩胛明显突起，肩角钝圆。鞘翅缘折不宽，但直至端末明显，前部纵凹。前胸腹板无纵隆线。中胸腹板前缘不内凹。后胸腹板前突矮小，无侧隆线围绕其前缘，与中胸腹板接合不紧密。第1腹板前突片三角形，后基线不存在。雄虫第5腹板后缘全线内凹，第6腹板后缘中央内凹拱起。雌虫第5腹板后缘齐平，第6腹板后缘尖圆凸出。足瘦长，股节端末伸出体缘之外，刺距长大易看到，爪中部有小齿。

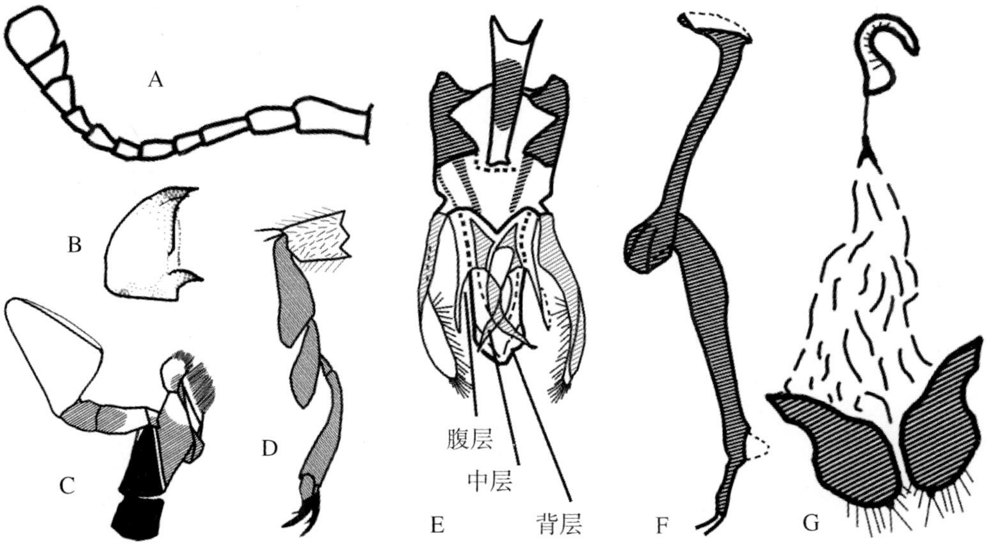

图39　十三星瓢虫

A. 触角　B. 上颚　C. 下颚须　D. 中足跗节和爪　E. 阳基正面观　F. 弯管　G. 雌性外生殖器

雄性外生殖器形态特征见图39。阳基基片和基柱骨化强，颜色较深；中叶短于侧叶，中叶腹层三叉形，中层剪刀形，背层长舌形。弯管骨化强，黑色；基半段较细，中间圈形扭曲，然后逐步膨大，约4/10处逐步向端部缩小，在端前区基部有一三角形的膜质外突。

寄主　棉蚜，槐蚜，麦长管蚜，豆长管蚜，麦二叉蚜，小米蚜，荷缢管蚜，褐飞虱、灰飞虱等，偶尔也取食花粉和花蜜。

分布　青海（乐都），西藏（昌都镇），甘肃（静宁），北京，河北，河南，山东，江苏，浙江。西伯利亚地区。欧洲。北美洲。

本种在欧亚大陆分布广泛，是长足瓢虫属的属模。据资料报道（耿云冬等，

2006)，本种的鞘翅斑纹变异甚大，在新疆喀什、和田等地多达32种，有的斑点消失，甚至变成无斑纹；有的斑点扩大，或者相互融合，甚至鞘翅全部变成黑色，只剩基缘和外侧浅色。但我们看到的青海和西藏昌都的标本，斑点都较稳定，只有个别斑点稍有扩大或缩小的情况。

新异瓢虫属 *Parippodamia* Iablokoff-Khnzorian，1979

本属的特点是足的跗爪具1中齿，弯管端前具2条附突。目前仅知1种。

23. 北方异瓢虫 *Parippodamia arctica*（Schneider）[9]（图版Ⅲ-23，图40，图41）

体长3.5～5.6 mm，体宽2.3～3.1 mm。

虫体长卵形，背面拱起较弱。额白色，头顶黑色，似2个三角形黑斑相连，唇基上具2个小黑斑或褐点。前胸背板淡绿色，具1个大的黑斑，不达前缘，黑斑前缘中央内凹，黑斑前侧角外突，前缘分成2支，小盾片前有1个“V”形或卵形白斑。小盾片黑色。鞘翅黄白色，具黑斑，黄白色区域常染有红色，鞘缝黑色（但常不达翅端）。鞘翅斑纹变异很大，深色型的个体鞘翅1/4处具一横带伸向翅缘，但不达翅缘，肩角处有一黑斑，独立或与横带相连：在鞘翅后半部有1个“C”形的黑纹，或独立不与鞘缝相连，或上部与鞘缝相连，有时下部也与鞘缝相连，围成1个横向的黄白斑；有时翅的前斑可与后斑相连，此时鞘翅大部为黑色，近鞘缝处具3个黄白斑，侧缘黄白色。浅色型的个体鞘翅上的黑斑呈点形，小盾斑与后方的黑斑组成1个倒“T”形斑，每一鞘翅具5～6个黑斑，独立；或鞘翅小盾斑、鞘翅中带上的黑斑均消失，仅有1个大的肩斑，后部的2个黑斑相连，呈“工”字形，鞘缝两边的黑斑呈剑形（图版Ⅲ-23）。虫体腹面黑色，各足黑色，但胫节末端和跗节黄褐色。第1腹板具后基线，接近于完整。

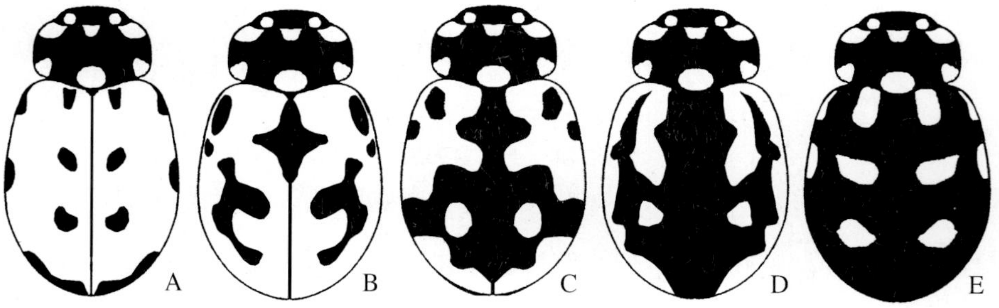

图40　北方异瓢虫斑纹变异的主要类型（图自 Iablokoff-Khnzorian，1982）

雄性外生殖器形态特征见图41。弯管黑褐色，端部和端区黄色；弯管中间呈“7”形弯曲，弯管端外侧有一淡色的三角形突起；有端区和端前区，端前区为一指状突，指向内侧。阳基从侧面观基柱黑色，基片漏斗状，中叶肥厚，端部缢缩为尖形，与侧叶几乎等长；从正面观，基柱短，倒三角形，中叶舌形，近端部处急剧缢缩呈指状突；侧叶钳状，端部1/3密生细毛，遍布整个侧叶端部四周，而不是侧叶的两侧。

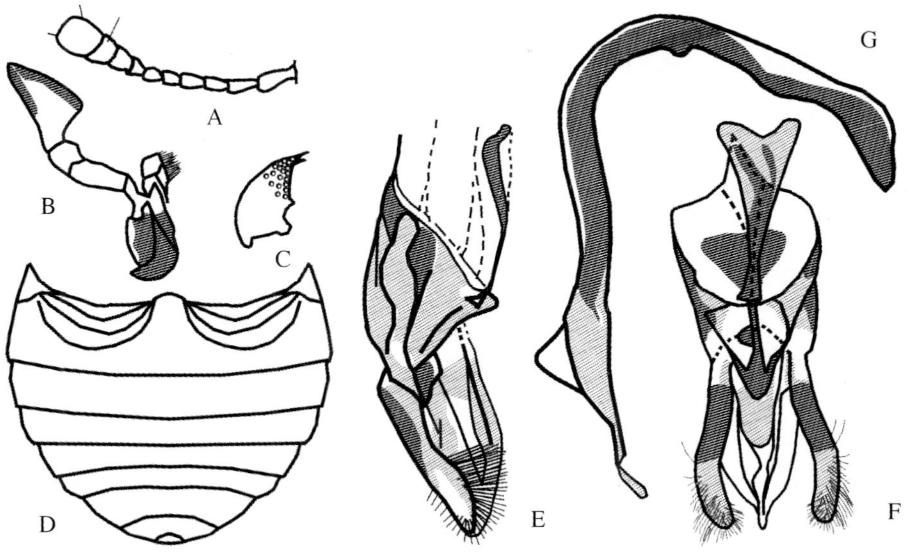

图 41　北方异瓢虫

A. 触角　B. 下颚须　C. 上颚　D. 雄虫腹板　E. 阳基侧面观　F. 阳基正面观　G. 弯管

寄主　蚜虫。

分布　西藏（林芝 3 000 m），北京，河北，内蒙古，新疆。俄罗斯。蒙古。哈萨克斯坦。尼泊尔。加拿大。北欧一些国家。美国的阿拉斯加。

多异瓢虫属 *Adonia* Mulsant，1846

虫体长形，前胸背板在中部最宽，后缘有细窄隆线。后胸腹板侧隆线不围绕前突前缘。鞘翅长形，扁平拱起。中、后足股节伸出体缘之外。跗爪在中部具小齿。模式种为多异瓢虫 *Adonia variegata*（Goeze）。

24. 多异瓢虫 *Adonia variegata*（Goeze）[1]（图版Ⅲ-24，图 42，图 43）

体长 4 ~4. 7 mm，体宽 2. 5 ~3 mm。

虫体长卵形，扁平拱起，背面无毛。头部前部黄白色，后部黑色，或颜面有 2 ~4 个黑斑，或毗连或融合，有时通过复眼间与头后部黑色部分连接，复眼黑色，触角、口器黄褐色。前胸背板黄白色，通常位于基部的黑色横带向前分出 4 个支叉，有时这 4 个支叉左右分别在前部愈合，构成两个近方形中空的斑。小盾片黑色。鞘翅黄褐色到红褐色，共有 13 个黑斑，基本型为：1 斑在小盾片下侧，2 斑在肩胛上，位于外线 1/8 处，3 斑在内线 1/4 处，4 斑在外线 1/3 处，5 斑在内线与中线之间，位于鞘翅 1/2 处；6 斑在外线 3/4 处；7 斑在中线 7/8 处。鞘翅斑纹变异甚大（图 42）。此外，在小盾片两侧各一黄白色分界不明显的横长斑。缘折黄色。腹面黑色，只中、后胸后侧片及后胸前侧片末端为白色。足下部黑色，端部褐色。

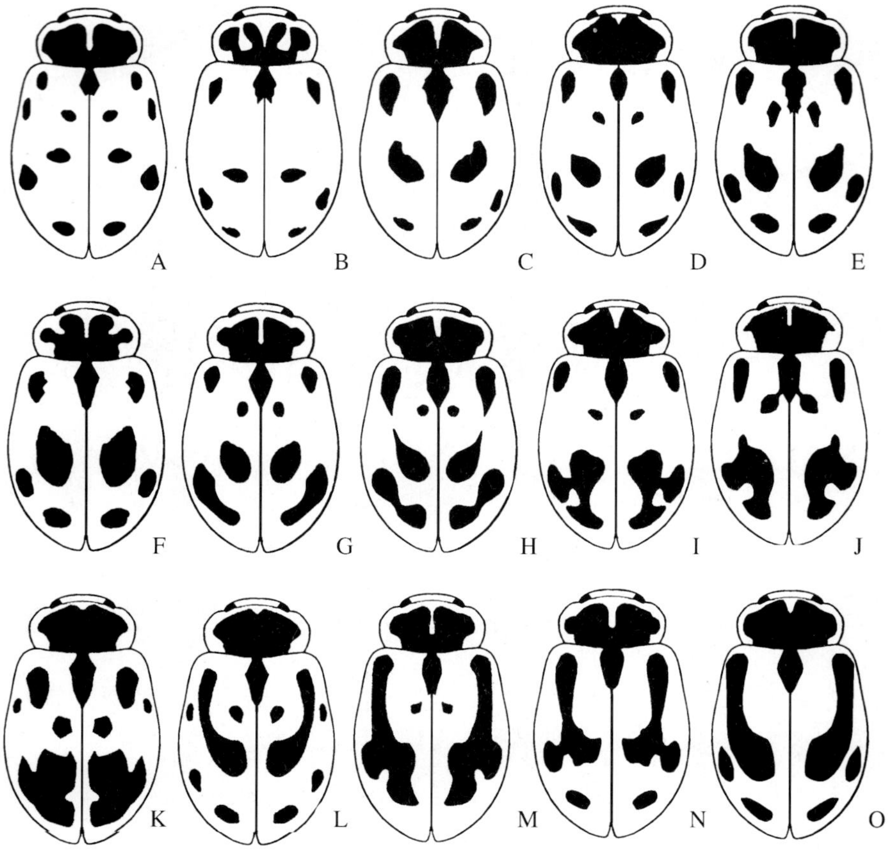

图 42　多异瓢虫的色斑变化类型（图自 Kapur，1957）

刻点细密，在头部和前胸背板较浅，鞘翅明显圆深。腹面前胸腹板后突部分刻点极粗深。腹部均匀细密。复眼较小，近于圆形，位于头侧，凹入与颜面成直角，隆起不高过颜面，小眼面细。唇基前缘齐平，上唇长宽，前缘齐平。下颚须端节斧形。触角 11 节，锤节紧密结合。前胸背板明显拱起，前缘较深凹入，前角钝圆，外缘弧形，上翻明显，内具纵槽，后缘细窄隆起，中部圆形凸出，后角与鞘翅接合不紧密。小盾片三角形。鞘翅长形，前缘近直形，外缘大部分直形，仅于 5/6 后部分弧形内弯，边缘细窄隆起，纵槽狭深。肩角圆形。肩胛不明显突起，外移靠近侧缘。端角尖形。缘折完整，窄而横平。前胸腹板无纵隆线。中胸腹板前缘不凹入。后胸腹板无侧隆线。后基线完整，在腹板中部转向前伸，到达外前角处；雄虫后基线后伸仅接近腹板中部，雌虫后伸接近腹板后缘。雄虫第 5 腹板后缘明显凹入，两侧色深。雌虫第 5 腹板后缘舌形向后凸出，第 6 腹板基部有三角形下凹，后缘尖形凸出。足细长，股节伸出体缘之外，前足胫节从正面观呈椭圆形，中、后足胫节末端各具两个刺距，第 1 跗节伸长膨大，第 2 跗节短缩，以致第 3 跗节暴露出来。爪中部具小齿。

雄性外生殖器形态特征见图 43。阳基基片和基柱颜色很深。阳基中叶侧面观从基部到 1/3 处逐步膨大，而后快速收缩，形成尖锐的端部。从正面观阳基中叶背层为顶角尖锐的倒置长三角形；中、背层为淡色、膜质，三角形；观察的角度不同，背层有时仅看到小突起。弯管粗壮，中部呈“7”字形弯曲，端区和端前区明显，端部膨大，腹面有腹沟，具有 2 个大的附突，端区和端前区螺旋形扭曲，笔直延伸，末端为针尖状。

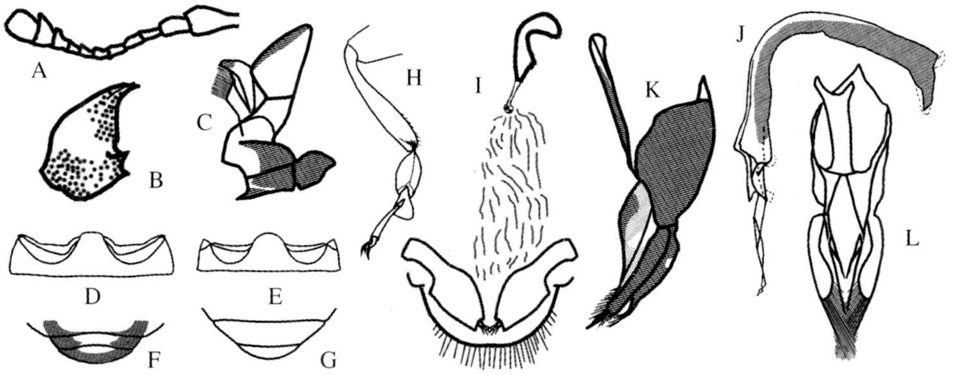

图 43　多异瓢虫

A. 触角　B. 上颚　C. 下颚须　D. 雄虫后基线　E. 雌虫后基线　F. 雄虫腹部末节　G. 雌虫腹部末节　H. 雄虫前足　I. 雌外生殖器　J. 弯管　K. 阳基侧面观　L. 阳基正面观

寄主　麦蚜，棉蚜，豆蚜，槐蚜，苜蓿蚜，苹果蚜。

分布　西藏（岗巴 4 400 m，定结 4400 m，定日 4 200 ~ 4 600 m，拉孜 4 000 m，八宿 3 800 m，莎迦 4 100 m，日喀则 3 836 m，吉隆 2 800 ~ 4 300 m，波密古乡、林芝 3 000 m，米林派 3 000 m，芒康盐井 2 600 m），青海（西宁、循化、平安、乐都），云南（中甸 1 800 m，德钦 2 280 m，丽江 2 500 m，大理 2 000 m，六库 900 m，泸水 1 900 ~ 2 150 m），四川（炉霍 3 300 m，甘孜 3 600 m，德格 3 200 m，康定 1 400 m，巴塘 2 500 m，乡城 2 990 ~ 3 200 m，盐源 1 200 m），吉林，辽宁，内蒙古，河北，宁夏，新疆，北京，河南，山西，山东，福建。古北区。印度。尼泊尔。非洲中部。

弯角瓢虫属 *Semiadalia* Crotch，1874

弯角瓢虫属的特征：触角长度几为前额的 1.5 倍，第 9 节宽略大于长，第 10 节梯形，端节近于方形，端缘平截；雄虫第 3 节略长于以后各节，端部向内呈角状突出，并被密毛。唇基前缘平直，复眼间距为复眼半径的两倍。前胸背板前缘呈宽梯形内凹，前角及基角圆弧状，后缘不具窄隆边。前胸腹板突具纵隆线。鞘翅缘折约为体宽的 1/8，其外缘隆边止于鞘翅末端之前。后基线完整。中、后足胫节端部有刺距。雄虫前、中足第一跗节膨大呈椭圆形。爪的基齿近方形。[15]

25. 十斑弯角瓢虫 *Semiadalia decimguttata* Jing[15]（图版Ⅲ-25，图 44）

体长 4.5 ~ 6.5 m，体宽 3 ~ 4 mm。

虫体长卵形。头部黑色，前额具一近似三角形的黄斑，额刺突亦为黄色，唇基黑色；前缘有一褐色窄边，口器及触角黄褐色。前胸背板黄色，基半黑褐色至黑色，并从中部向前伸出两个近方形的斑，该斑不伸达前胸背板前缘。小盾片黑色。鞘翅基色黄色至黄褐色，两鞘翅共有10个（缺小盾斑）或11个黑斑（有小盾斑），但这些斑纹常有变化，除小盾斑之外的每鞘翅5个斑纹呈2-2-1排列，前两个外斑的位置比内斑偏后，以第2排内斑最大，长卵形，横向稍斜。各斑均不与翅基或翅缘相接。斑纹常有变化，常见的是小盾斑消失，因此鞘翅上共有10个斑，或其余斑纹变小，甚至消失1~3个。虫体腹面黑色，但前胸背板缘折前半部分白色，鞘翅缘折黄色，中胸及后胸后侧片白色。足黑色，跗节褐色。

头部及前胸背板上刻点细、浅而稀，鞘翅上刻点粗且深。触角第1节肥厚，长大于宽，椭圆形，较第2节长约2倍；第9、10节宽均大于长，梯形；第11节长、宽基本相等，方形。前胸背板基角不向外、向上翘，前缘及后缘无窄隆边，但两侧缘有窄隆边及纵沟槽。前胸背板缘折平坦，不具凹陷。前胸腹板二纵隆线较短，仅伸达腹板突的端缘。鞘翅基部略宽于前胸背板后缘。鞘翅缘折的外隆边止于第4腹板的后缘。腹部腹面及足均被有金色软毛。后基线宽弧形，完整，其后缘伸达第1腹板长的1/2。

雄性外生殖器形态特征见图44。弯管粗壮，中部呈倒“U”形弯曲；端部明显膨大，有腹沟，腹面具一对钩叶；弯管端区基部粗壮，中、后部螺旋形扭曲，端前区膨大，具两根针状突。阳基基柱较短，倒三角形；基片粗大，长于侧叶；中叶背层长舌形，明显长于侧叶，腹层分成左右两叶，相互不交叉，向外弯曲成弯刀状，与侧叶等长。从侧面观，中叶非常厚，仅端部呈尖锐的突出；侧叶近长方形，端部密生绒毛。

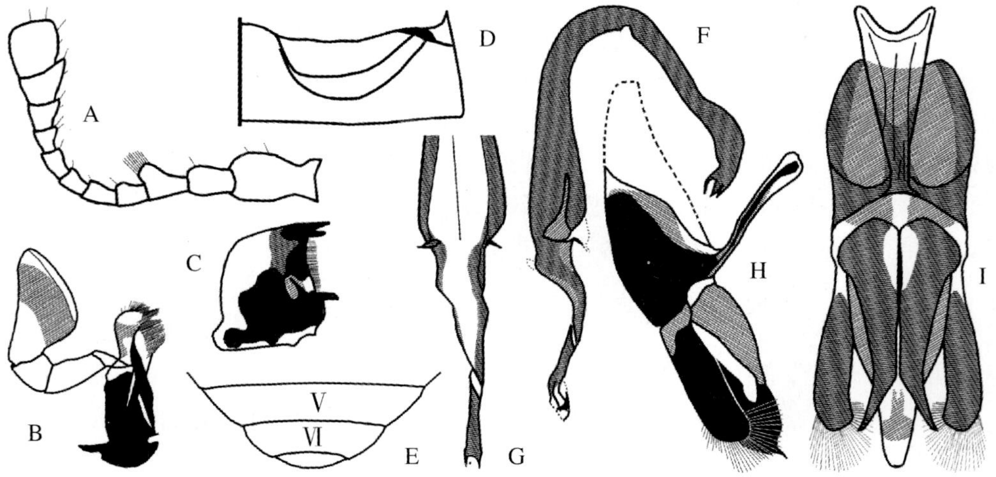

图44　十斑弯角瓢虫

A. 雄虫触角　B. 下颚须　C. 上颚　D. 后基线　E. 雄虫第5、6腹板　F. 弯管　G. 弯管端腹面观　H. 阳基侧面观　I. 阳基正面观

分布　西藏（墨脱加热萨2 100 m，波密古乡2 700 m，林芝3 300 m，朗县3 400 m，米林3 200 m，工布江达3300 m），云南。

本种在外形上与 *Hippodamia oculata* 和 *Hippodamia notata* 相近，但前一种近肩角的外斑与翅缘相连，后一种在外生殖器上有很大的区别（Bielawski，1984）。

突角瓢虫属 *Asemiadalia* Barovskiji，1928

突角瓢虫属的特征：下颚须几呈直角三角形。触角长度为前额的1.3～1.6倍，锤节短，排列紧密，第9节宽略大于长；第10节宽明显大于长，梯形；端节亦宽大于长，近方形。雄虫第3节与第2节长度相当，但端半部向外侧呈突状扩展、端缘具毛。唇基前缘平直，复眼间距大于复眼直径。前胸背板前缘略呈宽梯形内凹，两侧以中部较宽，前角及基角圆弧形，后缘不具窄隆边。前胸腹板突无纵隆线，鞘翅基部稍宽于前胸背板基缘。前胸背板缘折无内凹。鞘翅缘折窄，为体宽的1/8，其外隆线止于鞘翅末端之前。后基线完整。中、后足胫节端部有刺距。雄虫前、中足第1跗节膨大呈椭圆形。爪有1个基齿。弯管端和端前区明显，端前区具2～3个背突。淡唇突角瓢虫 *Asemiadalia heydeni* Weise是本属模式种。我国已知有7种，青藏高原地区都有分布。[20]

26. 淡唇突角瓢虫 *Asemiadalia heydeni* Weise（图版Ⅳ－26，图45）

体长4.3～6 mm，体宽3.4～4.1 mm。

虫体长卵形。头黑色，两复眼间具一三角形黄斑；额刺突、上唇、上颚及触角的大部分黄色，触角端部及下颚须顶缘褐色。前胸背板黄色，基板呈一黑色横带斑，其前缘中部前突呈二方斑。小盾片黑色。鞘翅黄色，具黑斑，除小盾片下侧的方形大斑外，一般的个体每鞘翅具5斑：盾斑长方形，前缘从不达翅的基缘；缘斑最小；中斑最大，横带形，外侧向上斜伸；亚端斑略呈三角形；端斑撇形。各斑可缩小，甚至消失，但肩斑从不消失。各斑也可扩大，互相连接，甚至整个鞘翅成为黑色。虫体腹面：前胸腹板每边有一个大的“Y”形黑斑；除前胸背板缘折前2/3、鞘翅缘折以及各足胫节基、端部、跗节黄褐色至黑褐色外，其余部分均为黑色。

刻点以头部的深、密，前胸背板的细、浅。鞘翅上粗、细两种刻点相间排列，至两侧变粗大。头宽约与前胸背板中线等长，复眼较小，眼间距大于头宽的1/2。触角长为复眼直径的3倍，第3节末端向外扩展，密生长毛；锤节排列紧密，第11节近方形，端缘平截。前胸背板中线长约为背板宽的1/2。小盾片甚小，宽度约为体宽的1/20。前胸背板突无纵隆线，基片与腹板突交界处有粗壮横纹。鞘翅缘折的外隆线仅伸达第3腹板中部或后缘。虫体腹部腹面黑色，具粗的刻点。后基线宽弧形，完整，其后缘略超过第1腹板长的1/2。雄虫第5腹板后半中央弧形凹入、光滑无毛，第6腹板后缘平截；雌虫第6腹板后缘宽弧形后突。中足胫节端部具有2个、后足胫节端部具有1个粗短的刺距。

雄虫外生殖器形态特征见图45。阳基中叶背层舌状，明显长于侧叶；中层、腹层膜质。从正面观，中叶背层颜色较深，基部宽阔，端部1/3缢缩，舌形；中叶腹层由两片基部粗大的外弯牛角状叶片交叉组成。从侧面观，阳基基片宽大，漏斗形；中叶背层末端尖锐外弯，明显长于侧叶。弯管近中部弧形弯曲，基部2/3黑褐色，端部1/3黄色，端区基部有一外向的三角形膜质突起，然后弯管急剧缢缩，形成尖锐的端前区。

分布　西藏（墨脱2 500 m，波密古乡2 700 m，易贡2 300 m，林芝八一镇3 000 m）。中亚细亚。克什米尔地区。阿拉木图。阿富汗。

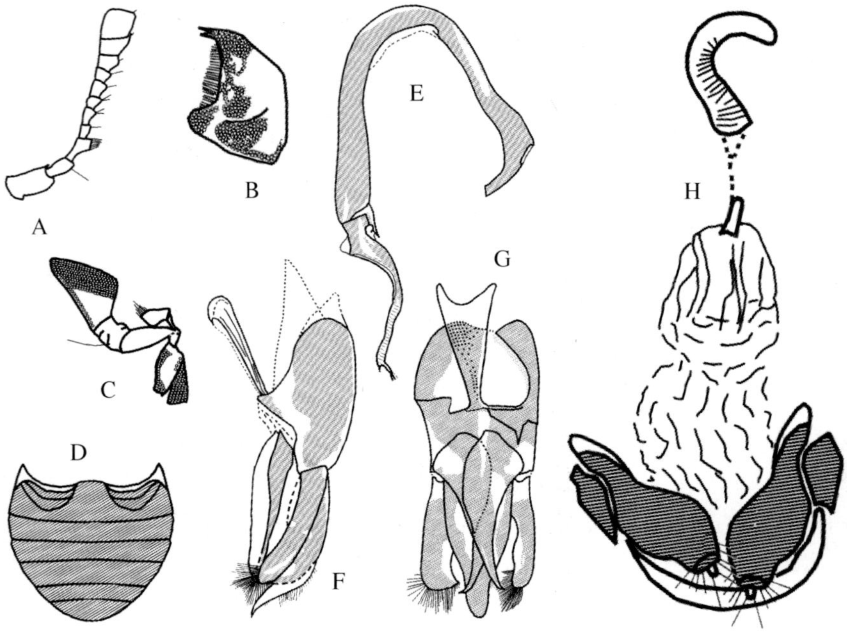

图45 淡唇突角瓢虫

A. 雄虫触角 B. 上颚 C. 下颚须 D. 雄虫腹板 E. 弯管 F. 阳基侧面观 G. 阳基正面观 H. 雌性外生殖器

本种在亚洲地区分布甚广，是突角瓢虫属的属模，在国内也是人们熟知的种类，曾用中文名称为“盾斑长足瓢虫”，为了统一起见，经希立将中文名称改为“淡唇突角瓢虫”。

27. 理县突角瓢虫 *Asemiadalia lixianensis* Jing[20]（图版Ⅳ-27，图46）

雄虫体长4.6 mm，体宽3.3 mm。雌虫体长5.7 mm，体宽3.7 mm。

体背有光泽。头部黑色，两复眼间黄色波状带斑的前缘中部向前突出成一个小圆斑。口器褐色，上唇黑褐色，上颚黄色。触角基节及锤节深褐色，其余各节黄褐色。前胸背板黄色，基半部的黑斑从中部向前伸出二纵带斑，直达背板的前缘，二纵带斑间的黄色部分较长，向后伸超过背板长度的1/2。小盾片黑色。鞘翅基色黄色，小盾片下有1个“十”字形黑斑，沿鞘缝下伸呈条斑，除该斑外，每鞘翅尚有5个斑，其中端斑有时呈横卵形，其余各斑均呈方形或长方形，并彼此连接成网状。

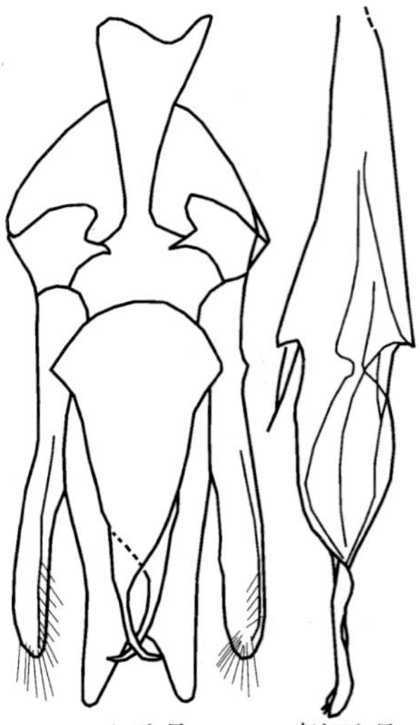

A.正面观 B.侧面观

图46 理县突角瓢虫生殖器

（图自经希立，1986）

头部、前胸背板上的刻点细而浅，刻点之间有点状布纹；鞘翅上刻点稀于前者，于两侧缘内侧有一排刻点较大而粗。上唇前缘略内凹，触角第1节圆柱形，最大而长，长度约为第2节的3倍，第11节长略大于宽、端缘平截。前胸背板基角不向上翘，其长度与鞘翅长度之比为1∶2.8，最宽处在中部之前。鞘翅基部略宽于前胸背板的中部。后基线宽弧形，端缘近于第 1 腹板长度的 1/2。鞘翅缘折的外隆线伸至第 3 腹板的中部。

雄性外生殖器形态特征见图 46。弯管端区膨大，具 1 个大的刺突，端前区细长，较直。阳基中叶腹层分为两叶，前 3/4 为圆口的铲状，两叶完全重叠；后 1/4 为细窄的弯钩状。中叶背层长舌状，端缘凹入，使末端分二叶，两外角长形突出，明显超过侧叶的长度。

分布　西藏，四川（理县 2 800 m，红原 3 700 m），云南。

28. 黑斑突角瓢虫 *Asemiadalia potanini* (Weise)（图版Ⅳ-28，图 47）

体长 4.3 ~ 5.9 mm，体宽 3 ~ 4 mm。

虫体长卵形。头黑色，两复眼间具一三角形黄斑；上唇、上颚及触角的大部分黄色，触角端部 3 节及下颚须端半部黑褐色。前胸背板黑色，前缘和侧缘成一黑色至黄褐色横带斑。小盾片黑色。鞘翅黄色至红褐色，具黑斑，除小盾片下侧的梨形大斑外，一般的个体每鞘翅具 5 个斑：肩斑近圆形，有些个体前缘达到鞘翅的基缘，有些个体不达基缘；肩斑之后的缘斑最小，外侧到达鞘翅边缘；中斑最大，呈斜置的椭圆形，外侧向上斜伸；亚端斑略呈椭圆形；端斑半圆形或近于方形。虫体腹面黑色。前足股节端半部黑色，基半部黄褐色；中、后足股节、胫节和爪黑色，跗节黑褐色。

头部的刻点细、小，前胸背板的细、浅，鞘翅上较粗、密。头宽约与前胸背板中线等长，复眼较小，眼间距大于头宽的 1/2。触角长为复眼直径的 4.5 ~ 5 倍，锤节排列紧密，第 11 节方形，端缘平截；雄虫第 3 节端半部向外扩展，末端具密毛。前胸背板中线长约为背板宽的 1/2。小盾片甚小。前胸背板突无纵隆线。鞘翅缘折的外隆线仅伸达第三腹板中部或后缘。虫体腹部腹面黑色，具粗的刻点。后基线宽弧形，完整，其后缘明显超过第 1 腹板长的 1/2。雄虫第 5、6 腹板后缘中央弧形下凹，光滑无毛。中、后足胫节端部具 2 根粗长的刺距。

雄虫外生殖器形态特征见图 47。阳基中叶背层舌状，末端分二叶，明显长于侧叶；中叶的中层、腹层膜质，从腹面观，腹层颜色较深，端半钩状突骨化强，色更深；从侧面观，阳基基片宽大，漏斗形，中叶宽阔；弯管近中部弧形弯曲，端区基部有一外向的牙刷形膜质突起，然后弯管急剧缢缩，形成尖锐的端前区。

寄主　蚜虫。

分布　西藏（察雅吉塘、芒康海通 3250 m，波密扎木、古乡 2600 m），四川（马尔康 2 500 m，康定 2 400 ~ 2 700 m，理塘 3 650 m，巴塘 2 600 m，乡城 3 000 m），云南（中甸 3 500 m，小中甸 3 200 m，德钦 3 300 m，丽江 3 000 m，维西 2 500 ~ 2 900 m，兰坪 2 500 m，云龙 2 500 m），甘肃，宁夏，陕西，江苏，湖北。

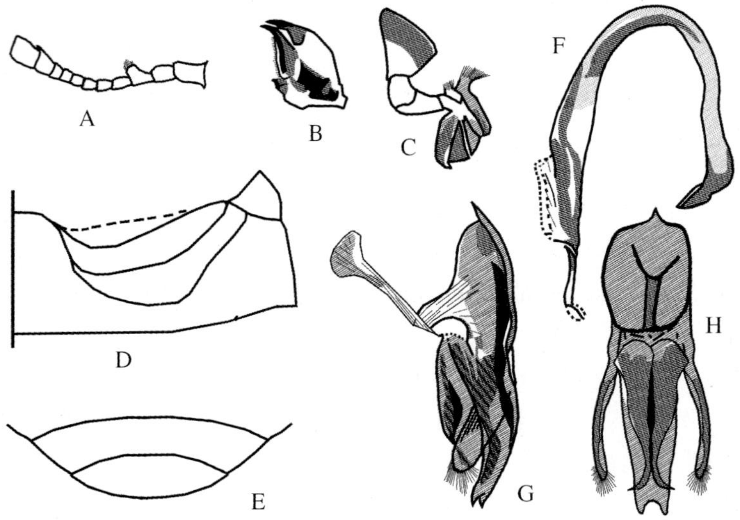

图 47　黑斑突角瓢虫

A. 雄虫触角　B. 上颚　C. 下颚须　D. 后基线
E. 雄虫第 5、6 腹板　F. 弯管　G. 阳基侧面观　H. 阳基正面观

29. 变斑突角瓢虫 *Asemiadalia rickmersi* Weise（图版Ⅳ-29，图 48、图 49）

体长 4 ~ 5.5 mm，体宽 2.8 ~ 3 mm。

虫体长卵形。前胸背板黑色，前、后侧角各具一黄褐色至褐色斑纹，后角斑纹较小。小盾片黑色。鞘翅黄褐色至红褐色，具黑斑，除小盾片下侧的三角形或菱形大斑外，一般的个体每鞘翅具 4 ~ 5 个黑斑：肩斑椭圆形，前缘不达鞘翅的基缘；肩斑之后的缘斑最小，甚至消失，外侧也不到达鞘翅边缘；中斑最大，椭圆形至横长方形，外侧略向上斜伸；亚端斑略呈椭圆形，大小仅次于中斑；端斑横长椭圆形。虫体腹面黑色。深色型的个体斑纹扩大，黑色的鞘翅上除基缘及侧缘浅色外，尚有前后 2 个大浅色斑，前斑大，后斑小，直至鞘翅全部黑色。

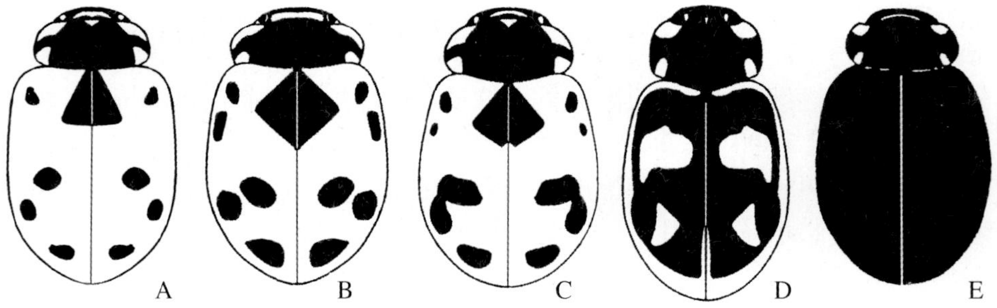

图 48　变斑突角瓢虫鞘翅斑纹变异情况（图自 Kapur，1963）

雄性外生殖器形态特征见图 49。阳基中叶末端不分 2 叶，略长于侧叶；弯管近中部呈“7”字形弯曲，端部具叶状突；有明显的端区和端前区，端区从基部的粗大逐步向端部缩小，端前区由一长一短两个指状突组成。

分布　西藏（定日协格尔 4 400 m）。乌兹别克斯坦。

Iablokoff-Khnzorian（1982）认为：Kapur（1963）从西藏记录了 *Hippodamia heydeni*，并提供了背面斑纹变化及雄性外生殖器图，应是本种的错误鉴定。本种的肩斑比黑斑突角瓢虫的肩斑小，有时斑纹扩大，黑色的鞘翅上除基缘及侧缘浅色外，尚有前后 2 个大浅色斑，前斑大，后斑小，或鞘翅全部黑色。分布在高海拔地区，本种最先记录于乌兹别克斯坦。

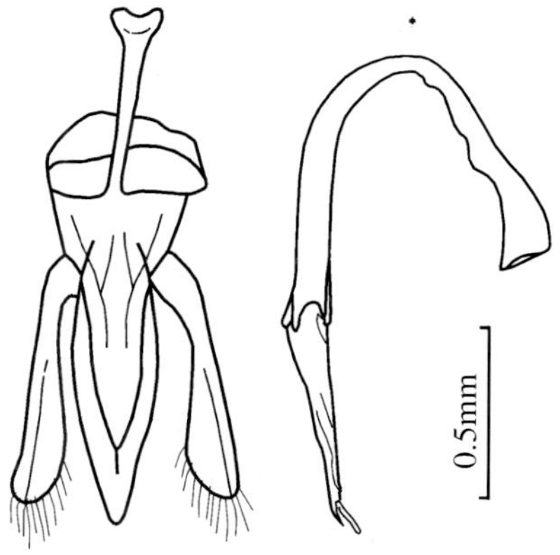

图 49　变斑突角瓢虫生殖器
（图自 Kapur，1963）

30. 矛斑突角瓢虫 *Asemiadalia spiculimaculata* Jing[20]**（图版Ⅳ-30，图 50）**

体长 4.5 ~5.6 mm，体宽 2.7 ~3.6 mm。

头部黑色，两复眼间具一波状横条黄斑，颚刺突亦黄色，口器褐色。触角基节及锤节褐色，其余各节黄褐色。前胸背板黄色，基板黑色，并从中部向前延伸出两个近圆形的黑斑，该斑直伸达前胸背板前缘，两斑之间黄色部分呈倒置的三角形，其后端达前胸背板基部 1/4 处。小盾片黑色。鞘翅基色黄褐，小盾片下方有矛形黑斑，该斑自鞘缝基部 1/3 处变细成条斑，延伸至端部 1/3 处又窄缩成线斑，有的个体的条斑及线斑均消失，仅留下矛斑，除鞘缝斑外每鞘翅还有 4 个黑斑，不具缘斑，但肩斑及中斑较大，前者长椭圆形，前伸达鞘翅基缘，后者三角形；亚端斑及端斑较小，前者椭圆形，后者横卵形，有时全消失。虫体腹面黑色，但前胸背板缘折的前半、鞘翅缘折以及中、后胸后侧片为黄色。足黑色、跗节黑褐色。

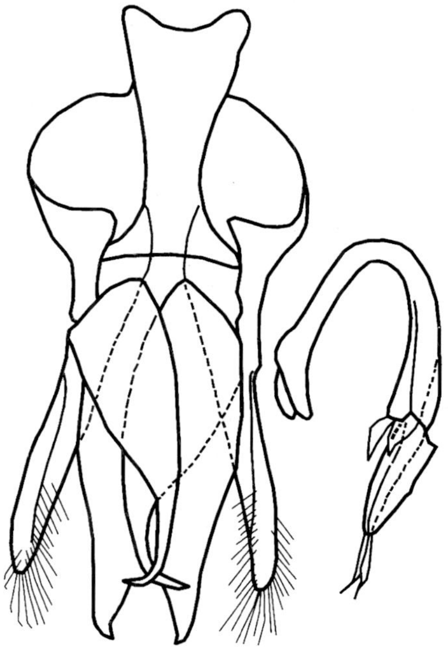

图 50　矛斑突角瓢虫生殖器
（图自经希立，1986）

头部及前胸背版上的刻点细密。鞘翅上的刻点粗深，在两侧缘内侧的 2 ~3 排刻点最粗大而深。触角第 1 节较长大、端部较基部宽大，第 9 节长、宽约相等，第 10 节梯形，第 11 节略呈弧形。头宽约为鞘翅宽度的 1/2。前胸背板长约为鞘翅长的 1/3，基角略向上翘，小盾片宽约为鞘翅宽的 1/17，鞘翅宽为前胸背板宽度的 1.3 倍。鞘翅基部几与前胸背部中部等宽，肩角圆钝。鞘翅缘折略大于体宽的 1/8，外隆线伸达第 4 腹板后缘。腹面及足被灰白色平伏短毛。后基线弧形，端缘伸达第1腹板长的3/5处。爪基齿锐角形。

雄性外生殖器形态特征见图50。弯管在中部呈180°弯曲，端区有膨大的包膜，基部有2片叶状突起，端前区为一组针状的突出；阳基中叶背层为铲状突出，远长于侧叶，中间深深凹入，凹入最深处与侧叶端部平行；阳基中叶腹层为1对基部板状，端部钩状的重叠板构成。

分布　四川（南坪2 600m，松潘3 150 m，红原3 700 m，炉霍3 300m，甘孜3 300 m，德格3 100～3 300 m），陕西，湖北。

本种与分布于四川、云南及西藏的黑斑突角瓢虫 *Asemiadalia potanini*（Weise）近似，主要区别在于后种鞘缝上不具黑条斑。雄性外生殖器构造的形状不同。

31. 墨脱突角瓢虫 *Asemiadalia medoensis* Hu & Wang，sp. nov.，新种（图版Ⅴ-31，图51）

体长4.7 mm，体宽3.4 mm。

头部黑色，下颚须末节斧状，端半部黑色。前胸背板前缘黄色，后面大半部为黑斑，黑斑前缘波浪形。小盾片黑色，其后有一梨形大黑斑。肩斑紧靠前缘和侧缘，但不达前缘和侧缘；每一鞘翅外缘的2个缘斑和端斑均到达缘折掀起的凹陷边缘；中斑椭圆形，斜置；端斑靠近鞘翅外缘。虫体腹面黑色；各足黑色，第2～4跗节黑褐色。

虫体光滑，刻点细小。触角11节，第1节最粗长；第11节其次，长方形，长大于宽；第9～11节黑褐色；雄虫第3节端部向外扩展，长满长毛。上颚具基齿，端齿2个。后基线完整，广弧形后弯，后缘接近腹板后缘。中后足胫节端部具2根刺距。雄虫腹板第5节前缘横平，后缘向前弧形凹陷。

雄性外生殖器特征见图51。弯管中部呈近90°弯曲，后半段明显膨大。端前区呈倒置的匙形，基部外侧没有膜质的突起，端部有一根针状突出，被包围在膜质的囊内。从正面看，阳基中叶背层长舌状，远长于侧叶，在到达侧叶之前不向内弯曲缢缩；中叶腹层呈外弯的牛角状。从侧面看，阳基基片近三角形，略长于侧叶；阳基侧叶黑褐色，其余均为黄褐色，中叶背层尖锐外弯。

正模，♂，西藏墨脱加热萨，2 100 m，2012-Ⅶ-20，王保海采，玻片标本号Na9。

本种与本属内其他种在体型和斑纹上常易混淆，但本种鞘翅内线中斑常为长椭圆形，斜置。阳基中叶背层长舌形，近端部处无明显缢缩，腹层长牛角形，两叶中间仅狭窄地重叠；阳基中叶长宽比为2.4∶1，是本属中阳基最长的已知种。这些都是本种区别于其他种的重要特征。

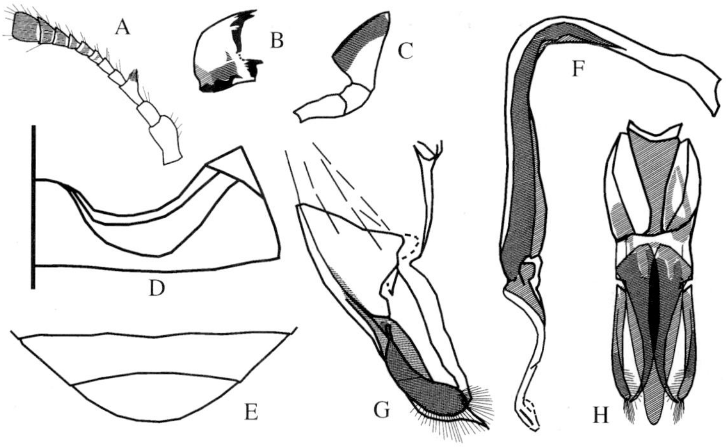

图 51　墨脱突角瓢虫

Fig. 51*Asemiadalia medoensis* Hu & Wang, sp. nov.

A. 雄虫触角（antenna of male）　B. 上颚（mandible）　C. 下颚须（maxilla）
D. 后基线（part of the first abdominal segment showing the abdominal line）
E. 雄虫第 5、6 腹板（5 ~ 6 abdominal segment of male）　F. 弯管（sipho）
G. 阳基侧面观（phallus, lateral view）　H. 阳基正面观（phallus, ventral view）

31. *Asemiadalia medoensis* Hu & Wang, sp. nov., Plate, V-31, Fig. 51

Length of its body is 4.7mm, the width of its body is 3.4mm.

The head is black. The last segment of maxillary palpus with black end is dolabrate. Pronotum with yellow front margin and a black spot on the back part, and the spot with wave front margin. Scutellum is black, with a pear-shaped black spot on the back. The spot on the humeral area adjoin but not reach front and lateral margin. 2 marginal spots and end spot on elytron both reach margh fold margin. The oval mid-spot inclines, and end spot is near the outer margin. Ventrite black. Legs are black, with black brown 2nd to 4th tarsus.

Its body with tiny puntcum is smooth. A antenna includes 11 segments, the 9th to 11th segments are black brown。 The 1st one is the longest and thickest, and the 11th one comes second. The 11th segment is rectangular, and its length is longer than its width. The 3rd segment terminal of male antenna extend out with long hair. Mandible with molar lobe and 2 incisor lobes. Posteoxal line of the first abdominal segment is complete, and it bends backward like arc, with the back margin approached sternum .

Figure 51 shows male genitalia. Sipho curves about 90 degrees with obvious siphonal capsule. Front of apex part likes inverted spoon. There is no membranous protuberance on its outboard of basal part. There is a needle in membranous capsule at the apex. In ventral view: dorsal layer of middle lobe of phallus is long linguiform, and it is longer than lateral lobes. There is no constriction and bend nearby lateral lobes end. Middle lobe ventral layer bends outward like horn. In lateral view: 2. and it is longer than lateral lobes; dorsal layer of middle lobe bends outward sharply. Lateral lobes of phallus are black brown, other structures are tan.

Holotype: male, Mo-tuo Jia Re-sa (2100m), Tibet, 2012-VII-20, Wang Bao-hai. slide specimens number: Na9.

This species tends to confuse in terms of the body type and stripes with other species of this genus. But middle spot on elytron inner line is long elliptic and slants on the inside of elytra. Dorsal layer of middle lobe is long-linguiform and ventral layer is long-horned. There is no constriction nearby the apex. The two layers superpose narrowly. Middle lobe length-width ratio was 2.4:1, and the phallus is the longest in this genus.

32. 古乡突角瓢虫 *Asemiadalia guxiangensis* Hu, sp. nov., 新种（图版Ⅴ-32，图52）

体长4.3~4.5 mm，体宽3~3.1 mm。

虫体长椭圆形。头部基半部黑色，端半部黄褐色，触角、口器黄褐色，触角基节大部分和端部3节黑褐色，复眼、上颚黑色，下颚须端半部黑褐色。前胸背板黑色，每侧缘前角有一个大的近三角形黄白斑，由前胸背板前缘的黄白色条斑连接在一起。小盾片黑色。鞘翅红棕色，小盾斑起自鞘翅基部，两鞘翅上的小盾斑组成近三角形斑；肩斑和2~4斑长椭圆形，靠近但不达鞘翅边缘，3斑、4斑斜置；5斑（端斑）近三角形，远离翅端和鞘缝。深色型个体每个斑纹都很大，尤其以小盾斑和中斑为大；浅色型个体每个斑点都缩小，但小盾斑仍然较大。虫体腹面黑色。

触角11节，基节最长，第6~8节最小，端节最粗，近方形；第3节的长度是第4节的2倍以上，而且前角向外突出很长，顶端密生长毛。后基线完整，后缘略超过第一腹板的1/2。中、后足胫节有大的刺距。

雄性外生殖器特征见图52。弯管大部分黑褐色，中部急剧弯曲，从中部到端部逐步膨大，有背沟。端区基部内侧有一耳状突出，外侧有一个三角形的突起，颜色仅稍淡，端区中、后部细长，端前区为一根黑褐色针突，有包膜。阳基正面观，基叶内壁深色部分有明显的肺状斑纹，中叶从基部到端部逐步缩小，末端明显翘起，侧叶从基部到端部基本直形，仅略微弯曲。阳基中叶长宽比为1.87:1。从侧面观，侧叶棍棒状，直，端部最粗大，中叶末端尖，尖端弯向背面。

正模，♂，西藏波密古乡，2 360 m，1993-Ⅵ-24，贺文利采。玻片标本号NF35。

副模，♂，西藏波密，3 000 m，1991-Ⅹ-11，李品华采。玻片标本号NF16。

本种与突角瓢虫属 *Asemiadalia* 的其他种在外形上不易区分，但本种前胸背板后角无淡色斑；与前胸背板同样无淡色斑的种相比较，本种的端斑显然比其他种要大。本种的雄外生殖器与淡唇突角瓢虫 *Asemiadalia heydeni*（Weise）比较相似，但从侧面观，本种的阳基侧叶为直的棍棒状，中叶末端有一背向弯曲的指状突起；从正面观，阳基中叶从基部到端部逐步缩小，端半部中间不缢缩。雄虫触角第3节向外突出很长。根据这些特征可与淡唇突角瓢虫相区别。

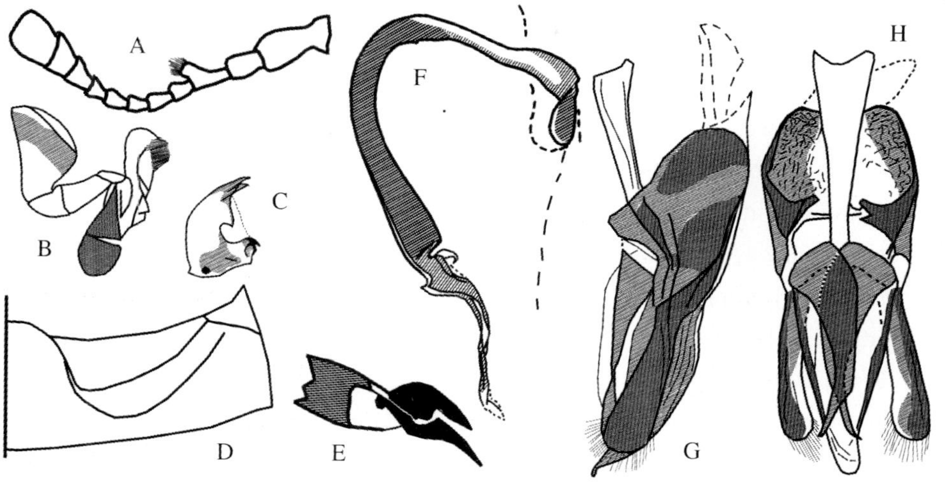

图52 古乡突角瓢虫

Fig. 52 *Asemiadalia guxiangensis* Hu, sp. nov.

A. 雄虫触角（antenna of male） B. 下颚须（maxilla） C. 上颚（mandible）
D. 后基线（part of the first abdominal segment showing the abdominal line）
E. 中足跗爪（tarsal claws of mesopedes） F. 弯管（sipho） G. 阳基侧面观（phallus, lateral view）
H. 阳基正面观（phallus, ventral view）

32. *Asemiadalia guxiangensis* Hu, sp. nov, Plate, V-32, Fig. 52

Length of its body is 4.3 ~4.5mm, and width of its is 3.0 ~3.1mm.

Its body is long elliptic. Basal part of its head is black and terminal part is tan. Antennae and mouthpart are tan. Scapes and 3 apex segments of antennae are pitchy; compound eyes and mandible are black, and the end of maxillary palpi is pitchy. Black pronotum with a nearly triangle yellowish white spot on the anterior angle of lateral margin, connected by the yellowish white streak on the leading margin. Scutellum is black. Elytra are reddish brown. Scutellum spot starts from base of elytra, and a nearly triangle spot is connected by two spots on elytra. Humeral spot and the 2nd to 4th spots are oblong, near but not reach elytra margin; the 3rd and 4th spots slant; the 5th spot as end spot is subtriangular, and far away from the end and the seam of elytra. Deep color spots are large, scutellum spot and middle spot are larger obviously. Light color spots are small, but scutellum spot large. Its body venter is black.

Antenna includes 11 segments; scape is the longest one; the 6th to 8th are the smallest; the terminal segment is the thickest and nearly square. Length of the 3 rd segment is 2 times longer or more than the 4th, Apex angle with thick long hair sticks out. Posteoxal line of the first abdominal segment is complete, and posterior margin extends to a little more than 1/2 length of the 1st abdominal segment. There are large spurs at median and hind tibiae.

Figure 52 shows male genitalia. Sipho is black brown and sharp curved in middle, and swollen from middle to apex, there is channel upside. Inner protuberance is auricular and outer one is triangular on base of sipho apex. Middle and back part of sipho is slender, with a black brown enveloped needle on apex. In ventral view: the spot like lung on deep color part of basal lobe of phallus inner walls. Middle lobe narrow down from root to apex, and apex tilts obviously. Lateral lobes are almost straight, curving slightly, and the aspect ratio was 1.87:1. In lateral view: lateral lobes are clavate, straight, and apex is thick. Middle lobe curves to back and the apex is sharp.

Holotype: male, Bomi Gu-xiang (2360m) Tibet 24. VI. 1993, collected by He Wen-li, specimen slide number: NF35.

Paratype: male, Bomi (3000m) Tibet, 24. VI. 1993, collected by Li Pin-hua, specimen slide number: NF16.

The external features of this species is similar to else species of *Asemiadalia*. But there is no light color spot on the hind angle of pronotum. Compared with the species that have no light color spot on pronotum, end spot of this species is larger obviously. Male genitalia of this species is similar to *Asemiadalia heydeni* (Weise) . But in lateral view, this species phallus lateral lobes are straight clavate, with a curved finger tip on the a pex of middle lobe. In ventral view, middle lobe narrows down from base to apex, and the terminal part without constraction. The 3rd segment of male antennae swelling outward long.

异瓢虫属 *Ceratomegilla* Crotch, 1873

前胸背板的基部具细缘，爪在中部具 1 个齿，雄性外生殖器的弯管不具弯管囊。

33. 维氏异瓢虫 *Ceratomegilla weisei* (Frivaldsky)（图版Ⅴ-33，图 53）

体长 4.7 ~5.2 mm，体宽 3.1 ~3.5 mm。

体长卵形，背面中度拱起。头黑色，额中部两复眼间具一大的白色横斑；触角黄色，复眼黑色，复眼间额区白色。前胸背板黑色，前角具一近三角形白斑，达背板侧缘之半，背板的前缘亦为浅色。小盾片黑色。鞘翅橘黄色，两鞘翅上共有 3 条黑色纵带，1 条位于鞘缝上，在鞘翅的 1/4 处最宽，后逐渐收窄，伸达翅端；另 2 条在近翅肩角处稍斜伸向翅的中间，不达翅端，约伸至翅的 6/7 处；在翅的 3/5 处外侧具 1 个近于圆形的黑斑，有时此斑消失。腹面黑色，中胸后侧片白色。足黑色。[9]

雄性外生殖器形态特征见图 53。弯管基半部黑色至黑褐色，端半部背面黄褐色；弯管中间略细，呈“U”形弯曲，端部略膨大。端区中央黄褐色，基部 2/3 向两侧扩展，形成倒三角形淡色附叶；端前区为一尖突伸向腹面。阳基正面观，中叶背层长舌形，端部分为两叉；腹层为端部形成外弯的两叶，与侧叶等长。阳基侧面观，中叶背层、腹层均很厚，中层为膜质；侧叶弯向腹面，明显短于中叶。

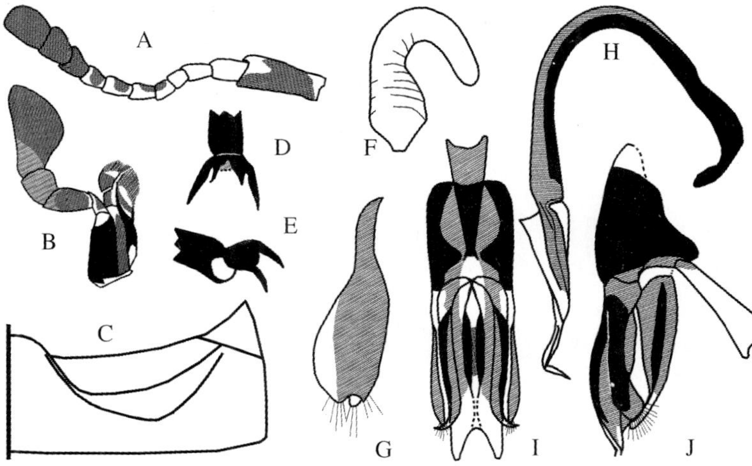

图53　维氏异瓢虫（雄外生殖器图仿任顺祥，2009）

A. 触角　B. 下颚须　C. 后基线　D. 后爪背面观　E. 后爪侧面观　F. 雌虫受精囊
G. 雌虫产卵片　H. 弯管　I. 阳基正面观　J. 阳基侧面观

分布　青海（民和），西藏，甘肃。

本种是 Frivaldsky 1892 年根据从西藏采集的标本描述的新种，隶属于 *Adonia* 属，1982 年 Iablokoff – Khnzorian 将其组合为 *Hippodamia*（*Ceratomegilla*）*weisei*。本种的外形很像纵条瓢虫 *Coccinella longifasciata*，但本种体型明显较纵条瓢虫为长，雄性外生殖器的弯管不具弯管囊，十分容易与纵条瓢虫相区别。我们观察的标本采自青海省民和县。

34. 乌氏异瓢虫 *Ceratomegilla ulkei* Crotch[9]**（图版Ⅴ-34，图54）**

体长 3.8 ~ 4.5 mm，体宽 2 ~ 2.4 mm。

体长卵形，体侧几乎平行，背面轻度拱起。头黑色，近复眼各有 1 个小浅色斑。前胸背板黑色，侧缘黄白色。小盾片黑色。鞘翅橘黄色，小盾片后具 1 个梨形大黑斑，肩角处具 1 个卵形斑，其下方具 1 个较小的斑，左翅的后半部具一“C”形黑斑，似有 3 个斑纹相连而成。有时近翅基的 2 个黑斑可消失，翅端的几个斑可相连成 1 个大斑。

雄性外生殖器形态特征见图 54。阳基中叶长于侧叶，末端尖锐，外弯；弯管基、端部膨大，中部半圆形弯曲，端部外侧（背面）具 2 个突起的附叶。

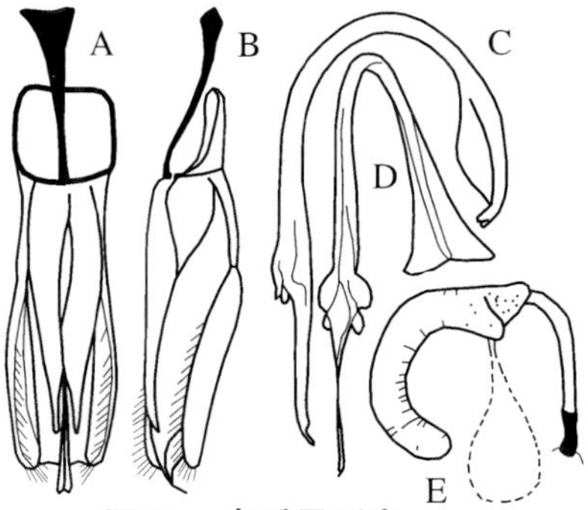

图54　乌氏异瓢虫

（图自 Iablokoff-Khnzorian，1982）

A. 阳基正面观　B. 阳基侧面观　C. 弯管
D. 弯管正面观　E. 雌虫受精囊

分布　西藏。哈萨克斯坦。蒙古。加拿大。美国的阿拉斯加。

Barovskij（1925）从西藏描述了 *Spiladelphia longula*，Iablokoff – Khnzorian（1979，1982）认为是 *H. ulkei* 的一个亚种。Mader（1929）提供了 *S. longula* 的描述及左翅斑纹

图。本种在不同的地区斑纹有较大变化。Godron（1985）认为 *Ceratornegilla* 与 *Hippodamia* 这两属之间有着明显的区别，即前者前胸背板的基部具细缘，爪在中部具 1 个齿，而后者前胸背板的基部无细缘，爪在端部具 1 个齿。但两者雄性外生殖器中的弯管不具弯管囊，从而被归入同一属中（虞国跃，2010）。Iablokoff-Khnzorian（1982）还记述，*S. longula* 遍布于帕米尔东部、蒙古和中国西部。

小长瓢虫属 *Macronaemia* Casey，1899

体长 3.1～4.5 mm，长卵形，体两侧平行或近于平行，背面扁平或稍拱起，足的胫节露体侧。唇基前缘平直，前侧角稍突出。鞘翅侧缘具窄的平展（略上起翘）边。前胸腹板突窄，向上明显拱起，无纵隆线。中胸腹板前缘中央稍突出，不内凹。中胸腹板具后基线，第 1 腹板后基线完整。中后足胫节端具 2 个刺距，跗爪简单，或具 1 个不明显的基齿。[9]

35. 黑条长瓢虫 *Macronaemia hauseri*（Weise）（图版Ⅴ-35，图 55，图 56）

体长 3.1～3.9 mm，体宽 1.8～2 mm。

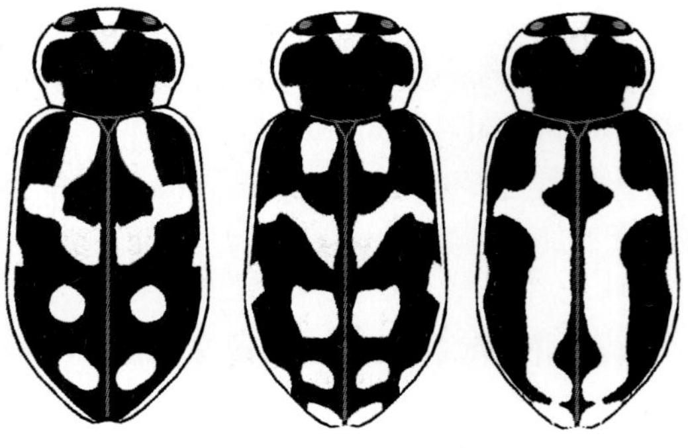

图 55　黑条长瓢虫鞘翅斑纹的变异（图自经希立，1992）

虫体长形，扁平拱起，背面光滑无毛。头部大部分黑色，前颜区为黄白色，并于后缘中部向上伸入复眼之间，复眼黑色，外围具有浅色环，触角、口器黄色。前胸背板黄白色，具有起自后缘前伸分叉，并在 1/2 处向外伸展的大黑斑，前支端末在侧支前缘之前，但不达到前胸背板前缘，侧支端末也不达到背板侧缘。小盾片黑色。鞘翅基色黄白色，共有 3 条黑纵纹，其中一条位于鞘缝上，自小盾片向下直至鞘翅端末，另两条分别位于鞘翅的外线与中线之间，自基缘起止于鞘翅端角 1/8 处，有时与中条纹连接。鞘翅斑纹常有变异，主要的变异见图 55。前胸背板及鞘翅缘折黄白色。腹面除中、后胸后侧片黄白色外，全部为漆黑色。足完全黄褐色。

头部刻点细密，中部较浅，前胸背板刻点均匀细密，鞘翅刻点较前胸背板圆深。腹面腹部刻点粗深，中部稀疏。头部额区宽阔，复眼小，圆形拱起，相距较远。触角 11 节，略长于额宽，锤节不紧密靠拢，端节前缘齐平。唇基前缘齐平，上唇前缘齐平，下颚须端节斧形。前胸背板圆拱起，中部最宽，前缘几不内凹，前角钝圆，外缘隆起，后缘中部圆形后凸，外侧靠近后角处内凹，后角尖形，明显外伸。小盾片规则三角形。鞘翅长形，基缘宽于前胸背板，肩角圆形，肩胛明显突起，外缘大部分平行，端部向内收缩，外缘细隆起，具深纵槽，内刻点粗稀，端角尖形，两个端角不密合，间有小凹。鞘翅缘折完整，较窄，中部有浅纵凹。前胸腹板无纵隆线。中胸腹板前缘不内凹。后胸腹板侧隆线不围绕前突前缘。后基线向后伸达腹板 1/2 处缓弧形向前转折，到达前缘。雄虫第 5 腹板特短，不及第 4 腹节 1/2 长，后缘全线弧形内凹，第 6 腹板后缘齐平。雌虫第 5 腹板后缘凸出，中部瘤形凸起，第 6 腹板中部纵形拱起，后缘圆凸。足瘦长，胫节尤其细长，股节端末明显露出体缘外，爪完整，无基齿。

雄性外生殖器形态特征见图 56。弯管细长，黑褐色，外突长梯形，内突比外突短小；弯管基部至中部弧形弯曲，端部有细小的腹沟，端区为一根长长的刺状突。阳基正面观，中叶长矛状，侧叶基部最宽，逐步向端部尖缩，到端部形成内弯的尖端，在距端部约 1/3 处，侧叶内缘还有一三角形内突。

寄主　麦蚜，豆蚜。

分布　云南（丽江 2 400 m，丽江、玉龙山 2 800 m，维西、攀天阁 2 500 m，大理 2 100 m，保山，昆明），四川（峨眉山）。

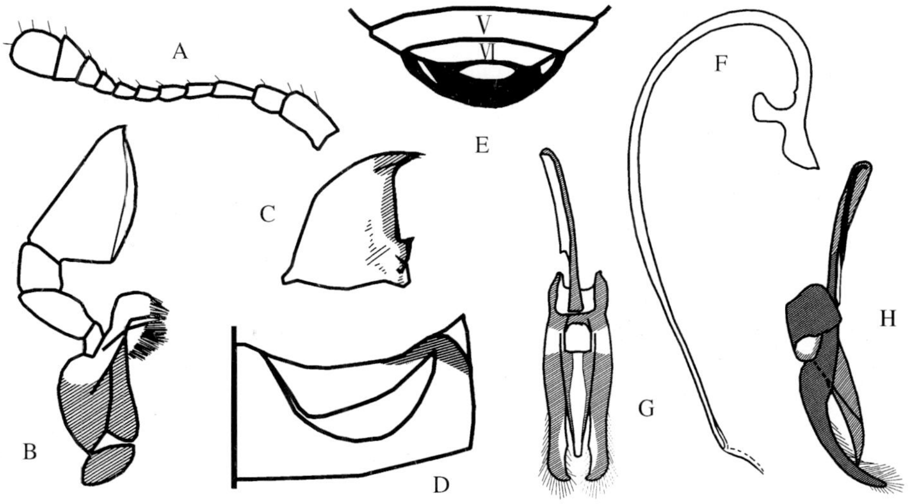

图 56　黑条长瓢虫

A. 触角　B. 下颚须　C. 上颚　D. 后基线　E. 雄虫腹板第 5、6 节
F. 弯管　G. 阳基正面观　H. 阳基侧面观

36. 奇异长瓢虫 *Macronaemia paradoxa*（Mader）[9]（图版Ⅴ-36，图 57）

体长 3.5 ~4.5 mm，体宽 2.5 ~3 mm。

虫体长卵形，背面稍弧形拱起。头黑色，复眼内侧前方及额中部黄白色，口器及触角黄褐色。前胸背板黄白色，中部具两个中间相连的“十”字形黑斑，接近或伸达前缘。小盾片黑色。鞘翅黄白色，鞘缝黑色，在鞘翅的 1/4、1/2、3/4 及 1/6 处，鞘缝的黑色部分向两侧延伸，1/4 处向外延伸与外面的黑斑相连，余下的 3 个或与外侧的斑纹完全相连，或部分相连；鞘翅外侧具 5 个黑斑，1 斑位于肩角，近三角形，基部与翅基相连，后侧方与鞘缝相连；2 斑位于 1 斑的后外侧，与 1 斑相连；3 斑位于 1 斑的下方，与 4 斑相连，有时与鞘缝或 2 斑相连；4 斑位于 3 斑的后外侧，可与鞘缝或 5 斑相连，5 斑位于近翅端，独立，或与 4 斑或鞘缝相连。当黑斑扩大时，鞘翅黑色，具黄白色侧缘，近翅中具 4 个黄白斑，基斑方形，与翅基相连，后 2 斑略横向，较宽大，4 斑较小，而翅侧亦具4个黄白斑，与翅缘相连。虫体腹面黑色，但前胸背板缘折，鞘翅缘折，中、后胸后侧片黄白色。第1腹板后基线伸达腹板长的一半。足黄褐色，但腿节端2/3黑色，胫节或多或少具黑色区域，跗爪具1个基齿。

雄性外生殖器形态特征见图57。弯管基部半圆形弯曲，中部广弧形弯曲，端部1/3直；端部由2～3根针状突组成；弯管囊内突小于外突。阳基正面观中叶基半部宽阔，端半部逐步尖缩，短于侧叶；阳基侧面观中叶基部一半同等厚度，端半部逐步尖缩，尖形外弯。雌虫受精囊近于“U”形；生殖片为粗壮的钩状。

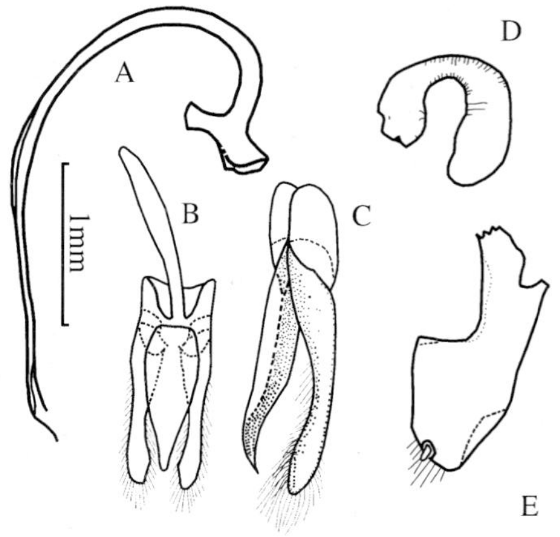

图57　奇异长瓢虫：(图自经希立，1992)
A. 弯管　B. 阳基正面观　C. 阳基侧面观
D. 受精囊　E. 产卵片

分布　云南（大理2 100 m，下关）。

本种与黑条长瓢虫 *Macronaemia hauseri* 的区别在于：本种的鞘翅侧缘稍呈弧形，足股节基1/3黄褐色，股节其余部分黑色，胫节或多或少具黑色区域；而黑条长瓢虫鞘翅的侧缘在中基部几乎平行，足股节基端半多黑色，胫节无黑色区域。两者在雄性外生殖器上区别明显，奇异长瓢虫阳基中叶腹面观宽大，稍短于侧叶，而黑条长瓢虫阳基中叶较细，不比侧叶明显宽，侧叶在端1/3处有1个角状突起（虞国跃，2010）。

瓢虫族 Coccinellini

体背光滑无毛，通常体大于3 mm。上颚端分裂为2个小齿。唇基前侧角常向前呈三角形突出。前胸背板前缘常呈梯形内凹。世界上已知77属，我国已知29属。[9]

大丽瓢虫属 *Adalia* Mulsant，1846

体中型，卵形。中胸腹板前缘中央几乎平直。前胸背板缘折和鞘翅缘折无凹陷。前胸腹板无纵隆线。后基线近于完整。中、后足胫节具2个刺距。[9]

本属大多数瓢虫捕食蚜虫（包括球蚜），也有捕食蚧虫、木虱或蓟马的记录，分布于古北区，世界已知7种（Iablokoff-Khnzorian，1982；Poorani，2004），但二星瓢虫已分布至北美洲、大洋洲及南美洲。[9]

37. 二星瓢虫 *Adalia bipunctata* (Linnaeus)[1]（图版Ⅴ-37，图58，图59）

体长4.5～5.3 mm，体宽3.1～4 mm。

虫体长卵形，呈半圆形拱起，背面光滑无毛。头部黑色，紧靠复眼内侧各有1个近于半圆形黄白色斑，复眼黑色，触角黄褐色，唇基白色，上唇黑褐色。前胸背板黄白色，生有1个“M”形黑斑，此斑上部或下部黄白空间有时被黑色填满。小盾片黑色。鞘翅橘红色至黄褐色，中央生有2个横长黑斑，分别位于鞘翅中央。色斑变异繁多，较常见的变型见图58。前胸背板及鞘翅缘折橙黄色。腹面几乎完全黑色，仅腹部外缘黑褐色。足黑色，跗节略浅，黑褐色。

头部、前胸背板及鞘翅上刻点均匀细密，在鞘翅上最深。腹面后胸腹板两侧有横长刻纹，腹部前部及端末刻点稀而深。复眼近于椭圆形，凹入呈三角形。触角粗壮，11 节，略长于额宽，锤节紧密靠拢，端节前侧齐平。唇基前缘齐平，上唇肥厚，前缘齐平。前胸背板前缘深凹入，前角尖锐，后角钝圆，后缘中部向后凸出。小盾片较小，正三角形。鞘翅略呈长形，中部较宽，肩角钝圆，不向上翻，端角尖形，肩胛突起明显，外缘细隆起，形成纵槽。鞘翅缘折横平，略斜倾。前胸腹板宽大，无纵隆线。中胸腹板前缘不内凹。后胸腹板侧隆线围绕前突前缘。后基线呈宽弧形，在腹板 3/4 处弯转向外向上伸延，但不到达前缘。雄虫第 5 腹板后缘平截，第 6 腹板后缘中部弧形内凹。雌虫第 5 腹板后缘中部舌形凸出，第 6 腹板后缘尖弧形凸出。足较长，跗爪端部不对裂，爪间中部有尖形齿。

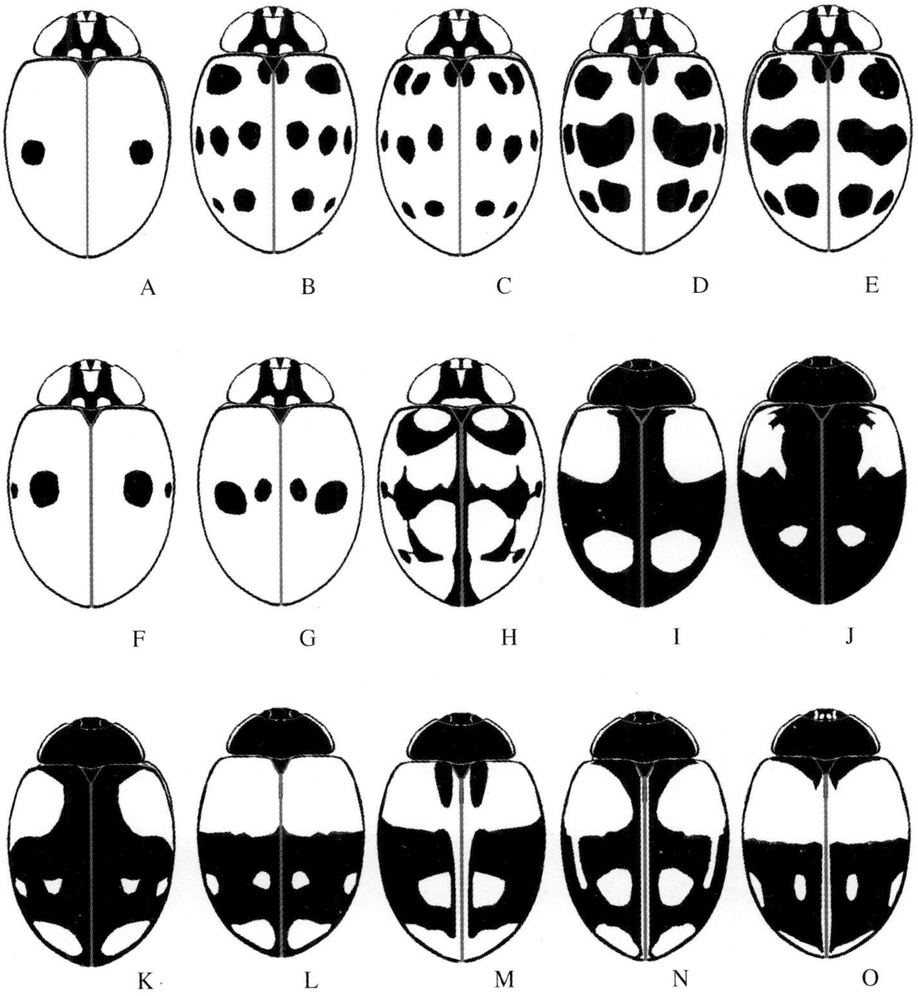

图 58　采自青海、西藏的二星瓢虫的色斑变异

雄性外生殖器的特征见图 59。弯管黑褐色，外突明显大于内突，中间和亚端区缩小，端部膨大，有4~5根黑褐色的针状刺，顶端围以膜质。阳基基柱、基叶和侧叶黑褐色，中叶黄褐色。从侧面观，中叶宽大，端部尖锐，与侧叶近于等长；从正面观，中叶基半部近三角形，端半部为竖的长方形，侧叶近棒槌形。

寄主　桃粉蚜，棉蚜，槐蚜，麦二叉蚜，吹绵蚧。

分布　西藏（日喀则3 840 m，南木林3 850 m，仁布3 800 m，亚东2 800 m，林芝3 000 m，鲁朗3 000 m，巴青、芒康盐井2 700 m），青海（西宁，互助，循化，都兰，格尔木，平安，民和），云南（中甸3 200 m），四川（德格3 600 m，理塘3 700 m，南坪、九寨沟，2 300 m，道孚3 000 m，康定、贡嘎燕子沟2 340 m，雅江），北京，河北，江苏，福建。亚洲。欧洲。非洲。南美洲大部分地区。

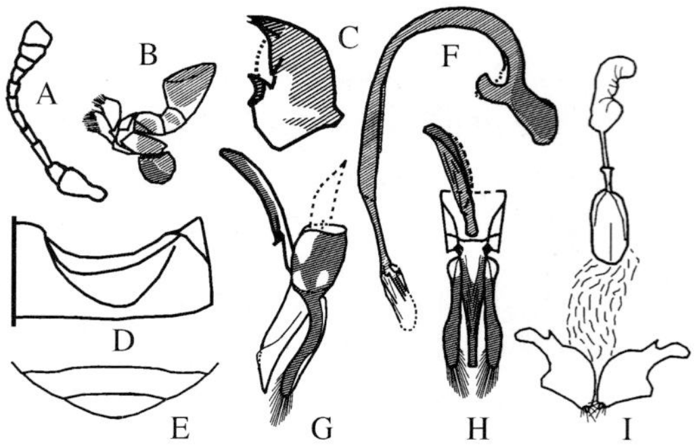

图59　二星瓢虫

A. 触角　B. 下颚须　C. 上颚　D. 后基线
E. 雄虫第5、6腹板　F. 弯管　G. 阳基侧面观
H. 阳基正面观　I. 雌虫生殖器

瓢虫属 *Coccinella* Linnaeus，1758

虫体广卵形至卵圆形。触角不短于额宽，锤节紧密，末前一节宽过于长，末节前端平截，唇基前缘两侧各有小突起；复眼不被前胸背板所遮盖。前胸背板缘折平坦而无明显的凹陷。前胸背板有纵隆线，但纵隆线仅前伸至两基节窝前缘连线上，远不到达前缘。后基线分两支，主支沿第1腹片后缘向外伸出，分支斜向第1腹片的前角。跗爪有基齿。[13]

头部黑色，于两复眼的内侧各有1个黄白色的额斑，一些种类两额斑扩大而相互连接而成一黄色的横带。复眼内突黄色。口器常为黑褐色，一些种类上颚的外方黄白色。前胸背板黑色，其两前角有近于四边形或三角形的黄斑。小盾片黑色。鞘翅红至橙黄色，上有黑色的斑点或斑纹。典型的翅斑，两鞘翅上共有7个斑点。虫体腹面黑色，前胸背板缘折前端或前部黄色。鞘翅缘折黄色。中胸后侧片常为黄白色。足黑色。[13]

雄虫第5腹片后缘中央稍内凹，第6腹片后缘平截或内凹；雌虫第5腹片后缘齐平，第6腹片后缘向外弧形或半圆形突出。[13]

38. 七星瓢虫 *Coccinella septempunctata* Linnaeus[13]（**图版Ⅴ-38，图60，图61**）

体长5.2~7 mm，体宽4~5.6 mm。

虫体卵圆形，呈半球形拱起，背面光滑无毛。头黑色，额与复眼相连的边沿上各有一个圆形淡黄色斑。复眼黑色，在其内侧凹入处各有一个淡黄色小点，有时与上述黄斑相连接，触角栗褐色，唇基前沿有窄黄条，上唇、口器黑色，上颚外侧黄色。前胸背板黑色，在其前角上各有一大型近乎四边形的淡黄色斑，伸展到缘折上形成窄条。

小盾片黑色。鞘翅红色或橙黄色，上具 7 个黑点，其中位于小盾片下方的小盾斑被鞘缝分割成每边一半，上侧斑位于外线上，距基部 1/3 处，中斑位于鞘翅中央，稍偏近内线中部，下侧斑位于外线上，距端部 1/3 处，鞘翅基部靠小盾片两侧各有一个小三角形白斑。腹面黑色无斑纹，只中胸后侧片白色，具有白色细毛。足完全黑色。

喜马拉雅山南麓产的七星瓢虫鞘翅斑纹变异很大，往往向深色型方向发展。Kapur（1959）曾对喜马拉雅山南麓七星瓢虫的色斑变异做过专门的研究（图 60）。我们测量了采自亚东的 17 头标本，类似于图 60K－T 斑纹扩大，发生连斑的有 10 头，深色型个体占 58.8%。

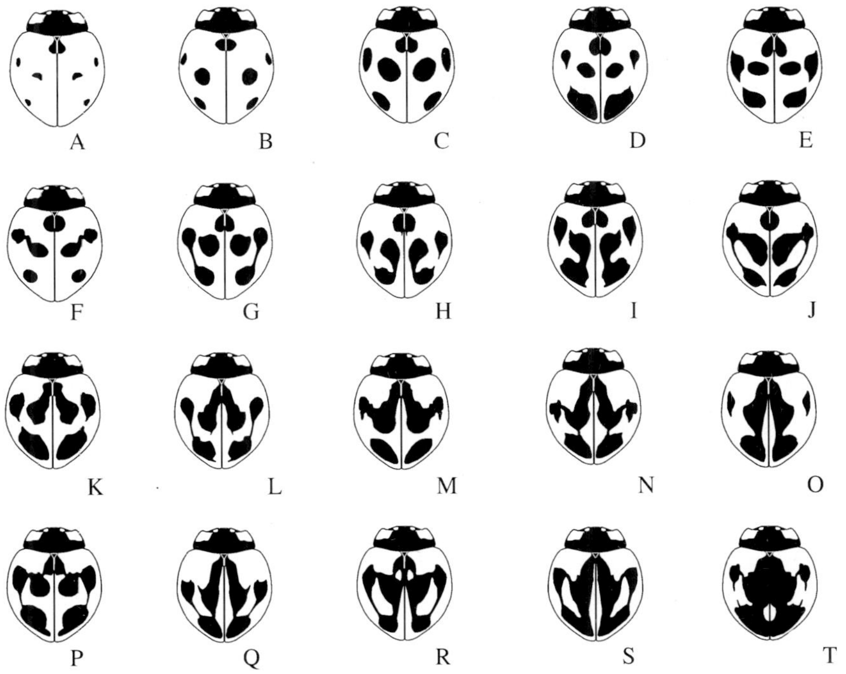

图 60　喜马拉雅南麓七星瓢虫鞘翅斑纹的变异类型（图自 Kapur，1959）

头部刻点均匀细小，中等密度。触角 11 节，锤节紧密相连，被有稀疏不齐的细毛。复眼椭圆形，小眼面细。唇基带形，前缘不向两侧伸延。上唇扁铲形，黑色，被有稀疏细毛。前胸背板前缘中部内凹，前角尖锐，基角钝圆，两侧有明显的隆线，其前端止于内凹的侧角，后端止于基角的后缘，基部较宽，刻点细，中等密度。小盾片近乎正三角形，刻点同前胸背板。鞘翅侧缘加厚隆起，由密布粗刻点的纵槽与拱起的部分隔开，前部较宽，后部较窄。前胸腹板中央略拱起，上具两条纵隆线，两线前部稍稍靠近，相对平行，止于前胸腹板中部。中胸腹板略拱起，前缘齐平，中部无凹入。中胸后侧片四边形。后胸腹板侧隆线围绕前突前缘。后基线分叉，内支伸到第 1 腹板后缘，外支伸到第 1 腹板之外前角。雄虫第 5 腹板后缘中央浅微内凹，第 6 腹板后缘平截，中部有一横凹陷，其基上缘有一排长毛覆下来。雌虫第 5 腹板后缘齐平，第 6 腹板后缘凸出，表面平整。足密生细毛，胫节末端内侧具有两个距，爪基部有大型齿。

雄性外生殖器形态特征见图 61。阳基粗壮，中叶长于侧叶，正面观长舌形；基片有膜质的尖顶状构造。弯管近椭圆形弯曲；弯管囊膨大，其后具一瘤状突起；弯管体有沟、膜；弯管端肿大，具端区与端前区，端区圆柱形，端前区为两爪突组成，有包膜。

寄主　棉蚜，豆蚜，槐蚜，菜缢管蚜，桃蚜，大豆蚜，麦二叉蚜。

分布　西藏（聂拉木 1 700 ~ 2 500 m，墨脱希让 1 000 ~ 2 000 m，八宿 3 800 m，亚东 3 000 m，吉隆 2 800 m，芒康盐井 2 600m），青海（西宁、民和、乐都、平安、互助、大通、循化、贵德、祁连、都兰、格尔木、玛沁），云南（中甸 3 000 m，德钦 3 300 m，丽江 2 400 ~ 3 000 m，维西 2 750 m，大理 1 600 ~ 2 850 m，云龙志奔山 2500 m，泸水 1 900 ~ 2 500 m，永胜六德 2 300 m，兰坪 2 300 m），四川（南坪九寨沟 3 000 m，若尔盖 3 400 m，红原 3 400 ~ 3 600 m，马尔康 2 600 ~ 2 700 m，汶川映秀 900 m，卧龙 1 920 ~ 2 800 m，甘孜 3 200 ~ 3 600 m，德格 3 100 ~ 3 300 m，康定 2 500 m，泸定 1 230 ~ 2 350 m，贡嘎山 2 500 m，乡城 2 900 ~ 3 200 m，盐源 1 200 m），北京，河北，河南，山东，山西，新疆，江苏，江西，湖南，浙江，福建。古北区（非洲撒哈拉沙漠以北至日本）。印度。

39. 小七星瓢虫 *Coccinella lama* Kapur[13]（图版Ⅴ－39，图 62）

体长 4. 4 ~ 4. 5 mm，体宽 3. 1 ~ 3. 2 mm。

虫体近卵形，较扁平地拱起。额斑近于圆形，靠近复眼内缘，其直径相当于额宽的 1/3。触角暗褐色，上颚外方黄白色。前胸背板黑色，前角的白斑近方形，但外缘仍是黑色。前胸背板缘折黑色，仅在端部具小的黄白斑。中胸后侧片黄白色，后胸后侧片黄白色。雄性的前足基节上有黄白色斑。鞘翅上有 1/2、2、3、4 斑，1/2 斑的后端钝圆，两鞘翅上共有 7 个黑斑，与七星瓢虫甚近似，但本种体较小，且后胸后侧片黄白色（七星瓢虫后胸后侧片黑色，仅少数雄虫的暗褐色）而易于区别。

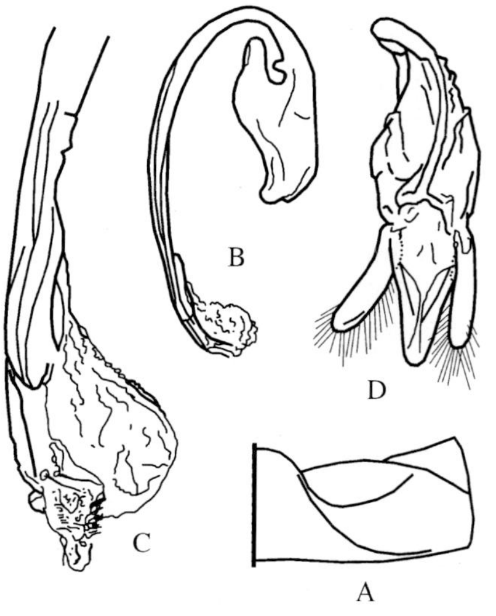

图 61　七星瓢虫生殖器

（图自蒲天胜，1990）

雄性外生殖器形态特征见图 62。弯管基部 1/3 处弧形弯曲，中部 1/3 膨大，有明显的端区和端前区，端前区具 2 根长的针状突，弯管囊内突长度不足外突的一半。中叶长于侧叶，前半部宽阔，舌形；后半部收缩成长长的指状突；侧面观，中叶尖锐地弯向内侧。易于与七星瓢虫及其他种区别。

寄主　麦蚜及菜蚜等蚜虫。

分布　西藏（江孜 4 050 m，日喀则 3836 m，拉孜 4 100 m，墨竹工卡 3 600 m，泽当 3 500 m，拉萨 3 700 m，曲水 3 650 m，波密 3 000 m）。印度。

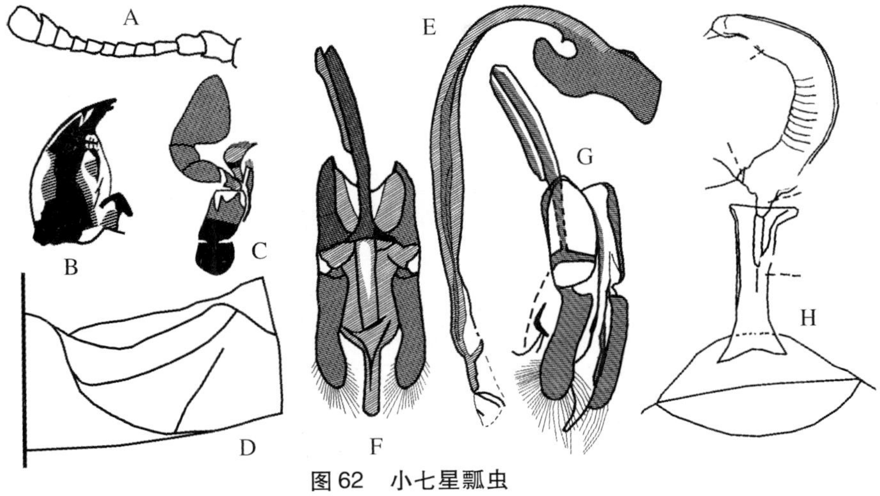

图 62 小七星瓢虫

A. 触角 B. 上颚 C. 下颚须 D. 后基线 E. 弯管 F. 阳基正面观 G. 阳基侧面观 H. 雄性生殖器

40. 狭臀瓢虫 *Coccinella transversalis* Fabricius[1]（图版Ⅵ－40，图 63，图 64）

体长 5. 7 ~6. 1 mm，体宽 4. 1 ~4. 8 mm。

虫体椭圆形，显著拱起，后部急剧狭缩。头黑色，复眼黑色，在其上内侧有小型黄斑。触角栗褐色，上唇、口器黑色。前胸背板黑色，在其前角有近长方形黄斑，伸展在缘折上形成大型三角形黄斑。小盾片黑色。鞘翅红黄色。鞘缝纹起自小盾片两侧向后延伸但止于端末之前，在小盾片下鞘缝条纹膨大成长圆形斑，在端末向外各延伸为三角形斑。每个鞘翅上各有三列黑色斑较，上斑“人”字形，前端在肩胛上，稍靠近鞘翅外侧；中斑位于鞘翅 2/3 处，向内与鞘缝纹连接，形成宽横条；后缘斑在鞘翅 4/5 的外缘上，有时与鞘缝纹的外延部分连合；在后一情况下，两个鞘翅的黑色斑纹呈“大”字形，如不连合则鞘缝纹与中横斑组成一个“十”字形。小盾片两侧无小三角形白斑。腹面黑色，中、后胸后侧片，后胸前侧片端部和第 1 腹板前角黄色，被有褐色细毛。足纯黑色。

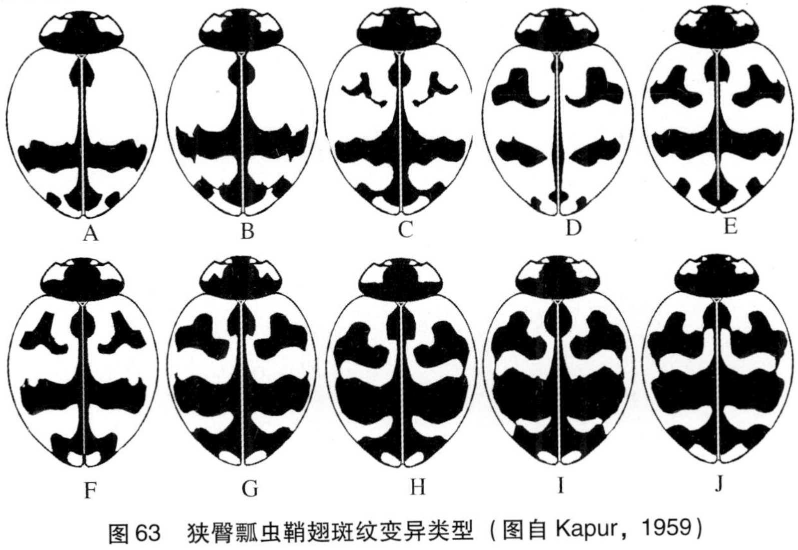

图 63 狭臀瓢虫鞘翅斑纹变异类型（图自 Kapur，1959）

刻点浅疏均匀，头部稍深稍密，前胸背板与鞘翅稍浅稍疏。鞘翅外缘略加厚隆起但其内侧无明显纵槽，虽有较深刻点。后基线内支与腹板后缘紧密平行直至外侧但未融合，外支斜直伸向前角但止于相当距离。雌虫第5腹板后缘齐平，雄虫微凹，第6腹板后缘，雄虫平截，雌虫圆凸。

雄性外生殖器形态特征见图64。阳基中叶与侧叶等长，略长于基片，正面观舌状，端部收窄、端缘平截；基片具膜质尖顶构造。弯管短、直，基部半圆形弯曲；弯管囊外突长于内突，外突长方形，内突呈垂直弯曲；弯管体向端部稍肿大，具端区和端前区，端区稍膨大，端前区由两爪突组成，有包膜。

寄主　蚜虫。

分布　西藏（聂拉木樟木2 200 m），云南，福建，台湾，广东。印度。印度尼西亚（爪哇、异他群岛、马鲁古）。澳大利亚。塔斯马尼亚岛。新西兰。新喀里多尼亚岛。

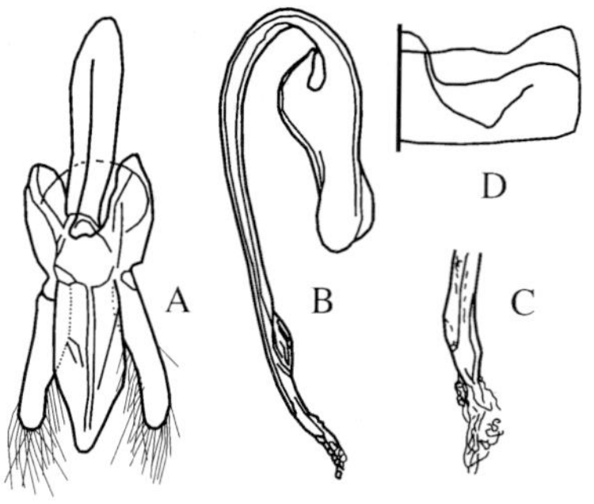

图64　狭臀瓢虫（图自蒲天胜，1990）
A. 阳基正面观　B. 弯管
C. 弯管端　D. 后基线

41. 横带瓢虫 *Coccinella trifasciata* Linnaeus[1]（图版Ⅵ-41，图65）

体长4.8～4.9 mm，体宽3.8～4.1 mm。

虫体椭圆形，前部明显下弯，使体呈半球形拱起。头部、复眼黑色；雄虫颜面黄色，额黑色；雌虫复眼内侧有三角形黄斑，与内凹的黄斑连接；触角栗褐色；口器黑色。前胸背板黑色，肩角各有三角形黄白斑，并展伸到腹面，在前胸背板缘折上形成四边形黄白斑，占前部1/2，肩角斑于前缘与黄白色带连接。小盾片黑色。鞘翅黄色，基部小盾片两侧之黄白色横斑达到肩胛。此外，鞘翅各有3条均匀的、近于平行的横带纹，在基部1/6处的一条，从肩胛起向内与对应的横带于鞘缝上小盾片顶点之下连接，有时在此处向上延展到小盾片两侧；中部和3/4处各有一条，距外缘和鞘缝几乎相等，前者略长。上述各横带外端都微向前弯。腹面黑色，中、后胸后侧片，后胸前侧片末端及第1腹板前角浅黄色。

刻点均匀，中等粗细，在头部和鞘翅缘槽略粗且稀。鞘翅边缘隆线均匀而细，纵槽亦均匀而细，鞘翅顶角较尖锐。后基线分叉，内支与腹板后缘接触，外支向外向前伸延，但不达到腹板前缘。雄虫第5腹节中部有横长凹陷，第6腹节在基部1/3处有隆线分别向后缘斜伸，形成光滑三角区，后缘平截；雌虫第5腹板后缘基本齐平，中部轻微圆形凸出，第6腹板后缘圆凸。

雄性外生殖器形态特征见图65。弯管粗短，基部半圆形弯曲，弯管内突小，外突粗大，弯管端腹面有腹沟，顶端为乳状突起。阳基正面观基片和中叶宽阔，阳基中叶中部两侧鼓起，近端部处急剧收缩。

寄主　蚜虫。

分布　西藏，青海（西宁、互助、孟达），四川（南坪2 600 m，若尔盖3 400 m，甘孜3 300 m，德格3 100～3 300 m），黑龙江，内蒙古，甘肃，宁夏，新疆，河北，陕西。蒙古。俄罗斯。北美洲。

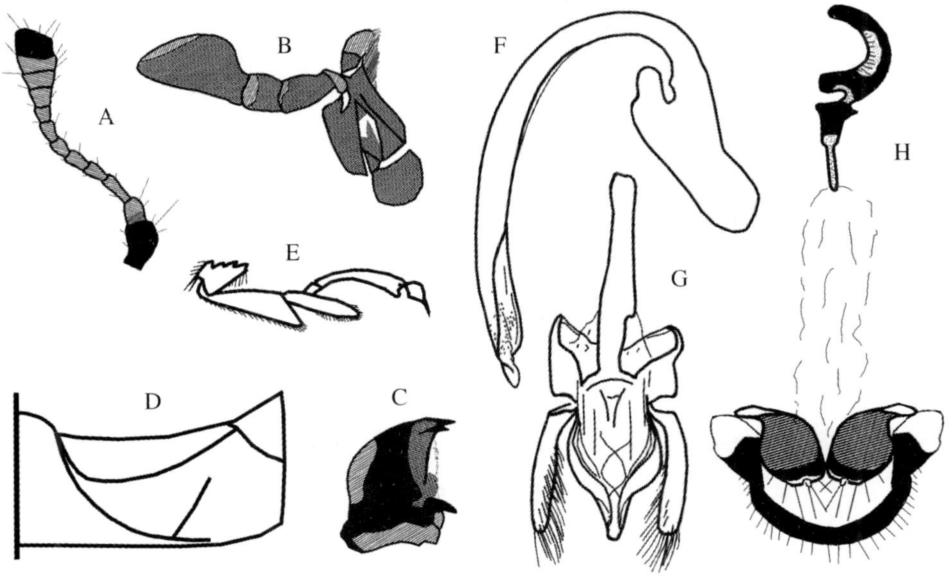

图 65　横带瓢虫（雄外生殖器图自庞雄飞，1998）

A. 触角　B. 下颚须　C. 上颚　D. 后基线　E. 后足跗节和爪　F. 弯管　G. 阳基

42. 横斑瓢虫 ***Coccinella transversoguttata*** **Faldermann**[1]（图版Ⅵ-42，图 66，图 67）

体长 5.7 ~7.3 mm，体宽 4.3 ~5.6 mm。

虫体长卵形，端末较尖，扁平拱起。头部黑色，复眼内侧各一大型不规则黄斑，几乎相连，复眼下部凹入处黄色，与前斑连接。复眼、口器黑色。触角深褐色，第 1 节和末节 4/5 黑色。前胸背板黑色，前角各一四边形黄斑，且伸展到腹面缘折，呈小三角形黄斑，并于前胸背板前缘以黄色窄条左右相连。小盾片黑色。鞘翅黄褐色，基部在小盾片两侧各一白色横斑；在 1/6 处两肩胛之间有横贯黑色带纹一条，两端微微前弯；在 1/3 处外缘附近有一小黑斑，在其后内侧靠近鞘缝有一长横形大黑斑；鞘翅端部 1/3 处自内线到外线间横卧一大黑斑，内宽外窄，有时分为两个独立黑斑。腹面黑色，仅中胸后侧片浅色，有时后胸后侧片亦浅色。雄虫前足槽内白色。

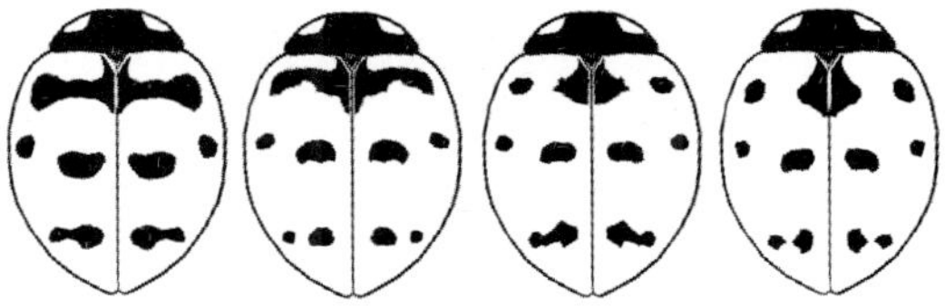

图 66　横斑瓢虫鞘翅色斑变异（图自庞雄飞，1979）

刻点较细，但头部前部刻点较粗而稀。触角 11 节，第 1 节最粗长，末节近长方形，第 6 节最短小。鞘翅边缘加厚隆起，前后同宽，其内侧有纵槽具粗刻点。后基线分叉，内支靠近腹板后缘，外支向前伸到腹板 4/5 处。雄虫第 5 腹板全线轻微内凹，第 6 腹板后缘微内凹，有月牙形压痕；雌虫第 5 腹板后缘齐平，第 6 腹板后缘圆凸。

雄性外生殖器特征见图67。弯管基部呈90°弯曲，弯管囊黑色，内突仅为外突的约1/3长，外突向外扩展出一块半圆形的深色骨片，弯管中部外侧有8~10个缺刻，弯管端膨大，端前区有一针状突。阳基中叶宽阔，明显长于侧叶，中部向内缢缩，端半部呈矛状。侧面观，阳基中叶向腹面明显拱起，基半部的拱起膜质，端半部呈矛钩状。

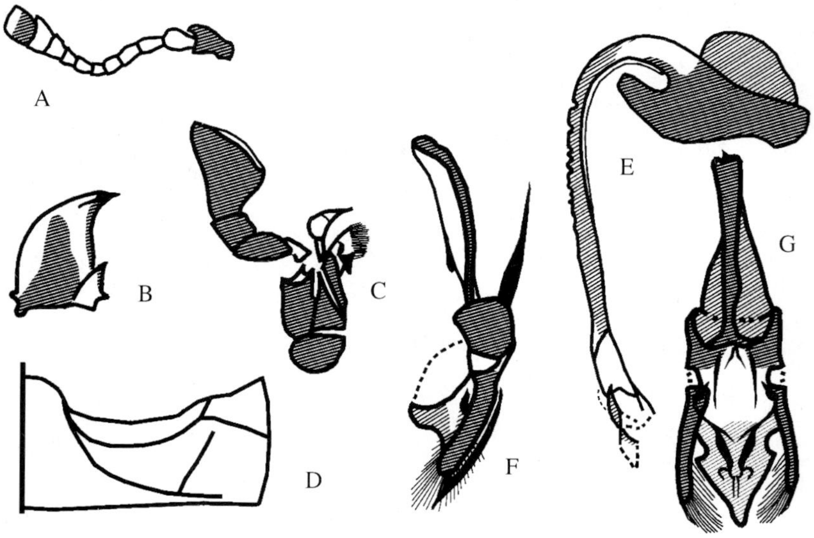

图67　横斑瓢虫

A. 触角　B. 上颚　C. 下颚须　D. 后基线　E. 弯管　F. 阳基侧面观　G. 阳基正面观

寄主　蚜虫。

分布　西藏（聂拉木2 200 m，乃东3 500 m，波密2 700 m，林芝3 050 m，米林3 000 m，芒康海通3 450 m），青海（民和、互助、循化孟达），云南（中甸3 000 m，小中甸2 900 m，德钦3 300 m，丽江3 000 m，维西3 400 m，大理1 600 m，云龙志奔山2 250 m，泸水2 500 m，永胜六德2 300 m，兰坪2 350~2 500 m），四川（马尔康2 500 m，理县2 700 m，汶川映秀900~1 000 m，甘孜3 300~3 600 m，德格3 200 m，雀儿山西坡4 250 m，康定2 600 m，泸定2 350 m，巴塘3 370 m，乡城3 200 m），黑龙江，河北，河南，山西，甘肃，新疆，陕西，内蒙古。俄罗斯。蒙古。中亚。北美洲。

43. 大斑瓢虫 *Coccinella magnopunctata* Rybakow（图版Ⅵ-43，图68）

体长5~6.5 mm，体宽4~4.8 mm。

体卵圆形，拱起。额斑甚靠近复眼，但不与黄色的复眼内突相连。触角黑褐色。上颚外方黄色。前胸背板前角有角状的黄斑，前胸背板缘折端部黄色。中胸后侧片黄白色，后胸后侧片常有黄白色斑。雄虫前足基节有黄白色斑。鞘翅共有11个黑色斑点：1/2斑半圆形，与另一鞘翅上的1/2斑构成扁圆形的小盾斑；1斑及2斑较小，近于圆形；3斑较大，近于圆形，其直径常达鞘翅宽度的2/5；4斑较小，近于圆形，5斑较大，与3斑的大小相似，鞘翅上的3斑及5斑大而近于圆形，构成本种区别于其他具有11个斑点的种类的特征。[13]

触角11节，第1节最长，第11节最粗大。后基线不完整，终止于第1腹板后缘。

背、腹面的刻点都较粗深。

雄性外生殖器的特征见图68。弯管在基部呈“7”字形弯曲；内突全部和外突的大部分黑色，内突不到外突的1/2长度；弯管中、后部直形，端部膨大，具端区和端前区，围有包膜，端前区鸡爪状。从正面观，阳基中叶的端部向两侧宽展，宽展的部分与基部同宽，这是与横斑瓢虫 *C. transvasoguttata* Faldermann 相似而又相区别的特征；从侧面观阳基中叶粗厚，末端剧烈收缩，形成外弯的尖突；中叶远长于侧叶。

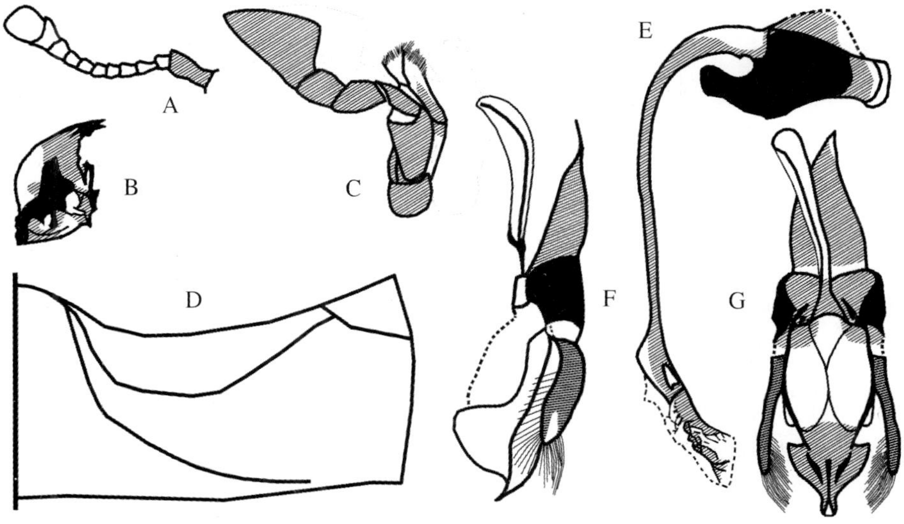

图68 大斑瓢虫

A. 触角 B. 上颚 C. 下颚须 D. 后基线 E. 弯管 F. 阳基侧面观 G. 阳基正面观

寄主 蚜虫。

分布 西藏（吉隆2 500 m，波密2 750 m，易贡2 300 ~ 3 050 m，林芝3 000 m，米林3 000 m，芒康3 800米），四川（若尔盖3 300 m，马尔康2 900 m，道孚3 500 m，甘孜3 650 m，德格4 000 m，康定3 300 ~ 4 200 m），青海，甘肃。克什米尔。哈萨克斯坦。蒙古。

44. 西藏瓢虫 *Coccinella tibetina* Kapur[13] （图版Ⅵ-44，图69）

体长5.4 ~ 5.8 mm，体宽4.2 ~ 4.4 mm。

虫体近于卵形，较扁平地拱起。额斑近于圆形，靠近复眼内缘，其直径小于额宽的1/3。触角暗褐色，上颚外方黄白色。前胸背板前角上的黄斑近于方形，外方被细窄的黑色边缘所围绕；前胸背板缘折仅于前方有细小的黄斑。中胸后侧片及后胸后侧片均为黑色。鞘翅上的1/2斑半圆形，与另一鞘翅上的1/2斑组成近于圆形的小盾斑；1斑消失，2斑的位置稍偏于前方；3斑横形；

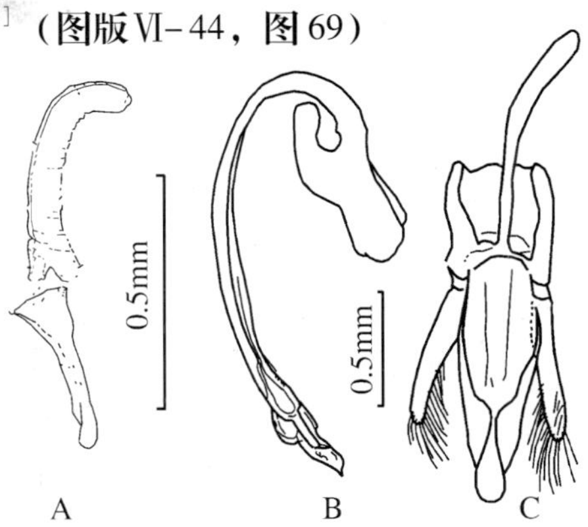

图69 西藏瓢虫（图自 Kapur，1963）

A. 雌虫受精囊 B. 弯管 C. 阳基正面观

4、5 斑组成一个横斑，该斑甚大于 2、3 斑。

雄性外生殖器形态特征见图 69，其中叶甚狭长，甚长于侧叶而易于与其他种相区别。

分布　西藏（亚东 2 900 m，亚东帕里 4 400 m，上察隅曲洞），云南（小中甸 3 800 m），四川（康定 2 300 m）。

45. 黄斑瓢虫 *Coccinella luteopicta*（Mulsant）（图版Ⅵ-45，图 70）

体长 5. 5 ~6. 4mm，体宽 4. 5 ~4. 7 mm。

触角 11 节，第 1 节最粗长，除基、端部外，中间黑色；鞭节褐色，不紧凑；第 10 节宽明显大于长；端节梯形，黑褐色。下颚须末节大喇叭状，除基部外全部黑色。鞘翅基色黄色，肩斑、小盾斑通过鞘缝和鞘翅外缘的黑色纵带与鞘翅中部的黑色横带相连；鞘翅后半部的缘斑、端斑相互连接，并通过偏中央的纵带与鞘翅中部的横带相连；但端斑之前到黑色中横带的鞘缝两侧为黑色，这是本种区别于其他相似斑纹种类的明显重要特征。前胸腹板黑色。前足除跗节褐色外，均为黑色；中、后足均为黑色。

上颚有 2 个端齿，1 个粗长的基齿，均黑色。前胸腹板刻点粗、稀，前胸腹板突强烈拱起，无纵隆线。后基线不完整，但伸达第 1 腹板后缘，分支伸达第 1 腹板近前角。鞘翅缘折达到鞘翅末端。中、后足胫节端部有 2 个刺距。

雄性外生殖器的特征见图 70。弯管囊内突小于外突，共同形成一只“皮鞋”的形状，黑色；弯管端区细长，端前区为 2 根伸出的针状。阳基正面观中叶明显长于侧叶，侧叶端部密被细长毛；侧面观，阳基中叶端部尖锐，近基部 1/3 处有一尖锐的突起。雌虫受精囊新月牙形，生殖片端部的乳状突很长，具长毛。

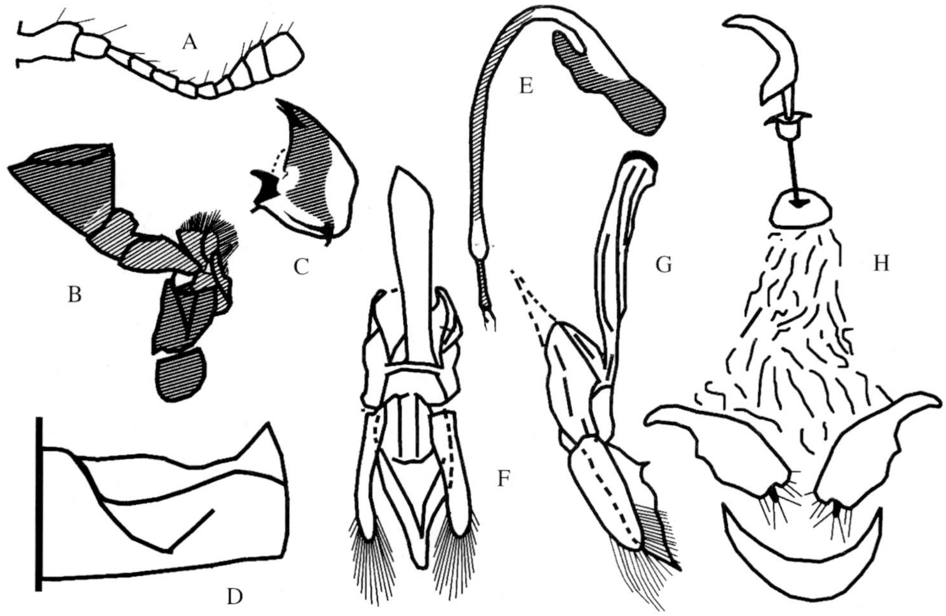

图 70　黄斑瓢虫

A. 触角　B. 下颚须　C. 上颚　D. 后基线　E. 弯管

F. 阳基正面观　G. 阳基侧面观　H. 雌外生殖器

分布　西藏（亚东 2 900 m，吉隆 2 700 m），云南（维西 2 920 m，泸水姚家坪 2 400 m），四川（卧龙 2 700～3 400 m）。印度。尼泊尔。不丹。

本种的中文名称有多种。庞雄飞（1987）称本种为黄斑瓢虫；曹诚一（1991）、虞国跃（2010）称本种为黄绣瓢虫；经希立（1992）、任顺祥（2009）称本种为褐绣花瓢虫。读者应该注意区分。

46. 纵条瓢虫 *Coccinella longifasciata* Liu[1]（**图版Ⅵ-46A～C，图 71**）

体长 4.3～5 mm，体宽 3.2～3.8 mm。

虫体卵圆形，扁平拱起。头黑色，紧靠复眼内侧各具一黄色斑，复眼下部内凹处有小黄斑，与眼侧大斑相连。唇基黑色，但有时其前缘黄色。触角黑褐色，口器黑色，上颚外侧黄色。前胸背板前缘、前角、侧缘有黄色条纹，此斑伸展至腹面缘折上形成大型三角形斑。鞘翅黄色，自基部起沿肩胛有较宽的黑色纵条，向后斜伸至鞘翅 7/8 处，在此处纵条与鞘缝相距仅及与外缘的距离的一半。小盾片黑色，在其下沿鞘缝有一条黑色纵条，基部宽阔，至 4/5 处变窄。以细纹达鞘翅端末。腹面黑色，被有白毛；中、后胸腹板的后侧片黄色。足黑色，但雄虫前足基节有黄色点；中、后足胫节末端有刺距；各足跗节基部和端部黄色。

头部及鞘翅的刻点比前胸背板粗深。鞘翅外缘的隆起自始至终保持细窄，在内侧无粗大刻点，也无纵槽。后基线不完整，终止于第 1 可见腹板后缘宽度的 1/4 处，分支也不达腹板前角。雄虫第 5 腹板后缘内凹，中间向下斜折，第 6 腹板表面有明显月牙形横陷，后缘内凹并略向上翻。雌虫第 5 腹节后缘齐平，第 6 腹节后缘圆形外凸。

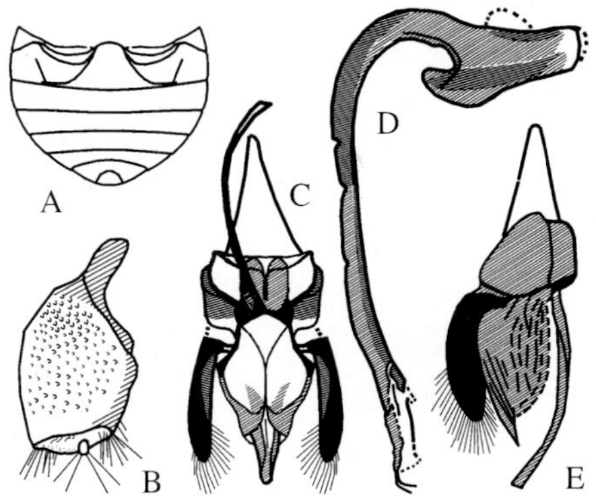

图 71　纵条瓢虫

A. 雄虫后基线和腹板　B. 雌虫生殖片　C. 雄虫阳基正面观　D. 弯管　E. 阳基侧面观

雄性外生殖器形态特征见图 71（青海标本）。阳基正面观中叶舌形，中部展宽，大致方形，此后又窄缩平行至基部。侧叶长度为中叶的 4/5，其基部向内弯曲着生在基片上。基柱长于中叶，比例为 6∶5。弯管囊发达，弯管末端分成两个延伸部分，背面的一个长片状，末端变成两根内弯的针状；腹面的一个长针状，裹在包膜中。

寄主　蚜虫。

分布　西藏（丁青 4 100 m，察雅 3 900 m），青海（西宁），四川（松潘 3 100 m，若尔盖 3 300 m，马尔康 2 500 m，道孚 3 900 m，炉霍朱倭 3 300 m，甘孜 3 300 m，德格 4 200 m，雀儿山 4 250 m），甘肃。

我们在西藏所采的标本中，除了丁青、察雅的标本雄外生殖器特征与青海标本基本吻合外，尚有林芝采集的 1 对标本，雌、雄生殖器均与青海标本差异较大，但仍需进一步研究，暂时认为是纵条瓢虫的个体间差异。

中齿瓢虫属 *Myzia* Mulsant[9]，1846

触角长，约为额宽的2倍，第8及第9节的长分别是宽的2倍，端节长卵形。前胸腹板突扁平，无纵隆线。中胸腹板前缘轻微内凹。后基线不完整，无分支。鞘翅缘折伸达翅端。中、后足胫节端具2枚刺距。爪较细长，中部分出1小齿。

本属的瓢虫体较大，6～10 mm，体色较浅，具浅色斑，或鞘翅黑色具浅色长条斑。世界已知7种，分布于北美和古北区，我国已知4种。有些学者把它作为梅鹿瓢虫属 *Sospita* Mulsant 的一个亚属（Iablokoff-Khnzorian，1982），但虞国跃（2010）根据梅鹿瓢虫属爪具1个基齿，触角第8节横宽，而中齿瓢虫属的爪具1个小中齿，触角第8节长形的特点，保持了中齿瓢虫属独立的地位。

47. 黑中齿瓢虫 *Myzia gebleri*（Crotch）[9]（图版Ⅶ-49，图72）

体长7.2～9 mm，宽5.5～6.7 mm。

虫体卵圆形，背面圆鼓。头黄褐色，沿复眼有1条较宽的淡黄色带。虫体背面具2种基色，黄褐色或黑色，黄褐色的基色上具白色或黄白色斑纹，而黑色的基色上具黄褐色斑纹。前胸背板两侧具卵形浅色大斑，侧缘仍同基色。小盾片两侧各具1个近于卵形的浅色斑，与翅基相接，每一鞘翅上具4条浅纵向条纹，近鞘缝处具1条纵条，远不达翅基而达翅端，并与近翅缘的纵条相连；小盾斑后侧方有1个长形斑，独立或由细条纹斜向在鞘翅的2/3处与鞘缝斑相接；翅的肩角下方具1条纵条，在近翅端变细，与浅色的翅缘相连或不连。基色浅色的个体腹面黄褐色，但前胸背板缘折、中胸后侧片白色。足黄褐色。而黑色个体的腹面及足大多为黑色或黑褐色，但前胸背板缘折及中胸后侧片白色。

头部复眼内缘前半明显向内倾斜，眼间距约为头宽的1/2，头背面被有金色短毛。触角长度及眼间距之比约为3∶2。前胸背板满布细点状布纹，夹杂细浅刻点，前角及后角圆钝，侧缘弧形并具窄边。小盾片中线略下凹。鞘翅上刻点比前胸背板的刻点颜色稍深，但大小很不规则，近鞘翅外侧的刻点更浅而近于消失，外侧缘具窄隆边及明显的沟槽。腹面各部均具灰白色短毛。前胸背板缘折前1/3部极轻微向下凹陷。前胸腹板突略圆鼓，无纵隆线。鞘翅缘折横平，外隆线伸达翅末端。腹部第1腹板的后基线不完整，向后弧形延伸，止于1/2腹板的内半。爪在中部具一小齿。

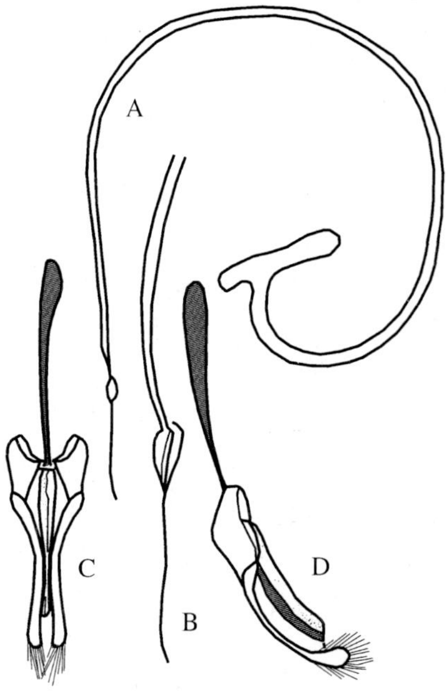

图72　黑中齿瓢虫雄外生殖器
（图自 Iablokoff-Khnzorian 1982）
A. 弯管　B. 弯管端　C. 阳基正面观　D. 阳基侧面观

雄性外生殖器形态特征见图72。阳基正面观基片宽大，中叶、侧叶均细长，中叶短于侧叶。弯管细长，基部和中部圆形弯曲，端部直。

分布 青海（循化），内蒙古，北京，陕西，宁夏，黑龙江，甘肃，贵州。蒙古。俄罗斯。日本。

48. 十二星中齿瓢虫 *Myzia bissexnotata* (Jing)[7] (图版Ⅶ-48，图73)

体长8.3～9.1 mm，体宽6.4～7.3 mm。

虫体长卵形，弧形拱起。体红褐色，头部、触角及口器深褐色，复眼褐色，围有黄褐色周缘。前胸背板两侧隐约可见黄褐色大斑。鞘翅上共有黄色斑12个，每鞘翅6个斑纹排列如下：小盾片外侧的斑近圆形，前缘紧接鞘翅基缘，内缘远离鞘缝；肩胛突起前的斑横带形，前缘亦紧接鞘翅基缘；鞘翅近中部有二斑，内斑位于距翅宽内侧的1/3处，圆形；外斑位于距翅宽外侧的1/3处，长圆形；接近鞘缝距翅末端1/3处的斑近圆形；另外一斑位于鞘翅外侧，距翅末端的1/4处，接近翅外缘但不相接。腹面褐色，仅中胸后侧片以及腹部两侧黄色。足亦为褐色。

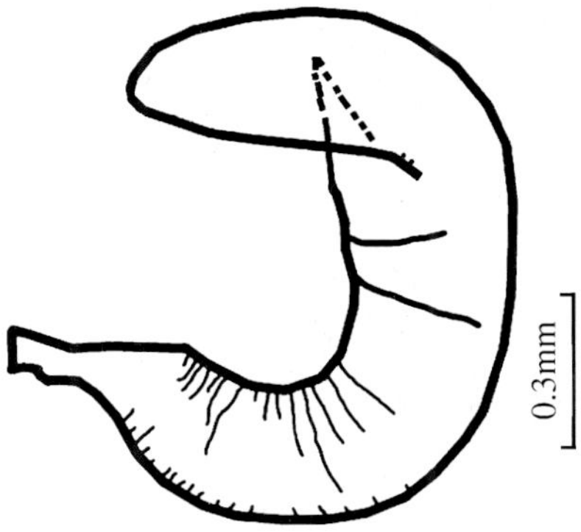

图73 十二星中齿瓢虫受精囊
（图自经希立，1992）

前胸背板缘折前1/3有半圆形凹陷。前胸腹板无纵隆线。鞘翅缘折较窄，为体宽的1/9，自1/2处向后渐窄缩，外隆线终止于翅末端。后基线向后斜伸，接近第1腹板后缘侧向外伸，终止于外缘的内侧。中、后足胫节端不具刺距。爪中部具小齿。

雌性生殖器形态特征见图73。受精囊两头各1/3为90°内弯。

分布 云南（中甸冲江河3 200 m，昆明），四川（会理）。

本种与褐长斑瓢虫 *Sospita oblongoguttata* (Linnaeus) 接近，但体较大，鞘翅斑纹不同以及雌性生殖器的形态不同均可与之区别。

长隆瓢虫属 *Coccinula* Dobzhansky，1925

虫体卵圆形，前胸背板近基部最宽而向前收窄。触角锤节较紧密，末前一节宽过于长，前缘平截。复眼自背面清晰可见。中胸腹板前缘齐平，无内凹；后基线二分叉，主支沿第1腹板后缘向外延伸，侧支斜伸向腹板前角。小盾片不特别小，其宽度超过前胸背板宽度的1/12。前胸腹板纵隆线几乎伸达腹板前缘。鞘翅上无明显的肩胛突起，基缘在肩胛之前横平。后足胫节有2个明显的刺距，爪有基齿。雄性外生殖器的弯管简单，无端区及端前区，但肥大，基部弯曲，中部至端部之前膨大。

49. 中华长隆瓢虫 *Coccinula sinensis* (Weise)[1] (图版Ⅶ-49，图74)

体长3.3～4 mm，体宽2.9～3.6 mm。

虫体卵圆形，呈半球形拱起，直至鞘翅边缘。前胸背板与鞘翅相接较紧密。基色为黑色，带有黄色斑纹。头部黄色，雄虫头顶部分黑色；雌虫头部黑色而在复眼附近具黄色斑。复眼黑色，触角黄褐色，上唇深黄色，口器大部分黄色，上颚亦大部分黄色。前胸背板前缘黄色，前角具黄色斑，沿侧缘狭窄向后延伸并与前胸背板的黄色前缘相连，后者在中部向后伸延。小盾片黑色。鞘翅黑色，各具 7 个黄色斑点，斑点按 2 - 2 - 2 - 1排列成内外两行，其中 2、4、6 斑依次在外线上而斑外侧延达鞘翅的边缘隆起上，1、3、5 斑依次列于内线上，7 斑位于端角处；1 斑不与鞘翅基缘相连，近圆形；2 斑与鞘翅基缘连接，长圆形，3、5 两斑横长形。腹面黑色，缘折及中胸后侧片黄色，后胸前侧片的后半和第 1 腹板外侧黄色。前、中足股节末端及胫节和跗节红褐色，后足跗节和胫节末端红褐色。爪黑色。

触角锤节不紧密，其末节长宽几相等，前缘平切。复眼小眼面细，下内侧有凹入部分。上唇半圆形伸出。前胸背板侧缘呈弧形，基部较宽，后缘呈弓形弯曲，前角钝角，后角钝圆。小盾片正三角形，中等大小，两边平直。鞘翅刻点均匀细小，较头部和前胸背板都深，边缘窄隆起。前胸腹板中央具两纵隆线，其距离较近，由基部伸出，几达前缘。中胸腹板前缘齐平，中央部分无凹入。围绕后胸腹板的侧隆线达到中基节间的小片侧缘。后基线弧形向后伸出呈 1/4 圆，到达后缘并向外伸至后角处，其外支向前伸延但不达到腹板前缘。第 5 腹板后缘，在雄虫轻微逐渐内凹，中间长度不及两侧，第 6 腹板后缘有明显的半圆形内凹。在雌虫，第 5 腹板后缘齐平，第 6 腹板尖圆凸。中、后足胫节具有显著的刺距，各有两个距。爪不对裂，基部具齿。

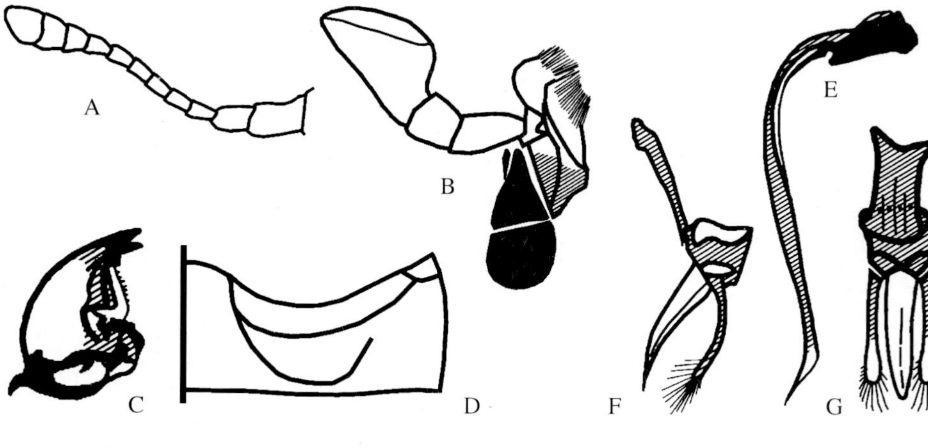

图74　中华长隆瓢虫

A. 触角　B. 下颚须　C. 上颚　D. 后基线　E. 弯管　F. 阳基侧面观　G. 阳基正面观

雄性外生殖器形态特征见图 74。弯管囊黑色，内突极小；弯管基部 1/3 广弧形弯曲，然后逐步膨大，近端部处缢缩，弯管端外弯，尖锐，色淡。阳基基柱和基叶黑褐色，基柱短宽，中叶舌形，明显长于侧叶；侧叶弧形弯曲，中部最细，端部棒槌形；侧面观，阳基中叶基部最宽，然后逐步收缩，末端尖锐。

寄主为蚜虫。

分布　青海（孟达），四川，黑龙江，吉林，辽宁，内蒙古，甘肃，宁夏，陕西，北京，河北，山东，山西，河南，江西。日本。朝鲜半岛。俄罗斯远东。蒙古。

本种 1889 年由 Weise 定为 *Coccinula quatuordecimpustulata*（Linnaeus）的一个型，

1963 年刘崇乐称中名为“双七瓢虫”，并未分型，但提到过“中华变型”。到 1982 年，Iablokoff-Khnzorian 将其列为独立的种。本种与 *C. quatuordecimpustulata* 的区别在于，后者生殖器侧叶明显长于中叶，中叶中部最宽，基柱细长；侧叶基部弯曲，往后直形；弯管囊窄长。但成虫外形及斑纹却相似于 *C. quatuordecimpustulata*。虞国跃（2010）认为，中国大部分地区分布的应属于中华长隆瓢虫。以上的分布记录除青海省外，均引用虞国跃的记录。贺春贵等（1990）、任顺祥（2009）、虞国跃（2010）均使用“中国双七瓢虫”作为该种的中文名称。

毛腹瓢虫属 *Aaages* Barovskii，1926

本属的属征：体短卵形，背面稍隆起。唇基前缘两侧突出短小，唇基平直。前胸背板前缘稍内凹。中胸腹板前缘稍隆起，平直。中后足胫节端各具 2 个刺距，长而明显，爪的中部具 1 个小齿，不明显。[9]

50. 锯毛腹瓢虫 *Aaages prior* Barovskij（图版Ⅶ－50，图 75）

体长 5～5.8 mm，体宽 4～4.3 mm。

头黑色，上颚基半白色，触角黑褐色，复眼内侧具 2 个白斑，较大，与白色的复眼内突相连。前胸背板黑色，两前胸白色，前缘细短，侧缘粗长，但不达后缘，且侧缘为黑色；背板两侧具有 1 对白斑，中央具 1 个纵向的长形白斑。小盾片黑色。鞘翅褐红色，每一鞘翅具 3 个黑斑，排成纵向 1 列，黑斑之间及第 3 斑后缘黄白色（馆藏标本黄白色斑会消失）；鞘翅侧缘及鞘缝黑色，很窄。腹面包括足黑色，但鞘翅缘折黄褐色（外线黑色），前胸背板缘折端点、中后胸后侧片及后胸侧片端部白色。后基线不完整，伸达腹板的 3/5 再回伸至腹板的 2/5。[9]

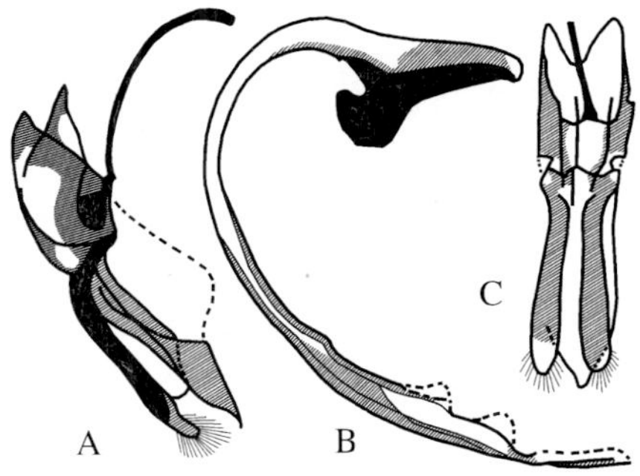

图 75　锯毛腹瓢虫（仿任顺祥，2009）

A. 阳基侧面观　B. 弯管　C. 阳基正面观

雄性外生殖器形态特征见图 75。弯管中间半圆形弯曲，基部粗，外突呈长三角形，内突弯钩状；弯管端半部膨大，具明显的端区和端前区，端区细短，端前区由 2 根细长的针状物组成，有包膜。阳基侧面观中叶中间扭曲折叠，端部尖锐，背层和腹层膜状；侧叶细长，短于中叶。阳基正面观中叶长舌形，端部收缩。

分布　青海（玉树巴塘 4 200 m），四川（小金 3 490 m，德格新路海 4 000 m），甘肃，内蒙古。蒙古。

和谐瓢虫属 *Harmonia* Mulsant，1850

1943 年 Timberlake 把 *Ptychanatis* Crotch（1874），*Callineda* Crotch（1871）列为和谐瓢虫属 *Harmonia* Mulsant（1850）的异名，并把大部分属于 *Leis* Mulsant（1850）和 *Stictoles* Crotch（1874）的种列入该属之中。1979 年、1981 年 Iablokoff-Khnzoriau 除了 *Ptych-*

anatis 和 *Callineda* 外，还把 *Leis*，*Sticholeis*，*Ballia* Mulsant（1853），*Rhopaloneda* Timberlake（1943）列为和谐瓢虫属 *Harmonia* 的异名。该属许多种的色斑变异甚大，使早期的分类学者往往将同一种的不同变异误定为多个种。庞雄飞 1984 年对分布于我国的奇斑瓢虫 *Harmonia eucharis*（Mulsant）及其曾被误定的种名进行了整理，把 *Ballia charistophori* 等 11 个种列为奇斑瓢虫的异名。

本属瓢虫体长通常在 5.4 ~ 9.4 mm，卵形至近圆形，背面中度至高度拱起。唇基前缘平直，前侧角突出。前胸背板前缘深内凹，不盖住复眼，背板缘折前端无凹陷。前胸腹板突宽大，不隆起，两侧具细纵隆线；中胸腹板前缘中央稍内凹，或平直。鞘翅侧缘明显向外扩展，或稍扩展，具窄的镶边；鞘翅缘折无凹陷。中后足胫节端无刺距。第 1 腹板后基线不完整，沿后缘伸向外侧，并在外侧具 1 条分支的斜线。本属约 20 种，我国有 7 种，本书记录 5 种。[9]

51. 异色瓢虫 *Harmonia axyridis* (Pallas)[1]（**图版Ⅶ-51，图 76，图 77**）

体长 5.4 ~ 8 mm，体宽 3.8 ~ 5.2 mm。

虫体卵圆形，呈半球形拱起，背面光滑无毛。背面色泽斑纹变异甚大，大致有下列各种形式。头部由橙黄或橘红色至全部为黑色；前胸背板在中线两侧共具两对黑斑，一对位于中线中央两侧，另一对位于中线近基部两侧，在中线与侧缘之间，或除上述斑点外，在中线中央近基部处具一长形黑斑，或各斑相互连接成“M”形，或“M”形斑的基部扩大，形成黑色近梯形之大斑，或基色为黑色，两肩角部分具浅色大斑；小盾片与鞘翅同色或黑色，如为浅色型，则黑色部分常扩大，在两侧鞘翅上形成小盾斑。

鞘翅的色泽及斑纹变异有下列类型：① 基色为橙黄至橘红色，鞘翅上各有 9 个黑斑，但变异颇大，如具 9 个黑斑则排列成 2-3-3-1（图 76K）：1、2 斑位于距鞘翅基部 1/6 处外线与中线上，3、4、5 各斑位于距鞘翅基部 1/3 处外线、中线及内线上，6、7、8 斑位于距鞘翅基部 2/3 处外线、中线及内线上，而 9 斑位于 1/6 端角处。② 鞘翅具黑色边缘，各斑相互连接，在鞘翅上构成 6 个浅色斑点，即在黑色的基色上具 6 个浅色斑点，浅色斑点成 2-1-2-1 排列，1、2 斑位于近鞘翅基部 1/6 处外线及内线上，3 斑位于近基部 1/3 处中线上，4、5 斑位于距鞘翅基部 2/3 处外线与内线上，6 斑位于 5/6 处。③其他类型，见图 76K-J。虫体腹面，浅色型的中部黑色，边缘及足褐色至褐黄色；深色型的除腹部基部中央黑色外，其余部分及足皆为褐色及黄褐色。

头部、前胸背板及鞘翅上具均匀而浅的小刻点，在鞘翅边缘部分刻点较粗稀而深。复眼椭圆形，近触角基部附近三角形凹入，小眼面细。触角 11 节，显著长于额的宽度，锤节扁宽，端节前侧齐平略斜，最宽，各节接合紧密。唇基前缘轻微内凹，上唇前缘齐平，下颚须端节斧形。前胸背板前缘较深凹入，后缘中部凸出，在小盾片前平截，侧缘弧形弯曲，肩角钝角，基角不明显。小盾片三角形，两边不及底边长。鞘翅基缘在肩胛前内侧稍斜纵下陷，侧缘不明显向外平展，肩角稍明显向上掀起，端角部分弧形内弯，在鞘缝的端末稍向内凹入，边缘具扁宽隆线，在鞘翅 7/8 处端末前明显隆起，形成横脊。腹面密被细毛。前胸背板缘折无下陷构造。前胸腹板纵隆线由后缘向前伸出，略内斜止于腹板中部。中胸腹板前缘中部浅弧形凹入。后胸腹板侧隆线围绕前突前缘。鞘翅缘折最宽处在中、后胸侧面，其宽度相当于中胸的1/4。后基线分为两支，一支靠近第1腹板后缘伸向侧缘，一支在靠近腹板后缘折转，伸向外前角处。雄虫第5腹板后缘弧形内凹，第6腹板后缘中部半圆形内凹。雌虫第5腹板后缘中部舌形凸出，第6腹板中部有纵隆起，后缘圆凸。爪完整，基齿宽大。

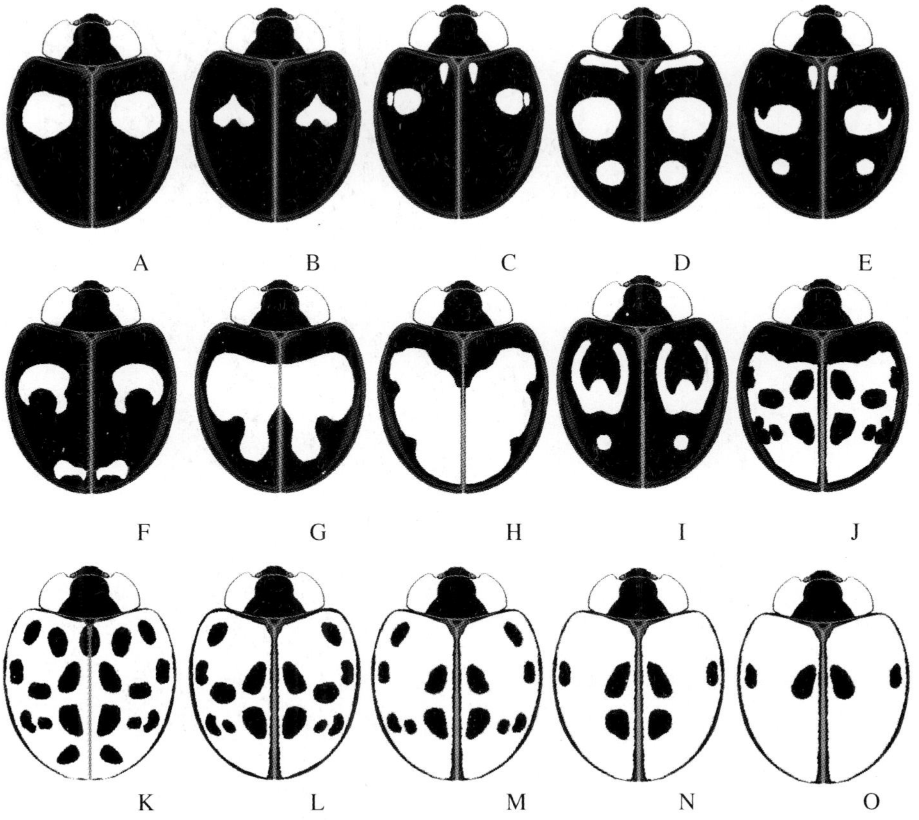

图76　异色瓢虫鞘翅色斑的变异类型（仿蒲天胜，1990）

雄性外生殖器形态特征见图77。弯管在前半部弧形弯曲，弯管囊外突大于内突，弯管端分端区和端前区，端区长为宽的3倍，端前区两爪状，中间膜质。阳基正面观中叶略长于侧叶，近中部最宽，近端部每边有一个小突起。从侧面观，侧叶1/5最窄，然后内缘向外弧形扩展，使侧叶后半部呈越来越宽的板状。

寄主　菜缢管蚜，豆蚜，棉蚜，高粱蚜，甘蔗蚜，橘蚜，木虱，粉蚧，瘤蚜。

分布　西藏（芒康2 400～2 600 m），青海（民和、乐都、平安、孟达），云南（中甸冲江河2 300 m，德钦2 700～3 300 m，丽江2 800～3 200 m，维西1 780～2 500 m，大理2 850 m，六库900 m，泸水1 670～2 500 m，兰坪2 400 m），四川（南坪九寨沟2 300～3 000 m，红原3 400～3 600 m，马尔康2 700 m，汶川映秀900～1 000 m，卧龙1 200～2 600 m，道孚3 000 m，康定1 400～2 700 m，泸定1 230～2 100 m，贡嘎山2 300～3 340 m，灌县1 200 m，西昌1 530 m，盐源1 270 m，荥经四泙1 100 m），黑龙江，吉林，北京，河

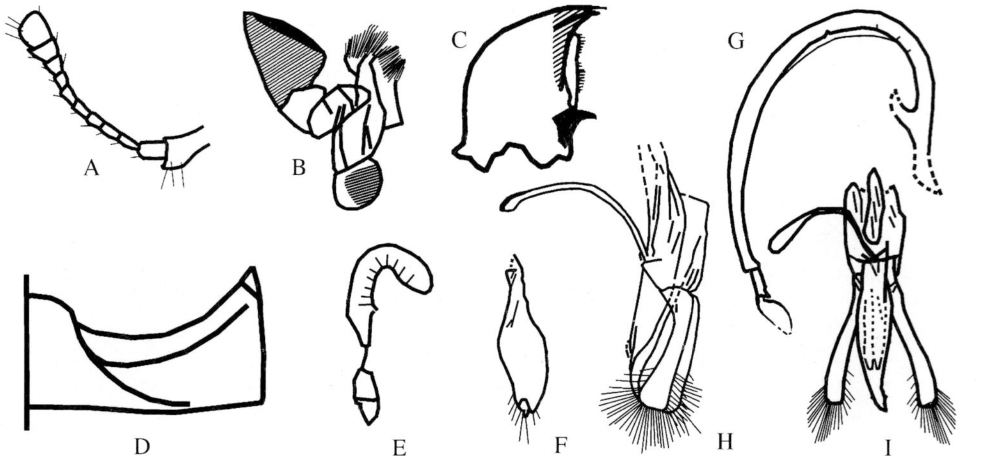

图 77　异色瓢虫

A. 触角　B. 下颚须　C. 上颚　D. 后基线　E. 雌虫受精囊
F. 雌虫生殖片　G. 弯管　H. 阳基侧面观　I. 阳基正面观

北，河南，山东，山西，陕西，甘肃，江苏，江西，浙江，福建，湖南，广东，广西。亚洲东部。西伯利亚地区。朝鲜。蒙古。日本。

52. 红肩瓢虫 *Harmonia dimidiata* (Fabricius)[1]　**（图版Ⅶ-52A、B，图 78）**

体长 6. 6 ~ 9. 4 mm，体宽 6. 1 ~ 8. 4 mm。

虫体近于圆形，呈半球形拱起，背面光滑无毛。头黄褐色。前胸背板黄褐色，基部具 2 个黑斑，通常相连，罕见分离或消失。小盾片黑色。鞘翅橙黄色至橘红色，上有 13 个黑斑，每一鞘翅上呈 1 - 3 - 2 - 1/2 排列：第 1 排有肩斑在基部 1/6 处，在外线与内线之间；第 2 排 3 个黑斑位于 1/3 处，在外、中、内线上，其中最外的一斑横长，附着在外缘上，最内者略前移；第 3 排两个黑斑较大；最末一斑位于鞘翅端末，与相应部分接合构成梨形端斑（豹斑型 sicardi Mader）。鞘翅上的斑点可缩小、变少，甚至无斑点；或斑纹扩大，甚至相连，成点肩型，即鞘翅后半部的黑色斑纹扩大并相连，鞘翅大部分变为黑色，仅留红色的肩部，肩角外常常还有 1 个小黑斑，肩角处的黑色斑点也可消失。虫体腹面及足全部黄褐色至橙黄色。

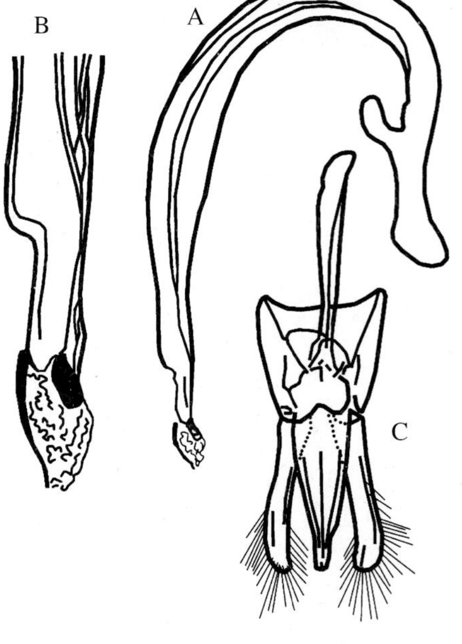

图 78　红肩瓢虫（图自蒲天胜 1990）

A. 弯管　B. 弯管端　C. 阳基

头部、前胸背板及鞘翅有均匀细小的刻点，在鞘翅边缘刻点较粗深而稀。复眼长圆形，在触角基部附近凹入。触角显著长于额的宽度。前胸背板前缘深凹陷，后缘弧形凸出，两肩角成锐角，侧缘弧形。小盾片正三角形。鞘翅端角部分弧形内弯，在鞘缝端部稍微向内凹入，鞘翅边缘具扁宽隆线。腹面前胸背板缘折平坦无下陷，前胸腹板具两平行纵隆线，由后缘向前伸达腹板中部。中胸腹板前缘中央浅缓凹入。鞘翅缘折较宽，最宽处在后胸附近，约相当于后胸的1/3宽，向端末渐次缩窄，至端末尚明显。后基线分为两支，一支沿后缘伸向侧缘，一支伸向前缘角。雄虫第4腹板后缘有4个均匀小浅凹，第5腹板后缘浅缓弧形凹入，第6腹板后缘中部圆形凹入，在凹缘着生密毛。雌虫第5腹板后缘宽舌形凸出，第6腹板露出极少，后缘圆凸。足上密生细毛，爪基部具齿。

雄性外生殖器形态特征见图78。阳基中叶稍短于侧叶，与基片之比为5∶3，正面观呈倒酒瓶状，侧面观内缘斜直，外缘中部弧形突起，端部尖锐外弯。弯管呈短“7”字形弯曲；弯管囊外突显著地长于内突，外突广阔、内突弯曲；弯管体粗壮，有腹沟；端区粗短、圆筒状，宽度仅为长度之半，端前区由较长的丝状突和较短的指状突组成，有包膜。

寄主　蚜虫。

分布　西藏（林芝3 000 m），云南（维西白济汛1 700 m），四川，湖南，福建，广西，广东，台湾，贵州，香港。印度尼西亚。印度。尼泊尔。

53. 奇斑瓢虫 *Harmonia eucharis* (Mulsant)[9]（图版Ⅷ-53A～F，图79，图80）

体长7.2～8.2 mm，体宽5.2～6.2 mm。

虫体宽卵形，背面中度拱起。头黄褐色，或额部白色，有时头顶黑色。前胸背板白色、红棕或黄褐色，斑纹多变：无斑，或两侧的颜色较浅；中侧无斑，或具1对褐色斑，有时略呈“八”字形；或在近侧缘另有一褐斑，或斑纹为黑色，即2个大圆斑；或侧缘具一黑斑，或斑纹扩大，背板的中部黑色，或只剩两侧缘黄褐色。鞘翅基色不一，斑纹多变，有时看上去完全不同的个体，实为同一种，主要有以下几种：①黄色无斑；②黄褐色，每一鞘翅具9个黑斑，其中2个缝斑组成两鞘翅上的共同斑，呈2½-3-2½-1排列，有时鞘翅的外缘为黑色，这些斑纹可部分或全部消失；③黄色或黄褐色的鞘翅上具4条黄白色条纹，1条位于近鞘缝，但不与鞘缝相接，1条位于侧缘，这两条纹可在翅端相连，翅中尚有2条纵纹，内侧的1条短，独立，不与其他条纹相连，外侧的1条较长，有时在翅基与近鞘缝的条纹相连；④鞘翅黄白色，翅上具褐色条纹围成的斑，呈2-3-2排列，常常有褐色线纹相连，有时看上去似多了2个斑；⑤鞘翅红棕色，每一鞘翅上具7个白斑，呈2-3-2排列，有时这些白斑具褐色边缘；⑥鞘翅白色、黄色或黄白色，鞘缝红棕色，在小盾片后及鞘翅2/3处膨大，每一鞘翅上具红棕色斑8个，呈2-3-2-1排列，有时肩角上的红棕斑可缩小，或消失；⑦在上述①、或类似⑤、或类似⑥的斑纹上出现黑色的鞘缝，翅基1/3处有1条黑色横纹，在两鞘翅上形成1个“十”字形黑纹（有时并不形成“十”字纹，只在外侧具1个横斑），并在翅2/3外侧具1个黑斑，达翅的侧缘，或在这样的黑纹型中，另有不同的白色斑；⑧褐色的鞘翅上出现许多白色斑纹，有时这些白斑会相连（图79）。

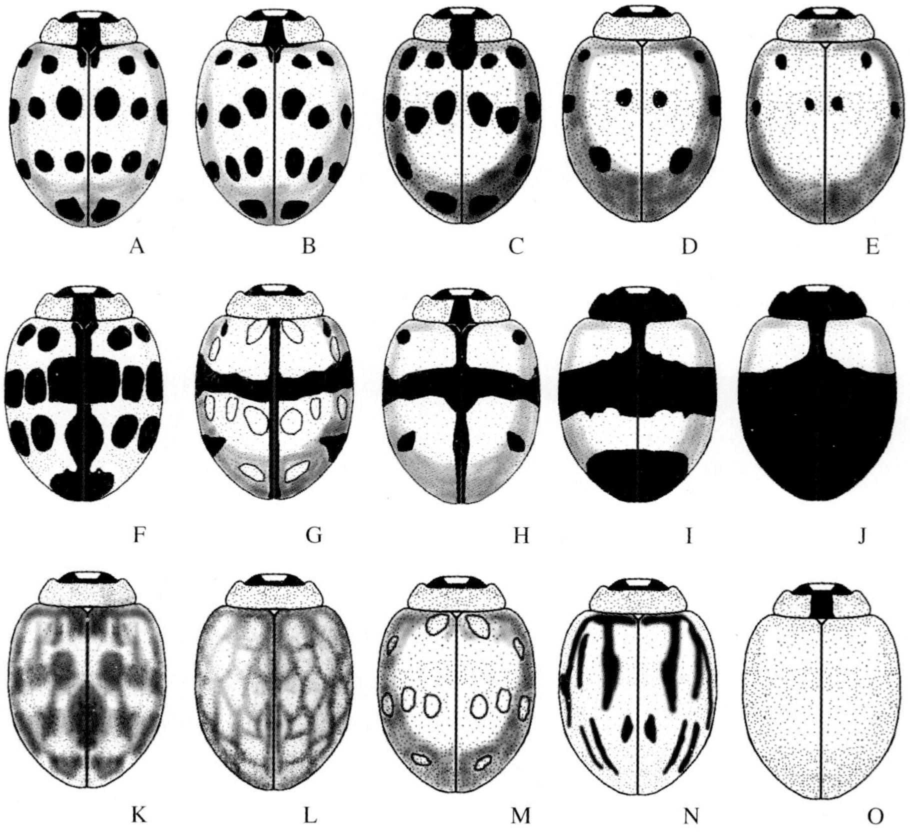

图 79 奇斑瓢虫的色斑变异类型（图自庞雄飞，1984）

刻点在头部疏浅细小，前胸背板、鞘翅上较深较密，在鞘翅边缘上较粗。唇基带形，有相当长度；上唇侧缘弧形，前后齐平。触角粗壮，11 节，长于额宽，柄节粗，锤节显著膨大，各节呈梯形，末节前端平截。复眼圆形，内侧自触角着生处起，有尖三角形深凹入，小眼面细。前胸背板不拱起，基部较宽，前缘弧形凹入，前角尖圆，外缘弧形，后缘中部明显向后延伸，基角钝圆。小盾片近于正三角形。鞘翅呈长形，中部最宽，端角尖锐，边缘加厚，肩胛隆起明显，肩角不显著。前胸腹板拱起，前缘中央明显加厚，纵隆线平行，止于板面中央。中胸腹板前缘中部微弱凹入。中胸后侧片呈三角形；后胸后侧片狭窄，楔形。鞘翅缘折全部倾斜。后基线内支在 5/6 处沿腹板后缘平行，外支伸向前角，但留有相当距离。雄虫第 5 腹板后缘弧形浅凹入，第 6 腹板后缘中部有圆弧形深内凹，凹的两侧尖形伸出。雌虫第 5 腹板后缘有宽舌形伸延，第 6 腹板中央隆起，后缘圆凸。足

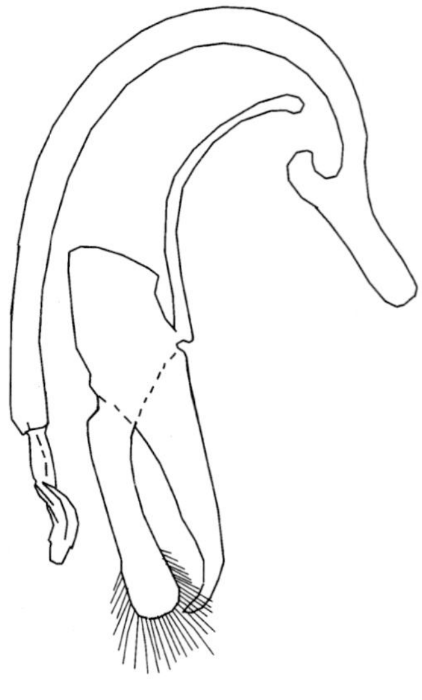

图 80 奇斑瓢虫
（图自庞雄飞，1981）

长大，爪完整，基齿三角形。

雄性外生殖器形态特征见图80。阳基从侧面看，中叶基部较宽，向前逐步收窄，端部稍向外弯，末端尖突。中叶长于侧叶，弯管囊外突粗大，内突细小，与内突相对的弯管上有1个小齿。

寄主 松蚜和其他蚜虫。

分布 西藏（林芝3 000 m，吉隆2 700 m，樟木口岸2 200 m，波密2 700 m，察雅3 100 m），云南（小中甸2 300 ~3 800 m，中甸冲江河2 300 m，丽江2 700 ~3 000 m，大理2 600 m，云龙志奔山2 250 m，泸水姚家坪2 400 m，永胜六德2 300 ~2 400 m），四川。印度。巴基斯坦。尼泊尔。缅甸。越南。

54. 纤丽瓢虫 *Harmonia sedecimnotata* (Fabricius)[1] （图版Ⅷ-54，图81）

体长5.6 ~7.8 mm，体宽4.6 ~6.3 mm。

虫体卵圆形，呈半球形拱起，鞘翅侧面外缘伸展不明显，肩角向上掀起。背面光滑，不被细毛。全体基色为橙黄色。复眼黑色或灰黑色。前胸背板中央两侧稍近基部各有一个黑斑。小盾片黑色。各鞘翅有黑斑8个，排列成2-3-2-1。1、2斑近于鞘翅基部位于中线和外线上；3、4、5斑位于鞘翅基部1/3处，分别在内线、中线和外线上；6、7斑位于鞘翅基部2/3处，分别在内线上和在中线与外线之间；8斑位于鞘翅近端部的1/6处。

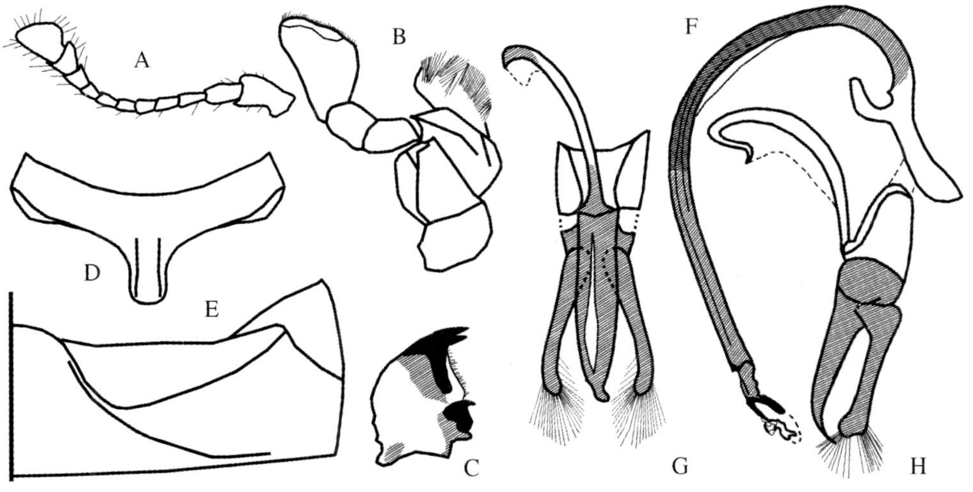

图81 纤丽瓢虫

A. 触角 B. 下颚须 C. 上颚 D. 前胸腹板纵隆线
E. 后基线 F. 弯管 G. 阳基正面观 H. 阳基侧面观

头部有均匀细小的刻点，触角11节，显著长于额的宽度，复眼卵圆形，靠近触角基部附近凹入，唇基前缘平直。前胸背板侧缘弯曲不显著，前缘凹入较浅，两肩角成钝角，具细小均匀的刻点。小盾片近于正三角形，鞘翅端角急剧弯曲，在两鞘翅末端部分形成稍向内的弧形凹入。鞘翅拱起部分刻点较浅小，在边缘较粗大。腹面前胸背板缘折无下陷。前胸腹板中央拱起，具两平行纵隆线，由后缘向前伸出，止于前胸腹板中部。中胸腹板前缘中央下凹。后基线分成两支：一支沿第 1 腹板后缘向侧缘伸出，另一支伸向前缘角。雄虫第 5 腹板后缘中央深凹，两侧斜直，第 6 腹板后缘中央浅弧形凹入。雌虫第 5 腹板后缘有薄片向后凸出，在其中部向上翻起，第 6 腹板后缘凸出，两侧斜直，基部有宽隆起。足密被细毛，各足胫节端部均无刺距，爪端部不分裂，具基齿。

雄性外生殖器形态特征见图 81。阳基粗壮，中叶略长于侧叶，侧面观内缘平直，外缘自中部起逐渐减薄，端部尖锐外弯；侧叶略呈哑铃状，两端膨大。弯管呈“7”字形弯曲；弯管囊外突显著地长于内突，外突基部收窄，内突弯曲；弯管体宽阔，有腹沟；端区短粗，圆筒状，宽度略小于长度；端前区由一长一短 2 个指状突组成，有包膜。

寄主　蚜虫。

分布　西藏（樟木口岸 2 200 m），云南（瑞丽、盈江、潞西、陇川 300 ~ 18 00 m），广东。也门。尼泊尔。菲律宾。日本。印度尼西亚。

55. 隐斑瓢虫 *Harmonia yedoensis*（Takizawa）[1]（图版Ⅷ-55A ~ B，图 82，图 83）

体长 6.4 ~7.3 mm，体宽 4.7 ~5.6 mm。

虫体椭圆形，扁平拱起。头红褐色，无斑纹，复眼黑色，触角、口器红褐色。本种斑纹隐约透出基色，不明显。前胸背板栗褐色，两侧有大型白斑，自前角达后角。小盾片黑色。鞘翅栗褐色，具不明显的白斑，但常有变异。变异的规律：在基色为黄色上，每鞘翅有 9 个黑斑，有些黑斑减少，乃至全部消失；有些斑点扩大，以至将基色围成 2 -1 -2 -1 排列的黄斑；有些黑斑消失，仅留黄褐色至褐色的斑纹、斑点。虫体腹面黄褐色，后胸腹板、各足的胫节和跗节深褐色。中胸腹板后侧片黄白色。

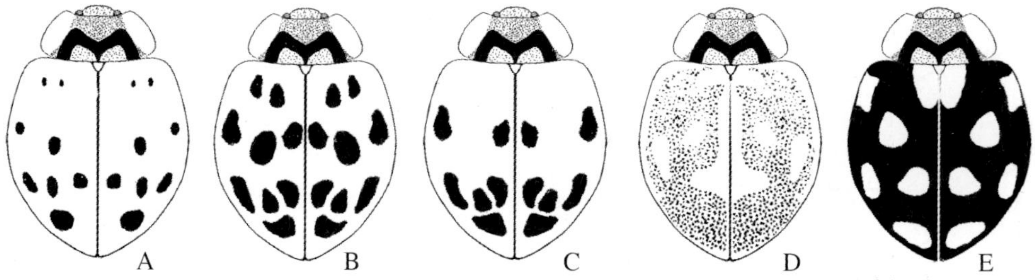

图 82　隐斑瓢虫色斑变异的主要类型（图自蒲天胜，1990）

头部和前胸背板刻点比鞘翅刻点浅。鞘翅外缘隆起狭窄，内侧纵槽不明显，但有粗刻点。前胸腹板纵隆线较长，伸延至板面中央，其最前端略向外倾。后基线分叉，内支向后与后缘平行，不融合，外支不达到腹板前缘。雄虫第 5 腹板后缘全线内凹，中央最深；第 6 腹板后缘中央有半圆形缺口，着生密毛。雌虫第 5 腹板后缘伸延下折，在中央略弯折以承受第 6 腹板表面上的隆起；第 6 腹板后缘圆形外凸。

雄性外生殖器形态特征见图 83。阳基中叶正面观，中部最宽，端部呈矛头状；侧面观内缘平直，端部外弯，外缘基部斜直，端部 3/4 处明显外弯。侧叶略与中叶等长，中部收窄而端部膨大，但程度上均不如异色瓢虫。弯管耳廓形弯曲；弯管囊外突长、大，而内突短、小；弯管体有腹沟；弯管端分端区和端前区，端区长为宽的3倍，端部斜截，端区由一指状突和丝状突组成，有包膜。

寄主 松蚜，松干蚧。

分布 西藏（芒康2 400～3 250 m），四川（马尔康2 700 m，德格，3 100～3 300 m，泸定1 230 m，巴塘3 500 m，乡城2 900～3 500 m，荥经四坪950～1 100 m），云南（德钦2 700 m，大理点苍山2 000 m，泸水2 300～2 500 m，六库900 m），北京，河北，山东，河南，甘肃，陕西，湖南，浙江，福建，广西，广东，香港，台湾，贵州。日本。朝鲜。越南。

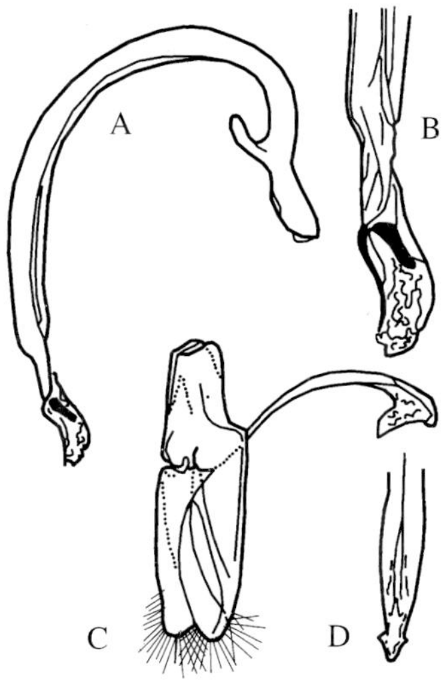

图83 隐斑瓢虫
（图自蒲天胜，1990）
A. 弯管 B. 弯管端 C. 阳基侧面观
D. 阳基中叶正面观

纹裸瓢虫属 *Bothrocalvia* Crotch，1874

本属与裸瓢虫属比较接近，但可从半球形的身体、鞘翅上较细小的刻点及前胸背板缘折具明显的凹陷而区分。本属已知3种，我国均有分布。经希立（1992）描述的小圆纹裸瓢虫 *Bothrocalvia circinatella* Jing 由虞国跃（2010）归入星盘瓢虫属。[9]

56. 细纹裸瓢虫 *Bothrocalvia albolineata* (Gyllenhal)[1]（图版Ⅸ-56，图84）

体长5～6.4 mm，体宽3.9～5 mm。

虫体近圆形，呈圆形拱起，头部、触角、口器栗褐色。复眼黑色或带浅色环斑。前胸背板栗色。在中部靠近后缘有一对黄色呈“八”字形排列的长形小斑。小盾片与鞘翅同为栗褐色，在每个鞘翅上有4条均匀并列的黄色纵条纹，第1条纹自肩角向下沿外缘伸到鞘翅的2/3处，在前部与第2条纹在鞘翅前缘外部相连接；第2条纹自鞘翅前缘外部1/3处向下一直伸到鞘翅端角，同内侧两条的汇合线连接并在肩胛部分和鞘翅5/6处形成闭合小室，中间露出底色；第3、4条纹各在鞘翅中线及内线上，但前端在鞘翅基缘连接，后部在鞘翅3/4处汇合，伸向鞘翅端角与第2条纹相汇合。腹面、胸部和腹板的前、中部及足褐色，边缘黄褐色。

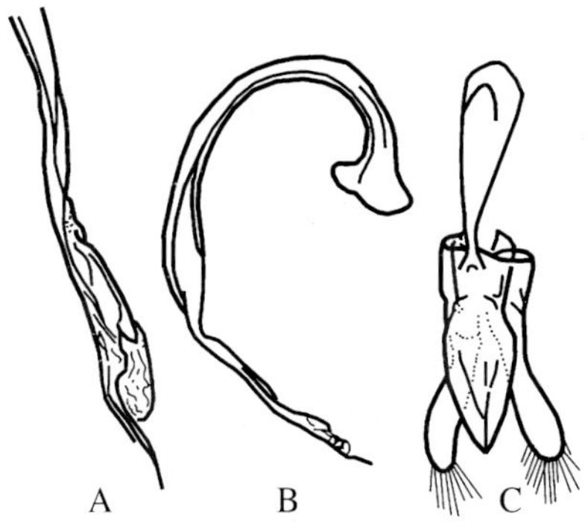

图84 细纹裸瓢虫（图自蒲天胜，1990）
A. 弯管端 B. 弯管 C. 阳基正面观

头部、前胸背板、鞘翅刻点细密，均匀分布。鞘翅在外缘隆线附近有粗深刻点。复眼较大，呈椭圆形，三角形凹入明显。前胸背板基部明显宽于前部。前缘梯形深内凹，凹底微前突，前角较尖，外缘不呈弧形，不翻起，中部略直。后角圆形，后缘向内后斜直。前胸背板两侧紧靠外缘，在基角处有轻微长形下凹。前胸背板缘折有小凹。小盾片宽而矮，鞘翅肩胛明显，边缘扁平隆起，缘折外部斜倾，在胸腹交接处有浅横凹陷。后基线紧沿腹板后缘向外伸延，不达到后角。雄虫第5腹板后缘全线浅凹，第6腹板后缘平截。雌虫第5腹板后缘齐平，第6腹板后缘完整，弧形突出。

雄外生殖器形态特征见图84。阳基粗壮，中叶短于侧叶，长度比约为2.5∶3，正面观呈阔叶状，左右不对称。弯管广弧形弯曲；弯管囊外突长于内突，外突广阔、内突微弯；弯管体中部至端部之前肿大，有腹沟；端区前部膨大，端区之前有钩状弯曲的爪突，有包膜。

寄主　蚜虫及蚧虫。

分布　云南（维西白济汛1 780～1 900 m，泸水老窝1 670 m），四川，河南，湖南，福建，广东，广西，香港，台湾。日本。印度。

57. 宽纹裸瓢虫 *Bothrocalvia lewisii*（Crotch）[1]（图版Ⅸ-57，图85）

体长5.7～6.3 mm，体宽5～5.4 mm。

虫体圆形，呈圆弧形拱起，头部黄色无斑纹，复眼黑色，触角、口器黄褐色。前胸背板两侧各有一长方形大白斑，前后缘中线两侧各一对长形小斑，使褐色部分构成"M"形，前缘内凹部分之后有2个被分开的四边形小斑。小盾片黄白色。鞘翅斑纹条形，在外缘上的一条，在鞘翅肩角弯回一个小钩，在鞘翅的2/3处之后很细。靠近鞘缝的一条，自前缘向后伸延，止于鞘翅5/6处。在上述两条纹之间，靠内有起自基缘向后斜伸达到鞘翅中部的短条纹，靠外有起自肩胛之后分支的长条纹，其内支在短条纹端部向后伸延，外支直向端缘伸延，可与外缘条纹连接。在鞘翅端角有大型近长圆形斜置的白斑。虫体腹面胸中部及腹板前中部深黄色，边缘部分及足黄色。

头部、前胸背板、鞘翅刻点细密，鞘翅边缘刻点略粗，前胸背板前缘梯形深内凹，前角尖锐，外缘前角部分内凹，后部斜直，后角明显。小盾片明显宽矮。鞘翅肩胛不明显，外线扁平隆起，中部最宽。前胸背板缘折有明显下凹，鞘翅缘折很宽，前部最宽处约为体宽的1/5，在胸腹接合处下陷。外部略为斜倾。前胸腹板纵隆线平行，止于腹板中部。中胸腹板中部三角形深内凹。后基线紧沿第1腹板后缘外伸，但不互相连接，亦不达到后角。雄虫第5腹板后缘齐平，第6腹板后缘平截；雌虫第5腹板后缘齐平，第6腹板后缘圆凸。足粗壮，股节有沟状构造，爪不分裂，基齿尖锐。

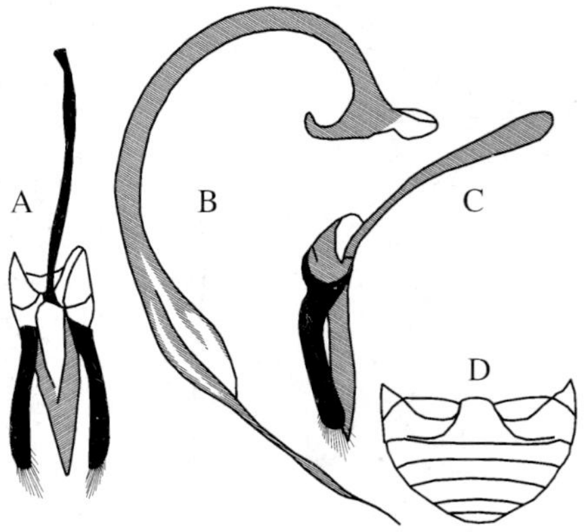

图85　宽纹裸瓢虫（仿任顺祥，2009）

A. 阳基正面观　B. 弯管

C. 阳基侧面观　D. 后基线

雄性外生殖器形态特征见图85。阳基正面观呈倒三角形，基部宽阔，端部尖锐，稍长于中叶；侧面观阳基侧叶基部弯曲，中、后部平直。弯管弧形弯曲，弯管囊内突小，外突大，端部膨大，具端区和端前区，端区长管形，端前区为一长的针状突。

寄主　蚜虫。

分布　云南（思茅景谷 1 700 ~ 1 800 m，保山），福建，广东，广西。缅甸。柬埔寨。尼泊尔。

裸瓢虫属 *Calvia* Mulsant，1846

体卵形，体长在 4 ~ 8 mm，体背拱起中度或强烈。前胸及鞘翅背面的刻点间平滑，无细小散漫的刻点。鞘翅侧缘稍向外扩展。前胸腹板突具 2 条纵隆线，几达前缘。中胸腹板前缘中央三角形内凹。中后足胫节端具 2 个刺距，爪具近四方形的基齿。第 1 腹板后基线不完整，呈 *Diomus* 型，即伸达后缘后，再伸向外侧。本属种类较多，Iablokoff-Khnzorian（1982）记述了 17 种。我国已知 15 种，本书记述了 11 种。[9]

58. 草黄裸瓢虫 *Calvia albida* Bielawski（图版Ⅸ-58，图 86）

体长 6.5 ~ 8 mm，体宽 5 ~ 6.4 mm。

虫体短卵形，背面中度拱起。体背浅草黄色或黄白色。前胸背板中央两侧有时可见 1 个浅褐色的"八"字形斑。小盾片黄白色，边缘棕褐色。鞘翅上散布许多黄白色小点，略排成纵条，鞘缝具棕褐色窄边。腹面及足浅褐色。前胸腹板无纵隆线。中胸腹板前缘中央呈"U"形内凹。后基线不完整且短，不伸达腹板的后缘，并远离外侧。[9]

雄性外生殖器形态特征见图 86。中叶腹面观基部最宽大，与侧叶长度相似；中叶侧面观基部 2/3 几乎平行，基部稍厚，侧叶端密生长毛。弯管端 1/3 处膨大，端前密生细毛；弯管端由 2 根较长细针组成，外面被膜质所包围。

分布　西藏（墨脱 700 ~ 2 100 m），云南（中甸冲江河 2 300 m，云龙志奔山 2 500 m，永胜六德 2 250 m，高黎贡山），广西。印度。尼泊尔。

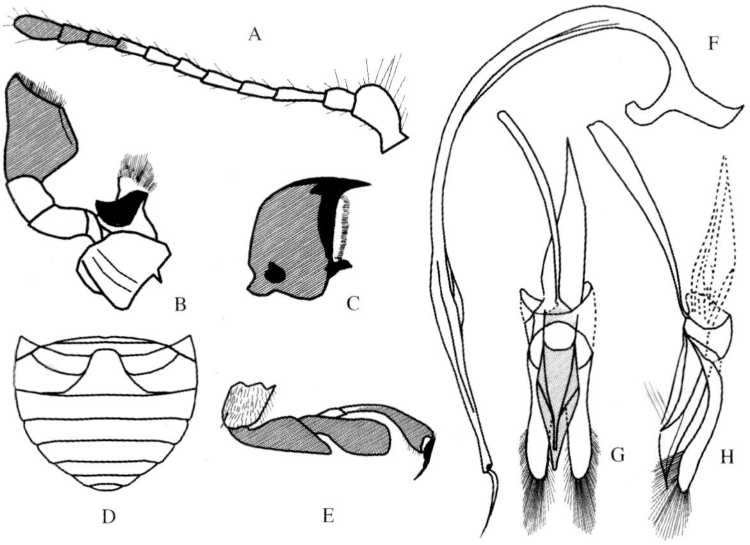

图 86　草黄裸瓢虫

A. 触角　B. 下颚须　C. 上颚　D. 雄虫腹板

E. 后足跗节和爪　F. 弯管　G. 阳基正面观　H. 阳基侧面观

本种前胸腹板无纵隆线，具短小的后基线，下颚须末节长大于宽，中后足胫节端无刺距，特别是外生殖器特征明显属于裸瓢虫属。经过进一步研究，虞国跃将经希立（1987）记述的点斑菌瓢虫 *Halyzia maculata* 列为本种的异名。活体和新鲜标本时，颜色为翠绿色，故虞国跃（2010）又称其为“翠豆裸瓢虫”。

59. 华裸瓢虫 *Calvia chinensis* (Mulsant) [1] **（图版Ⅸ-59，图87）**

体长5.7～7.1 mm，体宽4～4.8 mm。

虫体长椭圆形，呈弧形拱起，鞘翅端末收窄，表面光滑，不被绒毛。基色为栗褐色而带有浅黄色斑纹。头部有时在复眼之间沿复眼内侧部分黄色。前胸背板肩角部分具浅黄色斑，有时中线中央部分亦有黄色纵纹。小盾片与基色相同。鞘翅各具5个浅黄色斑点：1斑位于内线上与鞘翅基部相连；2斑位于外线上在鞘翅的1/3处；3斑位于内线上，在鞘翅的2/3处；4斑位于外线上，在鞘翅的2/3处，略后于3斑；5斑位于端角部分。腹面颜色与背面相似或较浅。鞘翅缘折内侧黄色，形成腹面浅色的周缘。足与腹板同色。

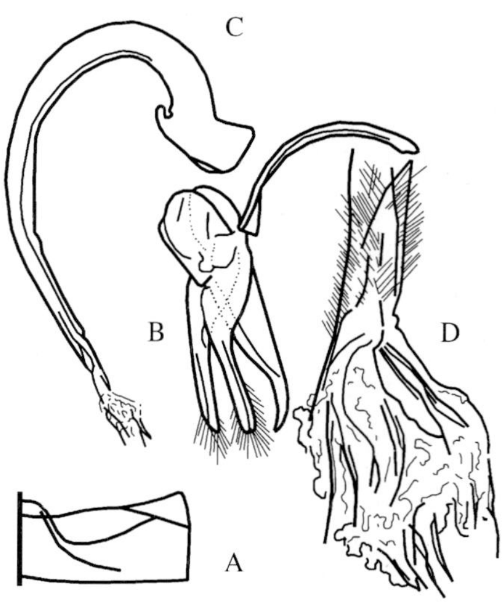

图87 华裸瓢虫（图自蒲天胜，1990）
A. 后基线 B. 阳基侧面观
C. 弯管 D. 弯管端

刻点头部粗深而稀，前胸背板细密而浅，鞘翅细密而深，边缘有粗刻点。触角11节，锤节不紧密，末节长过于宽。复眼椭圆形，近触角基部附近弧形凹入，小眼面细。唇基前缘平直，上唇半圆形伸出，上被长绒毛。前胸背板前缘内凹，侧缘弧形，肩角成顶端钝圆的锐角，基角圆弧形。小盾片正三角形，两边平直。鞘翅边缘具窄隆线。前胸腹板中央具两纵隆线，向前伸延至腹板中部。中胸腹板前缘齐平，无凹入。后胸腹板的侧隆线围绕中足基节间的前突部分。后基线弧形向后伸出，到达后缘时有较弱的曲折部分沿后缘伸至后角处。雄虫第5腹板后缘齐平，第6腹板后缘平截。雌虫第5腹板后缘齐平，第6腹板后缘尖凸。爪不分裂，基部齿形。

雄外生殖器形态特征见图87。阳基中叶侧面观，内缘平直，至端部明显外弯，外缘1/2斜直，然后急剧内弯，端部稍外弯，整个中叶端部呈鸟喙状；侧叶与中叶几乎等长。弯管粗壮，弧形弯曲；弯管囊膨大，外突大、略呈方形，内突极小、呈弯钩状；弯管端构造特殊，膜质膨大，内有若干丝状突。

寄主 松蚜。

分布 云南（丽江2 750 m，维西攀天阁2 900 m，东川，腾冲，保山，大理1 700～1 850 m），四川（康定2 300 m），陕西，江苏，浙江，湖南，福建，广东，香港，广西（南宁、浦北、贵县、象州、蒙山、荔浦、资源），贵州，海南，台湾。

60. 枝斑裸瓢虫 *Calvia hauseri* Mader[1]（图版Ⅸ-60，图 88）

体长 6.1～7.2 mm，体宽 4.9～5.9 mm。

虫体卵形，呈圆形拱起。头部、触角、口器黄色或黄褐色，复眼黑色或带有浅色外环，前胸背板前缘和侧缘有黄白色条纹，在前角下膨大，在后角前形成长圆形斑，向内斜伸，在中部有箭头形斑，指向后缘，并可与前缘的条纹连接。小盾片黄白色。鞘翅具有黄白色缘纹，除内线上基部长形纵斑及 1/3 处近圆形斑独立外，外线基部 1/4、1/2、5/6 及内线 2/3 处各斑都为一细白条纹串连起来。串连的各斑近三角形，只端斑近长方形，各斑的外部有时与外缘白边相连或部分接连。腹面及足黄褐色。

刻点在头部、前胸背板、鞘翅细密，但在头部最稀，在鞘翅侧缘隆线内粗深。复眼很大，几乎全部为前胸背板所遮盖，内侧凹入三角形。前胸背板前缘梯形凹入，凹入底缘轻微突出，两侧在后角前有窄纵凹陷。小盾片三角形，二边直而短于底。鞘翅肩角圆形，肩胛显著。外缘前部轻微平扁隆起，前胸腹板缘折有下凹，鞘翅缘折外部略斜倾，无下凹。后基线紧沿腹板后缘向外伸延，止于后角之前。雄虫第 5 腹板后缘浅渐内凹，第 6 腹板后缘中央有明显内凹。雌虫第 5 腹板后缘齐平，第 6 腹板后缘圆凸。足跗爪基齿宽大。

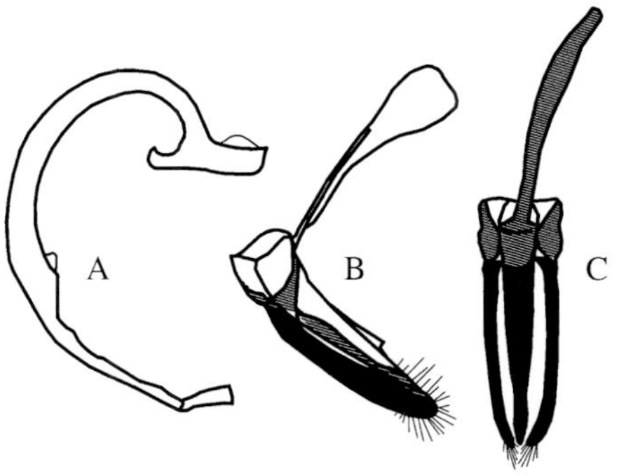

图 88　枝斑裸瓢虫（仿任顺祥，2009）
A. 弯管　B. 阳基侧面观　C. 阳基正面观

雄性外生殖器形态特征见图 88。弯管弧形弯曲，弯管囊内突小，外突粗大，近方形；具端区和端前区，端区长，端前区长梯形。阳基基柱端部粗大，基片近方形；阳基中叶细长，两侧由基部向端部逐渐收窄，末端钝圆。侧叶细窄，稍长于中叶。

寄主　蚜虫。

分布　云南（东川、晋宁 1 800～2 100 m），四川（泸定磨西 1 420 m），甘肃，陕西，河南，贵州，台湾。印度（锡金）。

61. 链纹裸瓢虫 *Calvia sicardi* Mader[1]（图版Ⅸ-61，图 89）

体长 5.6～6.5 mm，体宽 5～5.7 mm。

虫体宽卵形，呈圆形拱起。头部红褐色（或浅黄色），无斑纹。复眼黑色，触角、口器栗褐色（或黄色），前胸背板红褐色（或淡黄色），外侧为一环形大斑，中部一个条形纵斑，在浅色标本各斑分界欠明显。鞘翅上有两条链形条纹，并且在鞘翅端角部分同一四边形环相连，内外两个链形条纹都由 2 个椭圆形环组成，外部链状条纹像个眼镜，内部链形条纹像个“8”字。腹面和足栗褐色。

头部、前胸背板、小盾片刻点细密，鞘翅刻点较浅，只在其外缘内侧较大较深。前胸背板前缘凹入较深，靠近两侧缘向内有长形下凹。鞘翅肩胛明显，外缘隆起，自肩角达端末，中部略宽。后基线紧沿腹板后缘，但不互相连接，向外伸延几达后角。

雄虫第5腹板后缘齐平，第6腹板后缘弧形内凹。雌虫第5腹板后缘齐平，第6腹板后缘圆凸。

雄性外生殖器形态特征见图89。弯管细长，圆形弯曲；弯管囊内、外突长度相当，端部膨大；弯管约1/4处外缘有一明显的凹陷；具有端区和端前区，端区基部粗，然后为细长的管状；端前区为一卷曲的丝状突。阳基正面观中叶基部宽阔，端部细长，短于侧叶；阳基侧面观侧叶弧形弯曲，端部膨大。

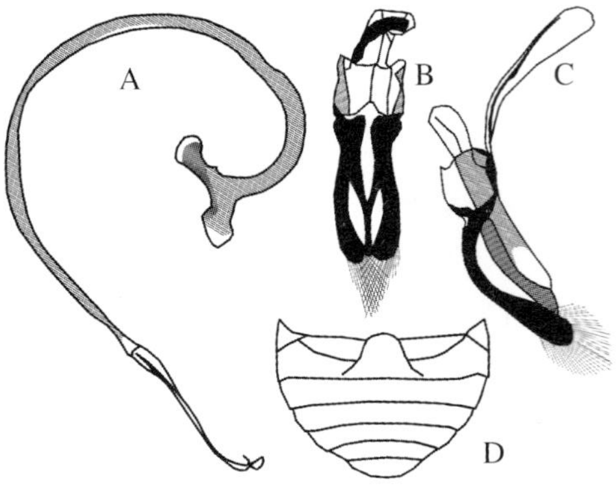

图89　链纹裸瓢虫（仿任顺祥，2009）
A. 弯管　B. 阳基正面观
C. 阳基侧面观　D. 腹板

寄主　蚜虫。

分布　云南（维西攀天阁2 050 m，兰坪2 300 m），四川（泸定磨西1 580 m），甘肃，陕西，安徽，湖南，福建，重庆，贵州，广西。

62. 三纹裸瓢虫 *Calvia championorum* Booth[9]（图版Ⅸ-62，图90）

体长5.7～7.8 mm，体宽4.5～6 mm。

虫体卵形，背面中度拱起，无毛。背面浅黄色至黄绿色；前胸背板前缘呈梯形凹入，后缘呈弧形而两侧稍往上翘，有时具“M”形的浅灰色斑或“八”字形的褐条。小盾片黑色或黄褐色。每一翅鞘上有4条浅灰色的条形斑纹，其中1条位于鞘缝处，很窄。这些条纹在翅的反面呈黑色，背面的浅色条纹仅是下面黑色的透视而已。但在一些个体中，黑色条纹完全显露在鞘翅正面，因此条纹呈黑色。

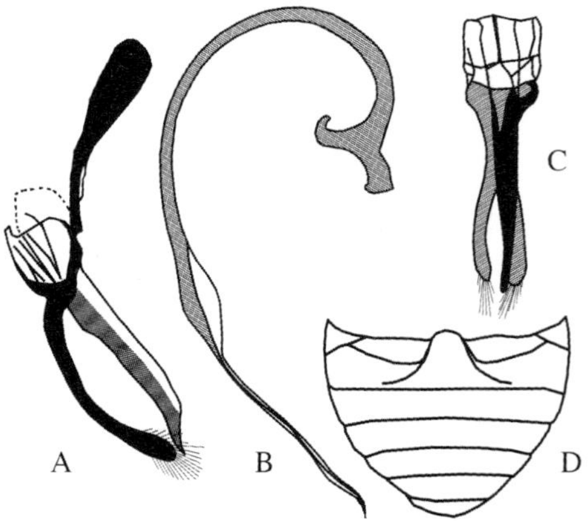

图90　三纹裸瓢虫（仿任顺祥，2009）
A. 阳基侧面观　B. 弯管　C. 阳基正面观
D. 腹板

雄性外生殖器形态特征见图90。阳基侧面观中叶较细长、直，端部外弯，尖锐；侧叶细长，弧形弯曲。弯管广弧形弯曲，弯管囊内突钩状，与外突基本等长；弯管端部膨大；端区细长，末端尖锐。

寄主　蚜虫。

分布　云南（丽江玉龙山2 700 m），四川（南坪九寨沟2 350 m，马尔康2 700 m，贡嘎山燕子沟2 340 m），甘肃，陕西，台湾。印度。

63. 四斑裸瓢虫 *Calvia muiri* (Timberlake)[9]（图版Ⅸ-63，图91）

体长4～5.1 mm，宽3.3～4.3 mm。

体短卵形，背面强度拱起。头浅黄色，头顶黄褐色。前胸背板黄褐色，基半部左右两侧各有1对“八”字形斑，即共有4个斑，其中位于外侧2个斑与基部相连；有时前胸背板的前侧角及前缘奶白色，或具较大的奶白色斑或相连区域。鞘翅黄褐色，每一翅鞘具6个明显的黄白色斑点，呈现1－2－2－1排列；鞘翅缘奶白色，有时奶白边不明显，在鞘翅肩角及翅端呈斑点状，因而有时每一鞘翅上看起来共有8个斑，呈2－2－2－1－1排列；有时各斑扩大，会出现2个斑点相连的情况，如肩斑与下方的斑相连，或近翅端的两斑相连，或近翅端的斑与前方的侧斑相连；或有时鞘翅白色或黄色，无斑纹，但前胸背板上仍可见到4个浅色斑。过去认为本种鞘翅的斑纹比较稳定，现在发现也有较多的变化，但前胸背板上的4个黄白斑比较固定。

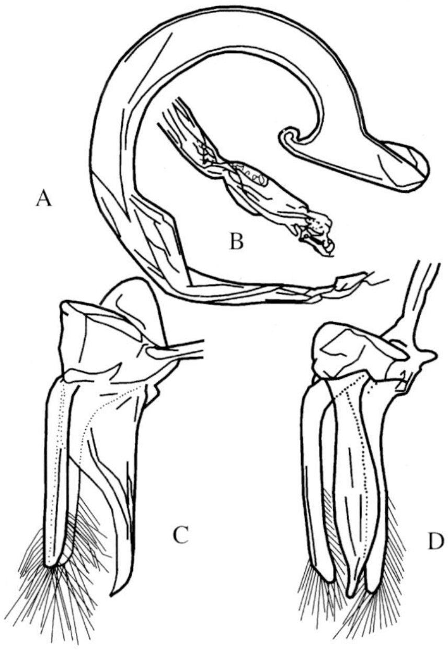

图91　四斑裸瓢虫（图自蒲天胜，1990）
A. 弯管　B. 弯管端
C. 阳基正面观　D. 阳基侧面观

雄性外生殖器形态特征见图91。阳基中叶正面观，基部窄、然后扩大，最宽处在2/3处，然后逐渐收窄，端部圆钝呈指状；阳基侧面观基部宽阔，端部尖，外弯，内缘平直，至端部外弯，外缘基部1/3也平直，然后急剧内弯，至端部1/3时亦平直，端部也外弯，侧叶除基部弯曲外，中、后部平直。弯管粗壮，近乎圆形弯曲；弯管囊外突显著地长于内突，外突略呈长方形，内突为一小弯钩；弯管体近3/5处膨大；弯管端构造特殊。

寄主　蚜虫。

分布　云南（云龙志奔山、泸水1 810 m，永胜六德2 400 m，高黎贡山），四川（泸定磨西1 600 m，盐源金河1 200 m），陕西，北京，河北，河南，山西，浙江，福建，广东，香港，广西，重庆，贵州，台湾。日本。朝鲜。俄罗斯（萨哈林岛）。

64. 六斑裸瓢虫 *Calvia breiti* (Mader)[9]（图版Ⅸ-64，图92）

体长6.3～7.6 mm，体宽4～5 mm。

虫体长椭圆形，两侧中部近于平行，背面拱起较弱。头褐色，额部具2对黑斑，一对接近唇基，近方形，另一对长形，近头顶。前胸背板褐色，中央具一“Y”形黑斑，远离前缘，也不达后缘；背板基缘中侧具一不规则形（近三角形）黑斑，斑的前缘不达“Y”形斑的前缘，三角形斑上方具数个小黑斑。小盾片褐色。鞘翅褐色，每一鞘翅具3个黑斑，1斑位于肩胛处，纵向，不规则；2斑位于鞘翅的2/5处，呈横带型；3斑位于翅的后半部，横带形，宽大，但不达翅缘或鞘缝；或2斑消失，3斑缩小。虫体腹面褐色，后胸腹板及腹部腹板具黑色区域。中、后足腿节和胫节具小黑斑。前胸背板前缘几乎平直，在中部稍内凹。

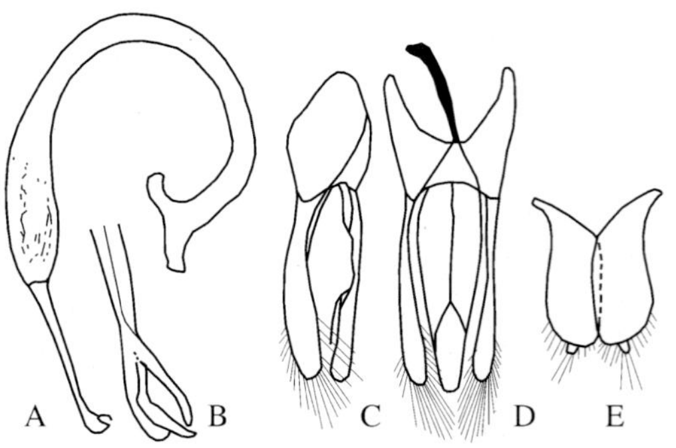

图92　六斑裸瓢虫

（图自 Iablokoff-Khnzorian，1982）

A. 弯管　B. 弯管端　C. 阳基侧面观　D. 阳基正面观　E. 雌性生殖片

雄性外生殖器形态特征见图92。弯管中部圆形弯曲，弯管囊外突长于内突，弯管端膨大，具端区和端前区，端区细长，管状，端前区由分裂的三叉状组成（图91B）。阳基正面观中叶长舌状，距基部1/4处最宽；侧叶基部1/3细，端部2/3较宽大。阳基侧面观中叶基半部厚实。雌性生殖片长卵形，顶端向外侧弯曲。

分布　西藏（聂拉木樟木口岸2 250 m，林芝八一镇3 000 m）。不丹。尼泊尔。巴基斯坦。印度。

65. 十四星裸瓢虫 ***Calvia quatuordecimguttata*** **（Linnaeus）[9]（图版X-65A～C，图93）**

体长4.8～5.8 mm，体宽3.8～4.5mm。

虫体短卵形，体背中度拱起。本种斑纹变化很多，不同型之间差异很大，网纹型、黑缘型过去很少提及。虞国跃（2010）记述了7种型：①十四星型。前胸背板黄棕色或黑色，后角具1个白斑，有时前缘、侧缘和中部呈白色；鞘翅棕黄色或黑色，每一个鞘翅上有7个奶白色的斑点，呈1－3－2－1排列。②十二黑斑型。体背淡紫红色，前胸背板具2个大黑斑；鞘翅上共有11个黑斑，呈1½－2－1½－½，斑点可相连或消失，如第2排的2个斑点扩大相连，翅端斑与前方的缝斑相连。③黑缘型。该型是十二星的变型，前胸背板上的黑斑扩大，前胸边缘浅色，后角有浅色斑；鞘翅红棕色，鞘翅外缘黑色。④条纹型。前胸背板奶白色，具1对黄棕色大斑，鞘翅黄棕色，鞘缝及外缘奶白色，近外缘具2条奶白斑，其中内侧的1条伸达翅基，近鞘缝尚有2个奶白色条斑，其中1个位于鞘翅基部，与翅基相接。⑤点条型。鞘翅上的斑纹为十四星型与条纹型相加，即两种斑纹型的奶白色区域均显示在鞘翅上。⑥网纹型。前胸背板具2个大黑斑，与基部相连；鞘翅黑色，鞘翅上具网纹型黑斑。⑦十二白斑型。背面红褐色，前胸背板两侧具大白斑，或仅在后角具白斑；每一鞘翅上具6个白斑，呈1－2－2－1排列，有时斑纹可扩大或相连。

以上的十二星型曾为独立的种，即十二星裸瓢虫 *Calvia duodecimmaculata*（Gebler）。饲养结果表明为同一个种。本种尚有其他斑纹型，有时相当不一样。

雄性外生殖器形态特征见图93。弯管弧形弯曲，中部最粗，弯管囊外突尖角形，内突弯钩形，短于外突；弯管端部具一大一小的指状突和针状突，粗的指状突端部弯曲。阳基正面观中叶为倒置的酒瓶状，中间最宽，然后急剧收缩，形成细长的端部；侧叶与中叶等长。阳基侧面观中叶端半部向外弯曲，端部斜截；侧叶内弯，中间最细，末端具浓密的长毛。

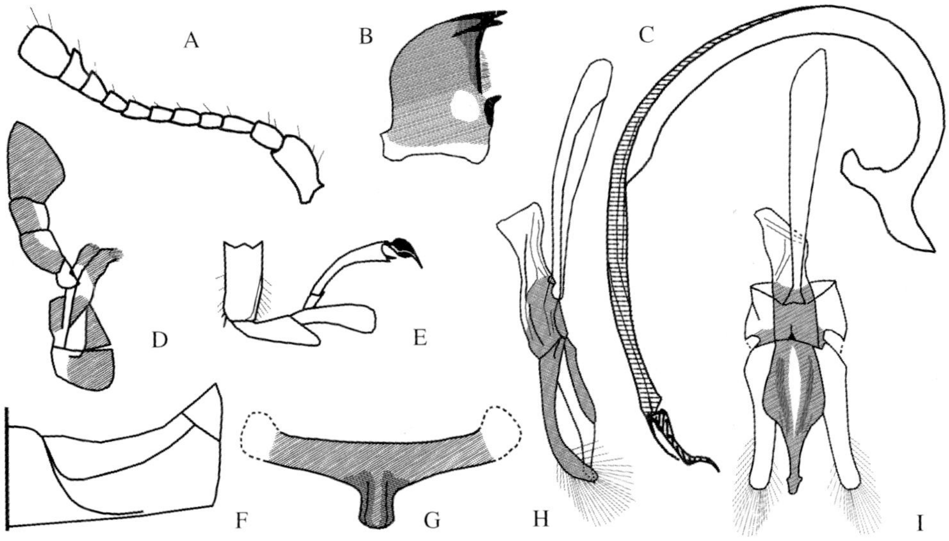

图 93　十四星裸瓢虫

A. 触角　B. 上颚　C. 弯管　D. 下颚须　E. 后足跗节和爪
F. 后基线　G. 前胸腹板突纵隆线　H. 阳基侧面观　I. 阳基正面观

寄主　蚜虫，木虱，叶蝉，有时也会捕食叶甲幼虫。

分布　西藏（波密易贡 3 050 m，昌都 3 700 m，林芝 3 000 m，米林派区 3 000 m），四川（德格 3 200 m，贡嘎山燕子沟 3 340 m，乡城 3 200 m），云南（景东、腾冲），北京，吉林，黑龙江，甘肃，内蒙古，陕西，河北，山西，湖北，台湾。日本。朝鲜。俄罗斯。北美。

66. 十五星裸瓢虫 *Calvia quindecimguttata* (Fabricius)[1,9]（图版 X-66，图 94）

体长 5.1 ~ 7.1 mm，体宽 4.1 ~ 5.8 mm。

虫体宽卵形，呈圆形拱起，背面光滑无毛。头部黄褐色，复眼黑色，口器、触角褐红色。前胸背板具有 5 个白斑，在前、后角和基部中央各一个，但可有不同程度的扩延，形成各种连接，或基斑退化。小盾片黄白色。鞘翅外缘及鞘缝具白色窄纹，白色斑点排列为 2 - 2 - 2 - 1，其位置为：内线基部一长形四边形斑靠在前缘上，外线基部肩胛前侧前缘上一不规则形小斑；内线 1/3 处一近圆形斑，略大于外线 1/3 处的一斑，后者排列稍前，外线 2/3 稍前处一三角形斑，内线 2/3 处一斑，在中线端部 1/6 处一横长方形斑。腹面边缘部分浅黄色，中部深黄色到红褐色。足深黄色。

头部小刻点较稀，被较稀细毛，前胸背板刻点细密，鞘翅上刻点分粗深和细浅两类，靠近边缘更粗更深。触角 11 节，长约为复眼间额宽的 2 倍，锤节各节结合不紧密，端节显著膨大，前端齐平，复眼近椭圆形，大部分为前胸背板遮盖，在触角处明显三角形凹入。前胸背板明显宽阔，宽 2 倍于长，最宽处在基角前；前缘近梯形凹入，底缘中部略凸出，前角钝圆，外缘缓弧形，基角圆形，后缘缓弧形，在小盾片前不平截。前胸背板在最宽处靠近外缘有长形下凹。小盾片扁三角形，两侧直而明显短于底边。鞘翅长形，中部掀起，端角钝圆。前胸背板缘折前内侧有下凹，鞘翅缘折外缘轻度倾斜，基本横平。腹面前胸腹板中央拱起，其上两条纵隆线达中部以上，但与前缘有相当距离，近平行。中胸腹板前缘中部钝三角形明显内凹。后基线紧沿腹板后缘外伸，几与腹板后缘愈合，达到腹板外缘。雄虫第 5 腹板后缘齐平，第 6 腹板后缘中部有圆形内凹。雌虫第 5 腹板后缘轻微外凸，第 6 腹板后缘中部突出。足长大，爪完整，有宽大基齿。

雄性外生殖器形态特征见图 94。弯管短粗，近圆形弯曲；弯管囊外突长于内突，外突尖钝而内突微弯，弯管体有背沟和膜状突出；端区长、构造特殊。阳基中叶略长于侧叶，侧面观内缘于中部弓形突起，外缘较直，端部圆钝、稍外弯。

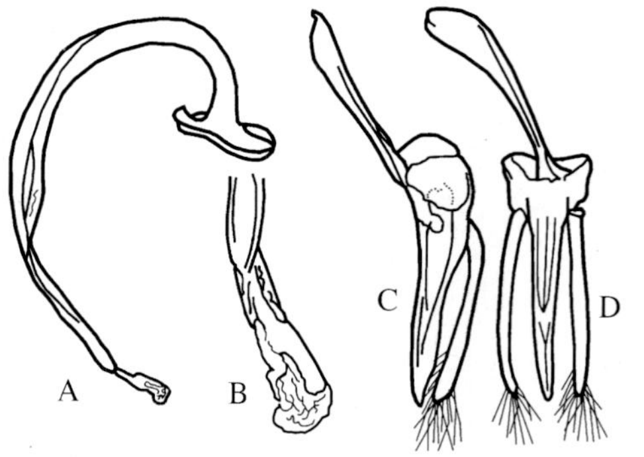

图 94　十五星裸瓢虫（图自蒲天胜，1990）
A. 弯管　B. 弯管端
C. 阳基侧面观　D. 阳基正面观

寄主　蚜虫。

分布　四川（泸定磨西 1 500 m，盐源金河 1 200 m），云南（泸水 1 850 m），浙江，湖北，湖南，江苏，福建，广东，广西，陕西，甘肃，河南，山西，安徽，江西，贵州。日本。朝鲜。印度。俄罗斯。蒙古。欧洲。

67. 蛇后裸瓢虫 *Calvia monosha* Bielawski[9]（图版 X－67）

体长 7～7.6 mm，体宽 5～5.4 mm。

本种看上去很像食植性瓢虫，但体背无毛。头部浅褐色，触角端部颜色稍深。前胸背板褐色，侧缘具黄色斑，中央基部具一近四方形黑斑，伸达背板的约 1/2 处，两侧中部各有一黑斑。小盾片红褐色。鞘翅黑色，基缘和外缘褐色，每一鞘翅上具 3 条红色横带，第 1 条直角形，并与翅基及鞘缝相连，第 3 条稍斜置，长卵形。虫体腹面黄褐色，腹部中、基部黑褐色。足黄褐色。

本种鞘翅斑纹多变，或鞘翅黑色，基缘和外缘褐色，具 5 个红色斑，呈 2－2－1 排列，其中小盾斑与翅基相连，或端斑与外缘相连。从前胸 3 个黑斑及鞘翅的斑纹易与其他瓢虫区分。

分布　西藏（林芝八一镇 3 000 m）。不丹。

68. 变异裸瓢虫 *Calvia shiva* Kapur[9]（图版 X－68A～D，图 95）

体长 4.4～5 mm，体宽 3.6～4 mm。

虫体短卵形，半球形拱起。本种斑纹多变，常见的有 4 种色斑型：①十四斑型 *shi-*

va。前胸背板茶褐色，中央具 1 个“M”形大黑斑，鞘翅基色黑色，每个鞘翅具 7 个黄白色圆斑，呈 2－2－2－1 排列，小盾片旁的 1 斑最大第 3 排的缘斑最小（图版Ⅹ－68 A）。虞国跃（2010）另外还记述了我国云南发现的 3 种斑纹型。②三纹型 *trilochana*。头黄白色，复眼黑褐色。前胸背板茶褐色，具 3 条黄白色纵带，1 条位于中央，2 条位于两侧。鞘翅茶褐色，具 3 条黄白色纵条，它们在翅基及翅尖处分别相连，第 1 条接近于鞘缝，并与之平行；第 2 条位于鞘翅宽度的 2/3，即从肩角处伸出；第 3 条较窄，接近于鞘翅的边缘。鞘翅边缘稍半透明（图版Ⅹ68－B）。③十二斑型 *pasupati*。体背黄色，前胸背板具 2 个大黑斑，近后缘而远离前缘。鞘翅上共有 10 个黑斑，其中 2 个为缝斑，即每一鞘翅上具 6 个黑斑，呈 3－2－1 排列，其中第 1 排中间的斑纹离翅基最近（图版Ⅹ68－C）。④十斑型 *durgae*。头黄白色，复眼黑色。前胸背板茶褐色，具 3 条黄白色纵带，1 条位于中央，2 条位于两侧，背板两侧半透明。鞘翅茶褐色，每一鞘翅具 5 个白斑，呈 2－2－1 排列，小盾斑与翅基相连；鞘翅边缘半透明（图版Ⅹ68－D）。Booth（1997）认为本种中足胫节端只有 1 个刺距，而后足胫节端无刺距，在瓢虫科中是比较特殊的。

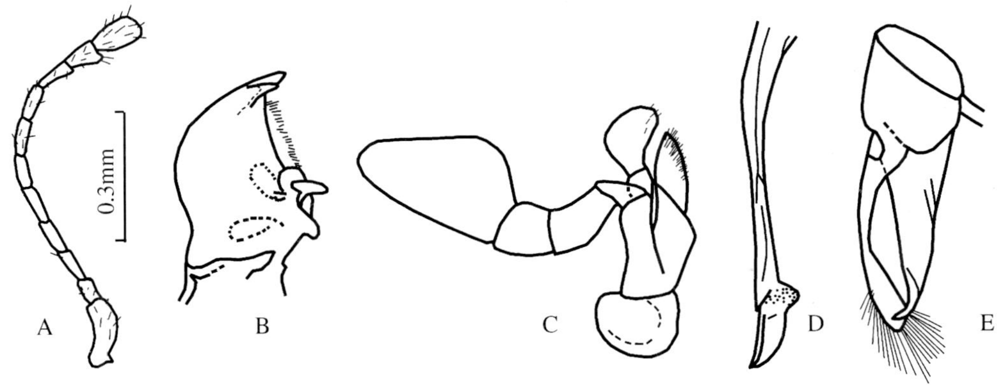

图 95　变异裸瓢虫
（图自 Kapur，1963）
A. 触角　B. 上颚　C. 下颚须　D. 弯管端　E. 阳基侧面观

雄性外生殖器形态特征见图 95。弯管囊内突仅有外突的一半长左右；弯管端部像一只跳芭蕾舞的脚。阳基侧面观中叶基部厚，逐步向端部减薄，并形成尖锐的末端，外弯。阳基侧叶内弯，稍长于中叶，中部最细，基部、端部最宽。

分布　云南（泸水 2 500 m，高黎贡山 1 900 m，福贡 1 540 m，凤庆）。印度。尼泊尔。

龟纹瓢虫属 *Propylea* Mulsant，1846

体长 3.3～5 mm，卵形，背面中度拱起或较弱。触角较长，约为额宽的 1.5 倍，第 9 节长于宽，第 10 节长宽相近，第 11 节长卵形，长于前一节。唇基前侧角突出，角突之间平直。前胸背板侧缘及翅缘稍平展，鞘翅缘折内线伸达翅端。前胸背板缘折前端具内陷；前胸腹板突内具平行的纵隆线，几达前缘。中胸腹板前缘中央呈三角形明显内凹。后基线不完整，无侧支线。中、后足胫节端具2枚刺距，爪具1个四方形的基齿。[9]

本属已知3种（黄宝盘瓢虫 *Pania luteopustulata* Mulsant 仍然保留在单管盘瓢虫属 *Pania* 中），我国均有分布，青藏高原有2种，西藏自治区有1种，即西南龟瓢虫 *Propylea dissecta*（Mulsant）。国内提到龟纹瓢虫或方斑瓢虫时，常常用这个属名 *Propylaea*，而 Mulsant（1846）在建立此属时用的是 *Propylea*。

69. 龟纹瓢虫 *Propylea japonica* Thunberg[1]（图版XI-69，图96）

体长3.5～4.7 mm，体宽2.5～3.2 mm。

虫体长圆形，呈弧形拱起，表面光滑，不被细毛。基色黄色而带有黑色斑纹。头部雄虫前颜黄色，基部在前胸背板下为黑色，雌虫在前颜上具有三角形黑斑，有时黑斑扩大，以至头部全为黑色；复眼黑色，触角、口器黄褐色。前胸背板中央具黑色大斑，基部与后缘相连，有时黑色斑扩展几占全部前胸背板，仅前缘及侧缘为黄色。小盾片黑色。鞘缝黑色，成黑色的中央纵纹，在典型的情况下黑色纵纹距鞘翅基部1/3、2/3及5/6处各具有方形和齿形的外伸部分，在鞘翅中部鞘缝上形成长方形及由两个齿形连接成的梭形横斑，此外，各鞘翅具斜卧长形肩斑及侧斑。鞘翅斑纹常有变异，有时肩斑与1/3处横长方形斑相连，侧斑与2/3处横梭斑相连或各斑相互连接以致鞘翅全为黑色；或鞘缝纵条纹外突部分消失，只留中央黑色纵纹，缘斑或肩斑与缘斑皆消失，以致只留中央条纹基部之半，甚至全部消失，鞘翅全为黄色。腹面胸部各腹板雌虫黑色，雄虫前、中胸腹板中部黄褐色，中、后胸腹板后侧片白色。腹部腹板中部黑色而边缘黄褐色。前胸背板及鞘翅缘折黄色。足为黄褐色。

头部刻点最为细密而浅，鞘翅最粗大而深，而前胸背板刻点虽细但较头部稀而略深些，远不及鞘翅粗深。头部复眼较大，位于头之两侧，近椭圆形，但较宽。触角11节，长于头宽，连接不紧密，末节顶端圆形。前胸背板前缘内凹较浅，侧缘较平直，肩角成锐角，基角成钝角。前胸腹板中央两纵隆线相当明显地隆起，由基部达腹板2/3处。中胸腹板前缘中央三角形深内凹。后胸腹板侧隆线围绕前突前缘。后基线弧形伸达后缘，平行向外伸至后角处。雄虫第5腹板后缘齐平，第6腹板后缘近于齐平，中部略隆拱，内凹不很明显。雌虫第5腹板后缘弧形略外凸，第6腹腹板后缘圆凸。爪端部不分裂，基部具齿。

雄性外生殖器形态特征见图96。从正面观，阳基中叶矛尖形，中部最宽，末端较尖，略短于侧叶；从侧面观，基叶近方形，中叶尖刀形，基部2/3几乎等宽，近端部处尖三角形腹向突出，末端尖锐。弯管囊内突较细小，短于外突；弯管弧形弯曲，近端部处有纵沟和一个小三角形的突起；端区细长，端前区为3～4根针状刺，最外一根中部90°向外弯曲。

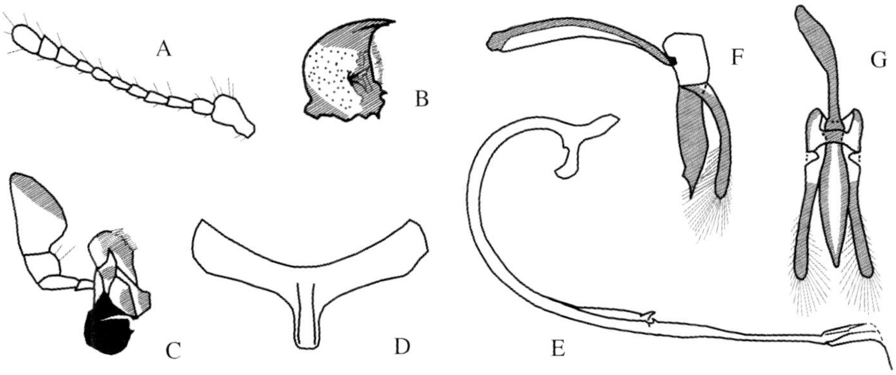

图 96　龟纹瓢虫

A. 触角　B. 上颚　C. 下颚须　D. 前胸腹板纵隆线
E. 弯管　F. 阳基侧面观　G. 阳基正面观

寄主　棉蚜，麦蚜，玉米蚜，苜蓿蚜，橘蚜，豆蚜，高粱蚜，小菜蛾 2 龄幼虫。

分布　青海（西宁、循化、孟达、民和、互助），云南（德钦 2 750 m，丽江 2 300 m，维西 2 500 m，云龙志奔山 2 260 m，兰坪 2 350 m），四川（南平九寨沟 2 600 m，马尔康 2 500 m，汶川映秀 900 m，卧龙 1 150 m，道孚 3 000 m，德格 3 300 m，康定 2 100 m，泸定 1 500 m，荥经四坪 950 m），北京，黑龙江，辽宁，吉林，新疆，宁夏，内蒙古，甘肃，河北，河南，湖北，江苏，上海，江西，湖南，山东，陕西，浙江，福建，广东，广西，台湾。日本。印度。俄罗斯。朝鲜。越南。不丹。

70. 西南龟瓢虫 *Propylea dissecta* Mulsant[9]（图版Ⅺ-70A～B，图 97）

体长 3.3～3.6 mm，体宽 2.2～2.8 mm。

虫体卵形，背面中度拱起。头白色，头顶黑色，但雌性上唇黑褐色，在额部具一粗壮的“T”形黑纹。前胸背板黑色，雄性具白色的前缘和侧缘，前缘中央常明显内陷，雌性前缘黑色，只侧缘白色。小盾片黑色。鞘翅斑纹多变，基本型为：鞘翅红色或黄白色，具 3 条黑色的横带（均不达翅缘）和鞘缝，第 1 条横带位于鞘翅基部，在小盾片两侧具 1 对卵形或长卵形白斑，不达鞘翅的基缘；第 2 条横带在鞘翅的 2/3 处，外侧扩大；第 3 条位于近翅端，锚形，翅缘半透明；或第 2 条横带的外侧与第 1 条横带相连，这样近鞘缝处具 2 对卵形或长形浅色斑；或除翅基部的斑纹、黑色鞘缝和钩形的翅端外，无其他斑纹；或除细窄的黑色鞘缝外，近肩角处和翅端具黑斑；或鞘翅上无其他黑色斑纹。腹面黑色，但前胸背板缘折和鞘翅缘折黄白色，中胸和后胸后侧片白色，腹板两侧及第 5 腹板

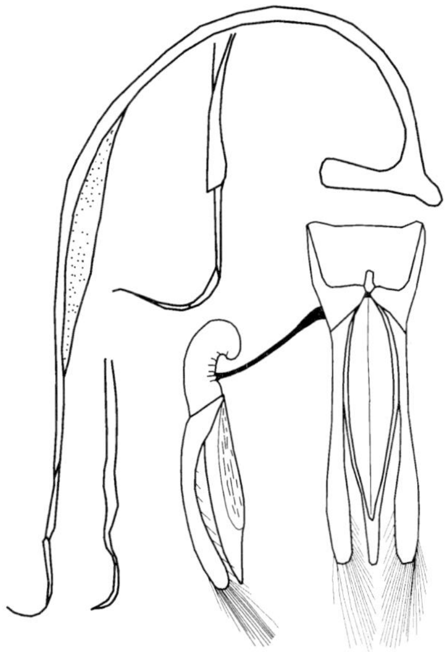

图 97　西南龟瓢虫生殖器
（图自 Iablokoff-Khnzorian，1982）

前端褐色。足褐色，至少后足腿节大部分黑色，常常腿节具大片黑褐色部分，有时胫节具少许黑褐色部分。

分布　西藏（墨脱），云南（泸水、片马、西双版纳、景东、贡山 650 ~ 2 000 m），四川（康定、九龙）。尼泊尔。孟加拉。印度。

本种为虞国跃（2010）记述的中国新纪录种。过去一直认为这一种是龟纹瓢虫 *Propylea japonica* 的异名，但可从下列特征进行区分：西南龟瓢虫鞘翅小盾片两侧的浅色斑不达翅基，即翅基是黑色的，而龟纹瓢虫和方斑瓢虫 *Propylea quaturodecimpunctata* 有此斑时，浅色斑伸达翅基；如果鞘翅上的黑斑全部消失，则可从足的颜色上区别，龟纹瓢虫的足无黑色或黑褐色部分，而西南龟瓢虫至少后足腿节具黑色区域。

突肩瓢虫属 *Synonycha* Chevrolat，1836

本属的主要特征：唇基平直；前胸前角外缘稍内凹；中胸腹板前缘中央三角形深内凹；鞘翅侧缘平展很宽，没有缘褶；跗爪 2 裂，无基齿。本属个体很大，10.5 ~ 14 mm，从足的爪在端部分裂，无基齿，可与近似属区分。本属仅知 1 种。[9]

71. 大突肩瓢虫 *Synonycha grandis*（Thunberg）[1]　**（图版Ⅺ-71，图 98）**

体长 10.5 ~ 14 mm，体宽 9.6 ~ 13.2 mm。

虫体近于圆形，呈半球形拱起，背面光滑不被绒毛。全体基色为橙黄色至橘红色。头部无斑，复眼黑色，触角黄褐色，端末黑褐色。前胸背板中央具梯形大黑斑，基部与后缘相连。小盾片黑色。两鞘翅上共有 13 个黑斑，3 个黑斑位于鞘缝上，被鞘缝分隔成每边一半；2 斑最大近于倒扇形，位于鞘翅近基部 1/3 处；5 斑位于鞘翅 2/3 处，较小，形状不规则；8 斑位于鞘翅端角与边缘相连，为方形小黑斑，其他各斑成 1 - 2 - 2 排列，1 斑近于长方形，位于肩胛上，在中线较近基部处；4、7 斑长方形，分别位于外线 1/3 和 2/3 处，其外缘与鞘翅边缘相连；3、6 两斑位于中线上，3 斑位于近基部 1/2 处，而 6 斑位于近基部 2/3 处，都近于长圆形。此外，鞘翅边缘有深色细线。腹面及足较背板颜色较深，在缘折的 1/3、2/3 及顶角部分有黑斑。

头部刻点最稀，前胸背板最浅，鞘翅上刻点较前胸背板为深，两者皆细密。复眼长圆形，近触角基部附近稍凹入。前胸背板橙黄色，前缘深凹入，凹底中部弧形前凸，侧缘弧形，肩角外缘内凹，后缘近于斜直，显著窄于鞘翅前缘，基角与鞘翅肩角间的夹角极深大。小盾片黑色。鞘翅橙黄色至橙红色，两鞘翅上共有 13 个黑斑，其中 3 个在鞘缝上，在每个鞘翅上的排列呈 1 - 3 - 3 - 1，其中以第 1 个鞘缝斑最大，略呈菱形，翅侧缘的 2 个斑长方形，与翅缘相连。虫体腹面黄褐色，腹部具一些弥散的小黑点。足黄褐色，有时后足具黑色斑。

触角 11 节，长于额的宽度，锤节不紧密相接。鞘翅基缘在肩胛之前向上翻起，向外伸展，高出于前胸背板后缘，肩角宽直角形，外缘无隆线，亦无纵槽，但向外平展很宽。前胸背板缘折前部具下陷，但甚浅。前胸腹板中央隆起，但平行纵隆线较短，略超过前足基节之前。中胸腹板前缘中部凹入甚深。鞘翅缘折甚宽，几达中胸宽度的 1/2，最宽处在中胸侧面部分，向端末渐窄缩，缘折中央具下陷，但不达边缘，外缘近于竖直。后基线向后侧方伸延，沿第 1 腹板后缘消失于侧缘之前。雄虫第 5 腹板后缘齐平，第 6 腹板后缘显著外露，后缘平截或微内凹。雌虫第 5 腹板伸长，后缘中部轻微舌形外凸，以致第 6 腹板不外露或外露甚少，后缘凸出。足不伸出体侧，爪分裂，无基齿。

雄外生殖器形态特征见图 98。阳基短、粗，中叶与侧叶等长，为基片长度的 1.5 倍，正面观呈长舌形。端部收窄，成倒箭头状，端缘圆钝。弯管粗、短，端部半圆形弯曲；弯管囊外突长于内突，外突略呈喇叭状，内突稍弯曲；弯管体有腹沟、无侧膜；弯管端区有一大一小的叶状突，其腹面还有一丝状突和一小形的叶状突。

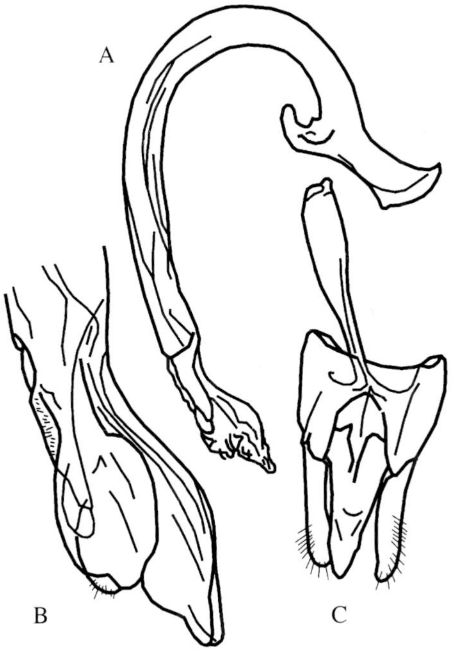

图 98　大突肩瓢虫
（图自蒲天胜，1990）
A. 弯管　B. 弯管端　C. 阳基正面观

寄主　*Aphis saliceti*，*Oregma bambusicola*，*Oregma lanigera*。

分布　西藏（墨脱 1 200 m），云南（瑞丽、潞西、澜沧、陇川、畹町、景东、梁河 820 ~ 1 200 m），福建，广东，台湾，香港，广西，贵州。日本。印度。缅甸。菲律宾。印度尼西亚（苏门答腊，爪哇，西伊里安）。

壮丽瓢虫属 *Callicaria* Crotch，1874

前胸背板缘折沿外缘具很深的凹陷，前胸背板侧缘几乎是直线型的，稍微弯曲，最宽处在背板的基部。中胸腹板前缘“V”形内凹，几达腹板的 1/2。小盾片横向三角形。爪很长，具 1 个尖的基齿。本属只有 1 种。[9]

72. 日本丽瓢虫 *Callicaria superba*（Mulsant）[1]（图版Ⅺ - 72，图 99）

体长 8.7 ~ 12.2 mm，体宽 7.7 ~ 9.9 mm。

虫体卵形，呈半球形拱起，背面光滑无毛。头部、触角、口器褐黄色，复眼黑色，前胸背板褐黄色，基部两侧各一椭圆形黑斑，但不与后缘连接。小盾片黑色。鞘翅上各有 7 个黑斑，呈 1 - 3 - 3 排列，1 斑位于基部 1/6 处，在中线上，其外侧复在肩胛上；2、3、4 三斑在一条横线上，4 斑在外线外侧，伸达外缘，2 斑在内线外侧靠近鞘缝，3 斑位于中线上，前 4 个斑稍大。5 斑在鞘翅 2/3 处，内侧靠近鞘缝，7 斑在外线外侧但不达到外缘，6 斑位于中线上，稍向前，此 3 个斑小。前胸背板及鞘翅缘折黄色，在鞘翅缘折 1/3 处有一黑色至黑褐色斑。腹部腹面中部黑色，雌虫稍浅，雄虫浓黑，唯第 1 ~ 4 腹节外侧和端末红棕色。足红棕色。

头部刻点粗稀，前胸背板细密而浅，鞘翅刻点细密稍深。头部纳于前胸背板前缘深凹内，复眼肾形，前端显著伸到腹面。触角11节，显著长于额宽，锤节不紧密靠拢，端节极长大。唇基宽带形，前缘齐平。前胸背板前部显著较基部为窄，前缘深凹入，底部向前拱起，前角尖锐，外缘斜直，基角直角形，同鞘翅结合紧密。小盾片矮三角形，两边不直。鞘翅长形，中部最宽，基部稍窄，肩胛显著突起，基缘有斜凹，肩角翻起，外缘弧形，不隆起，无纵槽，前部明显向外平展，后部渐渐消失，端角尖形，鞘缝端末轻微向两侧凹入，着生一排细毛。鞘翅缘折在后胸处最宽，约为体宽的1/6，向后渐渐变窄，但到端末仍然明显，斜倾，无明显凹陷。前胸腹板显著加长，2条纵隆线伸达中部。中胸腹板前缘中部“V”形深深凹入，超过其长度的1/2。后胸腹板侧隆线围绕其前突部分。后基线明显隆起，沿腹板后缘向外伸延，但不到达外缘。雄虫第5腹板后缘齐平，第6腹板后缘微内凹。雌虫第5腹板后缘齐平，第6腹板后缘圆凸。足胫节、股节都具沟状构造，爪端部不分裂，具基齿。

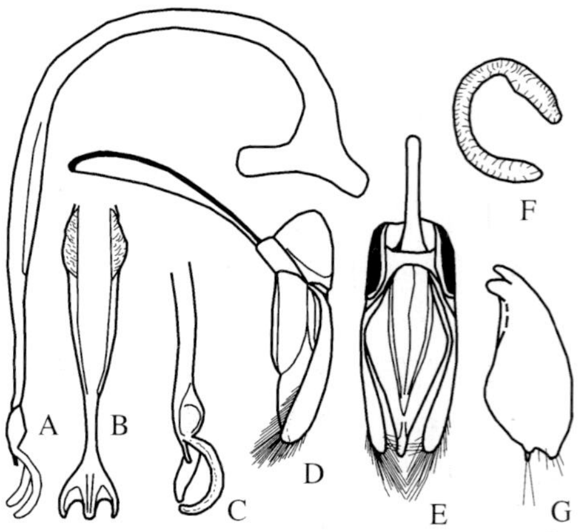

图99　日本丽瓢虫（图自 Iablokoff-Khnzorian 1982）
A. 弯管　B. 弯管端正面观　C. 弯管端侧面观　D. 阳基侧面观　E. 阳基正面观　F. 受精囊　G. 生殖片

雄性外生殖器形态特征见图99。阳基中、侧叶等长，中叶基部柱形逐渐扩大至1/3最宽，再逐渐收窄，末端呈锐角。弯管呈半圆形弯曲，弯管囊外突宽短，内突细，钩状。弯管于中部至端部之前宽大，端部收窄后再扩展呈三叉状。

寄主　蚜虫，木虱，蛾蜡蝉，蚧虫，叶甲等。

分布　西藏，云南（昭通1 200 m），四川。日本。不丹。印度。

大瓢虫属 *Megalocaria* Crotch，1871

体大型，体长大于9 mm，近于圆形，背面高度拱起。小盾片明显。体背面刻点较细小，看上去很光滑。唇基前缘平直。前胸背板前角外侧明显内凹，前胸腹板突无纵隆线。中胸腹板前缘呈半圆形或近“U”形内凹。翅缘平宽外展，缘折宽大，直达翅尖。跗爪具一个基齿。本属个体大，相近的属有突肩瓢虫属 *Synonycha*，变斑瓢虫属 *Aiolocaria* 和壮丽瓢虫属 *Callicaria*，区别如下：突肩瓢虫属跗爪末端对裂，无基齿；后2个属的前胸背板前角外侧不内凹。大瓢虫属已知6种，分布于东洋区和太平洋岛屿，我国已知2种。

73. 萍斑大瓢虫 *Megalocaria pearsoni* Crotch[1]**（图版XI－73，图100）**

体长14.4～15.4 mm，体宽13.7～14mm。

虫体圆形，过半球形拱起，鞘翅外缘向外伸展甚宽，背面光滑无毛，褐黄色生有黑斑。头部完全黑色，只有唇基褐黄色，触角黑褐色，复眼黑色。前胸背板黑色，两侧各一大型近椭圆形黄斑，从前缘伸到后缘，外缘线仍然是黑色，并沿后角与黑色中部连接，黄斑伸延至腹面缘折上大部分面积。小盾片黑色。细窄黑鞘缝在1/3处扩展成菱形共同斑，此外每个鞘翅各有6个均匀的小黑斑，除一个位于中线基部连接前缘的棒形斑外，其他5个外形长圆或三角形，分别位于鞘翅1/3处外、中、内线上和2/3处外、中线上，其中在外线2/3处的黑斑有时伸达外缘上。鞘翅基缘与外缘围有细窄黑纹，在基缘中线与外线间扩展为三角形黑斑。腹面中部黑色，仅中胸后侧片（雌虫黑色）及腹部两侧黄色。鞘翅缘折除前部1/3内侧一小黑斑和黑色的外缘外全部黄色。

头部具有粗稀而深的刻点和稀疏白色细毛，在前胸背板及鞘翅上刻点细浅，在腹面第1腹板中部粗稀圆深。复眼显著大，圆形，凹入显著。触角粗壮，11节，明显长于额宽。前胸背板明显窄于鞘翅基缘，前缘梯形深凹入，凹底轻微前突，前角尖锐，外缘弧形，在前角外侧内凹，外隆线近基部更粗，内侧有细窄纵槽，后角钝圆，与鞘翅基缘接合极不紧密。小盾片短宽，几乎五边形。鞘翅基缘在肩胛前向外斜凹，肩角特宽，外伸并上翻，外缘向外平伸部分很宽。前胸腹板长宽，中部拱起，纵隆线平行，不到中部。中胸腹板前缘弧形深凹入。鞘翅缘折完整，极宽，基部最宽，近于胸部的1/2，大部分竖直。后基线伸到腹板后缘前，沿腹板后缘向外伸延，但不达到外缘。雄虫第5腹板稍窄而后缘齐平，第6腹板明显露出第5腹板之后，其后缘中部内凹。雌虫第5腹板宽而后缘中部舌形突出，第6腹板几乎不露出第5腹板，后缘尖形突出。足长大，但股节不露于体侧之外，爪一对，具基齿。

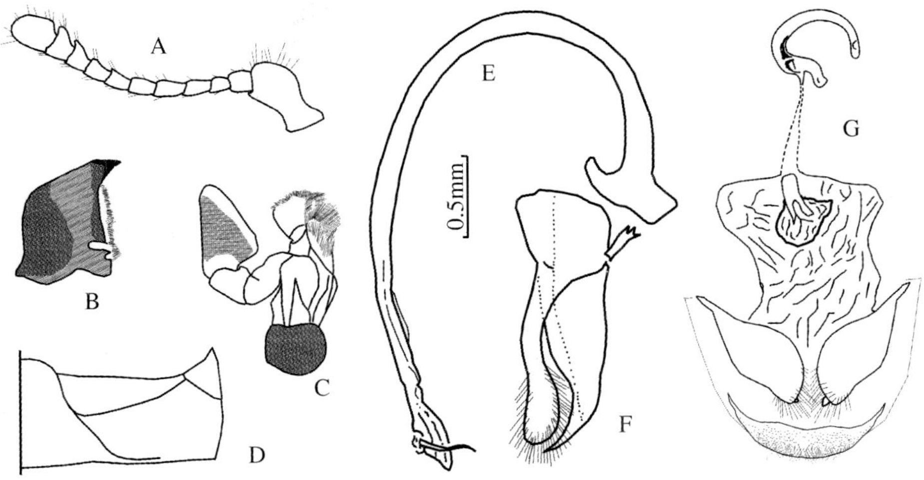

图100　萍斑大瓢虫
（雄外图自曹诚一，1987）

A. 触角　B. 上颚　C. 下颚须　D. 后基线　E. 弯管　F. 阳基侧面观　G. 雌外生殖器

寄主　蚜虫。

分布　西藏（察隅1 700 m），云南。印度。印度尼西亚。我们观察的标本采自昆明。

异斑瓢虫属 *Aiolocaria* Crotch，1871

体大型，大于 8 mm。鞘翅基部明显宽大于前胸背板的基部，鞘翅的侧缘向外延伸很宽，无镶边。唇基的前缘半圆形内凹。触角第 1 节宽于长，一侧明显凸出。前胸背板侧缘明显圆弧形，前胸背板缘折只在前半部有凹陷。第 1 腹板上的后基线不完整，侧面尚有一斜线。中、后足胫节具 2 齿，爪具 1 个基齿。本属仅 1 种。[9]

74. 六斑异瓢虫 *Aiolocaria hexaspilota*（Hope）（图版Ⅺ－74，图 101）

体长 8. 6～11. 2 mm，体宽 7. 3～9 mm。

虫体近圆形，头部黑色，复眼灰黑色。前胸背板黄色，中央具一后宽前窄的梯形大黑斑。小盾片黑色。鞘翅栗红色至红褐色，翅上斑纹变异很大。西藏等高海拔地区所产的六斑异瓢虫多为淡色型，每一鞘翅具 3 个黑色斑纹；肩斑黑色，起源于鞘翅基缘，向后形成滴水状；鞘翅中部 2 个黑斑分别位于外线和中线上，外线黑斑横长，向后弯曲，中斑近椭圆形。发生于我国平原地区的个体体色常较深，鞘缝及周缘常为黑色，鞘翅中央有一黑色横带和一黑色纵带相交，形成整个鞘翅的龟纹，过去常将这一类型作为单独的种，称为奇变瓢虫 *Aiolocaria mirabilis*（Motschulsky）。虫体腹面边缘黑褐色，中央黑色。

鞘翅外缘向外平展甚宽，肩角突起比较明显。腹部腹面边缘淡色区刻点细小，中央黑色部分刻点较粗。后基线不完整，伸达并接近后缘时终止。

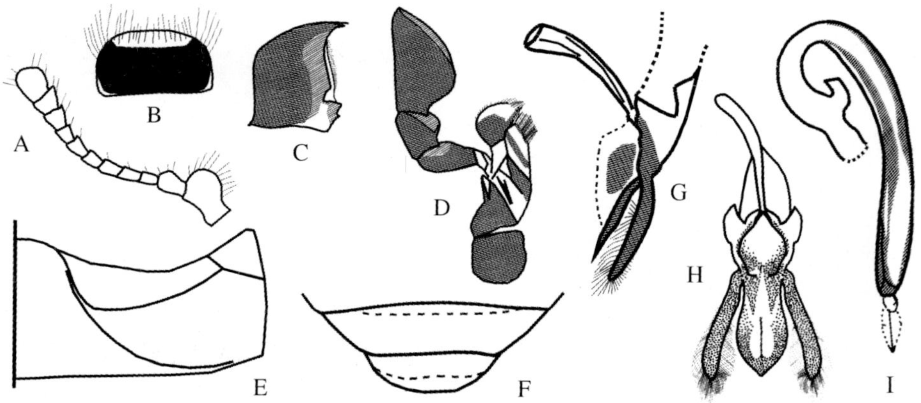

图 101　六斑异瓢虫

A. 触角　B. 唇基　C. 上颚　D. 下颚须　E. 后基线

F. 雄虫第 5、6 腹板　G. 阳基侧面观　H. 阳基正面观　I. 弯管

雄外生殖器形态特征见图 101。阳基中叶长舌形，在近端部 1/3 处最宽，端部尖，微短于侧叶；侧叶狭长，端半部具密毛。弯管粗壮，基部弯曲，形如一个大的问号，弯管囊内突短小，外突较粗大；弯管有端区和端前区，端区圆形，端前区针状，有包膜。

寄主　蚜虫、叶甲幼虫。

分布　西藏（波密 2 700 m，林芝 3 000 m），青海（循化孟达），四川（汶川映秀 900 m，卧龙 1 600～1 780 m，贡嘎山燕子沟 2 350～3 340 m，乡城 300～3 200 m），云南

（中甸冲江河 2 300 m，中甸格咱 3 150 m，丽江 2 700 m，维西攀天阁 1 500 m，永胜六德 2 300 m），黑龙江，吉林，内蒙古，甘肃，河北，北京，陕西，河南，山西，湖北，台湾，江西。俄罗斯。日本。朝鲜。喜马拉雅山脉至克什米尔地区。缅甸北部。

据虞国跃（2010）记述：本种在不同地区 1 年均发生 1 代，主要取食叶甲幼虫，有时也会在其他有蚜虫的植物上发现成虫，但这些蚜虫仅仅起维持成虫生命的作用，并不能使它们产卵繁殖。

奇瓢虫属 *Alloneda* Iablokoff-Khnzorian，1979

奇瓢虫属的特征：雄性外生殖器弯管长，其端区细长，端前区分裂为两组狭长的延伸物，其下为具棱角的膜所包围。十二斑奇瓢虫 *Alloneda dodecaspilota*（Hope）是该属的模式种，其弯管端前区为两组延伸物，并有具棱角的膜包围；阳基中叶宽短，明显地短于侧叶；各鞘翅都具 6 个黑斑，其中小盾斑与端斑在鞘缝上相接。

75. 十二斑奇瓢虫 *Alloneda dodecaspilota*（Hope）[12]**（图版Ⅻ-75，图 102）**

体长 6. 8 ~7. 5 mm，体宽 6. 7 ~6. 8 mm。

虫体近圆形，底色黄褐色至红褐色；前胸背板基部中线两侧各具一较大的椭圆形或方形黑斑，斑的后缘直达背板基缘。鞘翅上共有 10 个大的黑色圆斑：小盾片下侧鞘缝的前 1/3 及后 2/3 处的斑被鞘缝分割为二，每鞘翅其余 4 个斑排列为 1 -2 -1。腹面中、后胸及腹部中央部分黑色，其余部分黄色。

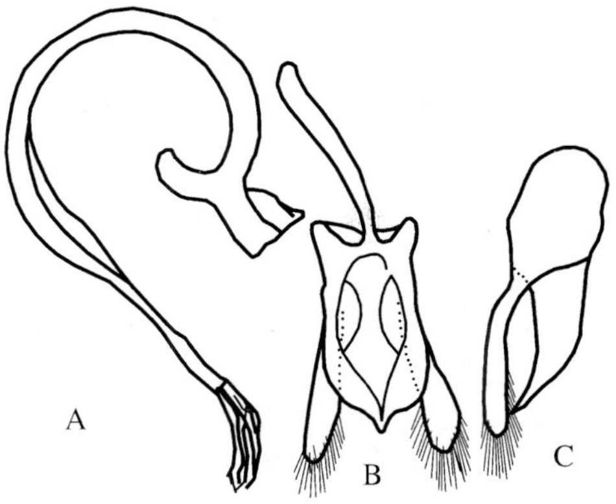

图 102　十二斑奇瓢虫
（图自曹诚一，1992）
A. 弯管　B. 阳基正面观　C. 阳基侧面观

触角长于额宽。前胸背板前角外缘内凹，基角圆弧形，侧缘直且具褐色窄隆线，其内侧中部具一椭圆形凹陷。鞘翅基缘显著宽于前胸背板基缘，从中部向外斜伸，肩角圆弧形，两侧向外平展较宽，侧缘仅后 1/3 有扁隆窄边。前胸背板缘折前半有浅下凹。前胸腹板突的两纵隆线刚伸过前足基节前缘。中胸腹板前缘中部半圆形后凹。鞘翅缘折较宽，约为体宽的 1/5，自中部向后渐窄缩，外隆线伸达鞘翅末端，外半上翘。后基线向外伸至腹板的近中部，又折向前伸，止于距前缘的 1/3 处。爪细长，基齿方形。

雄性外生殖器形态特征如图 102。弯管长，其端区细长，端前区分裂为两组狭窄的延伸物，各组下面为具棱角的膜所包围。阳基中叶宽舌形，短于侧叶。

寄主　蚜虫。

分布　西藏（墨脱 950 m），云南（陇川、瑞丽、景洪、勐腊、安宁 550 ~1 800 m），广西，广东，海南。不丹。尼泊尔。印度（锡金）。越南。泰国。

盘瓢虫属 *Lemnia* Mulsant，1850

前胸腹板突具两纵隆线。中胸腹板前缘中央三角形内凹。鞘翅基部明显宽于前胸背板，鞘翅外缘向外平展较窄，镶边明显，鞘翅缘折无凹陷。后基线不完整。中、后足胫节端具2个刺距。跗爪具1个基齿。

本属与盘耳瓢虫属 *Coelophora* 近缘，区别在于本属的鞘翅外缘向外平展，但较窄，镶边明显；鞘翅缘折无凹陷；而盘耳瓢虫属的鞘翅外缘几乎不向外平展，镶边极窄；鞘翅缘折具浅的凹陷，以接受腿节端部。[9]

76. 双带盘瓢虫 *Coelophora biplagiata* (Swartz)[1,9] **（图版Ⅻ－76，图103）**

体长5～6.9 mm，体宽4.6～5.9 mm。

虫体近于圆形，呈半球形拱起。头部黑色，或在复眼内侧具1对白斑，雄性额部白色。前胸背板黑色，前角具一大白斑，可达侧缘的3/5，前缘通常浅色，或黑斑可分裂为两块。小盾片黑色。鞘翅色斑多变，常见的变化有：①锚纹型。鞘翅红色，鞘缝黑色，外缘除翅端外黑色，在鞘翅端部1/4处具1个黑色的横带，在肩角处具1个黑色的圆斑。②双带型。鞘翅黑色，翅中有1个大红斑，常呈横向带状，翅端黑色或有1个红斑。③无斑型。鞘翅红或红黄色，无任何黑斑。虫体腹面周缘黑色，缘折前部内半为黄色，胸部及腹部腹板中央部分黑色，侧部黄色，中、后胸腹板后侧片黄色。足黑色，但胫节及跗节色泽较浅。

头部刻点细浅稀疏，上唇基部刻点特粗特稀，触角细长，11节，锤节不紧靠，全长超过额的宽度。复眼椭圆形，近触角基部附近有弧形凹入；上唇弧形向外伸出，唇基带状。前胸背板刻点细浅而密，侧缘弧形弯曲，基角钝圆，肩角成钝角，前缘下陷部分弧形向外伸出。小盾片宽大，呈直角三角形，两侧平直。刻点之间有细网眼纹，鞘翅刻点近外缘部分较粗大。鞘翅边缘具扁隆线，前后同宽。腹面前胸背板缘折前部具半圆形下陷。前胸腹板向后有较长的突起，中央具两平行纵隆线，由后缘向前伸出，止于板面的中部。中胸腹板前缘中央有深内凹，呈三角形。后胸腹板侧隆线围绕前突前缘。鞘翅缘折宽阔，最宽处相当于后胸宽度的1/3，向端末渐窄缩，但到达顶端，鞘翅缘折无下陷构造。后基线弧形向后紧沿腹板后缘伸向后角处。雄虫第5腹板后缘齐平，第6腹板后缘平截，上具成排密毛。雌虫第5腹板后缘齐平，第6腹板后缘圆凸。爪不对裂，基部具尖锐三角形齿。

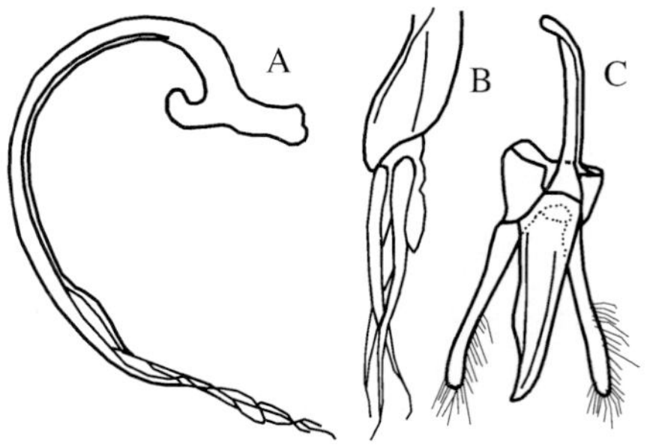

图103 双带盘瓢虫
（图自曹诚一，1992）
A. 弯管 B. 弯管端 C. 阳基正面观

雄性外生殖器形态特征见图103。弯管半圆形弯曲，弯管囊外突粗大，内突钩状，弯管端为3根丝状突组成。从正面观，阳基中叶近三角形，略长于侧叶，基部宽、厚，逐渐向端部收窄，末端尖锐。

寄主　麦二叉蚜，麦长管蚜，萝卜蚜，甘蔗绵蚜，柳蚜，棉蚜，橘二叉蚜，竹蚜，桃蚜，木虱，叶蝉，飞虱，粉虱。

分布　西藏，云南（六库900 m，泸水1 670 m），江西，河南，江苏，浙江，福建，台湾，香港，海南，广东，广西，湖北，四川。印度东部。朝鲜。印度尼西亚（爪哇）。尼泊尔。越南。日本。泰国。菲律宾。

77. 十斑盘瓢虫 *Coelophora bissellata*（Mulsant）[1]（图版Ⅻ－77，图104，图105）

体长4.8～6 mm，体宽4.3～5 mm。

虫体近圆形，呈半球形拱起。全体基色为橙黄色至橘红色。头部、复眼黑色，触角红褐色。前胸背板中线两侧具基部相连的齿形斑，其基部与背板后缘连接，近侧缘后角处具小形黑点，有时全部黑点连成基部与后缘相接的大型波状斑纹。小盾片黑褐色，两鞘翅具黑色斑点10个，其中两个位于鞘缝的1/3及5/6处，为鞘缝分割成相等的两半。其他各鞘翅上的4个斑点排列为：1位于中线上距基部1/6处，2位于外线上1/3处，且向外与鞘翅边缘相接，3位于内线上近鞘翅1/2处，4位于外线上距基部2/3处。这些斑点有时相互连接而成各种斑纹变异，如1＋2，1＋1/2，或3＋1/2＋1/2等。腹面中央具黑色大斑，缘折及腹部腹板外缘基色相同。足除有时基部黑色外，全部亦与基色相同。

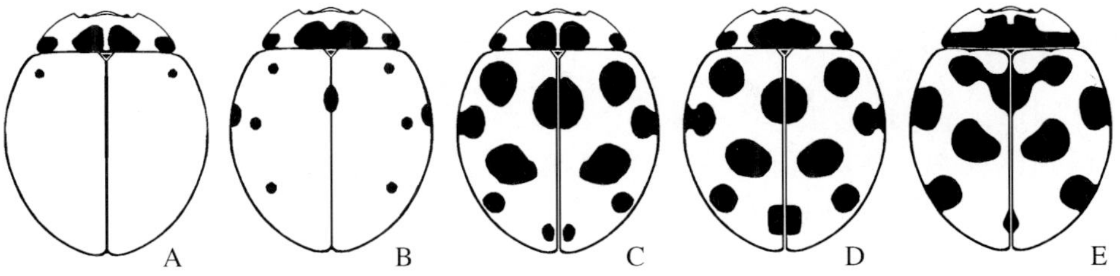

图104　十斑盘瓢虫色斑型的变异

（图自蒲天胜，1990）

刻点细小稠密，头部最浅，鞘翅外缘扁平隆起但不显著，其内侧有粗刻点。小盾片宽大，三角形，两边平直。腹面前胸背板缘折部分前缘具下陷。前胸腹板的纵隆线近于平行，向前伸达近腹板中部。中胸腹板前缘中央具三角形凹入。后基线紧沿腹板后缘伸达后角处。雄虫第5腹板后缘齐平，第6腹板后缘内凹宽。雌虫第5腹板较窄，其后缘中央略向后凸出，遮盖第6腹板。

雄性外生殖器的特征见图105。阳基中叶与侧叶等长，中叶正面观呈长舌形，端部3/4处逐渐收窄，略呈瓶颈状；侧叶端部略扩大。弯管呈广弧形弯曲，无背沟，端部4/5处开始逐渐收窄；弯管囊外突长于内突，外突略呈长方形，内突微弯而端部膨大；弯管端分端区和端前区，其长度相似，端区末端钝圆，侧部有一排刚毛列，端前区由若干条丝状突组成，有包膜。

寄主　蚜虫。

分布　西藏（墨脱850～1 000 m），云南（六库900 m，景东，景洪），陕西，甘肃，江苏，湖南，四川，福建，广东，香港，海南，贵州，广西。朝鲜。越南。印度。尼泊尔。不丹。缅甸。孟加拉国。菲律宾。印度尼西亚。新几内亚。

78. 黄斑盘瓢虫 *Lemnia saucia* Mulsant[1]（图版Ⅻ－78，图106）

体长4.6～7 mm，体宽4.2～6 mm。

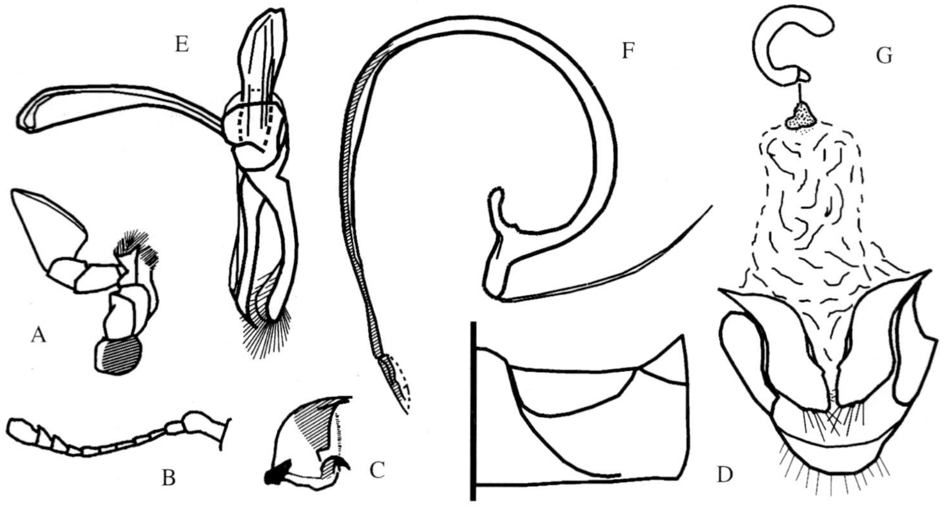

图 105　十斑盘瓢虫

A. 下颚须　B. 触角　C. 上颚　D. 后基线　E. 阳基侧面观　F. 弯管　G. 雌性外生殖器

虫体圆形，呈半球形拱起。全体基色为黑色。雄虫头部橙黄色，雌虫黑色；复眼黑色；触角红褐色。前胸背板在两肩角延至后缘各有一橙黄色大斑；有时前缘橙黄色。鞘翅中央在外线与中线间，形成椭圆形而在后缘稍凹入的肾形斑。腹面鞘翅缘折外缘部分黑色，内缘部分橙黄色，胸部腹板及腹部各节腹板中央部分黑色。雄虫足及后胸腹板外缘大部分为橙黄色，雌虫大部分为黑色。

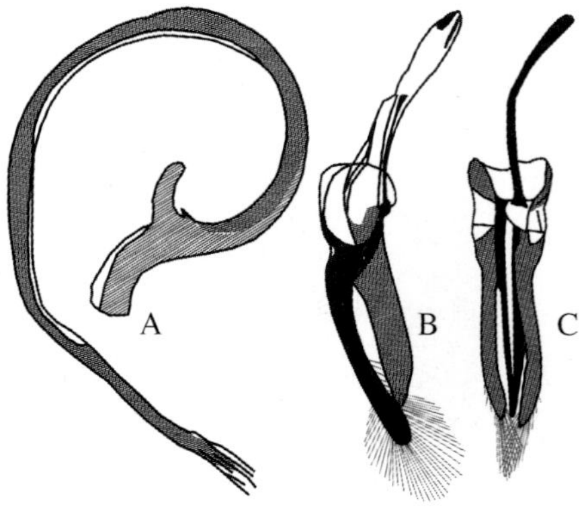

图 106　黄斑盘瓢虫

（仿任顺祥，2009）

A. 弯管　B. 阳基侧面观　C. 阳基正面观

刻点细小稠密，在鞘翅上较浅较疏，但在外缘平扁隆线肩角部分之内有粗刻点，其他部分较少。前胸背板侧缘弧形弯曲，基角不明显，肩角钝圆成钝角。小盾片宽大，三角形，侧缘平直。腹面前胸背板缘折前面部分具半圆形下陷，前胸腹板中央部分具两平行纵隆线，从后缘向前伸出，但不达前缘。中胸腹板前缘中央向后三角形凹入。后基线弧形沿腹板后缘伸至后角处。雄虫第 5 腹板后缘齐平，第 6 腹板后缘平截。雌虫第 5 腹板后缘齐平，第 6 腹板后缘圆凸。

雄性外生殖器形态特征见图 106。弯管呈圆形弯曲，弯管囊的外突粗大，内突细小；弯管基部 1/2 弯曲，有一膨大部分；弯管端囊膜内有 5 条丝状突。阳基从正面观，中叶细长，基部最宽，逐步向端部尖缩；侧叶略长于中叶。阳基从侧面观中叶基部最宽，末端 1/4 显著收窄，端部尖锐且弯向外侧；侧叶狭长，末端 1/2 着生长毛。

寄主　蚜虫。

分布　青海（民和），云南（昆明、文山、昭通、景洪），山东，河南，陕西，甘肃，上海，浙江，湖北，湖南，广东，广西，香港，福建，台湾，贵州。日本。越南。尼泊尔。泰国。印度。菲律宾。

79. 泸水盘瓢虫 *Lemnia lushuiensis* Jing[7]（图版Ⅻ-79，图 107）

体长 5.1～5.7 mm，体宽 4.4～4.5 mm。

体近于圆形，半球形拱起。背面黄色，头部、触角及口器黄褐色，复眼灰褐色，周缘色稍浅，有的个体复眼灰黑色。前胸背板中部有一褐色“M”形斑，有的个体斑的中央部分消失，仅留两侧的纵条，始自肩角，向后延伸至基缘。小盾片两侧缘呈褐色线条。鞘翅除周缘，包括鞘缝在内呈极细的褐色线条外，在基部的中线上尚各有一四角形褐斑，斑的下侧内角向后斜伸出 1 条褐色线斑，止于近 1/2 处，斑的下侧外角亦向后直伸出 1 条褐线斑，至 1/7 处向内弯，止于鞘缝之前，并不与鞘缝相接。腹面色深于背面，呈黄褐色，腹部前两节中部则呈褐色。前胸腹板突两纵隆线平行前伸，止于前足基节的前缘。鞘翅缘折相当于中胸及后胸部位有两凹陷以承纳中、后足股节端部，外隆线直伸达翅末端之前。

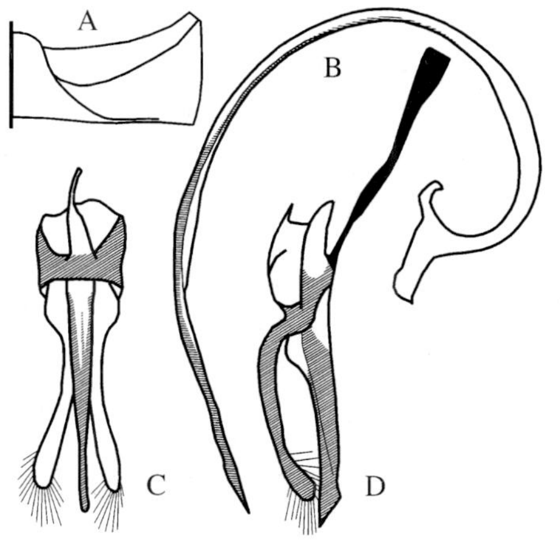

图 107 泸水盘瓢虫
（仿任顺祥，2009）
A. 后基线 B. 弯管
C. 阳基正面观 D. 阳基侧面观

雄性外生殖器形态特征见图 107。弯管圆弧形弯曲，基部较粗，后面 4/5 较细长，端部尖锐。阳基正面观中叶基部最宽，端部 2/5 长管形，明显长于侧叶。阳基侧面观中叶直，基部最厚，端部 2/3 两侧近于平行，末端向外斜截，形成尖锐的末端；侧叶基、端部弯曲，中间较直。

分布 云南（泸水 1 900～2 150 m，永胜六德 2 400 m），福建（南靖和溪）。

本种与十斑盘瓢虫 *Lemnia bissellata*（Mulsant）接近，但前胸背板、鞘翅上斑纹以及雄性外生殖器构造均可与后者有明显区别。

新丽瓢虫属 *Synona* Pope，1989

本属瓢虫体长在 5～7.8 mm，几近圆形，或宽卵形，稍长于宽，背面半球形拱起。已知种具黄棕色头和前胸背板，前胸背板有时具程度不同的黑斑，鞘翅全部黑色。与盘瓢虫属 *Lemnia* 或 *Coelophora* 相近，但最主要的区别在于，本属的唇基前缘明显弧形内凹，前胸背板前角外缘弧形外突，不内凹；触角较短，约是复眼间距的 1.5 倍。[9]

已知 5 种（Poorani et al.，2008），分布于东洋区和澳大利亚区。我国已知 1 种。

80. 红颈瓢虫 *Synona consanguinea* Poorani，Slipinski et Booth[1]（图版Ⅻ-80，图 108）

体长 6.2～7.3 mm，体宽 5.3～6.6 mm。

虫体近圆形，呈半球形拱起，背面光滑无毛。头部橘黄色到橘红色，无斑纹，复眼黑色，触角、口器黄褐色。前胸背板橘红色。小盾片及鞘翅完全黑色。鞘翅缘折黑色。虫体腹面及足完全黄褐色。

头部和前胸背板刻点细密，鞘翅上刻点则较浅，只在外缘附近刻点粗大。头部在复眼前窄缩前伸，复眼卵圆形伸展到腹面，小眼面细。触角 11 节，锤节不紧靠，端节前缘斜截，有密毛。唇基前缘半月形深凹入，前角明显前伸。前胸背板拱起，前缘梯形凹入，前角圆尖，外缘弧形，后角圆形，与鞘翅肩角间夹角宽大，后缘弧形，在小盾片前不明显平截。小盾片矮三角形，两边斜直。鞘翅基缘弧形内斜，在肩胛前微下凹，肩角圆形，明显上翻，并向外伸展，外缘弧形，扁宽隆起，内无纵糟。前胸背板缘折前部内侧具圆形深凹。鞘翅缘折基部及 1/3 处内侧有深凹，上述深凹皆为承纳股节末端之用。鞘翅缘折前部外侧竖直，向后倾斜。前胸背板纵隆线平行，到达板长 3/4 处。中胸腹板前缘中部呈圆弧形深内凹。后胸腹板侧隆线围绕前突部分，前突前缘中央有三角形内凹。后基线伸到腹板后缘后分为两支：一支急剧向前转折，在腹板中部消失，另一支紧沿后缘外伸，达到外缘。雄虫第 5 腹板后缘齐平，第 6 腹板后缘平截。雌虫第 5 腹板后缘齐平，第 6 腹板后缘圆凸。足发达，中足胫节有刺距两个，爪完整，具基齿。

雄性外生殖器形态特征见图 108。弯管半圆形弯曲；弯管囊外突显著地长于内突，外突筒状，内突弯曲；弯管体自中部至端部之前略肿大；端区细长。端前区具丝状突。阳基粗壮，中叶、侧叶和基片等长；中叶正面观舌状、端缘平截；侧叶匀称，端部圆钝。

细心的读者可能会发现，同样名为“红颈瓢虫”或“红颈盘瓢虫”的种，为什么学名不一样呢？这是因为根据虞国跃（2010）的研究，认为“以前我们用的学名是 *Synia melanaria*（Mulsant，1850）或 *Lemnia melanaria*（Mulsant）。而 *S. melanaria* 的模式标本产地标明是东印度，实际上并不是印度，而是印度尼西亚的西部，目前这种瓢虫的已知分布地为从澳大利亚到印度尼西亚的爪哇以及缅甸。而我国所产的红颈瓢虫 *L. melanaria* 是另一个种，即 *Synona consanguinea* Poorani，Slipinski et Booth，2008，正模采于广东北部的滑石山。这两个种在外生殖器上特别是弯管上有明显不同。”因此保留了以前长期使用的中文名而更正了学名。

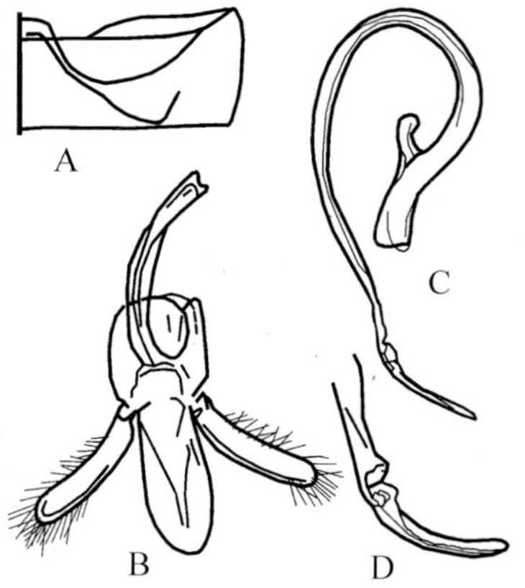

图 108　红颈瓢虫（图自蒲天胜，1990）
A. 后基线　B. 阳基正面观　C. 弯管　D. 弯管端

寄主　成虫和幼虫捕食圆龟蝽、硕蝽等半翅目昆虫，以及捕食蚜虫、木虱和介壳虫。

分布　西藏（墨脱 850 m，波密 3 050 m，察隅县下察隅 2 000 m），云南（怒江，迪庆，临沧，福贡 950 ~ 1 280 m），四川，陕西，甘肃，河南，湖北，福建，台湾，广东，广西，海南，贵州。越南。缅甸。泰国。

本种与红基盘瓢虫 *Lemnia circumusta*（Mulsant）的黑色型相似，但本种唇基前缘明显弧形内凹、前胸背板前角外侧无轻微内凹而可以区分。

盘耳瓢虫属 *Coelophora* Mulsant，1850

前胸背板后侧无沟，背板缘折前端内侧内凹。第1腹板后基线不完整，不具侧线。复眼内突明显，宽而浅，复眼中等大小，眼间距至少为头宽的一半。前胸背板后角圆突。中胸腹板没有明显的纵向突起。鞘翅外缘几乎不向外平展，镶边极窄；鞘翅缘折具浅的凹陷，以接受腿节端部。中、后足胫节端部具2个刺距。[9]

81. 双五腔瓢虫 *Coelophora decimmaculata* Jing[7,9]　**(图版Ⅻ-81，图109)**

体长6.3～6.5 mm，体宽5.3～5.4 mm。

虫体卵圆形，半球形拱起。头黄白色，复眼黑色，额部复眼间具1对黄褐色圆点。前胸背板黄褐色，两侧缘及前角黄白色，边缘半透明，中基部具一菱形白斑，前缘变细或不明显，前胸两侧尚有断裂不明显的纵条。小盾片白色。鞘翅黄褐色，每鞘翅上具5个黄白色椭圆形斑，呈2-2-1排列，小盾斑与鞘翅基部相连，鞘翅侧缘亦半透明。虫体腹面黄褐色，无黑色区域。鞘翅侧缘向外扩展明显。第1腹板后基线不完整，伸达腹板的1/6，再向外伸，远离侧缘。

复眼大部被前胸背板所遮盖。前胸背板前缘较浅的梯形后凹。前胸腹板突具2条纵隆线，在基部收窄后平行伸向前，止于基片1/2处。中胸腹板前缘中部三角形的后凹较深，几乎凹至腹板1/2处。鞘翅缘折外隆线几伸至翅端。中、后足胫节具2个刺距，爪具近四方形的基齿。

雄性外生殖器形态特征见图109。弯管呈圆弧形弯曲，内、外突长度大致相等；端区细长，端前区呈爪状突出。阳基正面观基部3/5同宽，然后收缩成管状，略短于侧叶；侧叶中间细，两端粗，末端具浓密的长毛。阳基侧面观侧叶弯曲，中叶端部尖。

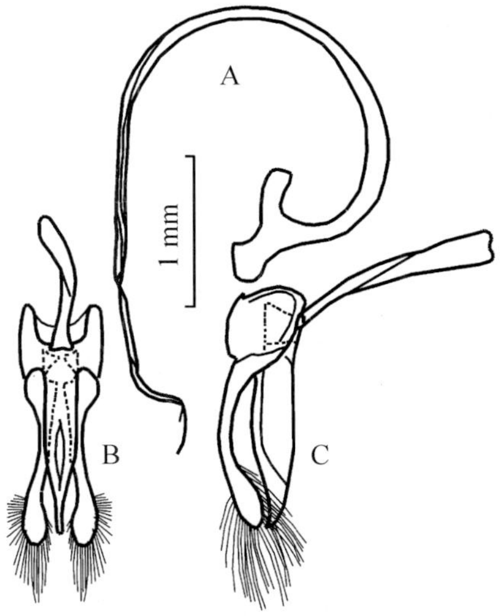

图109　双五腔瓢虫（图自经希立，1992）

A. 弯管　B. 阳基正面观　C. 阳基侧面观

分布　云南（小中甸3 200 m）、四川（康定2 080 m）。

本种与马来西亚、菲律宾、巴布亚新几内亚及澳大利亚的 *Coelophora inaequalis* (Fabricius) 相近，但本种体较宽，鞘翅色斑以及雄性外生殖器特征均可与后者区别。

星盘瓢虫属 *Phrynocaria* Timberlake，1943

体中小型，体长为3～6 mm，近于圆形，背面高度拱起。额部相对较窄，有时只及复眼的宽度，中、后足胫节端部无刺距，前胸背板及鞘翅缘折具凹陷。雄虫阳基中叶远短于侧叶，且较宽大。

82. 小圆星盘瓢虫 *Phrynocaria circinatella* (Jing)[7]（图版Ⅻ－82，图 110）

体长 3. 5 ~3. 9 mm，体宽 3. 1 ~3. 3 mm。

虫体近于圆形，半球形拱起。背面黄色，雌虫头及前胸背板色稍深，呈浅褐色。复眼黑色，周缘灰色。小盾片黑色。鞘翅上各有 4 个黑褐色近圆形小斑，呈 1－2－1 排列。腹面仅中胸、后胸腹板及腹部中央黑褐色，其余部分及足同于背色。

触角长于额宽，第 9、10 节宽大于长，末节明显长大于宽。前胸背板后缘除接近小盾片前缘部分平直外，其余部分浅弧形。小盾片较宽大，宽度小于前胸背板后缘宽的 1/7。前胸腹板 2 纵隆线平行前伸，几乎达基片的中部。鞘翅缘折外隆线伸达第 4 腹板后缘。

雄性外生殖器形态特征见图 110。弯管圆形弯曲，弯管囊内、外突长度大致相等。阳基中叶长舌形，端部长尖形，明显长于侧叶。

分布　四川（泸定 2 370 m），云南（保山 1 700 m）。

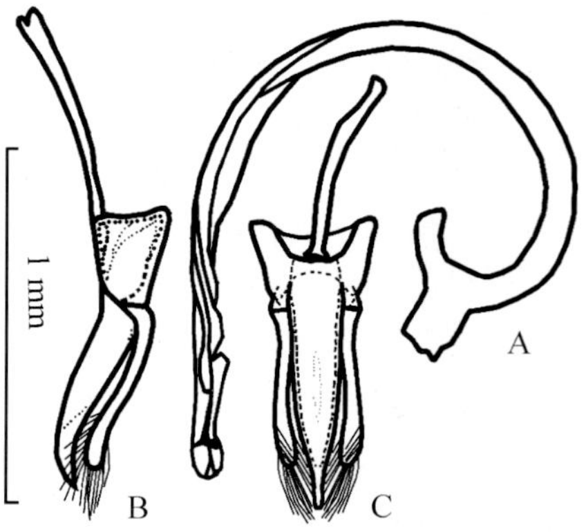

图 110　小圆星盘瓢虫（图自经希立，1992）

A. 弯管　B. 阳基侧面观　C. 阳基正面观

本种在发表新种时放在纹裸瓢虫属 *Bothrocalvia* 中，中文名为小圆纹裸瓢虫。虞国跃（2010）根据其体型较小、复眼大和额较窄等特征，将其转入星盘瓢虫属 *Phrynocaria*，但中文名称未改。为统一起见，本处同时改变了中文名。

83. 小黑星盘瓢虫 *Phrynocaria piciella* Jing[7,9]（图版Ⅻ－83，图 111）

体长 3. 5 ~4. 1 mm，体宽 3. 2 ~3. 9 mm。

虫体近于圆形，在体后半部明显收窄，背面高度拱起。头雌性黑色，雄性黄褐色，头顶黑色；两复眼间的距离约是眼宽的 1. 7 倍。前胸背板黑色，前缘及侧缘黄褐色，边缘半透明。小盾片黑色。鞘翅黑色，外缘黄褐色半透明，每一鞘翅具 2 个红斑，前斑位于小盾片外侧，小，不规则；后斑位于鞘翅 1/2 近鞘缝处，圆形，距鞘缝的距离少于圆斑的直径；有时前斑可以消失，或 2 斑均消失。虫体腹面黑色，但前胸背板缘折、前胸腹板、腹板两侧黄褐色，鞘翅缘折黄褐色，但中部及外缘黑色，足黄褐色；雌性中胸腹板突黑色。

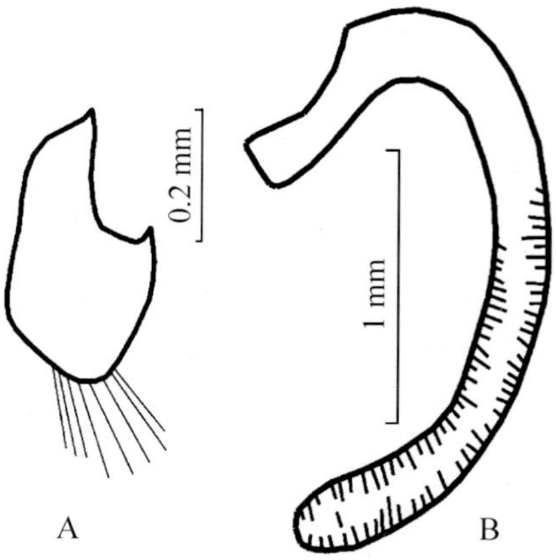

图 111　小黑星盘瓢虫（图自经希立，1992）

A. 生殖片　B. 受精囊

头部刻点粗大而深，前胸背板及鞘翅上的刻点细浅而稀，但鞘翅两侧 7 ~8 列的刻点较之头部的显著大而粗。小盾片宽大，宽度略大于前胸背板宽的 1/5，前胸腹板突较高地拱起，两纵隆线较粗，平行前伸达前足基节前缘。中胸腹板中线及两侧缘拱起，致使中线两侧向下深凹。鞘翅缘折较宽，宽度约为体宽的1/6，甚为下倾，外隆线消失于第4腹板。爪的基齿较发达，方形。

雌性外生殖器形态特征见图111。受精囊长管形，弯曲，很长。生殖片长形，外缘平直，内缘前端犹如长方形上缺失一块，形成一缺口。

分布　云南（云龙志奔山2 430 m，高黎贡山）。

84. 红星盘瓢虫 *Phrynocaria unicolor* (Fabricius)[9] (图版XIII－84A～C，图112，图113)

体长3.2～4.9 mm，体宽3.0～4.5 mm。

虫体近于圆形，半球形拱起。基色为黑色或红（黄）褐色；雄虫头部黄白色或白色，雌性黑色或红褐色，触角及口器褐色；雄性前胸背板两侧具大的白斑或黄色斑，几乎达到背板的后缘，有时前缘也浅色；雌性仅侧缘的前半部分及前缘白色或黄色。小盾片与鞘翅基色相同。鞘翅斑纹多变，我国发现的类型如下：①四斑型。鞘翅黑斑，每一鞘翅前后各有一个圆形红斑，有时斑纹较小。②黑缘型。鞘翅砖红色或黄褐色，鞘翅外缘具较宽的黑边。③黑色型。鞘翅全为黑色。④褐色型。鞘翅砖红色或褐色，无斑纹，有时可显现浅黄色的2个圆斑。⑤红星型。体背黑色，鞘翅中部稍前有1个大红斑。⑥四眼型。体背红褐色或黄褐色，每一鞘翅上前后各有1个黑心黄缘的眼状斑，或黑斑无黄色外缘。虫体腹面橙黄色；鞘翅缘折外缘黑色。后基线不完整，后缘几与腹板后缘相接，伸达接近腹板外缘。

雄性外生殖器形态特征见图112。阳基形状特殊，中叶短于侧叶，正面观呈盘状，端部具尖突，基片上有膜状构造。弯管短粗、近圆形弯曲；弯管囊外突长于内突，外突形状特殊，内突弯曲；弯管体宽阔，有腹沟，3/4处两侧具耳状突；端区略膨大，端前区筒状，基部内有双齿形突，端部下方伸出一爪状突。雌性外生殖器见图113。

图112　红星盘瓢虫（图自蒲天胜，1990）

A. 弯管　B. 弯管端　C. 阳基正面观　D. 后基线

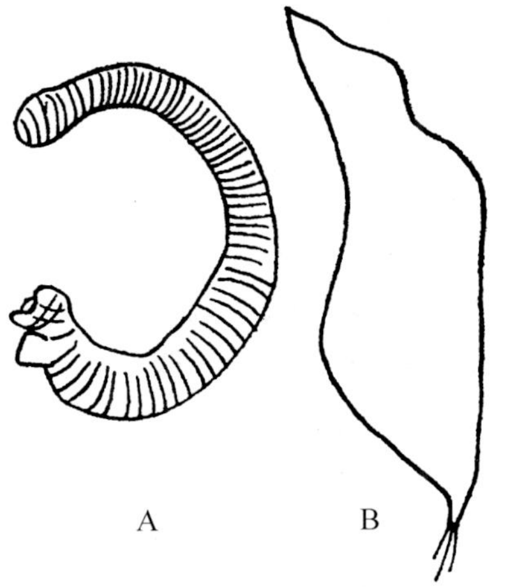

图113　红星盘瓢虫雌外生殖器（图自经希立，1986）

A. 雌虫受精囊　B. 生殖片

寄主　豆蚜。

分布　云南（中甸冲江河 2 300 m，瑞丽，昆明），四川，广西，福建，广东，台湾，香港，海南。日本。越南。印度。

据虞国跃（2010）记述：经希立（1986）据采自云南瑞丽的 1 头雌虫描述的黑缘星盘瓢虫 *P. nigrilimbata* 是本种的一种色斑型。因此，黑缘星盘瓢虫是本种的异名（图 113）。

单管盘瓢虫属 *Pania* Mulsant，1850

触角锤节细长。小盾片大于前胸背板宽度的 1/10。弯管甚简单，端部不分出端区及端前区，但末端弯曲成半圆形。

85. 黄宝盘瓢虫 *Pania luteopustulata*（Mulsant）[9]（图版Ⅷ－85A～F，图 114）

体长 3.9～5 mm，体宽 3～4.2 mm。

虫体宽卵形，背面中度拱起。头黄白色，头顶黑色，雌性上唇黑褐色，唇基具 1 个小黑褐色斑。前胸背板黑色，两侧具 1 个大黄白斑，不达基缘，雄性背板前缘黄白色，较宽，常常在中部凹入，有时几乎把黑色部分分成左右两块，雌性前缘黑色，或有 1 条较窄的黄白色带。小盾片黑色。鞘翅斑纹多变：鞘翅黑色，每一鞘翅具 5 个橙黄色或黄白色大斑，呈 2－2－1 排列，第 1 排的内斑接近基缘或与基缘相连，外斑不与基缘相连，与侧缘不相连或相连；端斑可与侧缘相连或不相连；斑点间的黑纹可以变细，有时鞘缝外侧的 2 个斑可连通，或再与翅缘的中斑相连通；或鞘翅黄褐色，鞘缝黑色，具 3 条横带，均不达侧缘，其中第 1 条在肩角内侧向前突出，第 3 条较短细；或黑条纹变为点状，每一鞘翅共有 5 斑，呈 3－2 排列，第 1 排的中斑位置稍靠前，甚至接近肩角，斑纹可消失，但仍显或宽或窄的黑色鞘缝，有时翅外缘也呈黑色或黑褐色。腹面黑色，但前胸背板缘折前半部、鞘翅缘折（外缘线常黑色）黄褐色，中胸和后胸后侧片白色，第 1 腹节两侧黄褐色。足黄褐色，腿节和胫节常常具黑色区域或全黑，至少后足腿节具黑色部分，如腿胫节黑色，但跗节黄褐色。

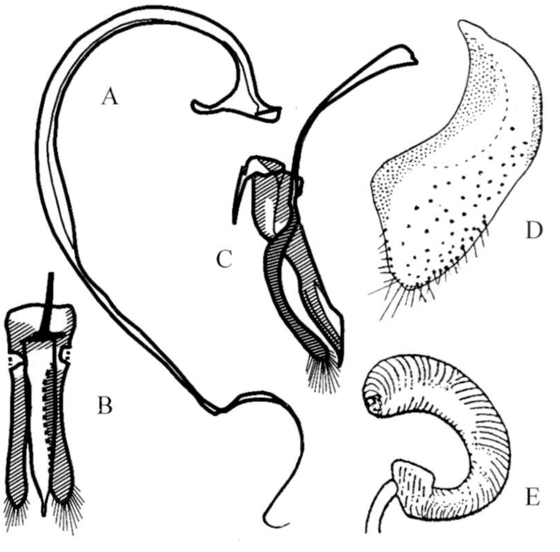

图 114　黄宝盘瓢虫（雄外仿任顺祥，2009）
A. 弯管　B. 阳基正面观　C. 阳基侧面观
D. 雌虫生殖片　E. 受精囊

刻点细浅，点间有网眼纹，但鞘翅刻点在向外伸出转折部分较粗密。前胸背板两侧较平直，基角及肩角钝圆，后缘与鞘翅相接部分较紧密，前缘凹入，复眼大部分为其遮盖。小盾片宽大，三角形，两边平直。鞘翅边缘具隆线，中部略扁平。腹面前胸背板缘折前部具下陷。前胸腹板中央具两条纵隆线，但不达到前缘。中胸腹板前缘中部具三角形凹入。后基线弧形伸达后缘，沿后缘伸至后角处。雄虫第 5 腹板后缘浅内凹，第 6 腹板后缘平截，或微弱内凹。雌虫第 5 腹板后缘中部微凸出，第 6 腹板后缘尖圆凸。

雌、雄外生殖器形态特征见图 114。雄虫阳基中叶长于侧叶，侧面观内缘平直，外缘中部弧形外凸，近端部处有一缺切，端部尖锐。弯管简单，前半段近圆形弯曲；弯管囊内突稍长于外突；弯管端弯曲成半圆形，并有较长的丝状突。

寄主 蚜虫。

分布 西藏（察隅农场 1800 m，八宿 3 800 m，墨脱 1 000 m），四川（汶川映秀 900 m，卧龙 1 150 ~ 1 920 m，泸定 1 900 m），云南（维西 2 500 m，泸水 1 750 ~ 1 900 m，六库 900 m），陕西，河南，福建，台湾，广东，广西，贵州。越南。缅甸。泰国。尼泊尔。不丹。印度。

不同学者对本种的分类地位有不同的意见。庞雄飞、经希立均将其放在单管盘瓢虫属 *Pania* 中，虞国跃（2010）、任顺祥（2009）均将其放在龟纹瓢虫属 *Propylea* 中。但虞国跃同时认为：本种与属内其他种有不同的地方，本种的体型比较宽圆，雄性外生殖器的弯管端明显不同，启用单管盘瓢虫属 *Pania* 来安置本种可能是一个合适的办法。因此，我们仍然将本种放在单管盘瓢虫属 *Pania* 中。

宽柄月瓢虫属 *Menochilus* Dejean 1836

本属瓢虫的触角较短，与复眼的间距相近或短于复眼的间距，触角的第 1 节宽大于长，内侧明显弧形突出。头部唇基前缘弧形内凹。鞘翅侧缘向外伸展，但无加厚镶边。中、后足胫节端部有 2 个刺距。[9]

86. 六斑月瓢虫 *Menochilus sexmaculata* (Fabricius)[17]（图版XIV－86A ~ B，图 115，图 116）

体长 5 ~ 6.6 mm，体宽 4 ~ 5.3 mm。

虫体长圆形，半圆形拱起，背面光滑无毛。头部黄白色，有时在前颜中部具一个三角形黑斑。复眼黑色，常具浅色外环。触角、口器褐色。前胸背板黑色，前角、前缘、侧缘黄白色，在前缘的黄条斑宽窄一致，侧缘的黄斑止于后角之前，在前角区内黄斑最大，且向中央斜伸，使余留的黑色成“工”字形。小盾片黑色。鞘翅基色红色至橘红色，除在鞘缝、基缘与外缘具有环形黑色边缘外，每个鞘翅各具 3 条横带，第 1 条在距基部 1/4 处，位于外线与内线之间，其前缘中部凸出；第 2 条在鞘翅中部，自外缘起，几乎伸达鞘缝，前、后缘皆呈波形凹凸；第 3 斑近于卵圆形，位于鞘翅 3/4 处，也在外线与内线之间。鞘翅缘折除外缘与内缘后半部黑色外，黄褐色。腹面除中胸后侧片及腹部边缘、端缘黄竭色外，其余黑色。足褐色，股节具黑色大斑。

该种鞘翅的色斑变异较大，鞘翅基色为红色至橘红色，比较典型的色斑如图 115A 所示，除在鞘缝、基缘与外缘具有环形黑色边缘外，两鞘翅各具 3 条横带，第 1、2 横带皆呈波浪形且与鞘缝相连，而且第 3 横带则为近卵形斑；色斑有时扩大，第 1 横带向后伸展与第 3 横带相连，鞘缝黑斑扩大与卵形斑重合（图 115B ~ C）；或继续扩大，第 1、2 横带相重合，此时鞘翅黑色部分大于红色部分，形成 4 个红色的大型斑（图 115D ~ H）。在一些个体中，黑色斑缩小，第 1、2 横带与鞘缝斑分开，个别横斑缩小甚至缝斑消失，直至仅剩鞘翅中部的一条狭小的横带（图 115I ~ L）。从图 115 可以看出，六斑月瓢虫鞘翅色斑有两个变异方向：①以图 115A 色斑为基础向图 115B ~ H 方向变化而色斑扩大；②以图 115A 的色斑为基础向图 115I ~ L 方向变化而色斑缩小。

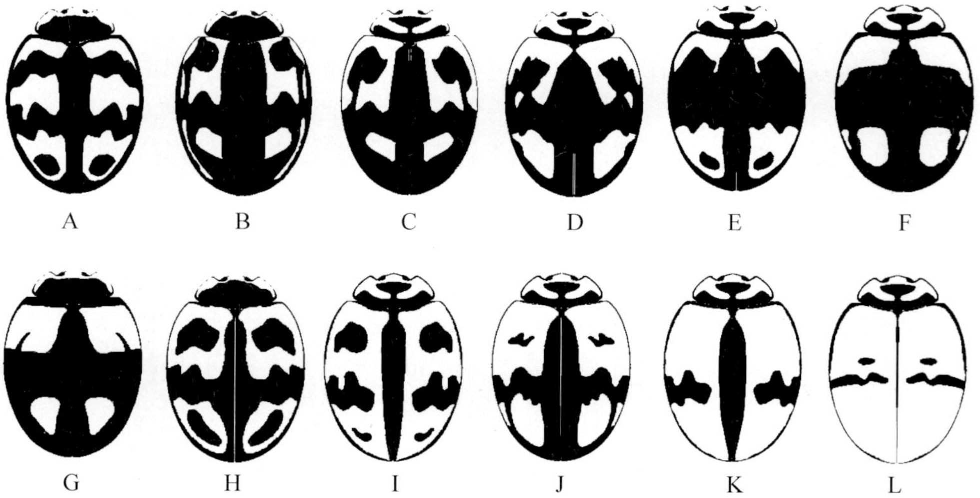

图 115　六斑月瓢虫前胸背板和鞘翅的色斑变异（图自庞虹，1990）

头部、前胸背板、鞘翅刻点细密，但在鞘翅明显较深。腹面后胸腹板具横斜隆纹。复眼较大，圆形，凹入不明显，小眼面细。触角 11 节，短于额宽，锤节结合不紧密，端节窄缩。唇基弧形深凹入，上唇横宽，前缘齐平。前胸背板拱起不显著，前缘凹入宽深，凹底前凸，侧缘有细窄隆线，后缘平坦，后缘与鞘翅接合不密。鞘翅基缘在肩胛之前明显下凹，肩角上翻，但向外伸展不多，与前胸背板距离不大，外缘无隆线，平展部分明显，但较窄。缘折完整宽阔，基部最宽处达胸宽的 1/3，几乎全部竖直。前胸腹板两条平行纵隆线止于腹板中部。中胸腹板前缘中部浅弧形下凹。后胸腹板侧隆线围绕前突前缘。后基线斜直伸至腹板后缘附近向外弧形伸延，达到侧缘。

除鞘翅色斑的变化外，前胸背板的色斑也存在变异。前胸背板黄白色，中央有一与后缘相连而形成的“工”字形黑斑（图 115C ~ F，I ~ L），在一些个体中，“工”字形斑向外伸展（图 115A ~ B，G ~ H），最后连成一大黑斑。章士美（1980）认为“雌雄前胸背板黑色斑形状不同，在雄虫为‘工’字形而雌虫则为弧形”。庞虹（1990）观察了室内饲养和室外采集的数百头个体，认为前胸背板斑纹并不能作为判别六斑月瓢虫雌雄个体的特征，无论雌虫还是雄虫，前胸背板黑色斑均出现上述的变异，其性别可从腹部末端的不同特征来鉴别，第 6 腹板末端凹陷的为雄虫，而呈弧形的则为雌虫（图 116）。

雄性外生殖器的特征见图 116。阳基粗壮，中叶短于侧叶，基片与侧叶之比为 3∶5；中叶侧面观内缘略呈弧形，外缘于端部之前外突，端部略外弯。弯管细长，弧形弯曲；

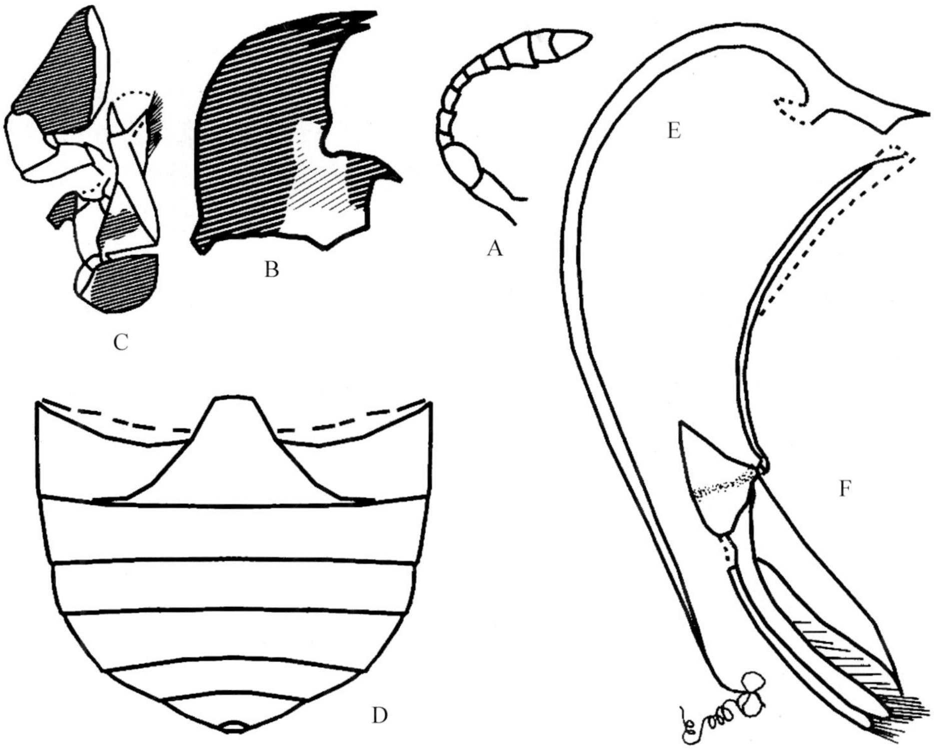

图 116　六斑月瓢虫

A. 触角　B. 雄虫第 5、6 腹板　C. 雌虫第 5、6 腹板　D. 阳基侧面观　E. 弯管

弯管囊外突显著长于内突，外突端部收窄，内突呈菱形，弯管体简单，无沟、膜；弯管端为一长的丝状突。我们观察的标本采自甘肃文县和江西宜丰县。

寄主　桃蚜，麦蚜，烟蚜，菜蚜，橘蚜，松蚜，粉虱，木虱等。庞虹（1990）还发现其大量捕食介壳虫的 1 龄若虫（爬虫）。在温室中期望能有效地控制蚜虫等害虫的发生。

分布　西藏（芒康盐井 2 600 m），云南（德钦 2 180 m，丽江 2 800 m，六库900 m，泸水 1 900 m，永胜六德 2 230 m），甘肃（文县），四川（康定 1 400 m，泸定 1 230 m，巴塘 2 500 m，乡城 3 000 m，盐源 1 270 m），陕西，河南，江苏，浙江，江西，湖南，重庆，福建，台湾，广东，香港，广西，海南，贵州。尼泊尔。巴基斯坦。阿富汗。伊朗东部。印度。越南。柬埔寨。斯里兰卡。日本。菲律宾。印度尼西亚。

六斑月瓢虫原描述为 *Coccinella 6-maculata*（1781）。根据不同于模式标本的色斑特征，描述了四斑月瓢虫 *Coccinella 4-plagiata*（1808 in Schoenherr）。其后的 100 多年间，这两个种名继续应用，被认为是两个独立的种，Mulsant（1850），Crotch（1874），Korschefsky（1932），Mader（1935），Miyatake（1959），刘崇乐（1962）等均把两者作为独立的种列入 *Chilomenes* Chevrolat 之中。1943 年 Timberlake 建立了 *Menochilus* 属，该属仅列一种 *Menochilus sexmaculatus*。Sasaji（1965，1971），Iablokoff-Khnzorian（1979，1982），庞雄飞（1980）等把 *Chilomenes quadriplagiata* 列为 *Menochilus sexmaculatus* 的异名。

黄壮瓢虫属 *Xanthadalia* Crotch，1874

体卵形，中小型，体长在 3～3.5 mm；前胸背板缘折光滑，无凹陷；小盾片是体宽的1/12；鞘翅缘折无凹陷，约是体宽的1/8；前胸腹板突不隆起，具两条纵隆线，不达前缘；中胸腹板前缘平直或稍内凹；后基线伸达近后缘后伸向外侧；足胫节端部无刺距，跗爪细长，具一方形基齿。[9]

87. 滇黄壮瓢虫 *Xanthadalia hiekei* Iablokoff-Khnzorian（图版XIV－87，图 117）

体长 3～3.5 mm，体宽 2～2.6 mm。

头部和前胸背板黑色，复眼深灰色，前胸背板两侧缘黄色，缘折淡黄色。小盾片黑色。鞘翅基色黄色，缘折淡黄色，小盾片之后和鞘翅外侧各具一条黑色纵带；两鞘翅 1/3 和 2/3 处各具一条黑色横带将鞘翅上的 2 条纵带相连，形成每个鞘翅上两个黄色的大斑；两鞘翅端部还有一个极窄的新月形黑斑。虫体腹面黑色，各足股节和胫节黑色，胫节两端黄褐色，中后足胫节末端有 2 个刺距；各足跗节黄褐色，爪黑色。

虫体背、腹两面均光滑，具极细的刻点。触角 11 节，第 11 节最粗大，近方形。后基线不完整，但有很长的分支。

雄性外生殖器的特征见图 117。弯管内突大，球形；弯管端部分为细长的两叉，围以膜质；阳基黑色；中叶端部尖锐，向内弯曲，从正面观，基部3/5 舌形，端部2/5 两侧边平行。雌性受精囊、生殖片见图 117H～I。

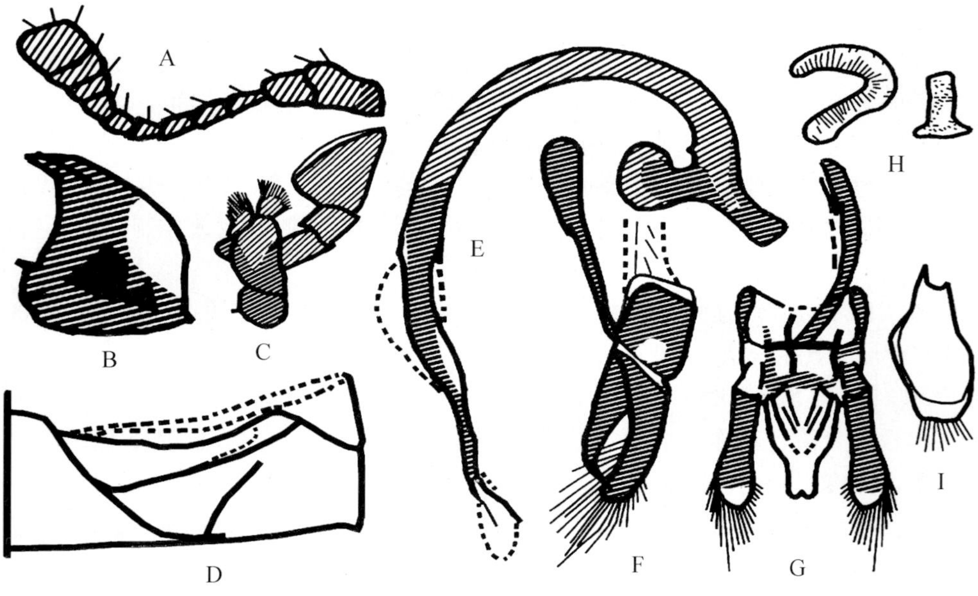

图 117　滇黄壮瓢虫

A. 触角　B. 上颚　C. 下颚须　D. 后基线　E. 弯管　F. 阳基侧面观
G. 阳基正面观　H. 雌虫受精囊　I. 雌虫生殖片

分布　西藏、云南（泸水 2 500 m，丽江玉龙山 3 000 m，兰坪金顶 2 400 m，中甸冲江河 2 300 m），四川（泸定 1 820～1 920 m）。我们观察的标本采自云南昆明。

88. 乡城黄壮瓢虫 ***Xanthadalia xiangchengensis*** **Jing**[7]（**图版XIV－87，图118**）

体长3.8～4.6 mm，体宽3～3.2 mm。

虫体椭圆形，平弧形拱起。背面黄褐色。头部仅复眼黑色，上颚端部褐色以及基部中线两侧各有一黑色半圆形或三角形小斑。前胸背板无斑纹，仅后缘中部显褐色。小盾片的边缘亦呈黑色。鞘翅亦无斑纹，仅鞘缝呈黑色线条。腹面除前胸背板缘折、鞘翅缘折、中胸后侧片以及雄虫前足基节黄褐色外，其余部分均呈黑色，足亦黄褐色。股节中部背面色稍深，背面各部除具细线刻点外，满布网状细纹。前胸背板缘折无明显下凹，前胸腹板突拱起但不具纵隆线，中胸腹板前缘略呈弧形后凹。鞘翅缘折外隆线仅伸达第5腹板后缘。后基线分两叉，内支接近第1腹板后缘，伸至腹板宽度1/11处，外支斜向前伸，止于腹板长度1/5处。爪细长，基齿甚小。

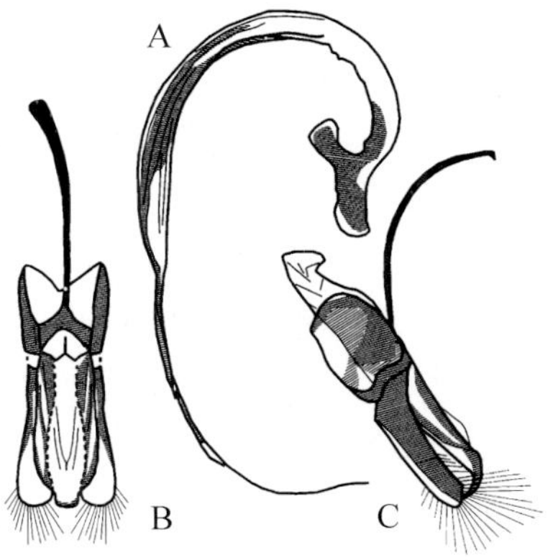

图118　乡城黄壮瓢虫（仿任顺祥，2009）
A. 弯管　B. 阳基正面观　C. 阳基侧面观

雄性外生殖器形态特征见图118。弯管广弧形弯曲，弯管囊内突略短于外突；弯管具明显的端区和端前区，端区为细长的管状，端前区为细长的丝状。阳基正面观，中叶长舌形，端部平截；侧叶与中叶等长；阳基侧面观，中叶基部最厚，逐步向端部减薄，端部形成一背向90°弯曲的弯钩，弯钩长度约为中叶基部的宽度。

分布　西藏（波密3 000 m），四川（乡城中热乌3 500～3 800 m），云南（小中甸3 200 m）。

寄主　蚜虫。

本种与滇黄壮瓢虫 *Xanthadalia hiekei* Iablokoff-Khnzorian 在体形及雄性外生殖器特征上相近，但后者体较小，前胸背板及鞘翅上均具黑色斑纹，可资区别。与 *Xanthadalia rufescens* Mulsant 在体色上甚相近；但后者体较长大，雄性外生殖器特征显然可与之相区别。

小巧瓢虫属 *Oenopia* Mulsant，1850

体长2.6～5.4 mm，体近圆形，背面半球形拱起，或体卵形，背面中度拱起。唇基前缘侧突间平直，有时稍内凹。两复眼之间的距离至少是眼宽的2倍。触角短，常不长于头宽，触角棒较短。前胸背板前缘明显内凹，侧缘及前角内缘（即复眼后前缘的外侧）具边褶。鞘翅侧缘具完整的边褶。前胸背板缘折前端接近前胸腹板处具凹陷或无；前胸腹板突具两纵隆线，长度不一。中胸腹板前缘内凹不强烈，但明显。鞘翅缘折较宽，最宽可达腹部宽的1/6，具凹陷或无。后基线不完整，具1个分支，有时分支不甚明显。中后足胫节端具2个刺距，爪有基齿。[9]

本属体型中等大小，眼距较宽，触角较短，且由3节组成的触角棒较短，中胸腹板前缘稍内凹，后基线具分支，可与其他属相区别。除美洲外均有分布，主要分布于东洋区，1982 年记录了 19 种（Iablokoff-Khnzorian，1982），我国目前已知 26 种（含本书记述的新种），青藏高原记述有 22 种，其中西藏分布有 13 种。

89. 墨脱巧瓢虫 *Oenopia medogensis*（Jing）[16]（图版XIV－89，图 119）

体长 3.4～3.8 mm，体宽 2.7～3 mm。

虫体卵圆形，弧形拱起。头黄色，基部具一对甚小的三角形黑斑，触角及口器黄褐色。前胸背板黄色，中央具一对横置的球拍形黑斑，基部具一与两复眼间距（包括复眼在内）等宽的带状黑斑，中央斑与基部斑相连在一起。小盾片黑色。鞘翅黄色，无斑纹。腹面除前胸腹板及鞘翅缘折、前足基节以及中胸后侧片黄色外，其余部分褐色或黑色。足的股节基部黄色，其余部分或仅端部黑褐色，胫节黑褐色而端部黄色，跗节黄褐色。

头部较胸部的刻点粗、浅而密；鞘翅上的刻点最大而深，尤以外缘 2～3 排为甚。头宽度大于前胸背板之半，眼间距（不包括复眼在内）与头宽之比为 1∶1.8。触角长度几与眼间距等宽，第 9、10 节宽大于长，第 11 节长大于宽，端缘弧形。前胸背板宽与体宽之比为 1∶1.6，与中线长之比为 2.2∶1，两侧缘向上微翘，其内侧具一浅沟槽。小盾片宽为体宽的 1/15。鞘翅基缘略宽于前胸背板基部、两侧缘略向外平展，具细窄隆线，其内侧亦具一浅沟槽。前胸腹板突两纵隆线伸至腹板长度的 1/2 处。鞘翅缘折最宽处为体宽的 1/7，外隆线终止于鞘翅末端 1/8。后基线分两支，一支向后延伸，与后缘平行，止于外缘 1/12，另一支从前一支中部向外弧形斜伸，止于腹板长的前 1/6 处。爪细长，具基齿。

雄性外生殖器形态特征见图 119。弯管基部圆形弯曲，中、后段广弧形弯曲；具细长的端区和短的针状突式端前区。阳基正面观中叶舌形，中部最宽，短于侧叶。

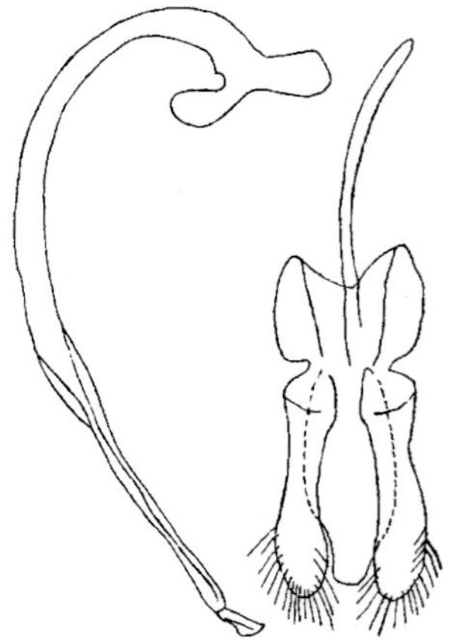

图 119　墨脱巧瓢虫生殖器
（图自经希立，1987）

本种是经希立（1987）根据采自西藏墨脱的标本记述的新种。本种与滇黄壮瓢虫 *Xanthadalia hiekei* *Knuz.* 相似，但头部黄色，鞘翅上无斑纹，雄性外生殖器构造等可区别于后者。虞国跃（2010）根据原描述触角较短、与眼间距等宽等特征，将其转入小巧瓢虫属 *Oenopia*。

分布　西藏（墨脱格当 2 000 m）。

90. 亚东巧瓢虫 *Oenopia yadongensis* Hu，sp. nov.，新种（图版XIV－90，图 120）

体长 4.2～4.4 mm，体宽 3.2～3.5 mm。

虫体卵圆形，头部、口器黄色。下颚须端节端缘黑褐色，复眼黑色；头顶中央具一黑斑，前宽后窄，与黑色的基缘横带形成一酒杯形状。前胸背板黄色，中央具一梯形黑色大斑，前缘接近背板前缘，后缘起自背板基缘。小盾片黑色。鞘翅黄色，无斑纹，从小盾片两侧到整个鞘缝具一极细窄的黑边。虫体腹面黑色。前胸腹板缘折、鞘翅缘折黄色；翅长超过腹部长度，露出黑色的鞘翅末端。各足股节黑色，胫节黑褐色，股节端部和胫节基部、端部黄褐色；前足跗节第 1、2 节黄褐色，中、后足跗节第 1、2 节黑褐色；跗节第 3、4 节黑褐色。

前胸背板前缘中央明显凹陷，两前角边缘和侧缘掀起，后缘后突。虫体背面刻点稀、细，腹面刻点亦稀、细。前胸腹板突伸出腹板后缘基线，纵隆线中间靠拢，两端略微叉开。后基线不完整，主支伸达鞘翅后缘后一直延腹板后缘伸达近侧缘，分支斜伸向前侧角，但基部一般与主支断开，端部也不达前侧角。各足股节和胫节有较短的白色细毛，中、后足胫节端部无刺距，跗爪基半部具一大的三角形基齿。

雄虫外生殖器形态特征见图 120。弯管广弧形弯曲，弯管囊内、外突约等长，内突端部钩状，弯管端具明显的端区和端前区，端区长管状，端前区膨大，有 3 ~ 4 根针状突。阳基侧面观，基柱较粗大，基片粗大，近梯形，长度仅比侧叶略短；侧叶向内弯曲，端半部密生细长刚毛；中叶细长，基部最宽，逐步向端部收缩，末端形成细长外弯的尖端；阳基正面观，中叶基部 3/4 长方形，两侧缘平行，端部 1/4 急剧收缩，形成舌状的端部；侧叶两端较粗大，中间略收缩，内缘近端部处有一略微突起的角。

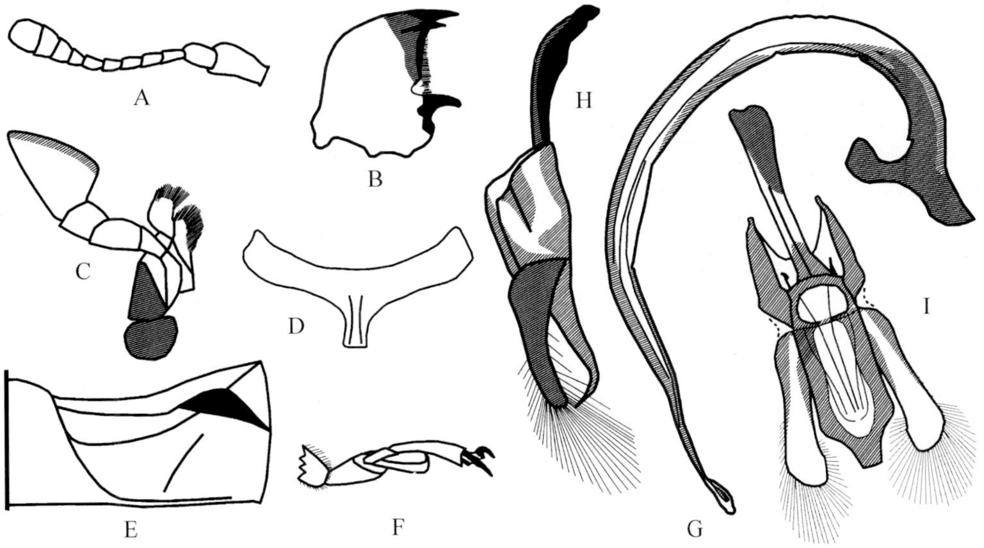

图 120　亚东巧瓢虫 *Oenopia yadongensis* Hu，sp. nov.

A. 触角（antenna）　B. 上颚（mandible）　C. 下颚须（maxilla）　D. 前胸腹板突（prosternum）
E. 后基线（part of the firstabdominal segment showing the abdominal line）
F. 前足跗节和爪（tarsi of fore legs，claw）　G. 弯管（sipho）
H. 阳基侧面观（phallus，lateral view）　I. 阳基正面观（phallus，ventral view）

正模，♂，西藏，亚东林场，2 700 m，1991 – Ⅵ – 15，胡胜昌采。玻片标本号 Na64。

配模，♀，西藏亚东县上亚东，3 100 m，1987 – Ⅸ – 16，普琼采。

副模，1 ♂，西藏亚东县上亚东，3 100 m，1991 – Ⅷ – 7；1 ♀，亚东县下亚东，2 800 m，1991 – Ⅵ – 16，采集时间、采集人同正模。

虞国跃（2010）在《中国瓢虫亚科图志》102 页中，将经希立（1987）记述的墨脱黄壮瓢虫 *Xanthadalia motoensis* Jing 移入巧瓢虫属 *Oenopia*，并把采自亚东的本种鉴定为“墨脱黄壮瓢虫”。但墨脱黄壮瓢虫弯管基部 1/4 ~ 1/2 明显比本种弯管基部更细，而本种的这一段至少同基部一样粗；其次，阳基基片从侧面观，后者顶缘弧形弯曲，中叶端部的弯钩不太长，本种阳基基片近方形，中叶端部的弯钩很长。虞国跃在审阅本新种初稿时，认为“可把虞国跃（2010）的鉴定作为鉴定错误”。

90. *Oenopia yadongensis* Hu, sp. nov., Plate, XIV-90, Fig. 120

Length of its body is 4. 2 ~ 4. 4mm, and its width is 3. 2 ~ 3. 5mm.

Its body is oval. Head and mouthparts are yellow, with black compound eyes; maxillary palpi terminalia margin are black brown. Pronotum is yellow with one black trapezoidal spot. Front margin of the spot is near the front margin of pronotum, and posterior margin starts from the basicosta. Scutellum is black. Elytra are yellow without spot. From the two sides of scutellum to seam of the elytra a narrow black margin extends. Ventral part is black. Prothorax sternum and elytra marginfold are yellow. Elytra are longer than abdomen, and black terminal reveals from ventral view. Femora are black, and tibiaes are black brown. Terminal of femora, root and terminal of tibiae are yellowish-brown. The 1st and 2nd tarsi of fore legs are yellowish-brown. The 1st and 2nd tarsi of middle legs and hind legs are black brown. The 3rd and 4th tarsi are black brown.

Middle of pronotum front margin cups obviously. Front margin and lateral margin of the two anterior angle lift. There is a backward apophysis at posterior margin. Punctuations are rare and tiny. Prothorax sternum apophyses extend to the baseline of hind margin. Middle of longitudinal carina draws close, but with separate end. Posteoxal line of the first abdominal segment is incomplete. Main branch reaches lateral margin and extends along posterior margin of sternum after reaching elytra posterior margin. Base of branch is apart from main branch, and not reach to the antero-lateral angle. Hairs on femora and tibiae are short and white. There is no spur on median and hind legs, and there is a triangular big odontoid at the root of pretarsus claw.

Figure 120 shows the male genitalia. Sipho bend like arc. Outer process of siphonal capsule is of equal length with inner one. terminal of inner process is hook-like. Apical sipho indudes apical area and anterior-apical area. Apical area is long tubal-like, and anterior-apical area swollen with 3 or 4 needle. In lateral view: base of phallus and base lobe are stout; base lobe is nearly trapezoidal; the length of phallus is slightly shorter than lateral lobes. Lateral lobe curves inward, and the apical area with thick slender bristles; middle lobe is slender, base part is the widest and narrow down to the end, apex is slender and bends outward. In ventral view: base 3/4 of middle lobe is rectangular; lateral margins are paralleled; 1/4 end narrows sharply with ligulate apex. Middle of lateral lobes slightly constricts. There is a slightly prominent angle near the apex of inner margin.

Holotype: male, Yadong forest farm (2700m), Tibet, 15, Ⅵ, 1991, collected by

Hu Sheng-chang, species slide number: Na64.

Allotype: female, Shang Yadong, Yadong county (3100m), Tibet, 16, Ⅸ, 1987, collected by Pu Qiong.

Paratype, 1 male, Shang Yadong, Yadong county (3100m), Tibet, 7, Ⅷ, 1991; 1 female, Xia Yadong, Yadong county (2800m), Tibet, 16, Ⅵ, 1991, collected by Hu Sheng-chang.

Yu Guo-yue has moved *Xanthadalia motoensis* Jing to *Oenopia* in plate 102 of *Chinese Lady Beetles* (*the Subfamily Coccinellinae*) in 2010, and identified specimens collected from Yadong as "*Oenopia motoensis* Jing". But base 1/4 to 1/2 of *Xanthadalia motoensis* Jing sipho is thiner than these specimens obviously, and this part of these specimens diameter is as thick as the basal part. In lateral view, upper margin of tegmen basal lobe of *Oenopia motoensis* Jing bends like arch, and hook-like apex of middle lobe is not long; tegmen basal lobe of this species is nearly square, and hook-like apex of middle lobe is long. Yu Guo-yue considered that the identification is mistaken in 2010 when he review the first draft of this article.

91. 龟纹巧瓢虫 *Oenopia billieti* (Mulsant)[9] (图版XIV－91A～C，图 121)

体长 3.6～4.2 mm，体宽 2.7～3.1 mm。

虫体卵形，背面中度拱起，光滑无毛。头额部白色，头顶黑色，雌性在唇基处具 1 个三角形黑褐色斑，复眼黑色。前胸背板白色或黄白色，中部具 1 个大黑斑，基半部大，不达背板前缘，有时前半部纵裂。小盾片黑色。鞘翅黑色，每一鞘翅上具 6 个橙红色或黄色斑，略呈 1－2－2－1 排列，或近鞘缝处 3 个斑近圆形，其中基斑与翅基相连；近翅缘的 3 个斑与翅缘相接，此 3 斑并不完全分隔，在翅缘相连；有时黑色区域减少，近鞘缝的中斑常与外缘或外斑相连。腹面黑色，前胸背板缘折、鞘翅缘折黄褐色，雄性中胸后侧片白色。足黄褐色，有时雌性后足腿节具黑褐色斑。

雄性外生殖器形态特征见图 121。弯管比较瘦弱，圆弧形弯曲，弯管囊内突稍短于外突，端部膨大，从基部到端部逐步缩小，端部为 2～3 根粗针状突组成。阳基从侧面观，基片粗大，中叶基部最厚，然后逐步向端部减薄，端部 2/5 的长度呈 90°的弯钩弯向背面，侧叶直形，与中叶的弯管顶端等长；从正面观，中叶长舌形，近端部约 3/4 处最宽，侧叶两端较粗，中部较细，端部 1/3 密生长毛。

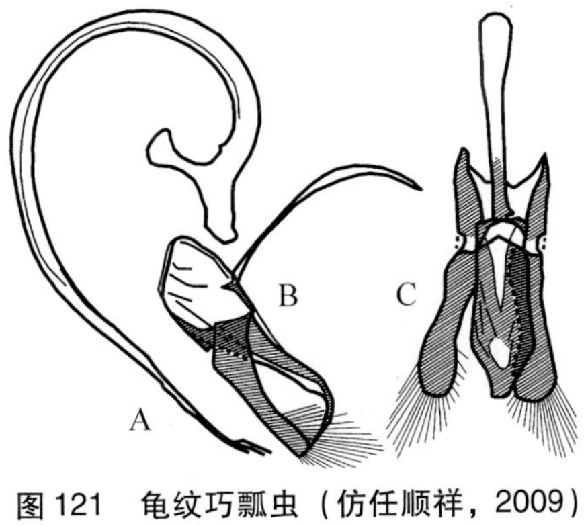

图 121　龟纹巧瓢虫（仿任顺祥，2009）
A. 弯管　B. 阳基侧面观　C. 阳基正面观

寄主　铁杉球蚜。

分布　西藏（吉隆 2 700 m），四川（贡嘎山燕子沟 2 340 m，金川），甘肃，陕西。印度。克什米尔地区。孟加拉国。

本种中文名称在多处曾称为“双六小巧瓢虫”，如经希立（1987）、虞国跃（2010）都用过此名称，但本种的鞘翅斑纹多数个体更像是“龟纹”，故仍用“龟纹巧瓢虫”的中文名称。

92. 吉隆巧瓢虫 *Oenopia gilongi* Hu，sp. nov.，新种（图版XV－92，图122）

体长3.5～4.2 mm，体宽2.5～3.1 mm。

虫体周缘卵圆形，背面中度拱起，光滑无毛。头部黑色或基半部黑色，头部黑色者在前半部复眼边有一黄白斑，复眼黑色。前胸背板前缘深度凹入，白色或黄白色，中部具1个大黑斑，基半部大，起自前胸背板基缘；色深者黑斑止于前胸背板前缘，色浅者黑斑不达背板前缘。小盾片黑色。鞘翅黄白色，鞘缝黑色，每一鞘翅上具3条黑色横带：第1条自肩斑连至鞘缝；第2条在鞘翅中部，外端不达鞘翅外缘，内端连至鞘缝；第3条接近鞘翅端部。深色型的个体在鞘翅的中部靠外缘的位置有一条黑色纵带连接第1至第3横带，将鞘翅分成6个黄色斑，呈1－2－2－1排列，小盾斑连接鞘翅前缘，第2、3排外斑及端斑连接黄色的鞘翅外缘。虫体腹面黑色，前胸背板缘折、鞘翅缘折黄色，缘折中央凹陷。各足黑色，胫节两端和跗节黄褐至黑褐色。雄虫第5腹板后缘平截，第6腹板后缘内凹。

虫体背面刻点细密，腹面刻点较粗深。前胸腹板突较长，纵隆线也长，基本平行，前端仅略窄。后基线不完整，也基本看不到从前胸腹板后缘伸向侧缘的后基线，因此，只能清晰地看到广弧形弯曲的后基线。跗爪有一方形的大基齿。

雄性外生殖器形态特征见图122。弯管基半部弧形弯曲，非常粗壮；弯管囊内、外突约等长，内突端部钩状；弯管具明显的端区和端前区，端区细管状，端前区由4根针状突组成。阳基侧面观基柱粗壮，基片弹头形；中叶基部2/3长方形，略内弯，两侧缘平行，端部1/3急剧收缩，形成伸向外后方的弯钩；侧叶基部最宽，逐步向端部收缩，略内弯；阳基正面观，中叶长舌形，基部3/5长方形，端部2/5逐步收缩；侧叶长棒形，中间收缩不明显，端半部密生长毛，近端部内侧有一三角形突出。

正模，♂，西藏吉隆县吉隆镇，2 700 m，1984－Ⅹ－4，阎兆兴采。玻片号：Na252。

配模，♀，西藏吉隆县吉步，2 500 m，1994－Ⅵ－29，胡胜昌采。

副模，1♂，西藏吉隆县吉隆镇，2 700 m，1984－Ⅹ－4，阎兆兴采。

本种与龟纹巧瓢虫 *Oenopia billieti*（Mulsant）外形较相似，特别是其深色型的个体仅凭外形更难区分。但后者第2排靠鞘缝一侧的黄斑明显大于第3排的内斑，而本种靠鞘缝的从前到后4个黄斑大小基本一致。雄外生殖器差异更为明显。

92. *Oenopia gilongi* Hu, sp. nov., Plate, XV-92, Fig. 122

Its body length is 3.5～4.2mm, and its width is 2.5～3.1mm.

Its body is oval. Arched-shaped back is smooth and hairless. Head and base part are black. There is a yellowish white spot near the front part of black compound eyes on black head individual. Pronotum is white or yellowish white, and front margin is invaginated strongly, with a black spot on the middle. Spots from pronotum base margin and base part are large. Black spot of the deep color individual ends at front margin of pronotum; black spot of the light color individual does not reach front margin. Scutellum is black. Elytra are yellowish

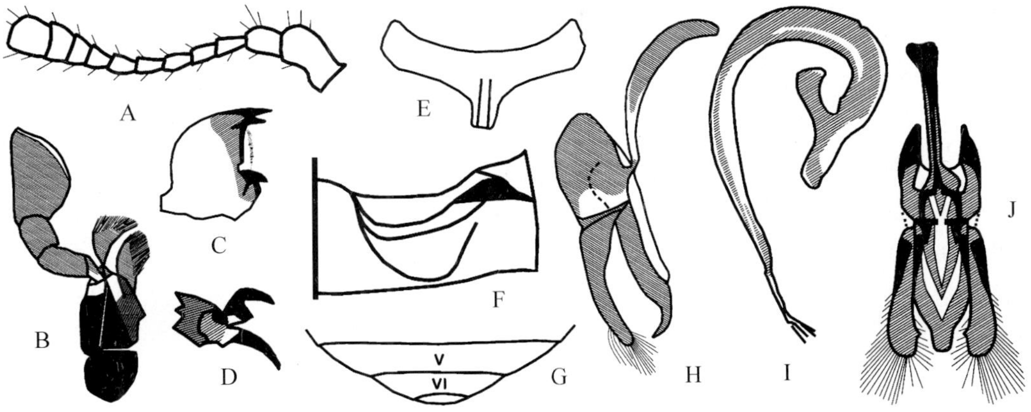

图 122 吉隆巧瓢虫 *Oenopia gilongi* Hu, sp. nov.

A. 触角（antenna） B. 下颚须（maxilla） C. 上颚（mandible） D. 中足跗爪（claw of middle leg） E. 前胸腹板突（prosternum） F. 后基线（part of the firstabdominal segment showing the abdominal line） G. 雄虫第 5、6 腹板（fifth and sixth sternite of male） H. 阳基侧面观（phallus, lateral view） I. 弯管（sipho） J. 阳基正面观（phallus, ventral view）

white, and elytra seam is black. There are 3 black transverse bands on every elytron: the 1st is from humeral spot to elytra gap; the 2nd is in the middle of elytra, and outer end does not reach lateral margin of elytra; inner end connects with elytra gap; the 3rd is near the end of elytra. Deep color individual with a black longitudinal band which near outer margin in the middle of elytra connects with the 1st to the 3rd transverse bands. Elytron is divided into 6 yellow spots, and are arranged into 1-2-2-1. Scutellum spot connects with front margin of elytron, the 2nd and the 3rd ranks outer spots connected with yellow elytron outer margin. Body venter is black. Pronotum and elytra marginfold are yellow; middle of marginfold is sunk. Legs are black, both ends of tibiae and tarsi are yellowish brown or black brown; the 5th abdominal segment of male hind margin truncates and the 6th pit inward.

Punctuations on back are fine and close, but thick and deep on venter. Prothorax sternum apophysis and longitudinal carina are long and nearly parallel; front part is a little narrow. Posteoxal line of the first abdominal segment is incomplete, and the line from prothorax sternum hind margin to lateral margin is invisible. There is a large square basal odontoid at tarsal claw.

Figure 122 shows the male genitalia. Sipho is thick and strong, and curves at basal part. Inner process length of siphonal capsule is similar with outer one; apex of inner one is hook-like. Sipho includes apical area and anterior-apical area clear; apical area is tube-like and the anterior-apical area is composed of 4 needles. In lateral view: tegmen stout is thick; the basal lobe is warhead-like; base of 2/3 middle lobes is rectangle, curves inward slightly, and lateral margins are parallel, the end of 1/3 end to outward and hind like hook; basal part of lateral lobe is the widest, narrowing down to end, and bend inward slightly. In obverse view: the middle lobe is long-tongue shape. The basal part of 3/5 is rectangle, and end of 2/

5 narrow down gradually; lateral lobes are long clavate, and middle part without obvious shrink. There are closed long hair on the end part of lateral lobes, and there is a triangular swelling near apex inside.

Holotype: male, Jilong town, Jilong county (2700m), Tibet, 4, X, 1984, collected by Yan Zhao-xing, specimens slide number: Na252.

Allotype: female, Jibu, Jilong county (2700m), Tibet, 4, X, 1984, collected by Hu Sheng-chang.

Paratype: 1male, Jilong town, Jilong county (2700m), Tibet, 4, X, 1984, collected by Yan Zhao-Xing.

This species external features are similar to *Oenopia billieti* (Mulsant), especially the deep color type. But the 2nd rank yellow spot that near elytra gap of the latter one is larger than the 3rd rank obviously, and 4 spots near elytra gap of this species are generally consistent. The male genitalia are obviously different.

93. 十二斑巧瓢虫 *Oenopia bissexnotata* (Mulsant)[1] (图版XV－93，图123)

体长3.8～5.2 mm，体宽3.2～4.3 mm。

虫体长圆形，呈弧形拱起，光滑无毛。头部前部黄褐色，复眼黑色或带有浅色外环，触角黄褐色，口器褐色。前胸背板黑色，在两个前角上各一大型四边形黄斑，并于前缘以黄带纹左右连接，在中部向后伸出，达前胸背板中后部。前角斑伸展至腹面缘折前部。小盾片黑色。鞘翅基色黑色，各有6个黄斑，排列为内外两纵行，外行靠近外缘，内行与鞘缝有相当距离。内行有：第1斑近三角形或四边形，在小盾片旁，前缘附着在鞘翅基缘上；第3斑略前于鞘翅1/2处，横长；第5斑圆形，在内线2/3处。外行有：第2斑长形，在肩角处，由基缘沿肩胛外侧向后伸展，达外缘1/6处；第4斑近圆形，在外缘1/2处；第6斑在外缘5/6处，有时较小。腹面黑色。足除股节部分黑色外，都为褐色。缘折除外缘1/3及2/3处黑色外黄色。

头部、前胸背板、小盾片刻点细密，鞘翅刻点略粗且深，边缘更粗深。复眼内侧纵直平行，前部有内凹。触角锤节结合紧密。前胸背板前缘和外缘细窄隆起，后缘平坦。小盾片三角形，顶角狭长尖锐。鞘翅长形，基缘略弧形内凹，外缘向外展伸，至端末等宽。肩角明显掀起，肩胛不明显。腹面被稀疏短黄毛，前胸腹板两条平行纵隆线伸达腹板中部。中胸腹板前缘中部弧形浅内凹。后基线斜伸至腹板后缘分为两支：一支伸达外缘，一支转折向前，达外前角。雄虫第5腹板后缘全线浅内凹，第6腹板后缘中部明显内凹。雌虫第5腹板后缘些微外凸，第6腹板后缘尖圆凸出。爪不分裂，基部具齿。

雄性外生殖器形态特征见图123。弯管半圆形弯曲，弯管囊外突粗长，内突为一钩状；弯管中部粗壮，有明显的端区和端前区，大致呈“S”形弯曲。阳基侧面观中叶基部最厚，然后逐渐减薄，端部约1/4呈90°弯向侧叶，形成尖锐的弯钩；侧叶基部最宽，中间最细，向内弯曲，端部密生长毛。阳基正面观中叶长方形，近端部处缢缩，形成两个侧角。

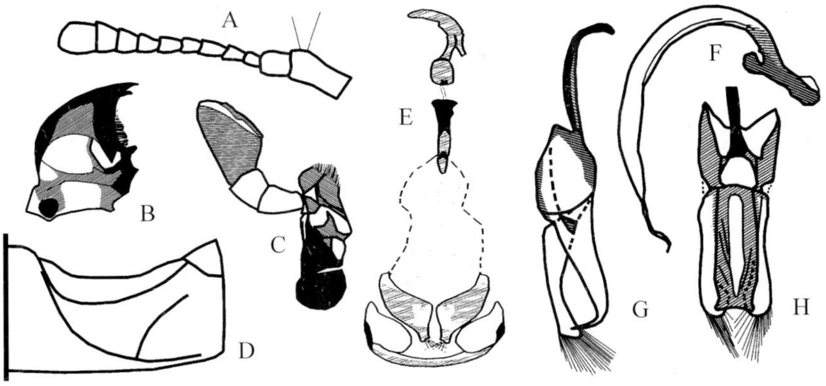

图 123　十二斑巧瓢虫（雄外生殖器仿任顺祥，2009）
A. 触角　B. 上颚　C. 下颚须　D. 后基线　E. 雌外生殖器
F. 弯管　G. 阳基侧面观　H. 阳基正面观

寄主　麦蚜，棉蚜，榆瘤蚜，苹果绵蚜。

分布　青海（循化），云南（昭通镇雄 1 600 m），四川（泸定新兴 1 900 m），黑龙江，吉林，辽宁，甘肃，陕西，新疆，北京，河北，山东，湖北，贵州。俄罗斯。

94. 菱斑巧瓢虫 *Oenopia conglobata*（Linnaeus）[1]（图版XV－94，图 124）

体长 4. 4 ~4. 9 mm，体宽 3. 1 ~3. 7 mm。

虫体椭圆形，呈半圆形拱起，背面光滑无毛。头部黄白色，复眼黑色，触角、口器黄褐色。前胸背板暗黄色，生有 7 个形状、大小不同的黑斑：中央中线两侧各一长点形黑斑，排列成八字形；后缘中部一窄条形小黑斑，在其两侧各一不规则形黑斑，此外在两侧缘后部各一逗点形黑斑。小盾片黑色或黄褐色，边缘黑色。鞘翅暗黄色，各生 8 个大小不一的黑斑，呈 2－2－1－2－1 排列。前列 2 斑在鞘翅 1/6 处，位于内线及中线上，在中线者斜置肩胛上，近于长三角形。次列 2 斑在 1/3 处，位于中线和外线上，并靠近外缘。第 3 列 1 斑，最大，三角形，横置于内线中部之后。第 4 列 2 斑在 2/3 中线及外线上，后部靠近，有时相连；第 5 列 1 斑，位于内线 5/6 处。鞘缝黑色。腹面黑色，腹部外缘及端末部分褐色或黄褐色，中胸后侧片黄色，足黄褐色。本种色彩斑纹变异很大。有的虫体斑纹为褐色，其边缘颜色深至深褐色，甚至黑褐色，并且第 1、2、3 各列之斑常常相互连接。

头部、前胸背板刻点细密而浅，鞘翅刻点细密而深；腹部腹面边缘淡色区刻点细小，中央黑色部分刻点粗，尤其是后基线围绕区的刻点更粗大。复眼内侧斜直，凹入明显。触角 11 节，约等于额宽，锤节不显著宽大，第 10 节宽大于长，端节前缘齐平，各节结合紧密。前胸背板前缘宽深内凹，侧缘弧形，前角尖锐，后角明显，后缘弧形，中部齐平。小盾片三角形。鞘翅长形，基部较宽，外缘明显隆起至端角，内侧纵槽明显，端角宽圆，略向上翻。前胸腹板纵隆线平行紧靠，达到腹板中部。中胸腹板前缘中部浅内凹。缘折完全斜倾。后基线近于完整，斜直伸到腹板后缘，然后折向腹板前缘。雄虫第 5 腹板后缘齐平，第 6 腹板后缘弧形内凹。雌虫第 5 腹板后缘齐平，第 6 腹板后缘尖弧形凸出。爪细小，具基齿。

雄外生殖器形态特征见图124。弯管粗壮，弯管囊内突端部弯钩状；外突约2倍于内突的长度。弯管有端区和端前区，端区细长；端前区内侧喇叭状，外侧为针状，具包膜。阳基中叶盾牌状，端缘弧形凹入，略长于侧叶；侧叶端部形成向内的钩状，具长密绒毛。

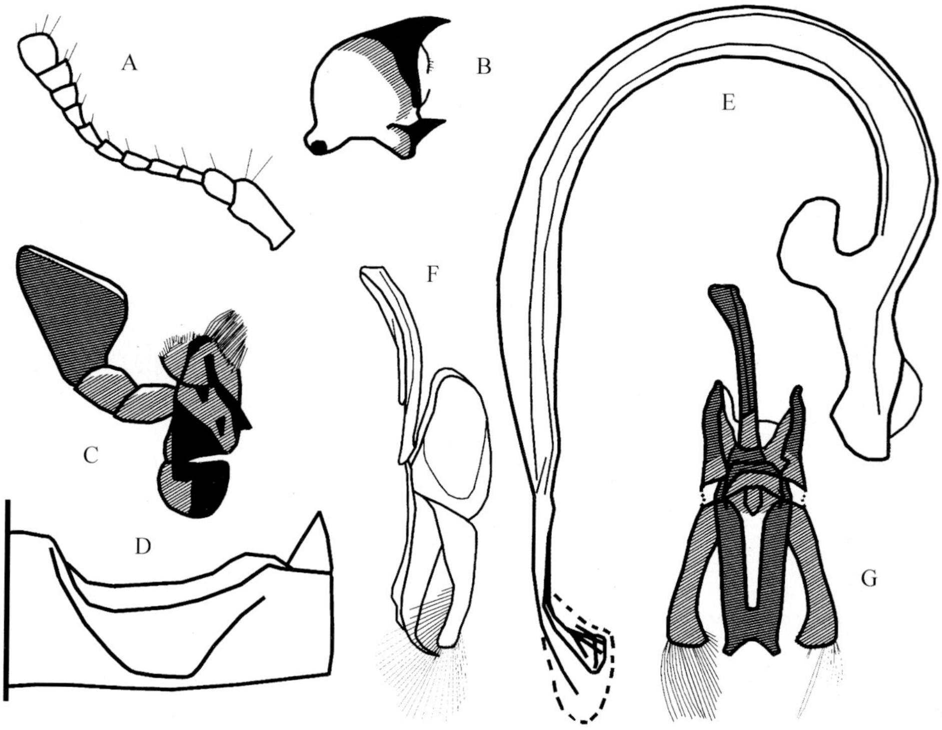

图124 菱斑巧瓢虫

A. 触角 B. 上颚 C. 下颚须 D. 后基线 E. 弯管 F. 阳基侧面观 G. 阳基正面观

寄主 棉蚜，球蚜，榆蓝叶甲。

分布 西藏，青海（民和、平安、循化），四川，北京，河北，甘肃，新疆，内蒙古，宁夏，山西，陕西，山东，福建。中亚地区。蒙古。西亚地区。俄罗斯。西欧至北非地区。印度。

95. 龙斑巧瓢虫 *Oenopia dracoguttata* Jing[16]（图版XV－95，图125）

体长3.8～4.3 mm，体宽2.8～3.1 mm。

体卵圆形，头部黄色或浅褐色，基部有形状不规则的黑斑。雄虫的唇基黑褐色，而雌虫为浅褐色。触角、口器褐色。前胸背板黄色，具一“工”字形黑斑。小盾片黑色。鞘翅黄色，除鞘缝具条状黑斑外，每鞘翅各有一龙形黑斑。体腹面除前胸背板缘折的前2/3、鞘翅缘折以及中胸腹板后侧片黄色外，其余部分均为黑色。足黑色、胫节末端及跗节褐色。

头宽约为体宽的1/3，眼间距小于头宽的1/2，眼内缘有黄色毛。头基部刻点细浅而稀，前额表面的刻点模糊不清，唇基表面不具刻点。唇基前缘齐平，不具窄边，额刺突浅而宽。触角长与复眼间距之比约为3∶2.5，第9、10节横宽、紧密连接，第11节椭圆形、端缘宽弧形。上唇前缘微内凹，两侧及端部有平伏黄毛，上颚侧缘及尖端伸出于上唇之外。前胸背板中线长约为宽的1/2，基缘弧形，两侧缘宽弧形、中间部分稍直，侧边有向上翘起的缘边，前缘略呈梯形内凹，具一列平伏黄毛，前角钝角状，基角与后缘连结成弧形，其上刻点细而深，密度同于头部，以“工”字形黑斑上的刻点较明显，两侧及前缘上刻点浅而模糊。鞘翅基缘较平直，在肩胛之前不向前屈折，其宽度约与前胸背板基缘相等，侧缘自肩角内侧向上翘起，延伸至鞘翅末端逐渐平缓，并具有一细窄隆边，刻点较前胸背板粗、深而稀，但至两侧缘变细而浅。前胸腹板基片较长，最长处在中部，其上被有粗刻点及黄色毛，前胸腹板突较宽，两侧不平行，基部宽于端部，中央隆起，无纵隆线，但沿腹板突两侧有1～2排粗线条。中胸腹板中部有排列不规则的粗刻点并被有黄色毛，前缘中部微内凹。体腹面其余部分及足均被有黄色半直立毛。前胸背板缘折无内凹，表面隐约可见刻点，被平伏毛。鞘翅缘折约为体宽的1/9，较平坦，外侧不翘起，也无浅凹以承受足的股节末端，其外隆线约终止于第3腹板的后缘。后基线不完整，其末端消失于第1腹板侧缘之前。中、后足胫节末端有刺距，爪基部有锐角状基齿。

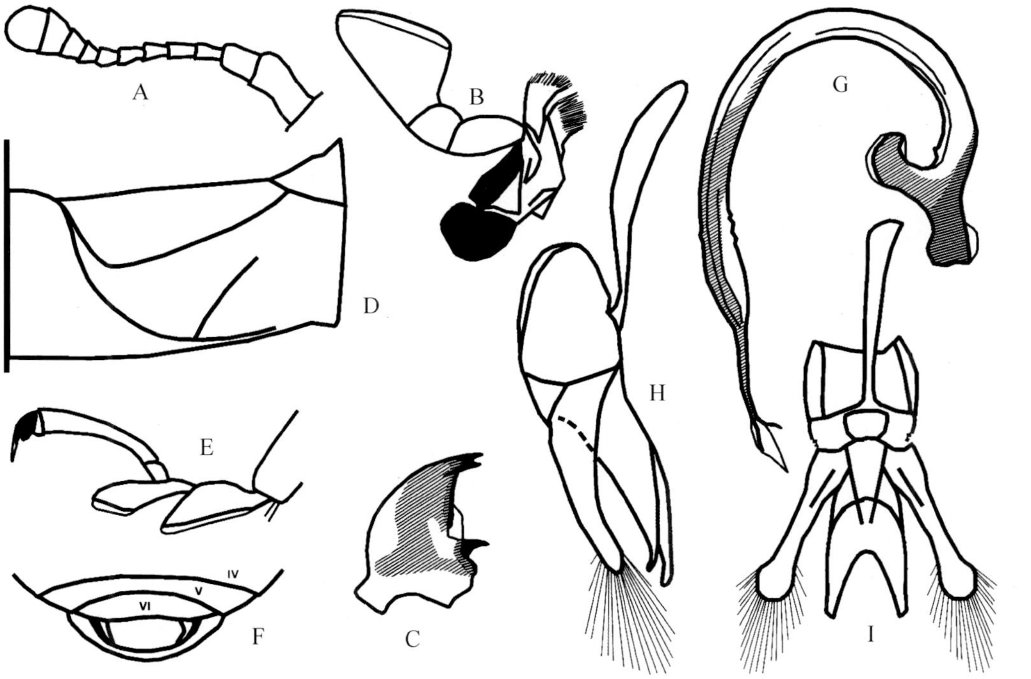

图125　龙斑巧瓢虫

A. 触角　B. 下颚须　C. 上颚　D. 后基线　E. 中足跗节和爪　F. 雄虫第5、6腹板
G. 弯管　H. 阳基侧面观　I. 阳基正面观

雄性外生殖器形态特征见图125。弯管粗壮，内突弯曲；弯管体中央半圆形弯曲，后半段管壁有皱褶；具端区和端前区，端区细长，端前区有两根针状刺，外层有包膜。阳基侧面观，中叶基半部宽厚，端半部为叉状，末端尖锐、外弯；正面观，阳基中叶

长于侧叶，侧叶中间细，两端粗，末端球形，具浓密的长毛。

本新种与古北区产的菱斑巧瓢虫 *Oenopia conglobata*（Linnaeus）在体形及鞘缝上的条斑类似，但两者前胸背板、鞘翅上斑纹以及雄性外生殖器形态构造显然不同。后者在前胸背板上有 7 个斑纹，每鞘翅上各有 8 个斑纹。

分布　西藏（定日卡达乡 4 200 m，错那 3 500 m，泽当 3 560 m，朗县、曲水 3 600 m）。

96. 黄缘巧瓢虫 *Oenopia sauzeti* Mulsant[1]（图版XV－96，图 126）

体长 3.5 ~ 4.2 mm，体宽 3.1 ~ 3.2 mm。

虫体椭圆形，呈半圆形拱起，背面光滑不被细毛。头部雄虫黄白色，雌虫黑色。复眼黑色，触角、口器红褐色至栗褐色。前胸背板黑色，前角各一个四边形黄白斑，在外缘部分延伸达基角。小盾片黑色。鞘翅黄色，黑色鞘缝纹在中部膨大为大型黑斑，在靠近端末膨大为横形黑斑，此外，每个鞘翅各有两个大黑斑，前部中央之斑横四边形，最大；另一个位于 1/2 至 2/3 中线上，四边形，稍小。此两斑距外缘与鞘缝同宽。腹面雌虫完全黑色，雄虫中胸后侧片黄色，其余部分皆为黑色。雌虫足大部分黑色，只胫、跗节深褐色；雄虫大部分黄褐色，仅基部及后足股节部分黑色。鞘翅缘折黄色。

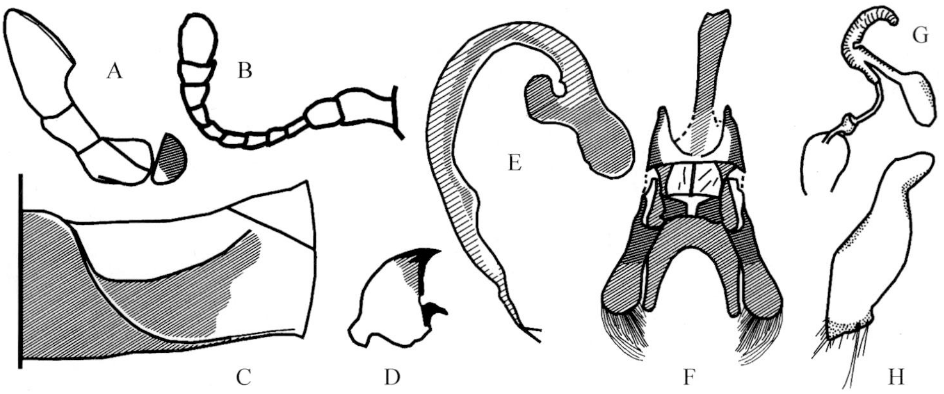

图 126　黄缘巧瓢虫

A. 下颚须　B. 触角　C. 后基线　D. 上颚　E. 弯管　F. 阳基正面观　G. 雌虫受精囊　H. 雌虫生殖片

头部和前胸背板刻点细密而浅，鞘翅刻点略粗深而密，在边缘稀疏。在腹面后胸腹板两侧有横斜隆线，在第 1 腹板中部刻点极稀浅且不圆。复眼近于椭圆形，靠近触角附近凹入窄而深，小眼面细。触角 11 节，锤节各节膨大较均匀，第 2 锤节与端节宽而短，前端齐平。唇基前缘齐平，上唇宽带状，前缘轻微弧形内凹。下唇须端节斧形。前胸背板基部最宽，前缘凹入较深，外缘缓渐弧形，后缘明显弧形，前角窄尖而钝，后角直角形而圆。小盾片三角形，长短于宽，端尖锐。鞘翅基缘在肩胛前微下凹，肩角掀起向外伸展，外缘圆弧形，略向外平展，边缘细窄隆起。前胸腹板两条平行纵隆线相距很近，几乎伸达前缘。中胸腹板前缘中部内凹。后胸腹板侧隆线围绕前突前缘。鞘翅缘折完全斜倾，靠肩部最宽处约为胸部最宽的 1/4，向后逐渐变窄，但到端末仍明显。后基线伸达腹板后缘后分为两支，一支沿后缘伸向外缘，一支折向前伸，但不到达外前角。雄虫第 5 腹板后缘弧形深内凹，第 6 腹板后缘内凹，生密细长毛。雌虫第 5

腹板后缘齐平，第 6 腹板后缘向外尖形圆凸。足股节有沟状构造，爪小，基齿尖锐。

雄性外生殖器形态特征见图 126。弯管基半部弧形弯曲，内突仅有外突的 1/3 左右；端半部内侧中央弧形膨大；端区细长，端前区为 2 根长的针状突。中叶与侧叶几乎等长，铲形，端部中央深深地凹入；侧叶基部黑色，中部收缩，端半部膨大。

寄主　玉米蚜，烟蚜，桃蚜，球蚜。

分布于我国的西藏（吉隆热索桥 2 300 m，樟木口岸 2 200 m，波密通麦 2 500 m，芒康 2 400 ~ 3 800 m），云南（云龙志奔山 2 500 m，泸水 1 670 ~ 2 400 m，兰坪 2 300 m），四川（康定 1 480 m，泸定 1 230 ~ 1 500 m），陕西，甘肃，河南，湖北，贵州，福建，台湾，广东，广西。越南。缅甸。不丹。尼泊尔。印度。泰国。巴基斯坦。

97. 黑缘巧瓢虫 *Oenopia kirbyi* Mulsant[1]（图版XV－97，图 127）

体长 3.1 ~ 3.3 mm，体宽 2.5 ~ 2.7 mm。

虫体椭圆形，呈半圆形拱起。头部雌虫纯黑色，雄虫基部黑色，并突入复眼之间，前部黄白色。复眼黑色，触角、口器褐色。前胸背板黑色，前角各一四边形黄白色大斑。小盾片黑色。鞘翅黄白色，具带状黑色边缘纹，鞘缝纹黑色，基部 1/4 狭窄，后渐扩展，至 1/2 处最宽，向后又渐渐变窄；基缘亦为黑色。此外，在各鞘翅中央 1/2 处上下各有黑色大斑一个，前斑四边形，后斑近椭圆形。腹面黑色。雄虫中胸后侧片黄白色。缘折纯黑色。足全部褐色。

头部、前胸背板刻点细匀，鞘翅刻点略粗，明显较深，边缘粗稀。复眼接近于圆形。触角锤节明显宽大，前侧斜直。前胸背板基部最宽，前缘呈梯形内凹，侧缘前 1/3 向外明显弧形，后 2/3 斜直，后缘弧形后凸。小盾片近于等边三角形。鞘翅基缘在肩胛前凹陷，肩角掀起，外缘弧形，扁宽隆起。前胸腹板纵隆线平行，几达前缘。中胸腹板前缘中部弧形内凹。鞘翅缘折完全斜倾。后基线向后斜伸，紧沿腹板后缘到达侧缘，在线长 1/2 处另分一支折向外前角。雄虫第 5 腹板后缘明显弧形内凹，第 6 腹板后缘平截，着生一排密毛。雌虫第 5 腹板后缘齐平，第 6 腹板后缘圆凸。爪细小，基齿尖锐。

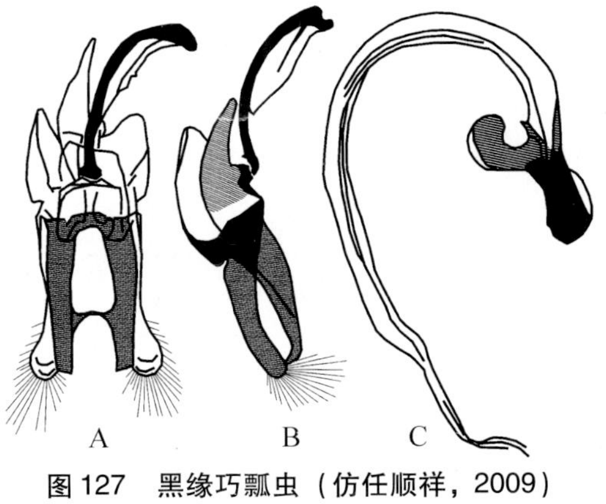

图 127　黑缘巧瓢虫（仿任顺祥，2009）

A. 阳基正面观　B. 阳基侧面观　C. 弯管

雄性外生殖器形态特征见图 127。阳基正面观中叶铲形，端部中央深深凹入，略短于侧叶；阳基侧面观中叶基部最宽厚，2/5 以后开始逐步减薄，末端尖锐、外弯。弯管粗壮，圆形弯曲，弯管囊外突粗大，内突钩状；具细长的端区，端前区有 3 根丝状突组成。

寄主　蚜虫。

分布　西藏，云南（中甸冲江河 2 300 m，泸水 1 900 m，腾冲）。缅甸。泰国。印度。

98. 细网巧瓢虫 *Oenopia sexareata*（Mulsant）[1,9]（图版XV－98，图128）

体长3.9～4.2 mm，体宽3.6～3.8 mm。

虫体圆形，呈半球形拱起。雄虫头部黄色，雌性黑色。复眼黑色，口器、触角褐色。前胸背板黑色，外缘各一大四边形或近半圆形黄斑，宽约为前胸背板宽的1/3，不达基缘，背板侧缘的基半部具黑边。小盾片黑色。鞘翅基色黄褐色，具有黑色的周缘，在鞘翅中部具一黑色横带，把鞘翅分为两半，在基半部具一黑色纵条把黄斑一分为二，但有时条纹断裂。前胸背板缘折褐色，鞘翅缘折大部分褐色，雄虫中胸前侧片白色，其余腹面黑色。雄虫前、中足褐色，后足腿节具黑色部分；雌虫足黑色，跗节褐色。

刻点，鞘翅上较深，头部、前胸背板、小盾片较浅，前胸背板两侧最稀。鞘翅外缘扁平隆起，在内侧刻点粗大。刻点间有网眼细纹。前胸背板前缘宽阔凹入。小盾片矮三角形。鞘翅缘折靠中、后胸部分最宽，斜倾无凹陷。前胸腹板具两条平行纵隆线，前伸达腹板中部。中胸腹板中部凹入，呈三角形。后基线紧沿腹板后缘到达外缘。雄虫第5腹板后缘全线内凹，两侧长度超过中央；第6腹板后缘显著内凹。雌虫第5腹板后缘齐平，第6腹板后缘圆凸。

雄性外生殖器形态特征见图128。弯管基部粗壮，中部较细，弯管端由一长一短两根丝状突组成。阳基正面观中叶铲形，端部中央深深凹入，短于侧叶；侧叶宽大，端半部密生细绒毛。阳基侧面观中叶基部最宽厚，然后逐步向端部减薄、尖缩，具小钩状的外弯。

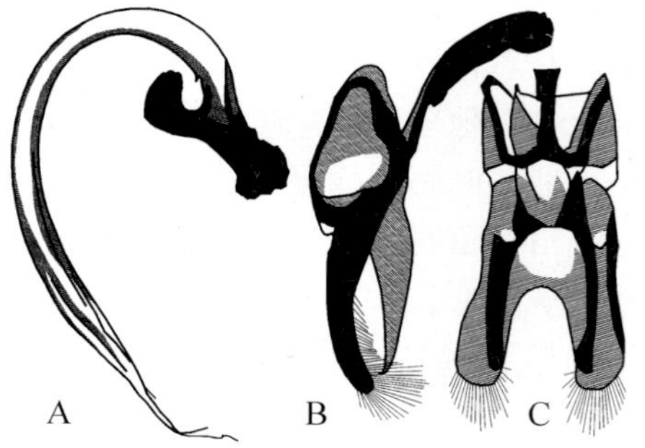

图128　细网巧瓢虫（仿任顺祥，2009）

A. 弯管　B. 阳基侧面观　C. 阳基正面观

寄主　蚜虫。

分布　西藏，云南（丽江2 400 m，维西白济汛1 780 m，大理点苍山2 300 m，六库900 m，泸水1 900～2 150 m，西双版纳，景东），四川（汶川映秀900 m，泸定1 550～1 800 m）。越南。缅甸。不丹。尼泊尔。印度。印度尼西亚（爪哇）。

99. 粗网巧瓢虫 *Oenopia chinensis*（Weise）[9]（图版XVI－99，图129）

体长3.5～4.3 mm，体宽3.1～3.8 mm。

虫体近于圆形，半球形拱起。头部黑色，但雄性额部黄白色。前胸背板黑色，两侧各有1个白色或黄白色（或红色）大斑，达前缘而不达后缘。小盾片黑色。鞘翅黑色，每一鞘翅上具3个黄色或黄白色斑，呈2－1排列，有时小盾斑较小，位置斜置；有时外斑较大，略呈横向，并接近翅缘（只留很细的黑边）；端斑卵圆形，占端角的大部分。虫体腹面除前胸背板缘折、雄性中胸后侧片、鞘翅缘折前半白色外，均为黑色。

刻点细小，均匀密布，在鞘翅稍深。鞘翅外缘扁平隆起，内侧有粗刻点。前胸背板的缘折前部具下陷。前胸腹板中部具2条纵隆线，前伸不达前缘。中胸腹板前缘中央具浅三角形凹入。后基线弧形，沿腹板后缘向外到达后角处。各足黄褐色，后腿节具黑色斑。雄虫第 5 腹板后缘全线内凹，两侧长过中部，第 6 腹板后缘宽浅内凹。雌虫第 5 腹板后缘齐平，第 6 腹板后缘尖形突出。

雄性外生殖器形态特征见图 129。阳基粗短，中叶略短于侧叶，正面观近乎长方形，端缘深凹呈两叉突状。弯管耳廓形弯曲；弯管囊内、外突长度相当；弯管体自中部至端部之前膨大，有背、腹沟；端区和端前区明显，端区长形，端前区为 3 个爪状突组成。

寄主 蚜虫。

分布 云南（兰坪 2 300 m），四川，陕西，山西，江苏，浙江，上海，江西，福建，广东，广西，贵州。

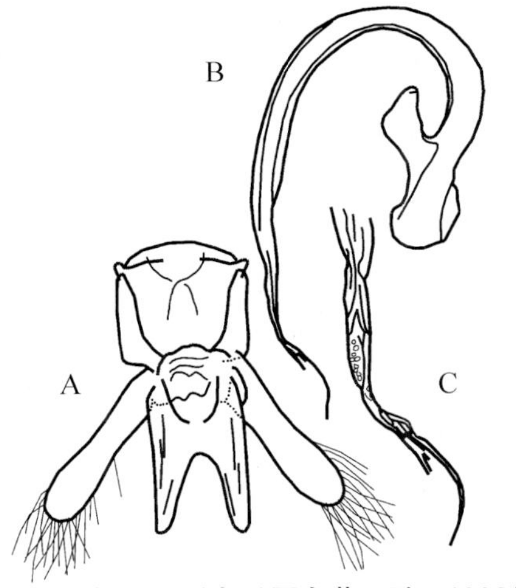

图 129 粗网巧瓢虫（图自蒲天胜，1990）
A. 阳基正面观 B. 弯管 C. 弯管端

100. 四斑巧瓢虫 *Oenopia quadripunctata* Kapur（图版XVI－100，图 130）

体长 3 ~3. 5 mm，体宽 2. 5 ~2. 9 mm。

虫体卵圆形，黑色。触角及口器褐色。前胸背板黑色，两侧各具一方形大黄褐斑，几达基缘，基缘具很窄的黑边。小盾片黑色。鞘翅黑色，每鞘翅各具 4 个黄斑：小盾片下侧的斑长圆形；在该斑后距翅端 1/3 的斑圆形；肩胛突起下侧外方 1/3 及 3/4 处的斑为椭圆形及半圆形，以上两斑与鞘翅外缘的黄色条斑相连。前胸背板缘折及鞘翅缘折浅黄褐色，腹面其余部分均黑色。足亦黑色，但股节端、胫节及跗节红褐色。

刻点以前胸背板上的细，鞘翅上的粗，尤以外缘内侧的 2 ~3 排更粗。前胸背板缘折前半有长圆形下凹。前胸腹板突 2 纵隆线平行，前伸达基片长度的 1/2。中胸腹板前缘中部弧形后凹。鞘翅缘折外隆线伸达距翅端的 1/5 处。后基线不完整，弧形伸出，与腹板后缘接近并与之平行，直伸达外侧缘，无分支。爪细长而尖，基齿直角形。

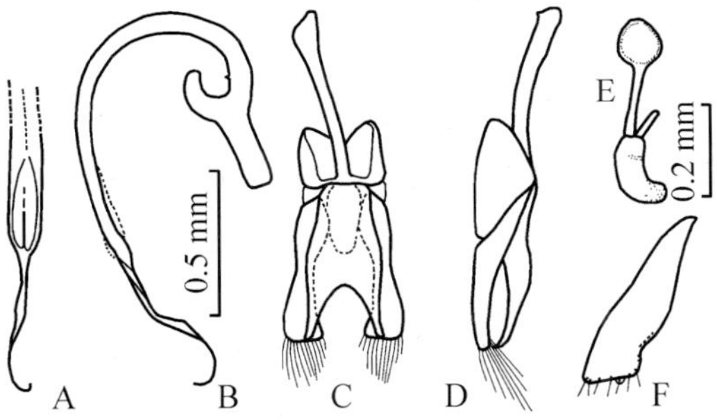

图 130 四斑巧瓢虫（图自经希立，1992）
A. 弯管端 B. 弯管 C. 阳基正面观
D. 阳基侧面观 E. 雌虫受精囊 F. 生殖片

雄性外生殖器形态特征见图 130。阳基侧面观，基片宽阔，三角形，外边与侧叶近于等长；阳基正面观中叶基部最窄，与侧叶等长，中间和端角外侧处最宽，在其端部深而阔地凹入，呈两叉突状；侧叶基、端部粗大，端部内角三角形突出。弯管广弧形弯曲，基半部较粗大，有背、腹沟；端区和端前区明显，端区长形，端前区由 1 个长的爪状突组成。

寄主 蚜虫。

分布 西藏（墨脱背崩 800 ~950 m，墨脱 950 ~1 000 m），云南（维西白济汛

2 250m，梁河 1 050 m）。不丹。印度。缅甸。

101. 波密巧瓢虫 *Oenopia pomiensis* Jing[19] **（图版XVI－101，图 131）**

体长 3.7～5 mm，体宽 2.7～3.5 mm。

虫体周缘卵圆形，背面圆拱。头黄或浅褐色，基部有 2 个锐角形黑斑；触角浅褐色，端部稍深；口器色同于触角，复眼黑色。前胸背板黄色，中央有 2 对前后排列的黑斑，前对橄榄形斜置于相当于两复眼间的距离；后对较大；略呈三角形，直达背板的基部并在基部彼此相接，其宽略大于头宽，前后两斑在中部常连接成一斑。小盾片黑色；鞘翅黄色，鞘缝呈带状黑斑，于端部前 1/4 处窄缩呈线条状，每鞘翅各有黑斑 5 个：肩斑最大，近于长方形，向内延伸斜置于翅前部的 1/3 处，中部有两斑，内外并列，内斑长三角形与肩斑平行并斜置，内角与鞘缝的黑斑相连；外斑纵带形，几接近翅缘，端部 1/3 处也有内外两斑，内斑的大小同于中部内斑，但形状不定；外斑呈方形，几乎接近翅缘。前胸背板腹面、鞘翅缘折及中胸后侧片雄虫黄色、雌虫黑色，腹面其余部分均黑色。足黄褐，仅后足股节中部雄虫黑色；雌虫足黑色，仅胫节及跗节黄褐色。

头部扁平，为前胸背板宽的 1/2，眼间距约为头宽的 1/2，头部刻点细浅，额前区甚稀且分布不均匀；上颚露于上唇之外。触角长度相当于眼间距，第 9、10 节宽大于长，梯形，第 11 节两侧平行、端缘斜切。前胸背板中线长度小于其宽度的 1/2，刻点较头部的深而稀。小盾片为前胸背板宽的 1/11。鞘翅上的刻点最大而深，但至翅缘变为粗大而浅。前胸腹板两纵隆线达基片的 1/2 处，中胸腹板前缘平直。鞘翅缘折最宽处为鞘翅的 1/7，外隆线伸达翅端部的1/4。后基线不完整，斜伸向后缘，止于腹板的中部，并从末端向上斜伸有一褶皱，止于前缘之前。雄虫第 5 腹板后缘呈弧形向前凹，第 6 腹板后缘平直。雌虫第 6 腹板后缘向后弧形圆鼓。

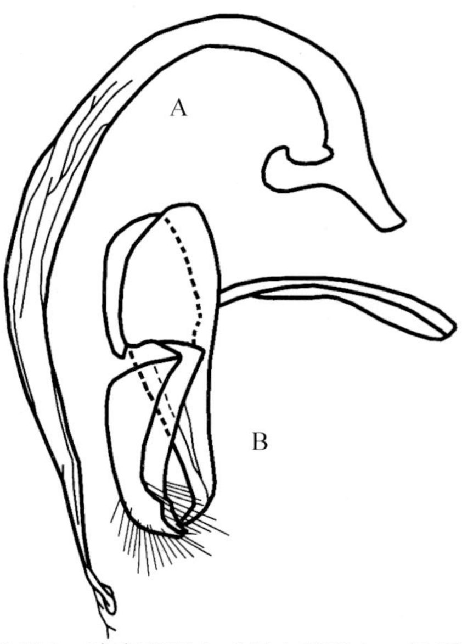

图 131　波密巧瓢虫（图自经希立，1987）

A. 弯管　B. 阳基侧面观

雄性外生殖器形态特征见图 131。弯管粗壮，中段膨大，端部具一菊花状膨大，由数根针状突组成。阳基侧面观基片宽大，侧叶弯曲，内缘近端部处具一三角形突起；中叶由宽阔的基部逐步向端部收缩，形成约 135°外弯的尖锐端部。

分布　西藏（波密 3 050 m，米林 3 000 m）。

本种在外形上与龙斑巧瓢虫 *Oenopia dracoguttata* Jing 相似，但本种鞘翅中部外侧具 1 个纵向黑条纹，可与龙斑巧瓢虫和其他瓢虫相区别；另外，两者前胸背板的斑纹也不一样，后者的黑斑为“工”字形。

102. 淡红巧瓢虫 *Oenopia emmerichi* Mader[1]（图版XVI－102，图 132）

体长 3.2～3.9 mm，体宽 2.4～2.9 mm。

虫体椭圆形，背面中度拱起。全体基色为橙红色。雌虫头部完全黑色，在复眼内侧各具一橙红色斑，三角形。复眼黑色，有时具浅环。触角深褐色，口器黑褐色。前胸背板黑色，前角具橙红色四边形斑，由橙红色前缘纹连接起来，四边形斑之后缘外部亦向后伸延，但不及基角，展延到腹面缘折上。鞘翅外缘线黑色，鞘缝黑纹扩展为箭头形黑斑，箭头指向基缘，尾部向两侧扩展成菱形小斑。此外各鞘翅有黑斑 4 个：第 1 个位于前半中央，近于四边形，最大；第 2 个长形，较小，恰后于 1/2 处，在外线上；第 3 个不规则长圆形大黑斑位于 1/2 至 2/3 处，在中线至内线间；第 4 个不规则圆形小黑斑位于 5/6 处，在外线上，有时连接外缘。鞘翅缘折除外缘黑色外，全部黄色。虫体腹面除中胸后侧片黄褐色外，全部黑色。足大部分黑色，跗节黑褐色。

头部、前胸背板具细小刻点，鞘翅刻点较粗较深。复眼近于圆形，"V"形凹入。前胸背板基部最宽，前缘呈梯形较深内凹，外缘前 1/4 向外略呈弧形，后 3/4 基本直形，前角尖锐，后角明显，后缘呈弧形向后凸出。小盾片等边三角形。鞘翅肩角明显，外缘弧形，明显隆起。前胸腹板纵隆线止于腹板中部。中胸腹板前缘中部略内凹。鞘翅缘折完整，斜倾，基部最宽处约为体宽的 1/6。后基线斜伸到腹板后缘后分为两支，一支沿后缘向外，一支折向前缘。雌虫第 5 腹板后缘近于齐平，第 6 腹板后缘圆凸。爪小，基齿不明显。

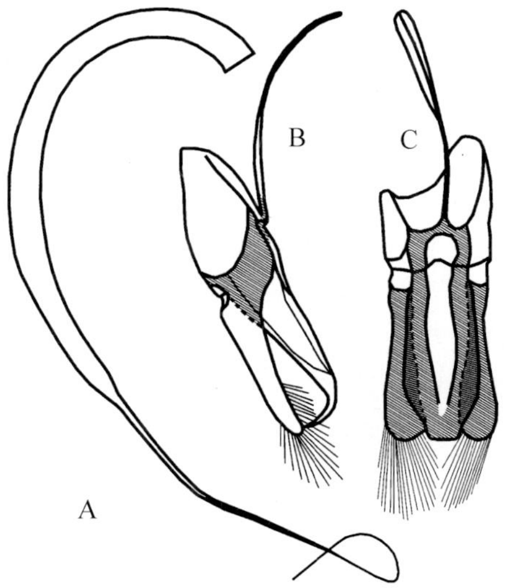

图 132　淡红巧瓢虫（仿任顺祥，2009）

A. 弯管　B. 阳基侧面观　C. 阳基正面观

雄性外生殖器形态特征见图 132。弯管弧形弯曲，具明显的端区和端前区，端区细长，端前区由一根细长弯曲的丝状突组成。阳基正面观中叶长舌形，近端部处最宽，与侧叶等长；阳基侧面观中叶基部最厚，背、腹两缘直，越向端部越薄，端部形成 90°外弯的长尖钩；侧叶较直，端半部具浓密长毛。

寄主　蚜虫。

分布　西藏（芒康海通 3 200 m），云南（中甸 3 000 m，丽江玉龙山 2 800 m，丽江黑水河 3 000 m），四川（巴塘义敦 3 250 m，乡城 2 900 m）。

103. 点斑巧瓢虫 *Oenopia signatella*（Mulsant）[9]（图版XVI－103，图 133）

体长 4～5 mm，体宽 3～3.5 mm。

虫体卵形，翅端收窄明显，背面中度拱起。头白色，复眼黑色，触角及口器黄褐色，头顶具 2 个相连的黑斑。下颚须末节斧状，外缘和端缘近于等长。前胸背板白色，具7个黑斑，前排4个，两侧的2个可消失，后排3个，独立或斑纹扩大，与基缘相接，或小盾片前的中央斑可消失，这样前胸背板共有4个黑斑。小盾片黑色。鞘翅象牙白色，鞘缝黑色，无斑纹，有时一些活体标本的鞘翅基缘外侧及侧缘基大部具鲜黄色斑纹。前胸腹板后基线不完整，向后伸达近腹板端缘再外伸至近腹板侧缘，分支很长，几伸达腹板前角。虫体腹面黑色，但前胸腹板缘折、鞘翅缘折黄白色，雄性中、后胸后侧片白色。足黄褐色，雄性至少后足腿节具黑斑，雌性腿节具黑色斑，或腿节黑色，端部褐色，胫节褐色具黑色区域，或大部分黑色，跗节褐色。爪有近方形的基齿。

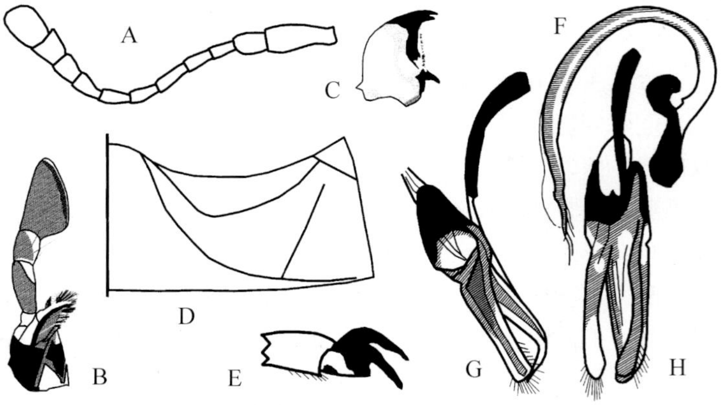

图133　点斑巧瓢虫

A. 触角　B. 下颚须　C. 上颚　D. 后基线　E. 跗爪　F. 弯管　G. 阳基侧面观　H. 阳基正面观

雄性外生殖器形态特征见图133。弯管粗壮，半圆形弯曲；弯管囊外突粗大，内突钩状；弯管端外侧有囊膜，端前区由4～5根丝状突组成。阳基侧面观侧叶近长方形，基部更粗大；中叶基部最厚，逐步向端部减薄，近端部时外弯成大于90°的长钩；阳基正面观中叶长舌形，侧叶稍内弯。

寄主　蚜虫。

分布　西藏（波密通麦2 700m，察隅1 850～2 500 m），云南（泸水1900 m，车里1 050 m），四川，广西，陕西。印度。缅甸。不丹。

104. 德钦巧瓢虫 *Oenopia deqenensis* Jing[9]（图版XVI－104，图134）

体长2.9～3.7 mm，体宽2～2.6 mm。

体卵圆形，背面中度拱起。头黄褐色，头顶常具2个相连的黑斑。前胸背板黄褐色，中线两侧常具2个近“八”字形黑斑，不与背板前缘和后缘相连，有时黑斑扩大，可与后缘相接，但2斑并不相连。小盾片黑色。鞘翅黄褐色，偶尔橙红色或橙黄色，斑纹多变，典型的斑纹为鞘缝黑色，每一鞘翅上具5个黑斑，呈2－2－1排列；斑纹可消失，如鞘翅前2个斑，或外侧2个斑，或肩角斑可消失，有时无斑，鞘缝也为浅色；上述斑纹中，鞘缝也可以是浅色；或斑纹增加，鞘缝3/5处具1个两鞘翅共有的圆形黑斑，或小盾片处具1个共有的黑斑，或在近鞘缝1/3处具1个纵向稍斜置的黑斑，指向第2排的内斑，有时与之相连；或这几个斑相连，从小盾片至鞘缝的3/5形成1个梨形或锚形的大黑斑。虫体腹面黑色，前胸背板缘折、鞘翅缘折黄褐色，中胸后侧片白色，有时腹板两侧褐色。足黄褐色，有时中、后足腿节、胫节具黑斑。

雌、雄外生殖器形态特征见图134。弯管半圆形弯曲，弯管端具包膜，内有几根丝状突。阳基正面观中叶铲状，近方形，中、后部略宽于基部，端缘内凹，两端角较尖；侧叶棒槌形，两端较粗，与中叶等长。阳基侧面观基片与侧叶约等长，侧叶中间弯曲，端部内侧有小三角形突起。受精囊呈“7”字形弯曲，基节较长。

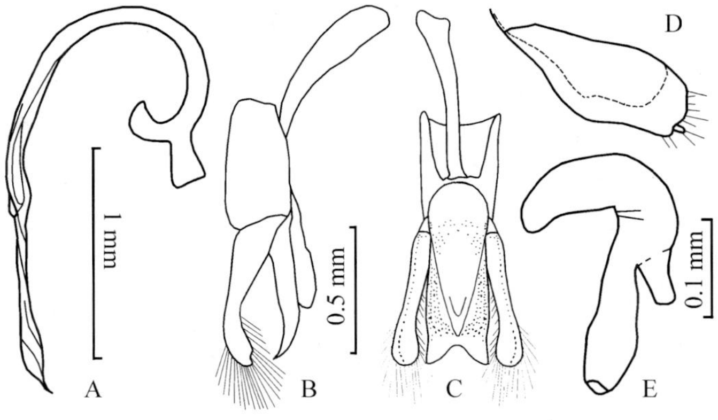

图 134　德钦巧瓢虫（图自经希立，1992）

A. 弯管　B. 阳基侧面观　C. 阳基正面观　D. 生殖片　E. 受精囊

寄主　球蚜。

分布　云南（德钦梅里雪山 3 450 m，丽江 2 800 m，云龙志奔山 2 430 m，维西攀天阁 2 750 m），四川。

本种与十二斑巧瓢虫 *Oenopia bissexnotata*（Mulsant）相近，但后者体较大，鞘翅上共有 12 个淡色斑纹等可与本新种相区别。虞国跃等（2000）把云龙巧瓢虫 *Oenopia yunlongensis* Jing 列为本种的异名。图 134 中的雄外生殖器即为经希立（1992）的云龙巧瓢虫雄外生殖器。

105. 保山巧瓢虫 *Oenopia baoshanensis* Jing[7]（图版XVI－105，图 135）

体长 3. 5～3. 7 mm，体宽 2. 8～3. 1 mm。

虫体近于圆形，弧形拱起。头部黑褐色，口器及触角褐色，复眼黑色。前胸背板黑色，两侧有大型黄褐色斑。小盾片黑色。鞘翅黄褐色，上有黑色波纹状带斑两条，一条位在鞘翅基部，其内侧紧接小盾片及鞘缝，外侧盖过肩胛突起及肩角，但不与翅外缘相连；另一条横贯翅的中部，内侧及外侧分别与鞘缝及翅外缘相连，此外鞘缝具窄条形黑褐斑，翅端尚有一近方形黑褐斑。腹面黑褐色，仅前胸背板缘折全部、鞘翅缘折与背面相对应的部分以及腹部两侧为黄褐色，足亦为黑褐色。前胸腹板两纵隆线前伸达基片距前缘的 1/3 处。中胸腹板前缘的中部略呈弧形后凹，鞘翅缘折约为体宽的 1/7，外侧深深斜向下倾。后基线分二叉但外支甚不明显，仅由内支的近中部细微伸出，先向内再斜向外上方。

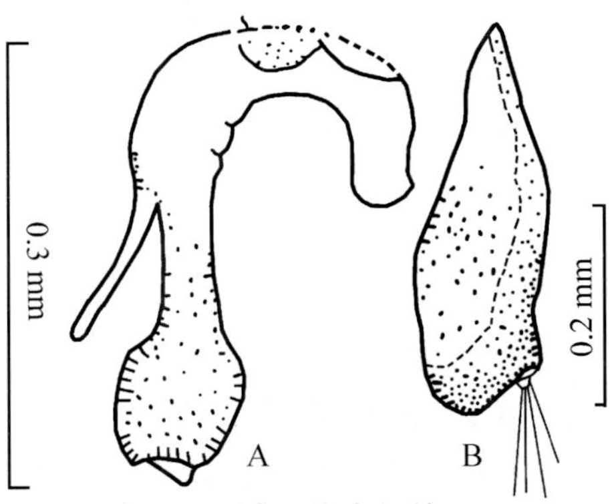

图 135　保山巧瓢虫（图自经希立，1992）

A. 受精囊　B. 生殖片

雌性外生殖器形态特征见图 135。受精囊像一个问号，漏斗管细长；生殖片长形。

寄主　蚜虫。

分布　云南（保山 1 700 m，腾冲）。

本种与粗网巧瓢虫 *O. chinensis*（Weise）在体型大小及雌性生殖器构造上十分接近，

但鞘翅上斑纹以及后基线的形状可与后者相区别。

106. 贡嘎巧瓢虫 *Oenopia gonggarensis* Jing[9]（图版XVI－106，图 136）

体长 3.1～4.2 mm，体宽 2.3～3 mm。

虫体卵形，背面中度拱起。头雌性黑色，额部复眼内侧具一方形黄白斑，或扩大与触角窝相连，雄性复眼中间连线之前的额部黄白色或黄色，触角及口器褐色。前胸背板黄白色或黄色，中基部具黑色大斑，通常雌性黑斑较大，几达前缘，但前缘仍为浅色，雄性黑斑较小，有时在前部中央有一裂口。小盾片黑色。鞘翅奶白色或黄色，鞘缝黑色，每一鞘翅上具 5 个黑斑，呈 1－2－2 排列，基斑位于肩角处，近于圆形，此斑常常扩大，呈 1 个大的四方形斑，斜置，位于鞘翅基部的 1/4；中排的 2 斑位于鞘翅中部稍后，内斑大，斜置，与基斑处于同一纵线上，外斑小；后排 2 斑位于鞘翅的 3/4 处，内斑稍长，外斑小；斑纹多变，斑纹变细小，后排外斑常常消失，甚至后 2 排斑纹均消失，只剩下基部的菱形大斑；有时斑纹扩大，后 2 排的斑纹各自相连，每一鞘翅形成 3 排稍斜向的横斑。腹面黑色，但前胸腹板缘折、鞘翅缘折黄白色（有时鞘翅缘折内线黑色），雄性中胸后侧片白色。足黑色，腿节端及跗节褐色，有时前、中足的腿、胫节具浅色区域，雄性浅色区更大，只有后足腿节具黑斑，或 3 对足全为褐色。

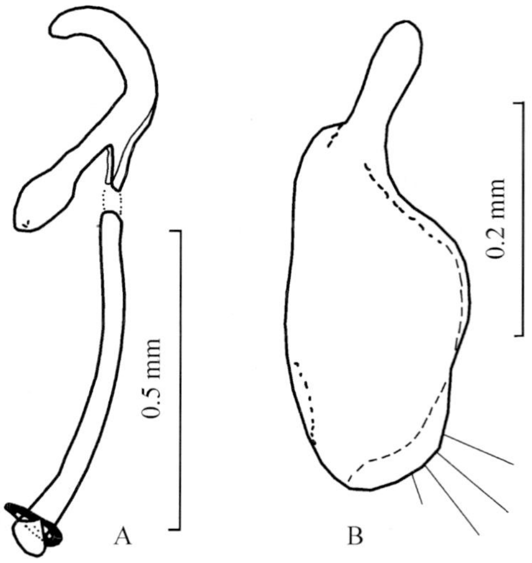

图 136　贡嘎巧瓢虫（图自经希立，1992）
A. 受精囊及漏斗　B. 生殖片

雌性外生殖器形态特征见图 136。受精囊像一个斜置的“7”字形，漏斗特别细长；生殖片像一个具柄的皮囊。

寄主　铁杉球蚜。

分布　四川（贡嘎山燕子沟 2 500 m），云南。

107. 黑胸巧瓢虫 *Oenopia picithoroxa* Jing[9]（图版XVI－107，图 137）

体长 4.6 mm，体宽 3.7 mm。

虫体卵圆形，背面中度拱起。头黑色，有时额部近复眼内侧具一对小褐斑，触角及口器褐色，复眼黑色。前胸背板黑色，两侧缘及前角黄褐色，半透明，但不达背板的后角。小盾片黑色。鞘翅红色，鞘缝黑色，较窄，翅缘浅色，半透明。虫体腹面（包括中胸后侧片）黑色，前胸背板缘折外侧、鞘翅缘折黄褐色。足黑色，但腿节端及跗节褐色。

本种的雄性外生殖器与龟纹巧瓢虫非常相似。雌性生殖器形态特征见图 137。

分布　四川（贡嘎山 2 700 m，宝兴泥巴沟），陕西。

本种与黄褐巧瓢虫 *Oenopia flavidbrunna* Jing 甚为相近，但头及前胸背板黑褐色以及雌性生殖器构造明显不同，可与之区别。

108. 兰坪巧瓢虫 *Oenopia lanpingensis* Jing[7]（图版XⅦ－108，图138）

体长 3.1～4.6 mm，体宽 2.5～3.3 mm。

虫体卵圆形，弧形拱起，背面光亮。头部黑色，而额区复眼内缘各有一黄白色半圆形斑。口器及触角褐色，复眼黑色。前胸背板黑色，前缘具一细窄黄白色线斑，两前角各有一三角形黄白色大斑，与前缘斑相接。鞘翅橘黄色，两侧缘黄白色并镶有黑色线条斑，鞘缝上黑色线条斑较粗。虫体腹面黑色，仅前胸背板缘折与背面三角形斑相对应部分为黄白色，而鞘翅缘折为黄褐色。足亦黑色，仅跗节褐色。前胸背板缘折前 1/3 的下凹浅而不明显。前胸腹板突高高拱起。两纵隆线甚为靠近，平行前伸超过基片 1/2 以上。鞘翅缘折较为平坦。仅中部略拱起。后基线分两叉，但外支甚不明显。

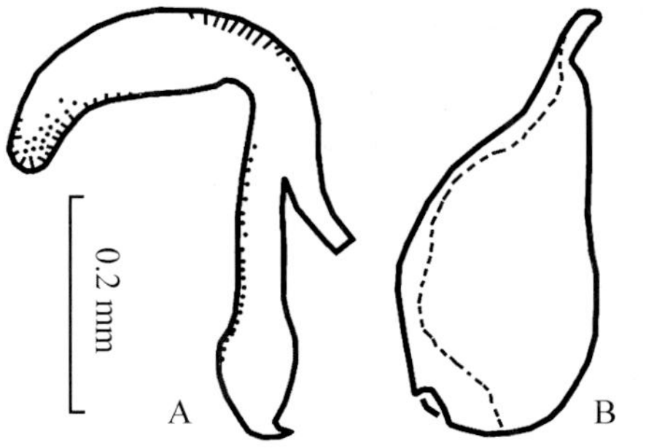

图 137　黑胸巧瓢虫（图自经希立，1992）
A. 受精囊　B. 生殖片

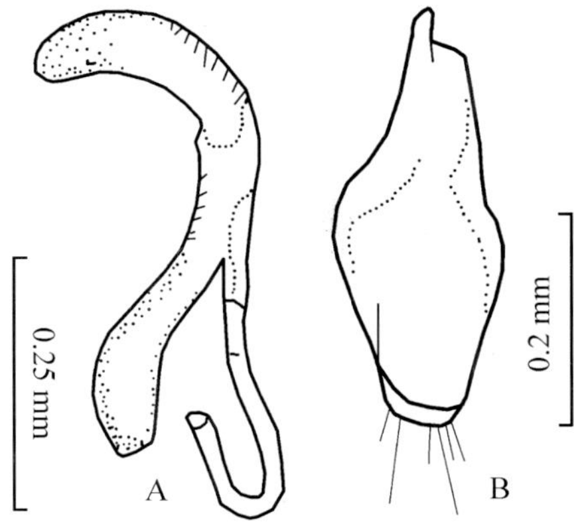

图 138　兰坪巧瓢虫（图自经希立，1992）
A. 受精囊及漏斗管　B. 生殖片

雌性外生殖器形态特征见图 138。受精囊广弧形弯曲，漏斗管细长，“U”形弯曲；生殖片像已经破口的酒瓶。

寄主　蚜虫。

分布　云南（兰坪 2 300 m）。

本种与黑胸巧瓢虫 *Oenopia picithoroxa* 甚为接近，但前胸背板缘折的凹陷及后基线的外支均不明显，雌性受精囊及生殖片形状均可与之区分。

109. 六斑巧瓢虫 *Oenopia sexmaculata* Jing[16]（图版XⅦ－109，图139）

体长 3.4～3.8 mm，体宽 2.6～3 mm。

虫体周缘卵圆形，背面圆鼓。雄虫头部黄色，雌虫黑色。触角、口器浅褐色。前胸背板黑色，两前角具黄色大斑。小盾片黑色。鞘翅黑色，每鞘翅具 3 个黄斑：小盾斑位于小盾片的两侧，近于圆形，前缘达鞘翅基缘，后缘达鞘翅前 1/5 处，缘斑为圆形，大于小盾斑，位于中线之外，近于鞘翅长的 1/2 处；端斑也为圆形，与缘斑等大，位于端角处，与小盾斑近于同一条线上。腹面黑色，但前胸背板缘折前半的外侧、前足基节端部及中胸后侧片为黄色。足浅褐色。

虫体背面刻点细小，均匀分布，鞘翅上的稍深，而鞘翅外缘沟槽内的更深。头宽为前胸背板宽的1/2，眼间距为头宽的1/2，唇基前缘微内凹且无窄边，触角的长度大于眼间距，两者长度之比约为4∶3，第10节宽大于长，梯形，第11节长、宽约等，端缘斜切。上唇表面平坦，前缘齐平，上颚仅尖端露于上唇之外。前胸背板横宽，基部明显宽于前部，中线长度略小于前胸背板宽度的1/2，前缘呈梯形内凹，两侧缘弧形，略向上翘，基缘宽弧形，前角钝圆，基角近于直角。小盾片宽大，约为体宽的1/10，三角形，两侧中部微内凹，底边大于两侧边。鞘翅基缘略宽于前胸背板基缘，两侧向外略平展，内侧沟槽窄，外缘隆边窄而明显，向末端骤窄缩，直伸达末端。前胸腹板突两侧几平行，两纵隆线前伸，几乎伸达前胸腹板的前缘。中胸腹板前缘中部呈浅三角形内凹。前胸背板缘折前半有近圆形黑色的下凹。鞘翅缘折宽，最宽处的宽度约为体宽的1/7，内侧横平，外侧倾斜，外隆线不伸达末端，但仅消失在端末之前，在相当于前、中足及后足的部位有浅凹以承受股节的末端。后基线趋于完整，向下伸至第1腹节后缘再弯向前，斜行终止于前缘之前。爪的基齿直角形。

雄性外生殖器形态特征见图139。弯管粗壮，基半部弧形弯曲，内突小于外突，有端区和端前区，端区细管状，端前区由两个指状突组成；阳基中叶像战国时期铸造的古钱币“方足布”样的铲状叉，端缘中间凹陷，两侧角前伸，略短于侧叶。雌性受精囊形态特征见图139－C。

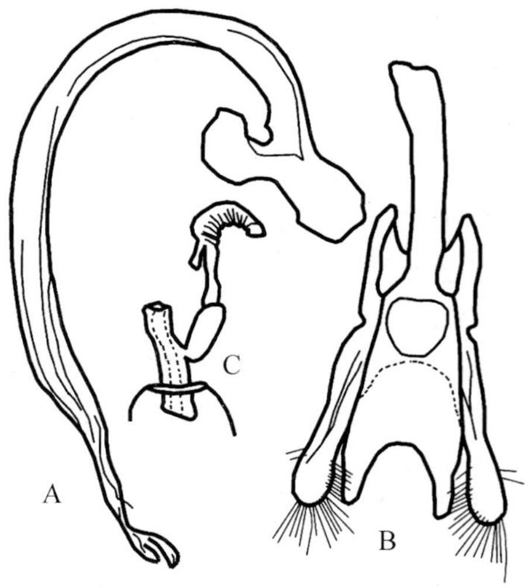

图139　六斑巧瓢虫（图自经希立，1986）
A. 弯管　B. 阳基正面观　C. 雌虫受精囊

分布　四川（泸定磨西1 650 m，汶川映秀900 m，卧龙木江坪1 200 m），陕西，湖北，广西，贵州。

本新种与粗网巧瓢虫 *O. chinensis*（Weise）相似，但鞘翅斑纹的位置以及雄性外生殖器的形态特征与之区别明显。后者鞘翅的缘斑正位于肩胛之外侧。

110. 黄褐巧瓢虫 *Oenopia flavidbrunna* Jing[16]（图版XVII－110，图140）

体长4.2～4.8 mm，体宽3～3.3 mm。

虫体椭圆形，背面基色浅黄褐色。头的基部有2个近三角形的黑斑，斑的前缘未伸达头长的1/2。复眼灰黑色或黑色，周缘浅色。上颚端部褐色。前胸背板中央有2个“S”形黑斑，斑的后缘与背板基缘相接，斑的前缘接近但未伸达背板前缘。小盾片的3个边缘均呈黑色。鞘翅上不具任何斑纹。虫体腹面黑色，但前胸背板缘折、鞘翅缘折黄褐色，雄性中胸后侧片白色，腹部两侧褐色。足黄褐色。前胸腹板突具2纵隆线，相距较窄，伸达腹板（包括腹板突）的2/3。第1腹板后基线具分支。

头部及前胸背板的刻点细而浅，刻点间有网状布纹；鞘翅上刻点粗而深，无网状布纹，但接近两侧缘的1～2排刻点变粗而大。头的宽度不及前胸背板宽的1/2，眼间

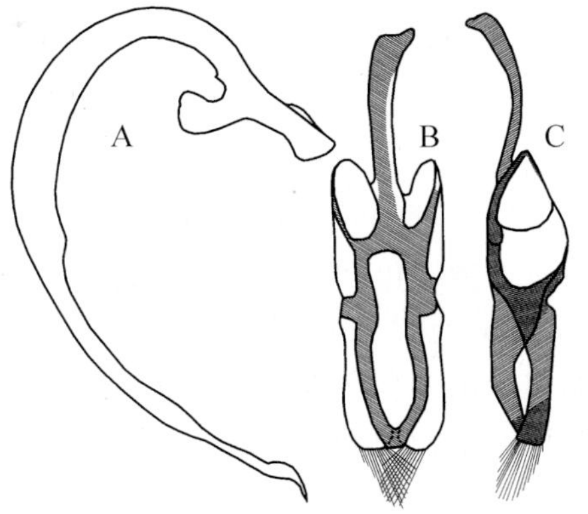

图140 黄褐巧瓢虫（仿任顺祥，2009）
A. 弯管 B. 阳基正面观 C. 阳基侧面观

距与头宽之比为1∶1.6。触角长度几乎与额宽相等。前胸背板宽与头宽之比为1∶1.8，其中线长为宽的1/3，两侧缘有极细的隆边，隆边内侧有窄沟槽。小盾片宽约为体宽的1/12。鞘翅的基缘平直，两侧略向外伸展，两侧缘有宽隆边，伸至近末端窄缩。前胸背板缘折前1/3内侧有近三角形内凹。前胸腹板两纵隆线之间部分甚窄，纵隆线前伸达基片长的1/2。中胸腹板前缘中央极轻微弧形内凹。鞘翅缘折宽度约为体宽的1/8，外半略倾斜。后基线分两叉，一支弧形向后、向外伸，终止于接近第1腹板的外侧缘；另一支在距第1腹板外侧的近1/4处向外向上斜伸，终止于前缘之前。爪的基齿锐角形。

雄性外生殖器形态特征见图140。阳基正面观中叶舌形，端部收窄，中叶与侧叶等长。弯管基半部半圆形弯曲，弯管囊内突粗短，外突宽而长，弯管端部分扩展成三叉状。

分布 云南（昆明2 200 m），四川（康定2 080 m）。

本种与龙斑巧瓢虫 *O. dracoguttata* 近似，但前胸背板的斑纹不同，鞘翅上不具斑纹以及雄性外生殖器的形状等都有别于后者。

兼食瓢虫属 *Micraspis* Chevrolata，1836

本属瓢虫体长3～5.5 mm，宽卵形、圆形或宽于长，背面高度拱起。与其他瓢虫族相比，本属瓢虫的小盾片很小，不及前胸背板的1/10或体宽的1/20；前胸背板缘折无凹陷，腹板突具2条平行的纵隆线或无；第1腹板后基线不完整，几达后缘后伸向外侧；足的胫节端无刺距，爪具基齿。[9]

本属分布于亚洲、非洲和太平洋地区，Iablokoff-Khnzorian（1982）记录了古北区和东洋区13种，我国已知8种，包括以下记述的1新种，我国已有9种，其中西藏有4种。

111. 稻红瓢虫 *Micraspis discolor*（Fabricius）[1]（图版XVII－111，图141）

体长3.9～4.9 mm，体宽3.1～3.9 mm。

虫体宽卵圆形，呈半圆形拱起，表面光滑不被细毛。全体红色至橘红色，头部、前胸背板和腹面基色常浅于鞘翅背面的基色。复眼黑色。前胸背板斑纹变异甚大，基本型为3对黑斑，第1对三角形，位于背板基缘中线两侧，第2对圆形，在背板1/2处，紧靠中线，第3对圆形、在背板侧缘内侧。主要变异为：①除上述斑纹外，在中线基部还有纵形小斑纹，基部与黑色后缘相接。②三角形斑与侧斑连接，甚至连成一个大斑而达侧缘。③三角形斑与背板中央两斑相连。④全部斑点相连，以致形成一个大黑斑。⑤侧斑消失。⑥侧斑及背板中央两斑消失，只具黑色后缘及三角形斑。⑦侧斑及中央两斑均消失，三角形斑也几乎全部消失，只具黑色后缘。⑧黑色后缘中央部分消失，其他斑点不显见。小盾片黑色。鞘翅边缘具细窄黑线，在鞘缝上成窄纵条。腹面基色较鞘翅色浅，后胸腹板，第 1 ~ 4 腹板中央黑色，只第 1 腹板中央色泽略浅，有时黑色部分还显现于中胸和前胸腹板及后胸前侧片上。足基色与腹面色泽相同，腹面黑色部分较少的个体，后足股节及基节大部分为黑色；黑色部分较多的个体除后足股节及基节黑色外，中足和前足股节和基节亦大部分为黑色。

头部、前胸背板刻点较细，头部最细，前胸背板最浅，在鞘翅上刻点最为深圆，且略粗于头部和前胸背板上的刻点。复眼内缘平直，靠近触角基部附近有楔形凹入，小眼面细。触角 11 节，长过额的宽度。唇基不向复眼前侧伸延，前缘齐平。上唇长宽，前缘齐平。前胸背板两肩角钝圆，前缘凹入，凹入底缘略向前凸出，外缘细隆起，纵槽不深，基角不明显。小盾片甚小，小于一鞘翅基缘长度的 1/12。鞘翅肩角掀起，掀起部分在鞘翅基部边缘急剧弯曲，肩胛不突起，不明显，鞘翅边缘细窄隆起，纵槽极浅。前胸腹板纵隆线平行，由后缘伸达腹板中部。中胸腹板前缘中部浅微凹入。后胸腹板侧隆线围绕前突前缘。鞘翅缘折最宽处相当于后胸腹板的 1/3。后基线向下伸向第 1 腹板后缘而沿后缘伸达侧缘处。雄虫第 5 腹板后缘齐平，第 6 腹板中部平坦，后缘圆凸。雌虫第 5 腹板后缘中部微微外凸，第 6 腹板中部有纵隆起，后缘尖圆凸出。爪不分裂，基部具齿。

雄虫外生殖器形态特征见图 141。阳基粗壮，中叶与侧叶等长，侧面观中叶逐渐向端部减薄，即内缘直，外缘斜直，端部尖锐、外弯；侧叶宽阔、弯曲。阳基正面观中叶宽扁，基部最宽，端部收缩并向背面弯曲，末端平直。弯管粗大，广弧形弯曲；弯管囊外突长于内突；弯管体有背沟；端区和端前区约等长，端区前半膨大、端部圆钝，端前区由 3 片叶状突组成。

寄主　稻蚜，麦蚜，菜蚜，稻蓟马，叶蝉，飞虱。取食三化螟卵块并兼食水稻、玉米等作物的花药。

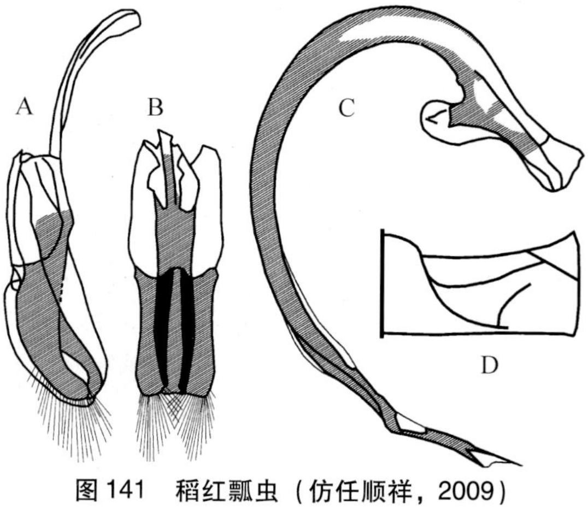

图 141　稻红瓢虫（仿任顺祥，2009）

A. 阳基侧面观　B. 阳基正面观　C. 弯管　D. 后基线

分布　西藏，云南（元江 400 m，沧源 750 m，德宏，临沧，思茅，玉溪，红河，文山，西双版纳 600 ~ 1 500 m），四川（泸定德威 1 230 m），陕西，河北，河南，江苏，上海，浙江，江西，福建，台湾，广东，香港，海南，广西，贵州。日本。菲律宾。泰国。越南。马来西亚。印度尼西亚（爪哇）。印度。斯里兰卡。

112. 四斑兼食瓢虫 *Micraspis allardi* Mulsant（图版XVII－112，图 142）

体长 3.5 ~ 5 mm，体宽 3 ~ 4 mm。

虫体近圆形，呈半球形拱起，背面光滑无毛。头部深橘黄色，无斑，复眼黑色，触角、口器黄褐色。前胸背板基色深橘红色，每侧的基缘有一个外大内小的梯形黑斑；前胸背板缘折深橘红色。小盾片深橘红色。鞘翅外缘弧形，有0.2 mm的宽展部分，橘黄色。鞘翅基色橘红色，小盾片后沿鞘缝具一长形黑斑，一直到达鞘翅末端。每一鞘翅上具有2个大黑斑，中部的黑斑横长形，中间向前弯，外侧接近鞘翅边缘，内侧远离鞘缝；后一个黑斑似横置的逗号，远离鞘缝和翅端。鞘翅缘折基部宽阔，完整到达鞘翅末端，从基部的橘红色到外侧和末端的黑褐色。腹面及足完全黑褐色。

头部和前胸背板刻点细密，鞘翅上刻点则较浅，只在外缘附近刻点较大。头部在复眼前窄缩前伸，复眼卵圆形伸展到腹面，小眼面细。触角11节，锤节紧密；第1节最长，第10节最宽，端节半球形。前胸背板前角圆尖，外缘弧形，后角圆形，后缘弧形弯曲。小盾片三角形，两边斜直。鞘翅基缘近于平直，肩胛不十分明显。后基线不完整，仅斜伸至腹板后缘，没有分支。足发达，各足股节背、腹面中央黑色，前足股节黑斑小，中足黑斑约为股节长度的1/3，后足约为2/3；胫节都具有刺距两个，爪完整，具基齿。

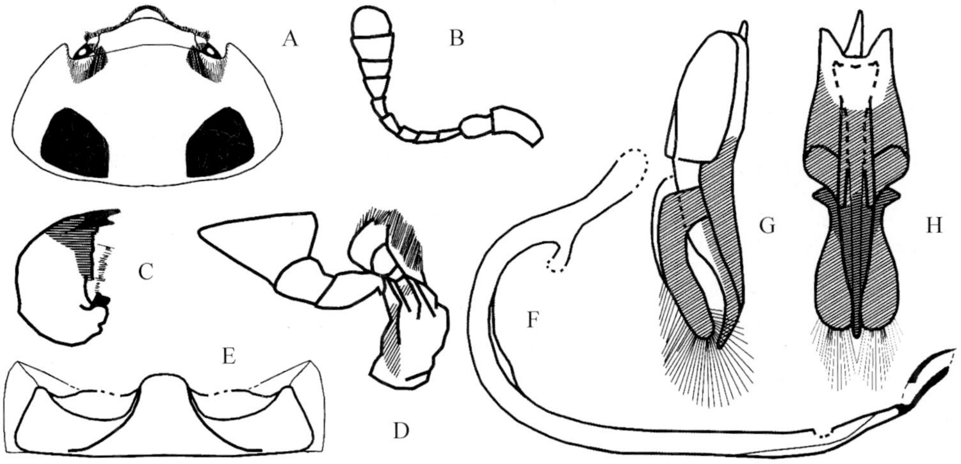

图142　四斑兼食瓢虫

A. 头部　B. 触角　C. 上颚　D. 下颚须　E. 后基线　F. 弯管　G. 阳基侧面观　H. 阳基正面观

雄性外生殖器形态特征见图142。弯管从基部的淡褐到端部的深褐色，内突细小，外突粗长，约为内突长度的3倍；弯管前半弧形弯曲，后半段较直，近端部1/6处有一内凹的缺切，然后弯管收缩，形成端区，端前区分裂为两根褐色、细长的骨化延伸物。阳基黄褐色至黑褐色，从正面观，中叶基部最宽，端部尖细；侧叶基部窄小，然后迅速扩大，到1/3处至末端两侧缘几乎平行；侧叶端部具细密的长毛。

分布　西藏（察隅县下察隅2 000 m），云南（高黎贡山，勐海），福建，海南。印度。巴基斯坦。菲律宾。阿富汗。印度尼西亚。越南。尼泊尔。

113. 黑条兼食瓢虫 *Micraspis univittata* Hope（图版XVII－113，图143）

体长3.5～4.4 mm，宽2.7～3.7 mm。

虫体光亮。橘黄色至黄褐色。头及前胸背板色浅于鞘翅。复眼灰黑色，上颚尖端、上唇背面及额的中央褐色。前胸背板基缘中线两侧有1对三角形黑斑，各斑内侧角向内延伸并于中央彼此相连，外侧角向外延伸与基角的三角形黑斑连接；中部近中线附近有1对圆形黑斑。小盾片黑色。鞘翅周缘及鞘缝上具黑色窄纵条，每鞘缝中线上自前缘至端角前1/5处具一黑色纵条斑。腹面中胸及后胸后侧片黄色，后胸的大部、腹部中央部分及鞘翅缘折外缘黑褐色，其余部分同于背色。足的股节黑褐色，股节端、胫节及跗节黄褐色。前胸背板两侧缘透明，具上翘的细窄隆线。鞘翅基缘向外侧斜伸，至背板基角的内侧处向前弧形弯曲，两侧缘具窄隆线，其内侧的沟内有1~2排最粗而深的刻点。前胸腹板基片较长，约与腹板突长度相等，二纵隆线仅伸至基片的后1/3处。鞘翅缘折为体宽的1/6，外半向上斜翘，外隆线仅伸达第3腹板后缘。后基线向下弧形伸出，再沿腹板后缘外伸，止于外侧缘之前。爪的基齿锐角形。

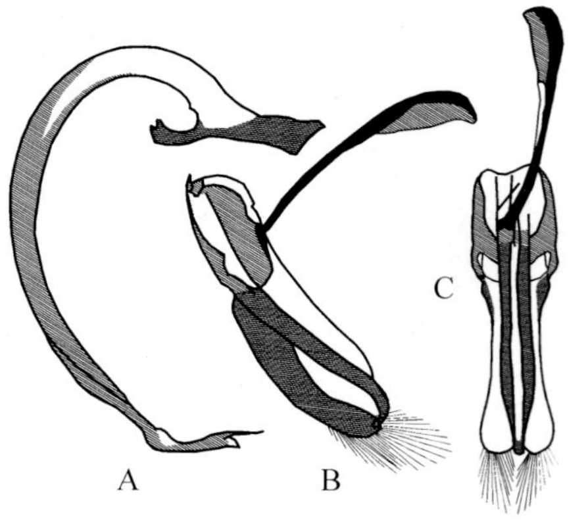

图143　黑条兼食瓢虫（仿任顺祥，2009）
A. 弯管　B. 阳基侧面观　C. 阳基正面观

雄性外生殖器形态特征见图143。阳基正面观中叶长舌形，与侧叶等长，中部最宽；侧叶基部较宽，中部收窄，端部膨大。从侧面观，中叶基部最厚，然后逐步减薄，到端部形成外弯的钩状。弯管较粗壮，弯管囊色深，外突略长于内突，具明显的端区和端前区，端前区由2根粗壮的针状突组成。

寄主　蚜虫。

分布　西藏（墨脱700~800 m，墨脱背崩800~1 000 m）。印度。尼泊尔。越南。

114. 加热萨兼食瓢虫 *Micraspis jiaresaensis* Hu & Wang, sp. nov.，新种（图版XVII－114，图144）

体长5.6 mm，体宽5.1 mm。

虫体卵圆形，背面拱起。头部黄色，复眼、上颚末端黑色。前胸背板草黄色，无斑纹，边缘色略淡于中间。小盾片深黄色。鞘翅草黄色，无斑纹。虫体腹面淡黄色。从外形和颜色上看，与草黄裸瓢虫十分相似，只是体型更小。

虫体背面刻点细密而浅，不成行列状。触角11节，短，仅有头宽的0.77倍。下颚须末节长形，端缘斜截。前胸背板前缘深凹，后缘弧形突出；前胸腹板突纵隆线不十分明显，但深色的边缘中间有1个明显的"V"形淡色区。鞘翅缘折非常宽阔，是腹部最宽处的0.44倍，达到鞘翅末端，无凹陷。后基线不完整，伸达第1腹板后缘后即行终止。中、后足胫节末端均无刺距；爪均具方形的基齿。

雄性外生殖器形态特征见图144。弯管基半部弧形弯曲，弯管囊外突大于内突，端半部略膨大；具端区和端前区，端区为短的管状，然后似有一即将断裂的缺口，再进入长长的钢丝状弯钩端前区；生殖器在体内时，弯管插入阳基内，端前区从基部形似断裂的地方弯折紧贴到阳基的腹面。阳基侧面观基片近方形，中叶基部最厚，端部形成外弯的弯钩；侧叶亦是基部最粗大，端半部密生长毛，端部有一向内的小弯钩。阳基正面观，中叶端部 2/3 略膨大，端部缩小，略长于侧叶。

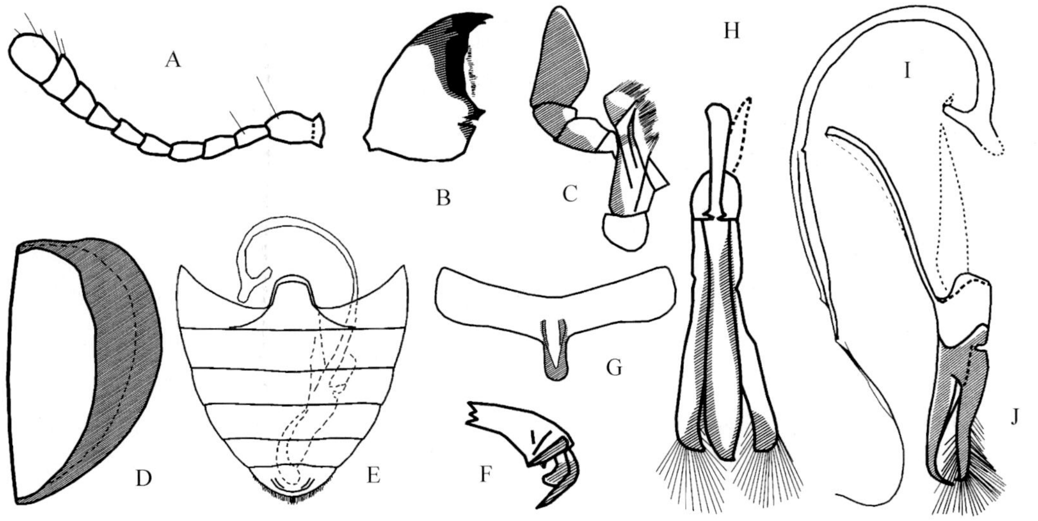

图 144（Fig. 144）加热萨兼食瓢虫 *Micraspis jiaresaensis* Hu & Wang，sp. nov.

A. 触角（antenna）　B. 上颚（mandible）　C. 下颚须（maxilla）　D. 鞘翅缘折（elytra marginfold）　E. 雄虫腹板（sternite of male）　F. 中足跗爪（claw of middle leg）　G. 前胸腹板突（prosternum）　H. 阳基正面观（phallus，ventral view）　I. 弯管（sipho）　J. 阳基侧面观（phallus，lateral view）

正模，♂，西藏墨脱县加热萨，2 100 m，2012－7－20，王保海采，玻片标本 Na5。

本种在外形上酷似草黄裸瓢虫 *Calvia albida* Bielawski，但本种的体型更小，颜色也更偏黄，触角也更短，生殖器的差异也非常大。从生殖器的弯管和阳基侧面看，本种与乡城黄壮瓢虫 *Xanthadalia xiangchengensis* Jing 相似，但阳基正面观差异很大，弯管的端区和端前区也有明显差异，后者的端区比本种长，端前区比本种短。因此，都可以明确区分。

这是一种比较独特的瓢虫，从阳基、体型（具很宽的鞘翅缘折）看，本种还接近于越南的葵州兼食瓢虫 *Mononeda quichauensis* Hoang，1982。虞国跃（2010）记录了葵州兼食瓢虫在中国的分布，并把它归为兼食瓢虫属 *Micraspis*，但本种鞘翅无斑纹，雄外生殖器差异也很大，容易与本种相区别。

114. *Micraspis jiaresaensis* Hu & Wang，sp. nov.，Plate，XVII-114，Fig. 144

Its length is 5. 6mm，and its width is 5. 1mm.

The body is oval，back arch upward. Head is yellow，and compound eyes and end of mandible are black. Pronotum is grass yellow，without spot and streak. The venter is slightly yellow. Color and external feature just like *Halyzia straminea*（Hope），but the body type is smaller.

The punctuations on back are fine，close and shallow，but not range to rank. Antenna is 11 segments，short，0. 77 times of head width. The final segment of maxillary palpus is elongate, and terminal margin is bevel. Front margin of pronotum is cupped deeply, and posterior margin is wraparound projecting. Prothorax sternum apophysis longitudinal carina is not obvious, and the deep color margin with an obvious "V" like light color area. Elytra marginfold is broad, 0.44 times of the widest of abdomen, and arrive elytra terminal, but without indentation. Posteoxal line of the first abdominal segment is incomplete, ending at posterior margin of 1st abdomen segment. There is no spur or acantha at middle legs and hind legs tibia, but square basal odontoid on claw.

Figure 144 shows the male genitalia. Basal part of sipho arch bends, and outer process of siphonal capsule is larger than inner one. Terminal part is slightly swollen. The end part is shortly tubular with fracture-like gap. Area before the end is long hook-like . Inside its body, sipho insert phallus, the area before the end gap that like cracked close to the venter of phallus. In lateral view: phallus is nearly square; base of middle lobe is the thickest, and apex curved outwards just like hook; base of lateral lobes are thick and large, with dense hair on the terminal part, and there is a inner curved hook on the apex. In ventral view: 2/3 of middle lobe terminal is slightly swollen, narrow at apex, longer than lateral lobes.

Holotype: male, Jia Resa, Motuo County (2100m), Tibet, 20, Ⅶ, 2012, collected by Wang Bao-hai, specimens slide number: Na5.

This species features are like *Calvia albida* Bielawski, but this spices body type is smaller, and more yellow, antenna shorter, with significant difference in genitalia. In lateral view of siphon and phallus, this species is similar to *Xanthadalia xiangchengensis* Jing, but differ in ventral view of phallus, terminal part and front of terminal part are obviously different, the last species terminal part longer and front of terminal part shorter than this species.

In aspect of phallus and the body type, this species is similar to *Mononeda quichauensis* Hoang, 1982. Yu Guo-yue (2010) had record distribution of *Mononeda quichauensis* Hoang, 1982 in China, and included it in *Micraspis*, but there is no spot on elytra of this species, and the genitalia is different.

食菌瓢虫族 Psylloborini

本族的主要特征是上颚末端分裂为5～8个小齿，适于取食真菌孢子，在食性上与其他瓢虫亚科的种类有差异。唇基的两前角通常不向前突出，但在素菌瓢虫属 *Illeis* 中，唇基前角突出，有些特殊。因此有人把它放入瓢虫族中。[9]

素菌瓢虫属 *Illeis* Mulsant，1850

素菌瓢虫属 *Illeis* 隶属于瓢虫科、瓢虫亚科、食菌瓢虫族。该属特征：虫体圆卵形，体色常为黄色，仅在前胸背板基缘有2个黑斑；下颚须末节扇形或称团扇形；前胸背板近基部最宽而向前收窄；第1腹板前突较宽，足股节末端不露出于鞘翅外缘之外。雄性外生殖器的弯管简单，无纵沟，中部至末端之前不肿大，弯管端弯曲、扩宽或形成端区。

素菌瓢虫主要取食作物、果树等上白粉病菌的菌丝及孢子，可抑制白粉病的发展，但也可传播孢子。过去一些学者错误鉴定我国的素菌瓢虫属仅有素鞘瓢虫 *Illeis cincta*（Fabricius）1 种，经希立等通过对素菌瓢虫属 *Illeis* 的研究，确认以前所指素鞘瓢虫 *Illeis cincta* 实际上仅产于印度及斯里兰卡。到目前为止，旧大陆共记录本属 12 种，国内记录有 6 种。[9]

115. 狭叶素菌瓢虫 *Illeis confusa* Timberlake（图版XVII－115，图 145）

体长 3.7～5.5 mm，体宽 2.8～4 mm。

虫体圆卵形，体色为黄色，仅在前胸背板基缘有 2 个黑斑；黑斑上下和内缘近圆形，外缘斜直。触角 11 节，基节和末节最粗；第 5、7、9～11 节外端角十分明显地向外扩展突出；第 11 节基部细小，不及端缘宽度的 1/2；下颚须末节扇形，端缘无绒毛。前胸背板扁圆形，前缘浅弧形内凹，近基缘 1/5 处最宽；复眼几乎全部被前胸背板所遮盖。虫体腹面黑色，前胸腹板突纵隆线平行向前伸出，到达前胸腹板的中央；后基线不完整，也没有分支。

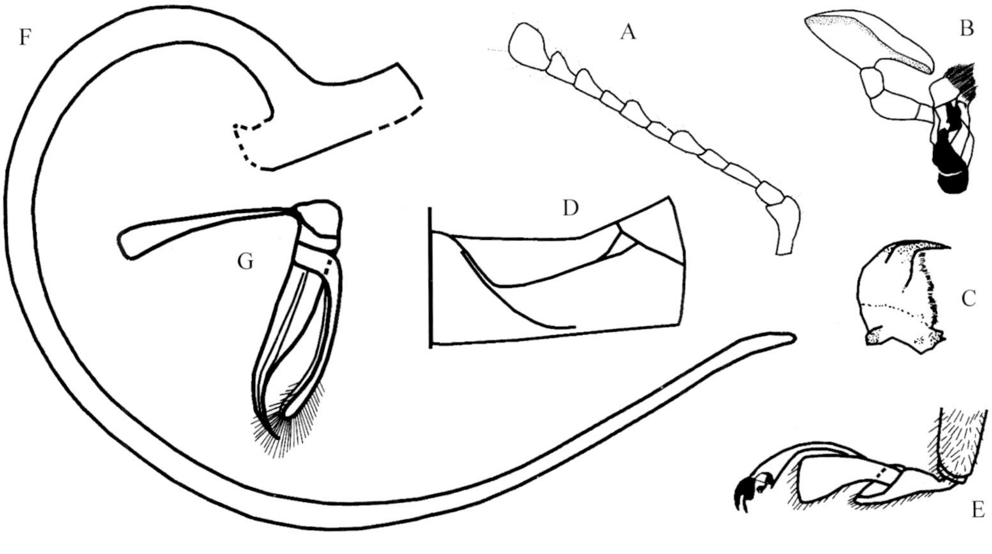

图 145　狭叶素菌瓢虫

A. 触角　B. 下颚须　C. 上颚　D. 后基线　E. 后足跗节和爪　F. 弯管　G. 阳基侧面观

雄性外生殖器的特征见图 145。阳基中叶侧面观由基部至端部逐步缩小，末端尖锐且明显弯向侧叶；侧叶端部略膨大呈圆柱形并弯向中叶，密生细长的毛。弯管细长，弧形弯曲；内、外突淡黄色，内突明显小于外突，边界不十分清晰；弯管中部加深为褐色，并一直保持到端部。

分布　西藏（察隅农场 2 000 m），云南（梁河，盈江，景东 300～1 050 m），浙江，广东，广西，香港。尼泊尔。越南。泰国。印度。

116. 柯氏素菌瓢虫 *Illeis koebelei* Timberlake[4] **（图版XVII－116，图146）**

体长3.5～5.1 mm，体宽3～4 mm。

虫体卵圆形，稍扁平，体色黄色，背面光滑无毛。头黄白色，前胸背板黄白色，在其后缘中部两侧各有一圆形黑斑。小盾片和鞘翅黄色，鞘翅无斑纹。虫体腹面中央黄褐色，雄虫第6腹板后缘中央内凹，雌虫第6腹板后缘凸出。

雄性外生殖器的特征见图146。阳基和弯管均细长。弯管简单，无纵沟，中部至末端前不肿大，端部之前直而不收窄，末端钝圆；阳基正面观中叶长矛状，长于侧叶。阳基侧面观中叶基部最厚，逐步向末端减薄，末端尖锐；侧叶基、端部等宽，弧形内弯，端半部具浓密的长毛。

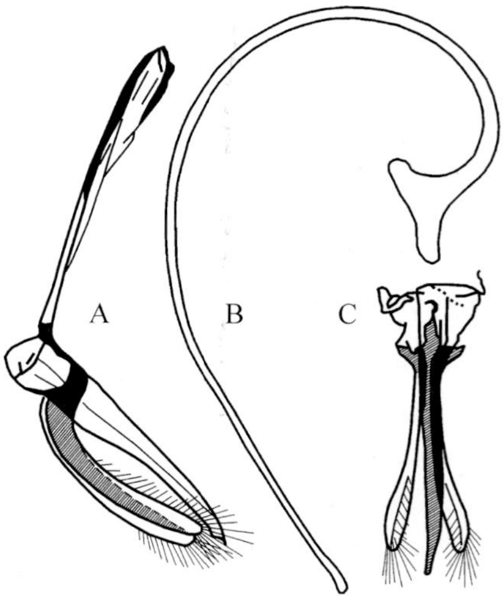

图146　柯氏素菌瓢虫（仿任顺祥，2009）

A. 阳基侧面观　B. 弯管　C. 阳基正面观

寄主　白粉病菌的孢子及菌丝。

分布　云南（怒江，大理，昆明，东川，兰坪，禄劝，漾濞1 900～2 500 m），四川（泸定磨西1 500 m），河北，山西，广西，福建，台湾，日本。朝鲜。

黄菌瓢虫属 *Halyzia* Mulsant，1846

黄菌瓢虫属 *Halyzia*，体长卵形至宽卵形，体长5～8 mm。背面拱起较弱。触角明显长于头宽，锤节连接疏松。下颚须大，端节斧状，宽约为长的2倍，其内缘、外缘、顶缘长度之比约为1:2:2。前胸背板前缘浅内凹，全面盖住复眼，缘折无下凹。鞘翅两侧平展较宽。前胸腹板无纵隆线或具纵隆线，但不达前缘。后基线甚短，短于腹板长的1/2。我国记述有5种，其中西藏分布有3种。经希立（1987）记述的点斑菌瓢虫由虞国跃（2010）确定为翠豆裸瓢虫 *Calvia albida* Bielawski 的异名。[9]

117. 梵文菌瓢虫 *Halyzia sanscrita* Mulsant[1] **（图版XVIII－117，图147）**

体长5.2～6.1 mm，体宽4.1～5 mm。

虫体宽卵形，弧形拱起，背面光滑无毛，复眼全部为前胸背板所遮盖。头部黄白色，无斑纹，复眼黑色，触角、口器褐黄色。前胸背板褐色，靠近侧缘前部与基部各有1个四边形白斑，后者达于后缘。此外，后缘中部亦有1个中型白斑，其前缘中部前伸至背板中部或至前部。小盾片黄白色。鞘翅褐色，除鞘缝白色外，各有4行白斑纹：第1行靠近外缘，由4个距离相等的长形白斑纹组成，最末一斑伸达外缘，第2斑斜卧；第2行为一条纹，在中、外线间，自肩胛下伸到2/3处；第3行亦为条斑，自中线向下伸到1/2处略向内弯，且膨大为圆形斑，把第4行斑纹隔为前后2段；前段第1

斑达前缘，圆形，后者长形，两斑有时连成一条；后段两斑位于2/3及5/6处，第4行斑纹靠近鞘缝。腹面褐色到褐黄色，有时边缘略浅。足褐色至黄褐色。

头部刻点较粗稀且深，前胸背板刻点细浅，鞘翅刻点最深且细密，边缘稀疏。复眼椭圆形，小眼面略粗，在触角基处有钝角形凹入。触角11节，长为头宽的1.5倍，锤节各节结合不紧密，端节前侧斜尖。唇基前缘基本齐平，上唇横长，上颚具5个小齿，下唇须端节显著斧形。前胸背板平坦，几乎不拱起，前缘弧形内凹极浅，侧缘明显向外伸展，前3/5斜直，后2/5弧形，在侧缘内有宽深纵凹，前角钝圆，后角明显伸出，后缘两侧微凹，中部齐平。小盾片等边三角形。鞘翅肩胛突起，基缘在肩胛内侧有斜凹，肩角部分掀起，肩角宽圆，侧缘明显向外伸展，外伸部分同拱起部分缓渐连接，无明显分界。缘折至端末仍然十分明显，大部分斜倾，仅内侧前2/3稍横平，内缘明显隆起，被有短的细毛，最宽处近于胸宽的1/4。前胸腹板自后突至中部平扁，前部拱起。中胸腹板前缘中部弧形浅内凹。后胸腹板侧隆线围绕前突前缘。后基线极短，斜伸到腹板中部弯向外伸，但骤然消失。雄虫第5腹板后缘齐平，第6腹板后缘弧形内凹。雌虫第5腹板后缘中部舌形略外凸，第6腹板后缘尖圆凸出，中央纵凹，具有直缝。爪不分裂，基齿宽大、尖锐。

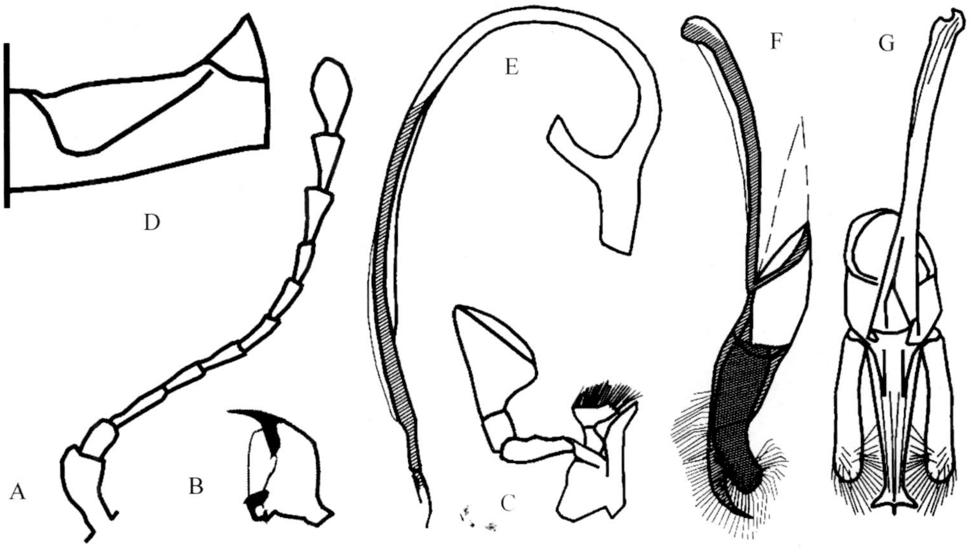

图147　梵文菌瓢虫

A. 触角　B. 上颚　C. 下颚须　D. 第1腹板　E. 弯管　F. 阳基侧面观　G. 阳基正面观

寄主　白粉菌。

分布　西藏（聂拉木2 200 m，林芝3 000 m，亚东3 900 m，察雅3 100 m，波密2 700 m，芒康海通2 950 ~ 3 050 m），云南（中甸翁水3 000 m，中甸冲江河2 300 m），四川（巴塘2 600 m，乡城3 000 m），甘肃，陕西，河北，河南，浙江，福建，台湾，广东，广西，贵州。尼泊尔。印度。

118. 山寨黄菌瓢虫 *Halyzia dejavu* Poorani & Booth[9]（图版XVIII－118，图148）

体长7.8 ~ 8.5 mm，体宽6.7 ~ 7.2 mm。

虫体宽卵形，背面拱起较弱。鞘翅上的斑纹与上一种草黄菌瓢虫相近，只是4个斑纹更长，近鞘缝的前2个斑明显斜置，或扩大与鞘缝相连。雌性第5腹板后缘中央明显弧形突出，雄性第5腹板后缘宽弧形内凹。

本种是 Poorani & Booth（2006）从定名为草黄菌瓢虫的标本中分离出来而建立的1个种，它与草黄菌瓢虫 *Halyzia straminea* 很接近，但本种个体较大，体型更宽，近翅缘的1个斑明显纵条形，前胸背板斑纹也有差异。虞国跃（2010）及时核查了有关标本，发现云南、西藏均有本种的标本。我们所观察的标本采自吉隆县。

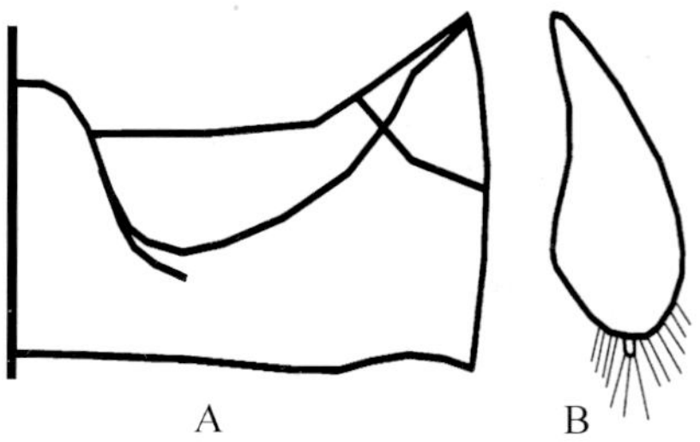

图 148　山寨黄菌瓢虫
A. 后基线　B. 生殖片

分布　西藏（吉隆 2 700 m，灯诱、樟木口岸 2 200 m），云南（泸水）。尼泊尔。印度。

119. 草黄菌瓢虫 *Halyzia straminea*（Hope）[1]（图版XVIII－119，图 149）

体长 6.8～7.6 mm，体宽 5.9～6.2 mm。

虫体宽卵形，呈半圆形拱起，背面硫黄色，具有褐色斑纹，复眼完全被遮盖。头部硫黄色无斑点，复眼黑色，触角、口器黄褐色。前胸背板硫黄色，后缘中线两侧各有一近于半圆形褐色斑点。小盾片硫黄色。鞘翅基色硫黄色，除自小盾片下沿鞘缝向后至端末红褐色条纹外，每个鞘翅各有4个红褐色斑点；在鞘翅基部内线1/6处有1个近三角形大褐斑，向内几乎与鞘缝纹相连，向外达到中线；在鞘翅内线1/2处一圆斑，略小于前者；在鞘翅外线1/3和中线2/3处各一较小圆形褐斑。腹面及足褐色。

刻点在头部、前胸背板、鞘翅上均为细小而深，但不密，鞘翅外缘更稀。复眼肾形，极大，凹入较宽较浅。触角极长，几乎3倍于额宽。前胸背板前缘凹入极浅，基角显著伸出。小盾片等边三角形。鞘翅侧缘外伸宽阔，同拱起部分分界不明显。缘折很宽，约为体宽的1/3，内半横平，外半近于竖直。前胸腹板自后突至中部平扁，前部拱起。中胸腹板前缘中部轻微内凹。后基线向后斜伸至第1腹板后缘转向外伸，半途消失。雄虫第5腹板后缘齐平，第6腹板后缘中部“V”形宽深凹入，两侧钝圆突出，第7腹板外露。雌虫第5腹板较宽，后缘中部弧形凸出，第6腹板后缘圆弧形凸出。爪不分裂，具基齿。

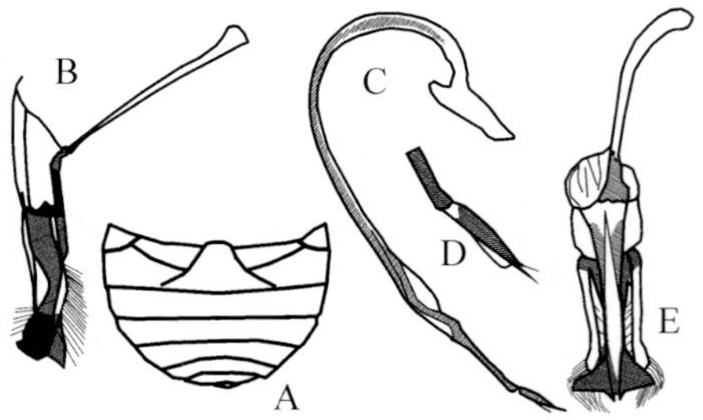

图 149　草黄菌瓢虫（仿任顺祥，2009）
A. 雄虫腹板　B. 阳基侧面观　C. 弯管
D. 弯管端　E. 阳基正面观

雄性外生殖器形态特征见图149。弯管在基半部半圆形弯曲，后部较直，弯管端由大小2根刺状突组成。阳基正面观中叶长形，末端扇形扩大；侧叶细长。

寄主　苹果、核桃、赤杨等植物上的白粉菌。

分布　西藏（樟木口岸 2 200 m），云南（泸水姚家坪 2 530 m，泸水片马 2 300 m）。印度。尼泊尔。

褐菌瓢虫属 *Vibidia* Mulsant，1846

虫体较圆，背面明显拱起。前胸背板前缘弧形内凹，不呈方形内凹，只盖住复眼的一半。前胸腹板突具纵隆线，不达前缘。鞘翅侧缘平展较窄。鞘翅红褐色或褐色，具乳白色斑。

我国已知 5 种。本属斑纹相近，需要深入研究。本书记述青藏高原产的 3 个种。

120. 十二斑褐菌瓢虫 *Vibidia duodecimguttata*（Poda）[1]（图版XVIII－120，图 150）

体长 3. 1 ~4. 7 mm，体宽 2. 3 ~3. 5 mm。

虫体椭圆形，半圆形拱起，背面光滑无毛。头部乳白色，无斑纹，复眼黑色，触角黄褐色，前胸背板和鞘翅基色褐色，前胸背板两侧各一乳白纵条，有时分为前角和基角两斑，后者四边形。鞘翅上各有 6 个乳白色斑点，呈 1－1－1－2－1 排列，1 斑位于鞘翅基角，近于方形，基部一边横平；2 斑位于外缘 1/6 处，长圆形，一侧向外伸延接近外缘；3 斑在中线偏内 1/3 处，近圆形；4 斑位于 2/3 处，近圆形，一侧向外伸延接近外缘；5 斑略后于 4 斑靠近鞘缝，长圆形；6 斑位于端角中部，圆形横长。虫体腹面前、中胸腹板及侧片乳白色，其他部分和足黄色到褐黄色。

头部、前胸背板刻点细浅不明显，鞘翅圆刻点粗深。触角 11 节，细长，超过整个头宽；比较罕见的是触角端节的前角有 1 根很粗长的刚毛。复眼椭圆形，展及头的腹面。前胸背板较扁平，前缘略弧形内凹，侧缘翻起明显，纵槽宽深。小盾片等边三角形。鞘翅侧缘外伸狭窄，外伸部分与拱起部构成折角，分界明显，内刻点同他处。前胸腹板具纵隆线，达中部后不明显。中胸腹板前缘齐平。后基线向下伸，在接近腹板后缘时终止。雄虫第 5 腹板后缘齐平，第 6 腹板无纵凹。雌虫第 5 腹板后缘中部舌形微凸出，第 6 腹板中央纵凹成浅沟。爪完整细小而基齿宽大。

雄性外生殖器形态特征见图 150。阳基正面观中叶稍长于侧叶，舌状，端部较尖并向背面呈钩状弯曲，中叶近端部 1/3 处背面中央有 2 个水平排列的齿状突起。弯管端部有 2 个弯月形片状构造。

寄主　椿树、桑树、山核桃树等多种林木的白粉菌。

分布　西藏（芒康海通 3 250 m），青海（西宁，循化），四川（泸定磨西 1 420 m，西昌 1 530 m，汶川 1 450 m），云南（巧家，下关，威信 1 600 ~ 1900 m），北京，吉林，河北，陕西，甘肃，河南，上海，湖南，福建，广西，贵州。日本。俄罗斯。朝鲜。蒙古。越南。西亚地区。中亚地区。欧洲。

121. 中甸褐菌瓢虫 *Vibidia zhongdianensis* Jing[7]（图版XVIII－121，图 151）

体长 3. 6 ~3. 9 mm，体宽 2. 9 ~3. 3 mm。

虫体近于圆形。头部、口器及触角黄褐色。前胸背板黄褐色，两侧的前角及基角各有一近方形黄白斑，有时前、后斑彼此相连。小盾片及鞘翅褐色，鞘翅有黄白斑 6 个，成 1－2－2－1 排列，各斑大小略等。内侧第 2 斑远离鞘缝，几乎接近中线上。虫体腹面除前胸腹板及鞘翅缘折、中胸及后胸侧片米黄色外，其余部分均黄褐色。足亦黄褐色。

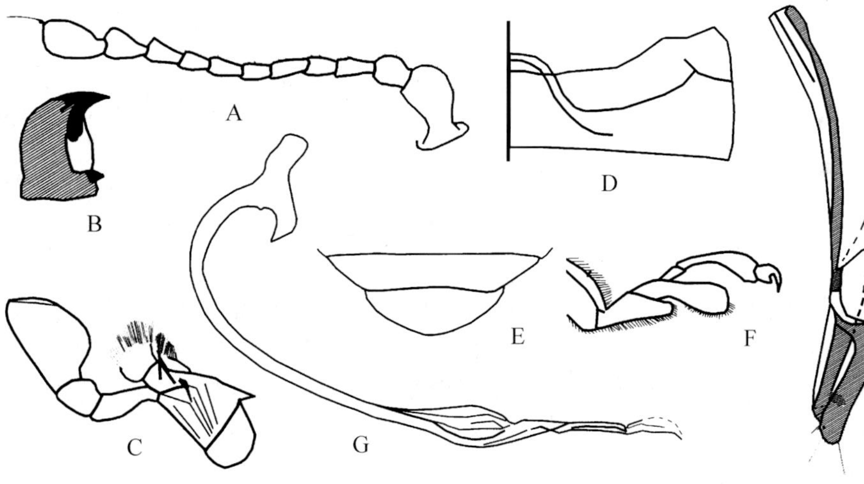

图 150　十二斑褐菌瓢虫

A. 触角　B. 上颚　C. 下颚须　D. 后基线　E. 雄虫第 5、6 腹板
F. 后足跗节和爪　G. 弯管　H. 阳基侧面观　I. 阳基正面观

前胸背板侧缘近于斜直，略向上掀起，基部宽于前胸。

雄性外生殖器形态特征见图 151。阳基中叶侧面观粗壮，近端部 1/3 处渐窄缩并向背面弯成钩状，背面不具齿状突起；阳基中叶正面观宽舌形，端部尖。弯管基部半圆形弯曲，近端部膨大之后渐窄缩，弯管端具 4 条丝状突起，并具一膜状构造。

分布　西藏（芒康海通 3 250 m），云南（中甸冲江河 2 400 m），陕西。

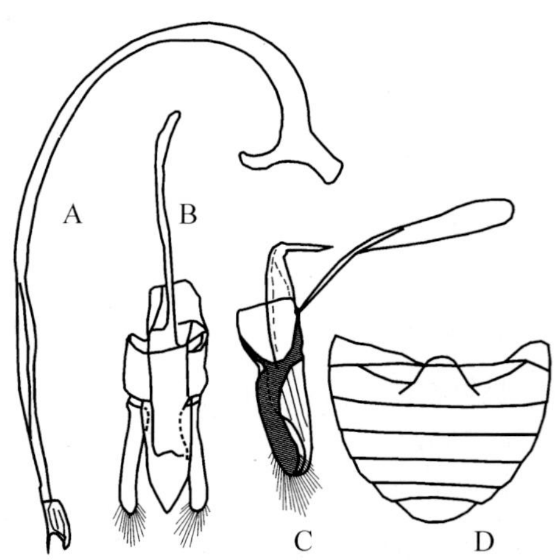

图 151　中甸褐菌瓢虫（仿任顺祥，2009）

A. 弯管　B. 阳基正面观
C. 阳基侧面观　D. 雄虫腹板

本种与十二斑褐菌瓢虫 *Vibidia duodecimguttata*（Poda）及哥氏褐菌瓢虫 *Vibidia korschefeskii*（Mader）均接近，与前者的主要区别：①鞘翅的斑纹较大，其直径均大于斑点间的距离；②雄性外生殖器阳基中叶的背面不具齿状突起，弯管端具 4 条丝突。与后者的主要区别：①鞘翅各斑纹大小略等；②雄性外生殖器阳基中叶较粗壮。

122. 哥氏褐菌瓢虫 *Vibidia korschefskii*（Mader）[9]（图版XVIII－122，图 152）

体长 4～4.5 mm。

体卵形，两侧中部几乎平行，背面中度拱起。下颚须端节宽大，端缘长约是短缘的 2 倍以上。前胸背板中央具一褐色斑，基缘具一褐带。小盾片浅色。鞘翅红褐色，小盾斑横向，翅端斑圆形，翅缘的 3 个斑圆形在翅缘相连。

分布　云南（德钦奔子栏 2 350 m，蒙自）。

Mader（1930）从采自云南蒙自的1头雌性标本描述了本种，原放在黄菌瓢虫属 *Halyzia*。*Iablokoff-Khnzorian*（1982）把它放入褐菌瓢虫属中，提供的正模外形图与 Mader（1930）的图有些差异，他的研究标本中另两头来自云南大理凤仪（赵州，Chao-chow）。虞国跃（2010）经过初步研究认为，“哥氏褐菌瓢虫的特点是鞘翅上的乳白色斑很大，翅缘3个斑的分界不明显。另外，下颚须端节很宽大，这是很特殊的。而经希立（1992）采自云南、陕西的标本记录的哥氏褐菌瓢虫及其提供的外形图及雄性外生殖器图，和本人鉴定的采自四川宝兴的标本相同，特点是下颚须端节斧形，并不很宽大，同时鞘翅上的斑点明显比原记述小，翅侧的斑点并不相连，应属于不同的种”，但虞国跃（2010）并没有指出应该属于哪一个种。我们依据经希立的鉴定结果和提供的图片进行本种的记述。

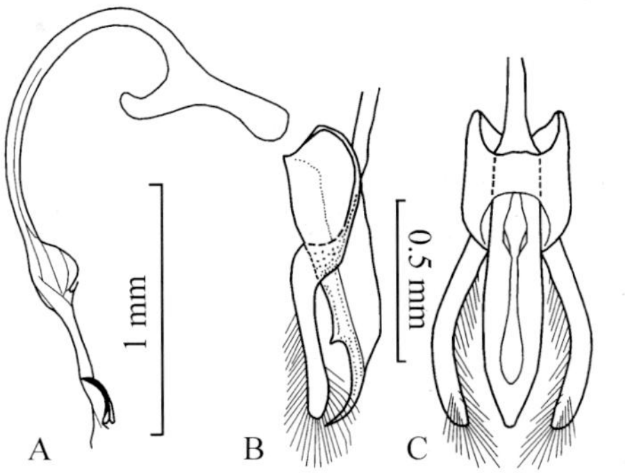

图152　哥氏褐菌瓢虫（图自经希立，1992）
A. 弯管　B. 阳基侧面观　C. 阳基正面观

大菌瓢虫属 *Macroilleis* Miyatake，1965

前胸背板前缘浅内凹，几乎全面盖住复眼。前胸腹板突具纵隆线，不达前缘。鞘翅外缘伸展部分较宽。下颚须末端斧状，宽约为长的3倍。鞘翅上有条形纹。[9]

本属可从很宽的下颚须及鞘翅上具有纵纹与其他食菌瓢虫相区分。已知仅1种。

123. 白条菌瓢虫 *Macroilleis hauseri*（Mader）[1]（图版XVIII－123，图153）

体长6～6.8 mm，体宽5～5.3 mm。

虫体宽卵形，弧形拱起，复眼全部被前胸背板所遮盖。头部乳白色，无斑纹，复眼黑色，触角、口器黄褐色。前胸背板黄褐色，半透明，无斑纹，有时透出不规则的深色部分。鞘翅黄褐色到褐色，有4条白色纵条纹，第1条最宽，自肩角至端角，占据整个外缘；第2条自肩胛外侧基缘起，沿外线内侧向下伸，在鞘翅5/6处与外缘第一条斑连接；第3条自肩胛内侧基缘起，沿中线内侧向下伸，以与沿内线内侧下伸之第4条纹，在鞘翅端角部分7/8处汇合而止，不到端角或外缘。小盾片黄白色。腹面中部褐色至黄褐色，侧片及边缘部分黄白色或浅黄色。足黄褐色。

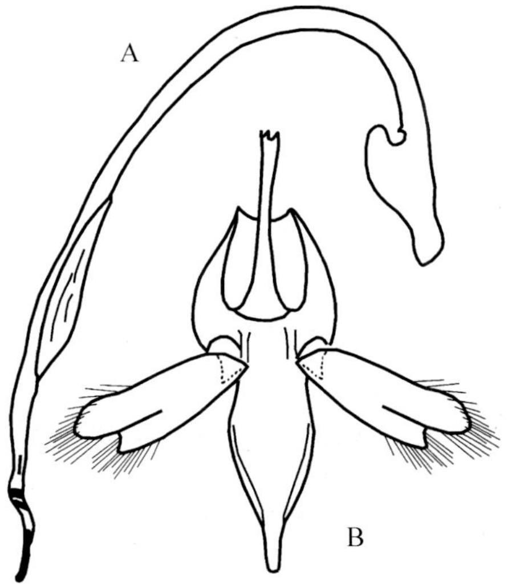

图153　白条菌瓢虫（图自曹诚一，1992）
A. 弯管　B. 阳基正面观

头部刻点浅，中部最稀，两侧细密，有稀疏短黄毛，前胸背板最浅而稀，在鞘翅最深，较粗密，但外缘部分较稀。复眼椭圆形，较大，间距较小。触角几乎3倍于复眼间距。前胸背板平坦，前缘弧形稍微内凹。小盾片等边锐三角形。鞘翅前缘中部外凸，侧缘明显向外伸展，同拱起部分无明显分界。缘折完整，几乎完全斜倾。前胸腹板自后突至中部平扁，前部拱起。中胸腹板前缘中部轻微内凹。后基线向后斜伸，在腹板5/6处转折向外，中途消失。雄虫第5腹板后缘齐平，第6腹板后缘半圆形内凹。雌虫第5腹板后缘中部舌形突出，第6腹板后缘圆凸，中部纵凹，有直缝。爪不分裂，基齿宽短。

雄性外生殖器形态特征见图153。阳基中叶基部宽，逐渐向端部收窄，端部尖细，向背面弯曲；侧叶短于中叶，宽扁，并在2/3处分成两叶，周缘均着生绒毛。弯管中部膨大，有膜，具端区和端前区，端前区尖细骨化，弯管囊短粗。

寄主　苹果白粉菌，球蚜 *Adelges* sp.。

分布　西藏（波密易贡2 300 m），云南（中甸冲江河2 300 m，景东，漾濞，昆明，东川1 860～3 000 m），四川（丹巴），甘肃，陕西，湖北，河南，福建，台湾，广西，贵州，海南。不丹。印度。

第七节　食植瓢虫亚科 Epilachninae

本亚科的形态特征：触角着生处位于两复眼前缘延线之后，即较近于两复眼之间，而不在复眼之前；背面密披细毛；唇基不向两侧伸展，亦不向前伸展，触角及上唇的基部不被遮盖；中胸后侧片方形；大多数种上颚无基齿，末端分裂为3个端齿，端齿上有锯齿状的小齿；下颚须末节斧状。[2]

体中至大型；虫体周缘卵圆形、卵形或端部收窄而近似于心形；绝大多数为瓢型，少数近于突肩型。触角11节；跗节隐四节式，其跗爪端节由两节所组成；跗爪有基齿或无基齿，跗爪末端分裂或不分裂；雌性第6腹板纵裂，或有深缺刻，或完整。已知食性的种全为植食性。成虫及幼虫均在叶背取食叶肉而留下上表皮。[2]

食植瓢虫亚科中国记录有食植瓢虫 Epilachnini、豆形瓢虫 Subcoccinellini 和龟瓢虫 Epivertini 3个族。由于喜马拉雅和横断山地区是公认的世界植物王国，依赖取食植物生存的食植瓢虫也有十分丰富的种类。本书记录了食植瓢虫49种，占28%。其中西藏有32种。

食植瓢虫族 Epilachnini[2]

Epilachniens Mulsant，1846；Subcoccinellini Jakobson，1915

在食植瓢虫亚科中，本族区别于其他各族的主要特征：鞘翅外缘不向外宽展；前胸背板后角及鞘翅肩角钝圆，两者不紧密相接；有明显的后基线，后基线完整或近于完整。

虫体近于瓢型，周缘圆卵形、卵形或后端较收窄而成心形，背面拱起或甚拱起；但长崎齿瓢虫属 *Afissula* 虫体周缘长卵形，背面弧形拱起，前胸背板近中部处最宽，足股节可外露于体缘之外，因而近于长足型。

背面黄棕、棕黄或红棕色而有黑色斑点，或黑色而有浅色斑点，被黄白色或灰白色细毛，在黑色部分上的细毛亦常为黑色。前胸背板上常有 7 个黑色斑点，这 7 个黑斑有互相独立，全部显现出来的；也有部分消失的，也有扩大而相互连合以至仅留浅色的侧缘或全为黑色的。其中不少种类不完全按照 7 个黑斑的变化规律而显现出来的，例如大豆瓢虫 *Afidenta misera*（Weise）的前胸背板上有 4 个横列的近于圆形的黑斑，叶突食植瓢虫 *Epilachna folifera* 的前胸背板上于中线的两侧各有 1 个黑斑，而中线保留浅色而近似于蝶形斑。鞘翅上的黑斑大多数属于下面的两个类型。

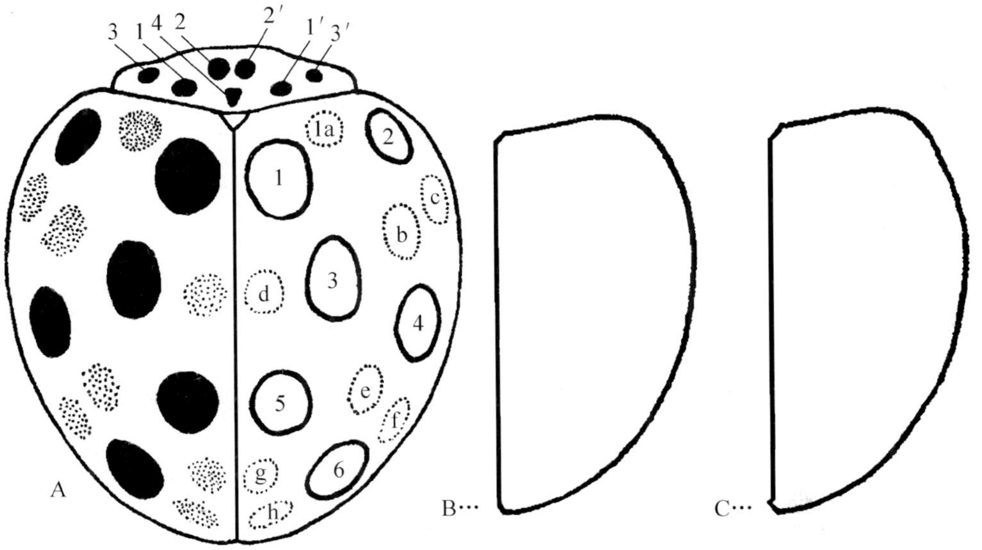

图 154　裂臀瓢虫属（图自庞雄飞，1979）

A. 前胸背板及鞘翅上黑斑的名称　B. 鞘翅端角与鞘缝成切线相连

C. 鞘翅端角与鞘缝相连处成角状

（1）鞘翅上有 6 个基斑及 8 个变斑。在茄二十八星瓢虫 *Henosepilachna vigintioctopunctata*（Fabricius），马铃薯瓢虫 *H. vigintioctomaculata*（Motschulsky），瓜裂臀瓢虫 *H. septima*（Dieke），大豆瓢虫 *Afidenta misera*（Weise）等，鞘翅上的 6 个基斑和 8 个变斑常全部显现，因而在两鞘翅上共有 28 个黑色斑点；但有时变斑部分消失或全部消失而每鞘翅上仅留 6 个基斑；也有斑点扩大而相连合的；在只留 6 个基斑的情况下，基斑扩大连合而成横带时，中部的横带在鞘缝上向后屈折而呈“V”形。

（2）鞘翅上有 5 个黑斑，呈 2－2－1 排列，这 5 个黑斑相互独立，或连成横带；在连成横带时中部的横带在鞘缝上成直线，这可与由 6 个基斑所连成的横带区别开来。

除上述的基本形式外，还有其他形式，如十五斑崎齿瓢虫 *Afidentula quindecemguttata*（Dieke），两鞘翅上共有 15 个黑斑，而双四星崎齿瓢虫 *Afidentula bisquadripunctata*（Gyllenhal）每一鞘翅上仅有 4 个黑斑。在鞘翅斑点不连成横带时，斑点一般是离开鞘缝的；但在一些种中，内侧的斑点连至鞘缝而与另一鞘翅上相对应的斑点形成缝斑。

在本族中鞘翅上有 6 个基斑或 5 个黑斑的种数甚多，单纯依靠斑点往往难于区别，因而在种的鉴别上常常要注意到其他形态特征和应用雄性外生殖器的特征进行鉴别。

跗爪是本族分属的重要特征之一。跗爪分裂而有基齿的有裂臀瓢虫属 *Henosepilach-*

na，崎齿瓢虫属 *Afidenta*，小崎齿瓢虫属 *Afidentula* 和长崎齿瓢虫属 *Afissula* 等；跗爪分裂而无基齿的有食植瓢虫属 *Epilachna* 等。鞘翅端角的内侧与鞘缝接连处一般成切线相连，但一些种鞘翅端角的内侧与鞘缝相连处呈角状突出，这个特征常用于区别近似种。

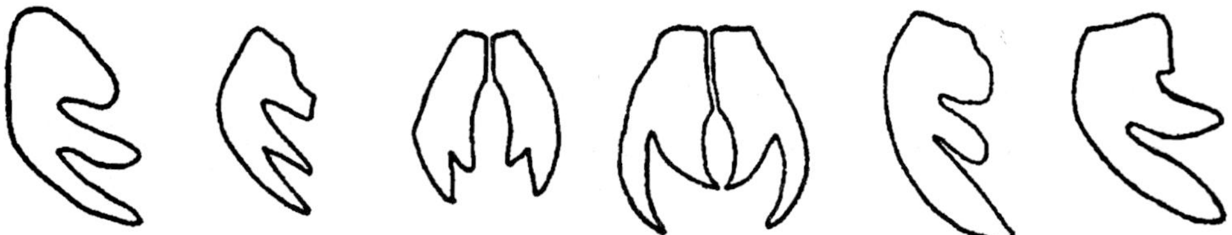

A　　B　　C　　D　　E　　F

图 155　食植瓢虫族跗爪的形态特征（图自庞雄飞，1979）

A. 裂臀瓢虫属　B. 崎齿瓢虫属　C. 食植瓢虫属（内爪不对生）

D. 食植瓢虫属（内爪对生）　E. 小崎齿瓢虫属　F. 长崎齿瓢虫属

雄性外生殖器的构造在崎齿瓢虫属 *Afidenta* 中比较简单，而其他各属的构造却比较复杂。侧叶与中叶的比较长度、侧叶末端是否成角状突出，中叶基部及端部的特有形态、弯管的长度以及弯管基部及端部的特有形态也是常用的特征。在裂臀瓢虫属的雄性外生殖器中叶背面的基部、在两侧叶基部之间有一成片状的突起，称为基刃，这是该属的特有形态，这和该属雌性第 6 腹板中央有直缝的形态有关。在交配时，雄性外生殖器中叶插入雌性腹内，基刃与第 6 腹板中央的纵缝相对。因而这个特征成为裂臀瓢虫属的重要特征之一。

雌性外生殖器的生殖板常为长形，长圆形，近于圆形或其他形状，在一些种类中内缘还有特殊的缺刻，也是近似种鉴别上的常用特征。在一些种类的鉴别中，还常应用第 10 腹板的特殊形态。

裂臀瓢虫属 *Henosepilachna* Li et Cook，1961

在食植瓢虫族中，本属区别于其他各属的主要特征是跗爪分裂而有基齿，雌性第 6 腹板中央有纵缝，雄性外生殖器中叶背面有基刃，基刃之前有细毛。我国已发现的种，体色常为黄棕色、棕黄色或红棕色，前胸背板上常出现 7 个黑斑；鞘翅上有 6 个基斑，且常出现全部 8 个变斑。当变斑全部出现时，两鞘翅上共有黑斑 28 个，因而都称为二十八星瓢虫。在具有 28 个斑点的种类中，变斑常会消失，当变斑全部消失时，每一鞘翅上仅保留 6 个基斑，基斑亦有扩大而相互连接的情况，因而又与本属仅具 6 个基斑的种相近似。[2]

124. 马铃薯瓢虫 *Henosepilachna vigintioctomaculata*（Motschulsky）[2]（图版Ⅷ－124A～B，图 156）

体长 6.2～7.1 mm，体宽 5.2～5.7 mm。

背面红棕色至黄红色。头背面中部有 2 个（有时连合）黑点。前胸背板上的黑色斑点常为 3＋3′＋4 连合而成一个近于三角形的中斑，但少数 4 斑独立，1 及 2，1′及 2′连合或分离；有些个体前胸背板黑色，只留浅色的前缘及外缘。小盾片在浅色的个体中与基色相同，在深色的个体中则由于 1 斑的扩展而成为黑色。鞘翅上有 6 个基斑及 8

个变斑，变斑常小于基斑或与基斑大小相似，1、d、5、g 4 个黑斑接近鞘缝，在深色的个体中，常在鞘翅上各有 14 个黑斑的基础上连合而成 2－1－2′，3－4，b－c，e－f 或 g－h；或鞘翅的外缘出现黑色的边缝；也有下面的连合方式：2－3 及 5－6，3－d－3′或 3－5。在黑斑相互独立的情况下，c、d、3、b 分为两横排。毛披为黄灰色，在黑斑上的则为黑色，但也有黄色的。腹面的基色与背面相同，中胸腹板侧面及腹板基部黑色；在深色的个体中，黑色部分往往扩及整个腹面，以至鞘翅缘折。足股节及跗节亦为黑色。第 5 腹板以后常为浅色。

虫体周缘近于卵形或心形，背面拱起。鞘翅端角的内缘与鞘缝成切线相连，不呈角状突出。后基线近于圆弧形，但于前弯时稍呈角状弯曲，后缘伸达第 1 腹板的 6/7～7/8 处。雄性第 5 腹板后缘稍外突，第 6 腹板后缘有缺切；雌性第 5 腹板后缘平截，且中央近末端的 1/2 以后有一下陷，第 6 腹板中央纵裂。

雄性外生殖器形态特征见图 156。阳基中叶的基刃不呈弧形外弯，其基部最高而向端部渐低，基刃之后有两列细毛，且有 4～7 个小齿，小齿的大小不一，内缘近于弧形，末端尖锐，成外弯的端角。侧叶的末端稍伸出于中叶末端之外。弯管囊内、外突无明显界限，仅略大于弯管基部；弯管端开口于背面。

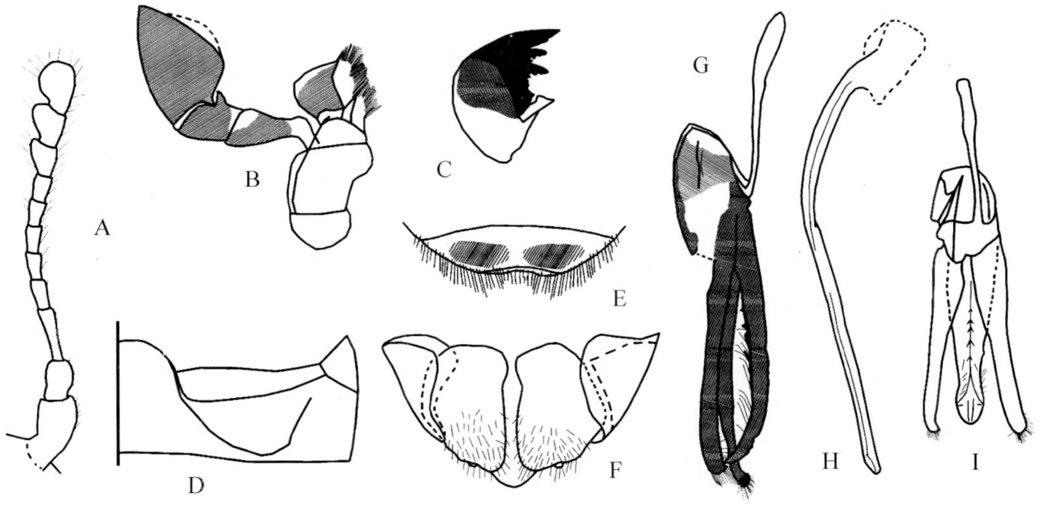

图 156　马铃薯瓢虫（根据采自川藏公路波密大塌方处的标本绘制）

A. 触角　B. 下颚须　C. 上颚　D. 后基线　E. 雄虫末节腹板

F. 雌虫生殖板　G. 阳基侧面观　H. 弯管　I. 阳基正面观

寄主　马铃薯、曼陀罗等茄科植物，主要为害马铃薯、茄及番茄。

分布　西藏（聂拉木 1 700～2 600 m，墨脱 800～2 000 m，波密 2 800 m），云南，四川，黑龙江，吉林，辽宁，河北，北京，陕西，山东，山西，河南，甘肃，江苏，浙江，福建，广西。日本。朝鲜。俄罗斯。越南。印度。尼泊尔。

我们在川藏公路的波密大塌方处采到一对标本，外观上与常见的马铃薯瓢虫差异很大（图版XVIII－124B），体长达 7.8～8.9 mm，体宽 6.5～7 mm。鞘翅基色红褐色，略微掀起的狭窄缘折黑色；从肩斑至小盾片下，再到中斑连成一个斜置的“Y”形斑，两鞘翅上的这个斑纹连起来看成粗略的"X"形大黑斑；鞘翅3/4处的黑斑横置，内缘达鞘翅的中部，外缘达鞘缝；鞘翅中、后部各有1个椭圆形黑斑，外缘到达鞘翅边缘。但成虫的外生殖器特征与马铃薯瓢虫基本一致（图156），故我们仍将其定为马铃薯瓢虫。

125. 茄二十八星瓢虫 *Henosepilachna vigintioctopunctata* Fabricius[2]（图版XIX－125，图157）

体长5.2～7.4 mm，体宽4.6～6.2 mm。

背面黄褐色。前胸背板上有7个黑色斑点，在浅色的个体中，斑点部分消失以至全部消失，在深色的个体中，斑点扩大、连合以至前胸背板黑色而仅留浅色的前缘及外缘。每鞘翅上有6个基斑和8个变斑，在一些个体中变斑部分消失或全部消失而仅留6个基斑，或基斑扩大、连合而成各种斑纹。大多数每鞘翅上共有14个斑点，斑点近于圆形，且c、b、3、d 4个斑点在一条斜线上。腹面黄褐色，上颚末端、后胸腹板后角或后面部分黑色，但一些个体黑斑扩大至整个后胸腹板，以至腹基部亦为黑色，黑色部分甚至延及后足股节基部。

虫体周缘近于心形或卵形，背面拱起。鞘翅端角与鞘缝的连合处成明显的角状突起。后基线近于完整，其后缘达腹板的5/6而后弧形上弯。雄性第5腹板后缘平截或稍内凹，第6腹板后缘有缺切；雌性第5腹板后缘平截或中央微突，第6腹板中央纵裂。

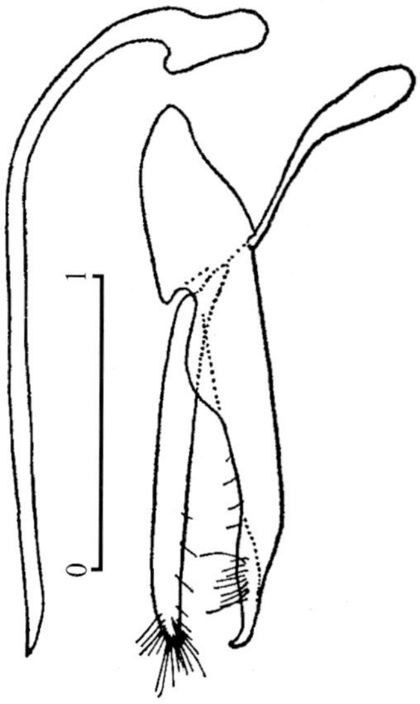

图157　茄二十八星瓢虫
（图自庞雄飞，1979）

雄性外生殖器形态特征见图157。阳基中叶从侧面看，基刃的最高处位于距基部的1/4左右，自中叶的1/2处至近末端的外方着生细毛；内缘较平直地伸出，至端部的1/4开始向外斜伸，末端形成向外弯曲的小钩。侧叶与中叶近于等长，末端有向内突出的角突。弯管细长而弯曲，端部3/4近于直形，开口于末端的背面，弯管囊内突很小，外突近于方形，外缘圆弧形。

寄主　茄科，主要为害茄，野茄、龙葵（茄科）及瓜（葫芦科）。

分布　西藏（墨脱背崩700～800 m），云南（昭通、东川、耿马、景洪520～1 700 m，昆明1 900 m），河北，山东，河南，陕西，江苏，浙江，安徽，四川，江西，福建，台湾，广东，广西。日本。印度。

126. 眼斑裂臀瓢虫 *Henosepilachna ocellata* Redtenbacher[2]（图版XIX－126，图158）

体长6.5～6.6 mm，体宽5.2～5.3 mm。

背面红褐至紫褐色。前胸背板中央有一大型的黑斑，两侧各有两个黑色斑点；或两侧各有一个大型黑斑，或黑斑扩大而只留中央浅色的纵条及浅色的边缘。每鞘翅上各有6个黑色斑点，成2－2－1－1排列，各斑的大小差异不大，且被一浅色的晕圈所包围而形成眼斑；其中1斑的浅色晕圈可接触小盾片的末端。在一些个体中4斑可横展至鞘翅的外缘。腹面黑色至黑褐色，前胸腹板、足、鞘翅缘折红褐色。

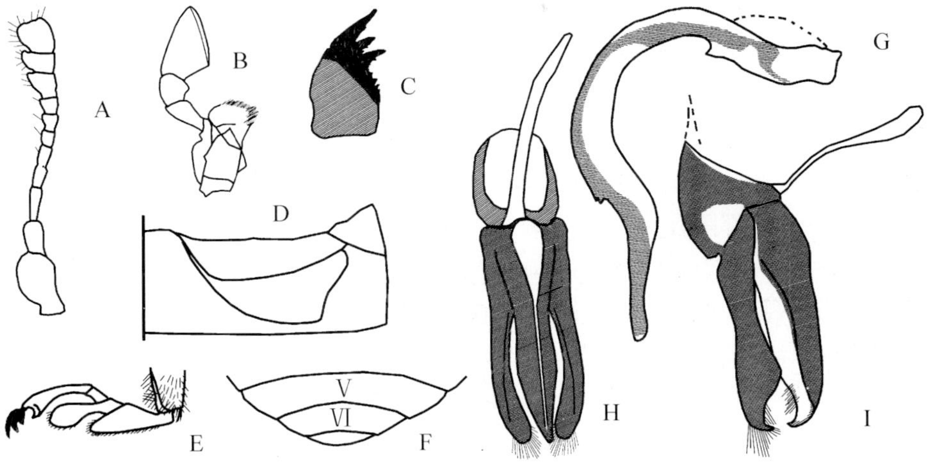

图 158　眼斑裂臀瓢虫

A. 触角　B. 下颚须　C. 上颚　D. 后基线　E. 中足跗节和爪

F. 雄虫第 5、6 腹板　G. 弯管　H. 阳基正面观　I. 阳基侧面观

虫体周缘卵圆形，背面拱起。后基线内缘弧形，后缘伸达腹板的 5/6，外缘成直线向外前方斜伸，几乎到达腹板前缘。雌性第 5 腹板后缘齐平，第 6 腹板纵裂。

雄性外生殖器形态特征见图 158。雄性外生殖器中叶的基刃不成弧形外突，其基部最高，渐次减低，端部之前外方有细毛。侧叶于距基部的 1/2 以后渐次扩大，于末端之前收窄后形成内弯的钩状。弯管囊长大，弯管粗，端部之前内凹，末端钝。

寄主　野艾等菊科植物。

分布　西藏（吉隆热索桥 2 000 m，聂拉木 1 700 ~ 2 600 m），云南。尼泊尔。印度。

127. 十二斑裂臀瓢虫 *Henosepilachna dodecastigma*（Wiedemann）[8]（图版 XIX - 127，图 159）

体长 6. 5 ~ 8. 2 mm，体宽 5. 4 ~ 6. 7 mm。

虫体大，短卵形。背面基色为红褐色。头部无黑斑或有 1 个黑色大斑。前胸背板上有 7 个黑色斑点。小盾片黑色或浅色。鞘翅上有 6 个黑色基斑，在浅色型的个体中，各斑独立，3 斑较大，横置；在深色型的个体中，斑点连合而围成浅色斑。本种的斑点数量和大小有很大的变异，最多的情况下鞘翅上共有 28 个黑斑。

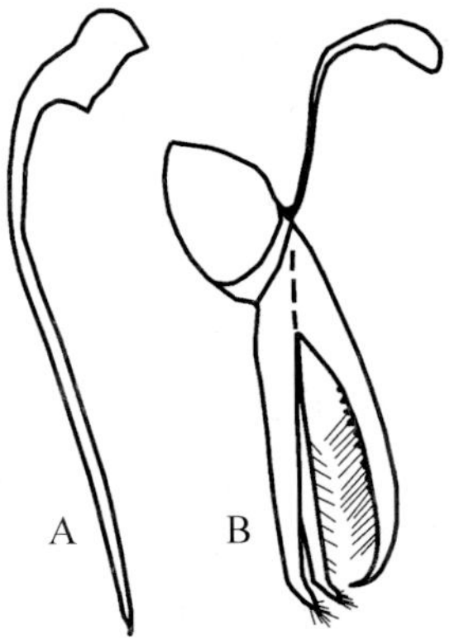

图 159　十二斑裂臀瓢虫生殖器

（仿任顺祥 2009）

A. 弯管　B. 阳基侧面观

雄性外生殖器形态特征见图 159。弯管近直形，仅基半部稍弯曲；弯管囊内外突分界不明显，外突大，几乎没有内突。阳基侧面观，中叶略弯曲，端部尖锐，急剧弯向侧叶，与侧叶等长，中部背面有七八个刺突，

生有长毛；侧叶直形，棒状，端部急剧内弯，形成一小钩。

寄主　丝瓜 *Luffa cylindrica*，其他葫芦花科植物。

分布　西藏（墨脱 930 ~2 100 m）。尼泊尔。印度。缅甸。印度尼西亚。孟加拉国。

128. 四斑裂臂瓢虫 *Henosepilachna quadriplagiata* Pang & Mao（图版XIX－128，图 160）

雌虫[5]：体长 8.0 mm，体宽 6.5 mm。

背面红褐色。头部除复眼及上颚末端黑色外，其余部分均为红褐色。前胸背板的两侧缘黄褐色，小盾片、鞘缝及鞘翅基缘及外缘黑色，鞘翅中央有一黑色的横带，因而在各鞘翅上围成两个红褐色斑。腹面中后胸腹板黑色，腹部中央黑色，外缘红褐色，鞘翅缘折外缘黑色，其余部分均为红褐色。

虫体近于心形。前胸背板较狭，两侧缘近于平行，前缘明显内凹。头部及前胸背板上的刻点中度大小，甚密；鞘翅上粗疏与细密的刻点间生。着生灰白色的短毛，黑斑上的毛亦为灰白色。后基线近于完整，端部伸向腹板前角。雌性第 6 腹片纵裂。跗爪分裂而有基齿。

雌性外生殖器形态特征见图 160。生殖瓣肾形，内侧近于前方有缺刻，其下着色较深，第 10 背片后缘弧形。

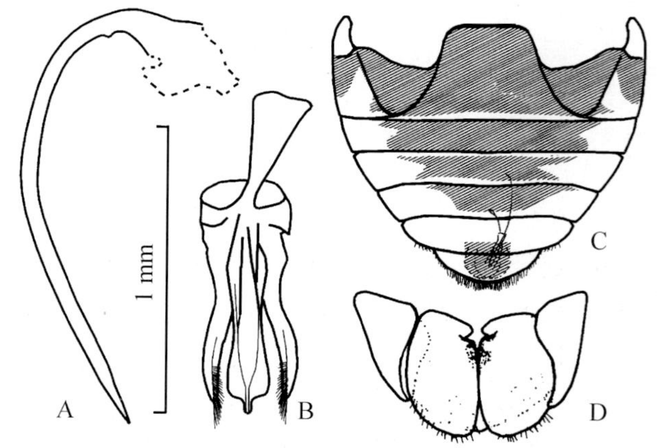

图 160　四斑裂臂瓢虫

Fig. 160　*Henosepilachna quadriplagiata*

A. 弯管（sipho）　B. 阳基正面观（phallusventral view）

C. 雄虫腹板（segment of male）

D. 雌虫生殖片（genital plate of female）

雄虫：四斑裂臂瓢虫 *Henosepilachna quadriplagiata* 是庞雄飞、毛金龙 1977 年根据采自西藏墨脱的一头雌虫标本记述的种，以后未再见有采集记录。我们采到的雄虫与原描述的雌虫比较，形态特征基本一致，但有两个明显不同的地方。一是体色明显为黄褐色，仅略带红褐色彩；二是鞘翅基角的黑色斑纹（鞘翅基缘和鞘缝连接处的黑斑）内边更近于直角，而不是圆弧形。我们将其视为四斑裂臂瓢虫雌、雄或个体间的差异。

雄虫体长 7.5 mm，体宽 5.5 mm。雄虫腹板见图 160C。

雄外生殖器特征见图 160A ~ B。阳基中叶长于侧叶，正面观侧叶呈荚状，端部密生细长毛，中叶舌形，近端部处突然缢缩，形成一乳头状突出；侧面观中叶中部最宽，然后逐渐向端部尖缩；弯管基部和中部弧形内弯，端部一半近于平直，末端尖锐。

分布　西藏（墨脱加热萨 2 100 m，墨脱汗密阿石桥 1 090 ~2 150 m）。

129. 奇斑裂臂瓢虫 *Henosepilachna libera* (Dieke)[2]（图版XIX－129，图 161）

体长 7.5 ~8.5 mm，体宽 6 ~7 mm。

背面红褐色。前胸背板中央有一大型的黑斑，仅留浅色的外缘。鞘翅上有 6 个基斑和若干变斑，基斑比变斑大，其中 1 斑在小盾片之后连至鞘缝，与另一鞘翅上相对应的斑点构成缝斑，且向后外方斜伸；2 斑位于肩胛上而扩及前缘及外缘，3 斑位于中线上，且常与 4 及 5 斑相连，4 斑扩及鞘翅外缘；5 斑与鞘缝相连；6 斑在中线上，但常向外扩展以至连及外缘；在变斑中，d 斑经常出现，连至鞘缝而与另一鞘翅上相对应的斑点构成缝斑；e 斑亦常为独立的斑点；g、h 两斑亦相互连接，且连至鞘缝，构成两鞘翅末端的矢形斑。腹面大部分黑色，仅前胸背板缘折、鞘翅缘折及腹部的外缘红褐色；足红褐色，股节基部大部分黑色，色泽分界不明显。

虫体周缘近于卵形，背面拱起。鞘翅端角及鞘缝的连接处成角状突出。后基线近于完整，后缘达第 1 腹板的 4/5。雄性第 5 腹板后缘平截，第 6 腹板后缘弧形外突；雌性第 5 腹板后缘稍突出，第 6 腹板中央纵裂。

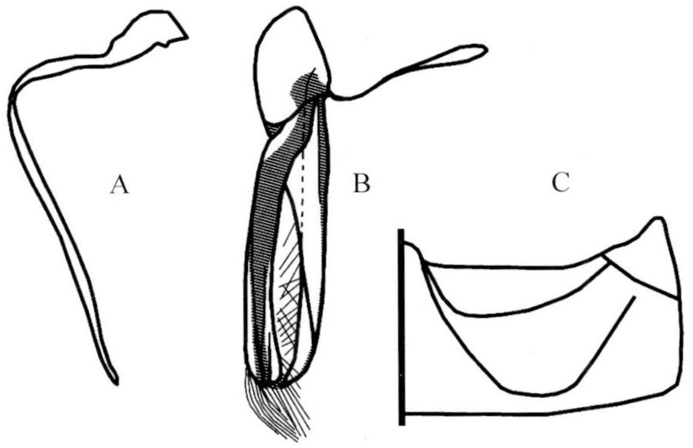

图 161　奇斑裂臀瓢虫（仿任顺祥，2009）
A. 弯管　B. 阳基侧面观　C. 后基线

雄性外生殖器形态特征见图 161。阳基的中叶有明显的基刃，基刃之后有细毛，但无齿突，内缘平直地伸出，至末端急剧上弯而构成向外弯曲的角突。侧叶几乎与中叶等长，其末端着生密而长的毛。弯管在近基部 1/3 处呈“7”字形弯曲；弯管囊内外突一体；弯管近端部收窄，开口于近端部的外方，在开口之后形成较细窄的末端。

分布　云南（临沧 2 260 m），四川（汶川映秀 900 m，卧龙 1 150 m）。

崎齿瓢虫属 *Afidenta* Dieke，1947

在食植瓢虫族中，本属区别于其他各属的主要特征：上颚有 3 个端齿，2 个侧齿，上颚齿上有大小悬殊的锯状小齿；跗爪分裂且有一尖锐的基齿；雌性第 6 腹板中央无纵缝；雄性外生殖器的构造较简单；体近于圆卵形。[2]

130. 大豆瓢虫 *Afidenta misera*（Weise）[2]（图版XIX－130，图 162）

体长 5.4～5.8 mm，体宽 4.6～4.9 mm。

背面红褐色。前胸背板上有 4 个近于四边形的或圆形的黑斑排成横列，但一些个体中黑斑消失，或互相连接以至形成一个横斑。小盾片红褐色，其边缘色泽常较深。鞘翅上有 6 个基斑和 8 个变斑，基斑常较大而变斑常较小，或变斑甚小以至部分消失或全部消失，全部斑点均不与鞘缝或鞘翅外缘相连。腹面大部分黑色，仅边缘部分、鞘翅缘折及足为红褐色。

虫体周缘圆卵形，背面半球形拱起，被黄白色细毛，在黑斑上的毛为黑褐色。前胸背板基部不宽于中部。鞘翅外缘细窄隆起。后基线弧形，后缘伸达腹板的 5/6。雄性第 5 腹板后缘近于齐平，第 6 腹板后缘圆弧形突出；雌虫第 5 腹板后缘突出，第 6 腹板后缘尖形突出，中央不纵裂。

雄性外生殖器形态特征见图 162。雄性外生殖器比例小且结构较简单。中叶成三角形，向末端收窄而成锐角；侧叶的长度与中叶的相似。弯管弧形弯曲，端部较收窄。雌虫生殖片长 0.42 mm，最宽处宽 0.37 mm，卵圆形，内缘近中部略向内凹陷，外缘弧形外弯，近端部向内凹陷，端部外缘黑色，端部具毛及端突。两生殖片分离。第 10 腹板弧形外凸。

寄主　大豆、豇豆等豆科植物。

分布　西藏（墨脱 600 ~ 1 000 m），云南（贡山，昌宁，鹤庆，大理，永德，兰坪，昆明 1 300 ~ 2 100 m），山东，安徽，福建，台湾，广东，广西。越南。

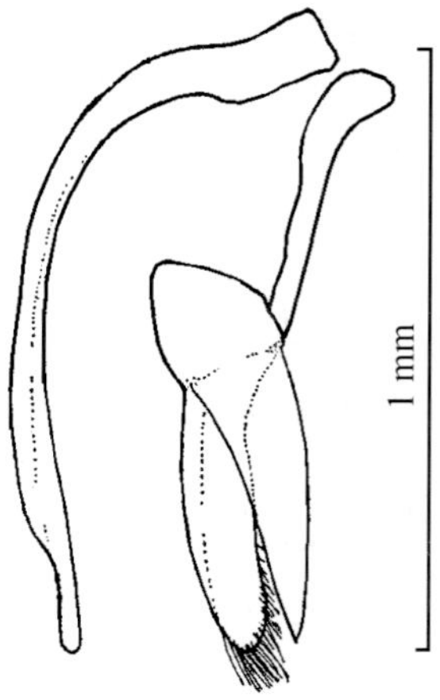

图 162　大豆瓢虫
（图自庞雄飞，1979）

小崎齿瓢虫属 *Afidentula* Kapur，1955

在食植瓢虫族中，本属区别于其他各属的主要特征：上额近于三角形，有 3 个端齿，无侧齿，齿上无锯状小齿；跗爪分裂而有基齿，内齿短于外齿，基齿近于三角形。雌性第 6 腹片无纵缝；雄性外生殖器的构造不特别简单；体短卵形，前胸背板最宽处接近基部，鞘翅侧缘弧形。[2]

131. 喜马拉雅崎齿瓢虫 *Afidentula himalayana* Kapur[2]（图版XIX－131A ~ C，图 163）

体长 4.3 ~5.3 mm，体宽 3 ~4 mm。

头部褐色，复眼灰黑色，上颚末端棕黑色。前胸背板红褐色，中央较近前方有一黑斑。小盾片红褐色。鞘翅黄褐色，或色泽较前胸背板浅，鞘翅上各有 8 个黑色斑点，呈 2－3－2－1 排列，其中第 2 列内侧的斑点与鞘缝相连，与另一鞘翅上相对应的斑点构成缝斑，外侧斑点不达外缘。斑点常有变异，或最后一个斑点消失，如现出则距端角较远，且不成方形，或黑斑横向相连而成不规则的四列横斑。腹面黑或黑褐色，基节亦为黑褐色，鞘翅缘折无黑斑及最后的第 1、2 腹板红褐色，足红褐色，或仅后足股节有深褐色或黑褐色的部分。

体短卵形，背面拱起。上颚近于三角形，有 3 个端齿，端齿上无锯齿状小齿。前胸背板横宽，宽过于长 2 倍以上。后基线近于完整。雄性第 6 腹板后缘弧形，中央有一内凹；雌性第 6 腹板后缘弧形突出，中央无纵缝。

雄性外生殖器形态特征见图 163。阳基中叶从侧面看中部收窄，末端尖锐。侧叶细长，短于中叶。弯管的基半部呈半圆形内弯，端部成反向弯曲，弯管端的构造较特殊。

寄主　小山竹。

分布　西藏（吉隆吉步 2 500 m，樟木口岸 2 200 m，亚东 2 500 m）。印度（大吉岭）。

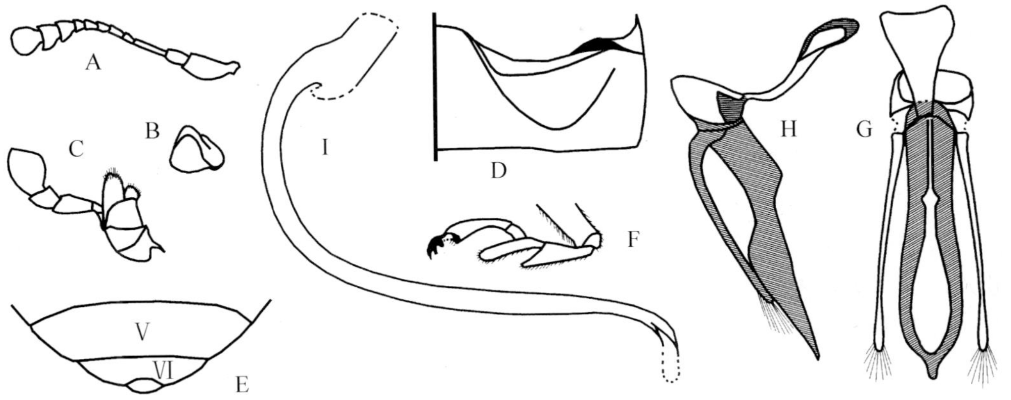

图 163 喜马拉雅崎齿瓢虫

A. 触角 B. 上颚 C. 下颚须 D. 后基线 E. 雄虫第 5、6 腹节 F. 雄虫后足 G. 阳基正面观 H. 阳基侧面观 I. 弯管

132. 双四星崎齿瓢虫 *Afidentula bisquadripunctata* (Gyllenhal)[2] (图版XX－132，图 164)

体长 3.25～4.5 mm，体宽 3～4.1 mm。

背面棕红色。头部及前胸背板上无黑斑。小盾片与背面基色相同。鞘翅上各有 4 个近于圆形的黑色斑点，呈 1－2－1 排列，其中 1 斑位于中线上，接近鞘翅基缘；2 及 3 斑位于鞘翅的 1/2 处内线及外线上；4 斑位于端部中线上。

虫体周缘短卵形，背面拱起。上颚有 3 个端齿，无侧齿，齿上无锯齿状小齿。后基线近于完整，伸向腹板前角，其后缘伸达腹板的 3/4。雄性第 5 腹板后缘平截，第 6 腹板后缘中央凹入；雌性第 5 腹板宽阔内凹，中央有一甚小的缺刻，第 6 腹板后缘内凹。跗爪分裂，基部有一三角形的基齿。

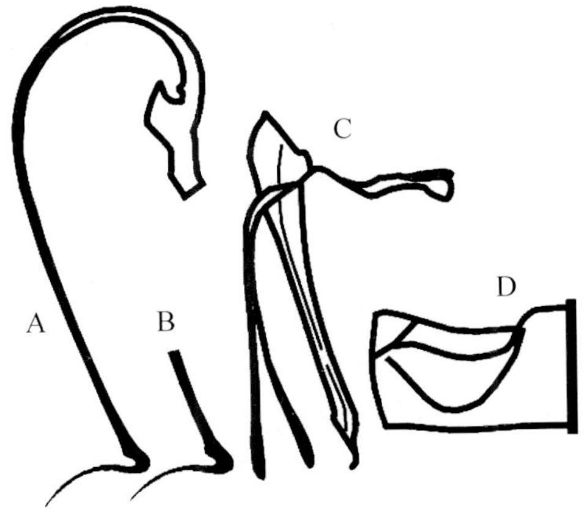

图 164 双四星崎齿瓢虫（仿任顺祥，2009）

A. 弯管 B. 弯管端 C. 阳基侧面观 D. 后基线

雄性外生殖器形态特征见图 164。阳基中叶细长而较平直，端部稍有外突，末端细而稍向外弯。侧叶细长而端部稍扩大。弯管基半部呈半圆形内弯，弯管端在开口处之后成一长形尖突，直角形向外突出。雌虫生殖片长 0.25 mm，最宽处宽 0.21 mm。近圆形，基部平截，内缘弧形，向外弯曲；外缘弧形外弯，色浅，端部无端突，第 10 腹板弧形外突。

寄主 水蔗草（*Apluda mutica*）。

分布 云南（东川、富民、安宁 1 800～1 900 m），四川（盐源金河 1 270 m），广东，广西。印度。

133. 十斑小崎齿瓢虫 ***Afidentula decimaculata*** **Cao et Wang**[4] **(图版XX－133，图165)**

体长3.5 mm，体宽3 mm。

虫体背面黄褐色，密被黄白色细毛。复眼黑色，头部、触角、口器（除上颚末端黑色外）黄褐色。小盾片与背面基色相同。头部无黑斑，前胸背板前方有一黑色中斑。鞘翅上各有5个黑色斑点，呈2－2－1排列，各斑均独立，不与鞘缝及外缘相连，亦不相互连接：第1斑圆形，位于小盾片两侧，第2斑位于鞘翅肩角上，略呈三角形；第3斑最大，位于鞘翅中部内线上，近圆形；第4斑位于外线上，外侧接近鞘翅外缘；第5斑位于端部中线上。虫体腹面中、后胸腹板中央黑色，腹部第1～3腹板中部黑色；腹末3节为浅色。足各均为黄褐色。

虫体周缘短卵形，背面拱起。上颚具3个端齿，无侧齿，上颚齿上无锯齿状小齿。前胸背板最宽处接近基部。后基线近于完整，后缘达第1腹板的3/4左右。雄性第5腹板后缘平截；第6腹板后缘略弧形外突。跗爪分裂，基部有一三角形的基齿。

雄性外生殖器形态特征见图165。阳基中叶从正面观，两侧近于平行，末端收窄形成中突，中突中央分裂成2个齿状突。侧叶短于中叶，仅及中叶的3/4。弯管细长，基半部弧形弯曲，中部较平直，端部略向内弯，内缘略尖。

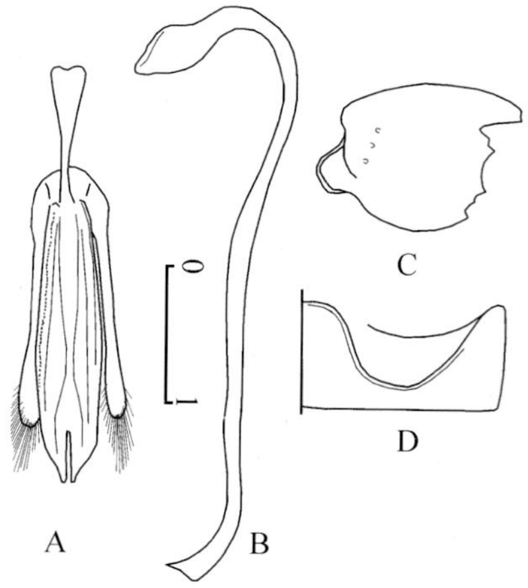

图165　十斑小崎齿瓢虫（图自曹诚一，1992）

A. 阳基正面观　B. 弯管　C. 上颚　D. 后基线

寄主　唇形科，火把花（*Colquhounia* sp.）。

分布　云南（永德乌木龙2 300 m）。

本种与双四星崎齿瓢虫 *Afidentula bisquadripunctata* 近似，但外生殖器区别明显，每鞘翅5个斑。

134. 十五斑崎齿瓢虫 ***Afidentula quinquedecemguttata*** **(Dieke)**[2] **(图版XX－134，图166)**

体长4.6～5.5 mm，体宽3.5～3.9 mm。

虫体背面红棕色。头部黑色，仅头部中央基部有一三角形的浅色斑；触角、口器（除上颚外）亦为浅色。前胸背板黑色，仅留浅色的外缘。小盾片黑色。鞘翅在鞘缝上于距基部的2/3处有一缝斑，除缝斑外，每鞘翅上有黑斑7个，呈2－2－2－1四排。第3排的两个黑斑互相连合而成中央收窄的横斑；端斑方形，紧靠鞘翅的末端，因而亦与另一鞘翅上相对应的斑点相互连接。鞘翅缘折中部具黑斑。

虫体周缘成长圆形，背面拱起。触角11节，第3节最长，第4节最短小，第9、10节梯形，后前角向后外侧突出，端节近球形。后基线完整，后缘伸达腹板的5/6。雄性第5腹板后缘近于平截，第6腹板后缘中央有缺切；雌性第5腹板后缘中央稍有突起，第 6 腹板后缘弧形外突。跗爪分裂，具大的方形基齿。

雄性外生殖器形态特征见图 166。阳基的中叶从侧面看比较特殊，外缘弧形伸出至 3/5 处急剧外弯后再较平直地伸出，内缘弧形伸出至 3/5 处亦较急剧地外弯，末端稍突出；从正面看，两侧平行伸出，端部急剧收窄，末端成一中突。侧叶细长，较短于中叶。弯管基半部内弯，端部外弯。

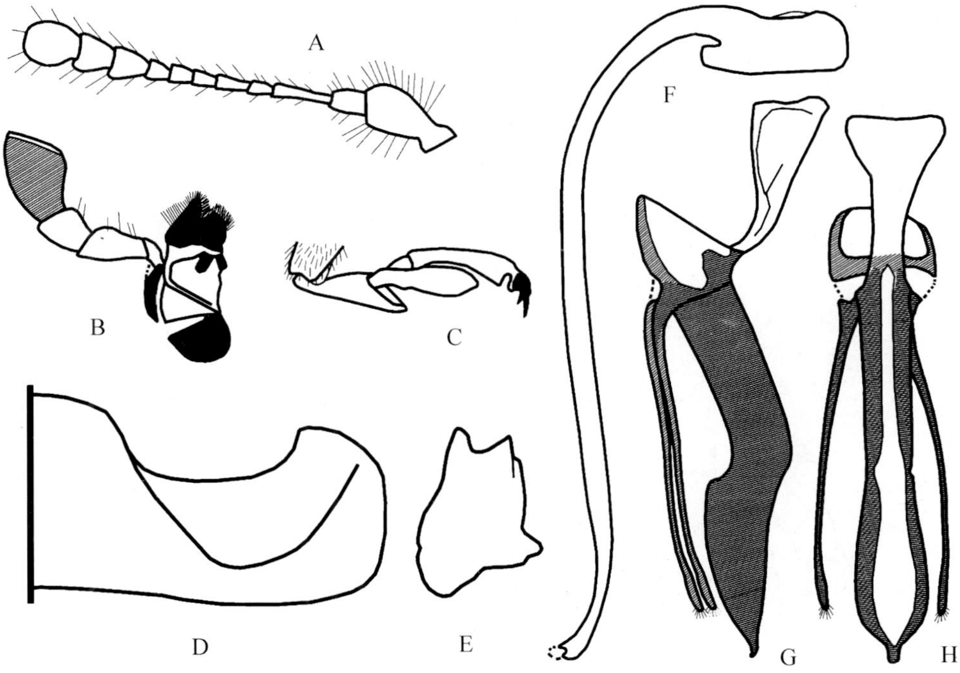

图 166　十五斑崎齿瓢虫

A. 触角　B. 下颚须　C. 中足跗节和爪　D. 后基线　E. 上颚　F. 弯管　G. 阳基侧面观　H. 阳基正面观

寄主　绞股蓝（葫芦科）。

分布　西藏（墨脱加热萨 2 100 m，亚东朗玛普 2 800 m），云南（耿马 2 700 m，临沧 2 260 m，昆明 2 200 m），四川（峨眉山）。

长崎齿瓢虫属 *Afissula* Kapur，1955

虫体长卵形，触角细长，稍长于头宽。上颚有 3 个端齿和 1 个侧齿，齿上无锯状小齿。下颚须细长，其末节较狭窄。触角较细长而具 1 个稍膨大的端节。触角长于头宽。前胸背板最宽处接近中部或在中部之后。鞘翅侧缘较平直。跗爪分裂且有基齿。雌性第 6 腹板中央无纵缝；体长卵形，前胸背板最宽处接近中部或在中部之后，鞘翅侧缘较平直，足股节末端可露出体缘之外。[2]

135. 长崎齿瓢虫 *Afissula rana* Kapur[2]（图版XX－135，图 167）

体长 4.7～5 mm，体宽 3～3.2 mm。

虫体背面红褐色，被灰白色细毛，在黑斑上的细毛亦多为灰白色。头部复眼灰色，上颚黑色。前胸背板中央靠前方有一黑色的横斑，侧缘色泽较浅而趋于黄褐色。小盾片与背面基色相同。鞘翅上各有5个黑色斑点，呈2－2－1排列，其中1斑及2斑略呈纵置的长方形；3斑横置，4斑不与外缘相连，5斑亦不与外缘及鞘缝相接触。虫体腹面亦为红褐色，但后胸腹板及腹部第1～4节的色泽较深，足及鞘翅缘折亦为红褐色。

虫体长卵形，前胸背板的最宽处接近中部，其外缘弧形；鞘翅两侧较平直，足股节可露出于体缘之外。两鞘翅近端部处在鞘缝延至两侧有一弧形的凹凸痕。上颚有3个端齿，1个侧齿，齿上无锯齿状小齿。跗爪分裂而有基齿，内齿小于外齿，基齿近于三角形。后基线近于完整，后缘伸达腹板的2/3。雌性第6腹板中央不纵裂（无纵缝）。

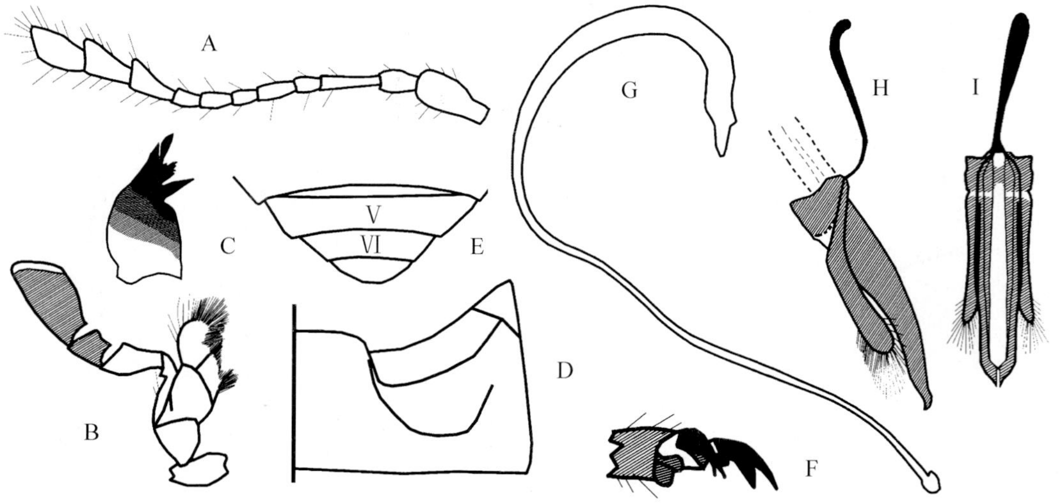

图167　长崎齿瓢虫

A. 触角　B. 下颚须　C. 上颚　D. 后基线　E. 雄虫第5、6腹板
F. 跗爪　G. 弯管　H. 阳基侧面观　I. 阳基正面观

雄性外生殖器形态特征见图167。阳基中叶从侧面看，基部最厚，至中部由于外缘及内缘稍内弯而渐次减薄，在中部之后仍保持相当的厚度，缓缓外弯，端部的外线急剧内弯而形成稍钝的末端；从正面看，两侧近于平行，端部收窄而形成中突，中突的中央分裂。侧叶的长度相当于中叶的3/4。弯管基半部圆弧形弯曲，端半部较平直，弯管端的构造较特殊。

寄主　荨麻。

分布　西藏（吉隆县吉隆镇江村2 500 m，定日绒辖2 300～3 500 m，樟木口岸2 200 m）。尼泊尔。

136. 亚东崎齿瓢虫 *Afissula yadongensis* Hu & Lin，sp. nov.，新种（图版XX－136，图168）

体长4.3～4.8 mm，体宽3～3.2 mm。

头部，触角，口器黄褐色。前胸背板红褐色，具一大型黑斑，黑斑的中部较宽，两侧较窄，外缘和后缘不与背板边缘相连。小盾片红褐色。鞘翅黑色，有紫蓝色光泽；

鞘翅上各具5个黑色的斑点，呈2－2－1排列：1、3斑略呈圆形，位于鞘翅内线上，远离鞘缝，1斑离鞘翅基部很远；2、4、5斑位于鞘翅的外线上，均接近鞘翅外缘；2斑略呈三角形，4、5斑略呈圆形。虫体腹面黄褐色，中央近黑色。鞘翅缘折色淡，消失于鞘翅末端之前。各足红褐色，跗爪黑色，无基齿，内齿不对生。

虫体周缘卵形，背面拱起，被细小的黄色细毛。触角11节，柄节最粗大，第3和第9~11节其次，第8节最小。上颚末端黑色，具3个端齿，1个侧齿。前胸背板近中部最宽，前后角钝圆，侧缘弧形斜伸。后基线完整，后缘伸达腹板的2/3。雄性第5腹板后缘近于平截，第6腹板后缘弧形外突。跗爪分裂，有基齿。

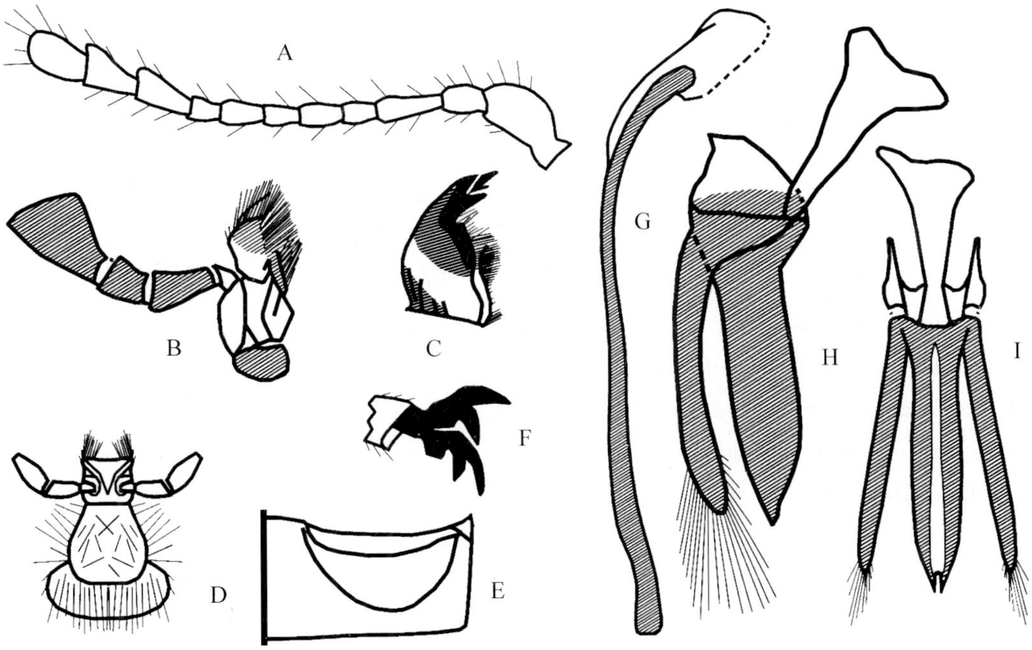

图168 亚东崎齿瓢虫

Fig. 168 *Afissula yadongensis* Hu & Lin, sp. nov.

A. 触角（antenna） B. 下颚须（maxilla） C. 上颚（mandible）
D. 下唇须（labial palp） E. 后基线（abdominal line） F. 跗爪（claw） G. 弯管（sipho）
H. 阳基侧面观（phallus, lateral view） I. 阳基正面观（phallus, ventral view）

雄性外生殖器形态特征见图168。从侧面看，中叶基部最厚，端部尖锐，侧叶略呈弧形弯曲，端部尖；从正面看，中叶基部最宽，左右对称，两侧近于平行，末端尖锐，分为两叉，侧叶略短于中叶。弯管囊内、外突分界不明显，略呈长方形，色淡；弯管基部弧形弯曲，近中部处最细，然后逐步扩大，直至弯管末端。

正模，♂，西藏亚东纳塘2 800 m，1991－Ⅷ－12，胡胜昌采。玻片标本号1314。

配模，♀，采集时间、地点、采集人同正模。Na. 1316。

副模，♂，西藏亚东县唐嘎沟，2 700 m，1991－Ⅷ－11，贺文利采。

本种雄外生殖器与八仙花崎齿瓢虫 *Afissula hydrangeae* Pang et Mao 相似，但后者中叶内弯，侧叶明显短于中叶；弯管近端部明显外弯。

136. *Afissula yadongensis* Hu & Lin, sp. nov. , Plate, XX-136, Fig. 168

Its body length is 4. 3 ~4. 8mm, and its width is 3. 0 ~3. 2mm.

Its head, antenna, mouthpart are yellowish brown. Pronotum is red brown, with a large black spot. The midst of the spot is wider. Outer margin and hind margin do not connect with notum margin. Scutellum is red brown. Elytra is black, with bluish violet light. There are 5 black spots on every elytron, arranged into 2-2-1: the 1st and 3rd are nearly round, on the inner line of elytra and far away from crack of elytra, one spot far away from base of elytra; the 2nd, 4th and 5th are on the outer line of elytra, near outer margin; the 2nd spot is subtrigonous; the 4th and 5th spots are nearly round. Ventral body is yellowish brown, and midst is black. Elytra margin kink is light color, and does not reach the end of elytra. Legs are red brown, tarsal claws are black. There is no basal odontoid, and the inner crenelations are not opposite.

Its body is oval with back arch upward, covered with thin yellow hair. Antenna consist of 11 segments, with scape bulky; the 3rd and 9th to 11th segments take the second place; the 8th is the smallest. It is black, and terminal of mandible with 3 incisor lobes and 1 molar lobe. Midst of pronotum is the widest; front and hind angle is blunt, and lateral margin arch and incline. Posteoxal line of the first abdominal segment is complete, the hind margin reaches 2/3 of sternum. The 5th sternum hind margin of male is near truncation; the 6th sternum hind margin arch outset. Tarsal claw splits, with basal odontoid.

Figure 168 shows the male genitalia. In lateral view: base of middle lobe is the thickest, the apex is sharp; lateral lobes with sharp apex arch. In ventral view: base of middle lobe is the widest, bilateral symmetry, and lateral margins are nearly parallel. The apex is sharp, divaricate, lateral lobes is shorter than middle lobe. Dividing line of siphonal capsule inner and outer processes are not obvious. Siphonal capsule is near rectangular, and color light; base of sipho arches, near midst is the thinnest and then enlarged to the end.

Holotype: male, Natang, Yadong (2800m), Tibet, 12, Ⅷ, 1991, collected by Hu Sheng-chang, specimens slide number: 1314.

Allotype: female, Natang, Yadong (2800m), Tibet, 12, Ⅷ, 1991, collected by Hu Sheng-chang. Na. 1316.

Paratype: male, Tangga valley, Yadong county (2700m), Tibet 11, Ⅷ, 1991, collected by He Wen-li.

Male genitalia of this species is similar to *Afissula hydrangeae* Pang et Mao, but the middle lobe of the latter one inward curves, lateral lobes are shorter than the middle lobe obviously, sipho bends out near the end obviously.

137. 缘毛长崎齿瓢虫 *Afissula craspedotricha* Yu[10]**（图版XX－137，图169）**

体长4.5 mm，体宽3.2 mm。

虫体周缘近于卵形，末端收尖较明显。头部除复眼及上颚末端黑色外，其余为黄褐色；前胸背板棕色，中央有一个大黑斑，达前胸背板的前缘而不达后缘；小盾片黑色；鞘翅黑色，每一鞘翅具5个橘红色斑，呈2－2－1排列，前排的一对斑大，内斑卵形，外斑不规则形，中后排的斑较小，近于圆形。腹面黑色，但头、前胸棕色（前胸腹板前后缘线黑色）；鞘翅缘折棕色，但内、外缘线黑色；腹板黑色，第3～4腹板的两侧、第5腹板端部及第6腹板色浅；足棕色。

复眼小，两眼间间距约是眼宽的3倍。前胸背板侧缘基部2/3几乎呈直线，余弧形弯曲；刻点粗密均匀。前胸背板缘折具明显凹陷承纳前足股节末端。鞘翅上的刻点粗密，但其上尚散布很粗大的刻点。鞘翅缘折无明显凹陷承纳中后足股节末端。后基线不完整，达第1腹板的2/3强，外缘弯向前方，消失于第1腹板的1/3处。第5腹板后缘轻微宽内凹，第6腹板后缘平截。

雄性外生殖器形态特征见图169。侧面观阳基中叶的基半部厚度相似，后向端部收窄，稍长于侧叶；腹面观，中叶两侧平行，端部突然收窄，末端分裂，中叶的中部有很多短毛，两侧具长毛。弯管基部稍弯曲，端大部直线形，端部内侧有一小缺刻。

分布　西藏（墨脱汉密1 100～2 100 m）。

本种与小长崎齿瓢虫 *Afissula parvula*（Crotch，1874）和 *Afissula puncta* Bielawski，1967相似，即黑色的鞘翅上具5个浅色斑且呈2－2－1排列。但后两种鞘翅上的5个斑均呈黄褐色。从外生殖器上，后一种与新种比较相似，但它的前胸背板仅侧缘浅色，阳基中叶腹面观向端部扩大而区分。本种阳基比较特殊，其中叶两侧具长毛；另外本种爪的基齿不甚明显。

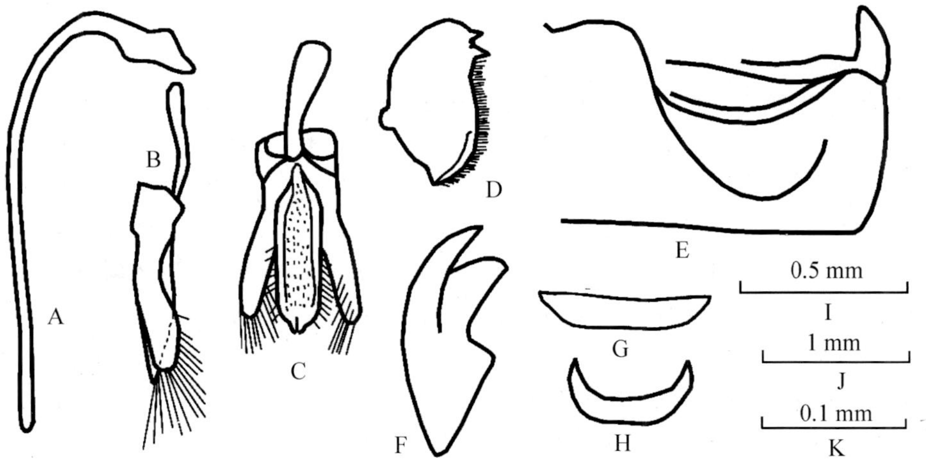

图169　缘毛长崎齿瓢虫　（仿虞国跃，2004）

A. 弯管　B. 阳基侧面观　C. 阳基正面观　D. 上颚　E. 后基线　F. 爪　G. 第5腹板　H. 第6腹板　I. A～D的标尺为0.5 mm　J. E、G、H的标尺为1 mm　K. F的标尺为0.1 mm

138. 环管崎齿瓢虫 *Afissula kambaitana*（Bielawski）[2]（图版XX－138，图170）

体长3.5 mm，体宽2.4 mm。

虫体背面红褐色，被灰白色细毛，在黑斑上的细毛亦多为灰白色。前胸背板中央有一黑色横斑，该斑与前缘及后缘的距离几乎相似，有时斑点扩大而接近前缘及后缘。小盾片与背面基色相同，鞘翅上各有5个黑色斑点，呈2－2－1排列，各斑相互独立；但有时斑点扩大而相互连接：1、3、5斑相连，且1与2，3与4斑亦相互连接。腹面与背面的基色相同，中胸腹板两侧黑色，后胸腹板黑色，腹部黑色，仅各节之间色泽较浅。足黄褐色，仅后足股节部分黑色。

虫体卵形，前胸背板最宽处接近中部，其外缘弧形。上颚有3个端齿，1个侧齿，端齿上无锯状小齿。跗爪分裂而有基齿。后基线完整，弧形，后缘达腹板的3/4至4/5。雄性第5腹板后缘弧形后突，遮盖第6腹板大部分，第6腹板稍微外露，其后缘亦为弧形后突。

雄性外生殖器形态特征见图170。阳基的中叶长筒形，从正面看端部收窄而末端较尖，从侧面看末端尖锐。侧叶与中叶几乎等长。弯管呈弧形弯曲，弯管端曲折呈环状。

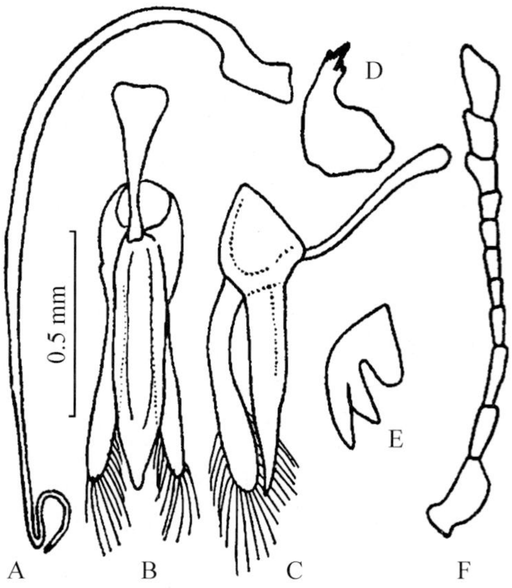

图170　环管崎齿瓢虫（图自庞雄飞，1979）

A. 弯管　B. 阳基正面观　C. 阳基侧面观　D. 上颚　E. 跗爪　F. 触角

庞雄飞曾对本种进行过研究，认为本种的形态特征与比拉夫斯基（Bielawski，1966）的原描述相同，特别是具有甚近似而特异于其他种的弯管构造。然而，上颚的构造与其原始描述差异甚大。比拉夫斯基（Bielawski，1966）根据本种上颚呈三角形，末端仅有一齿的特征而建立了 *Afilachna* 属。而在庞雄飞研究的标本中，仅有1个个体的1个上颚有此特征，而详细检查了这个上颚，发现是由于磨损折裂而成的。其他个体的上颚均与长崎齿瓢虫属的相近似，因而庞雄飞将本种列入长崎齿瓢虫属中。

分布　西藏（聂拉木2 400～3 000 m）。缅甸。

139. 角管崎齿瓢虫 *Afissula sanscrita* Crotch[2]（图版XX－139，图171）

体长3.6 mm，体宽2.7 mm。

虫体背面红褐色，被灰白色细毛，在黑斑上的细毛多为黑色。前胸背板中央靠前方有一黑色横斑。小盾片与背面基色相同。鞘翅上各有5个黑色斑点，呈2－2－1排列，其中2斑长形，与基缘及外缘相接近而不相连；1斑独立，距基缘较远而距鞘缝较近；3斑横置；4斑长形，接近外缘，其前缘与3斑前缘几乎齐平，但其后缘则较3斑后缘更伸向端部；5 斑较其他各斑为大。腹面亦为红褐色，后胸腹板色泽较深，近于黑褐色。

虫体近于卵形，前胸背板最宽处接近中部，其外缘弧形。后基线弧形，后缘达腹板的 3/4，末端伸向前角但中止于前缘之前。跗爪分裂而有基齿。

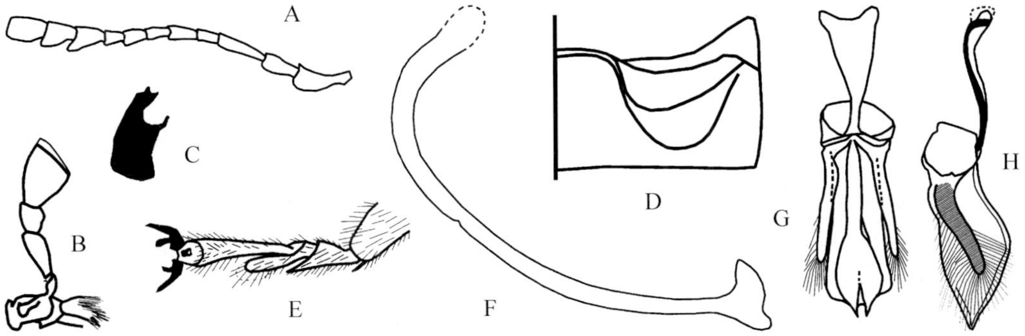

图 171　角管崎齿瓢虫

A. 触角　B. 下颚须　C. 上颚　D. 后基线

E. 后足跗节和爪　F. 弯管　G. 阳基正面观　H. 阳基侧面观

雄性外生殖器形态特征见图 171。阳基中央甚粗厚，从正面看两侧近于平行，末端尖锐而中央深内凹，因而形成两长齿状突出；从侧面看外缘弧形，内缘中部外弯而末端尖锐。侧叶弯曲，其长度约为中叶的 3/4，着生长毛。弯管基半部成圆弧形弯曲，端半部外弯，弯管端的内侧成特殊的角状突起，这个弯管端在成虫鲜活或未解剖过的标本中亦突出于腹末。因此，根据这一特点很容易区分本种的雌雄。

分布　西藏（吉隆吉步 2 500 m，吉隆冲塞 2 400 m，聂拉木樟木 2 200 m）。锡金。

140. 刀叶崎齿瓢虫 *Afissula mysticoides*（Sicard）[2]（图版XX－140，图 172）

体长 3.9～4.1 mm，体宽 3～3.1 mm。

虫体背面砖红色至红棕色，被黄白色细毛，在黑斑上的细毛灰黄白色。头部仅复眼及上颚末端黑色。前胸背板中央有一大型的横斑。小盾片与背面基色相同。鞘翅上各有 5 个黑色斑点，呈 2－2－1 排列，其中小盾斑滴水状，前缘接近鞘翅基缘，极个别个体本斑缩小，但仍然略呈竖长形；2 斑的内缘呈新月形弯曲，围绕于肩胛突起之外；中斑呈近梯形，外侧略向上斜；其他 2 斑均独立，不与鞘缝及外缘相连。虫体腹面大部分黑色，被毛较浓密，黄白色；雄虫后胸前、后侧片密被白色绒毛；头部除复眼及上颚黑色外均为红褐色；前、中胸腹板，鞘翅缘折及各足红褐色；第 4 腹板两侧，第 5、6 腹板红褐色或暗黄褐色。

虫体周缘近于卵形，背面拱起。后基线近于完整，弧形，后缘略超过第 1 腹板的 2/3。中、后足胫节末端有 2 个刺距。雄虫第 5、6 腹板后缘均向内凹入；雌性第 5 腹板后缘平截，第 6 腹板后缘弧形外突，腹部末端尖突。跗爪分裂而有基齿。

雄性外生殖器形态特征见图 172。弯管基部略弯曲，弯管囊内、外突连在一起，分界不明显；弯管近直形，仅略向内弯，近端部膨大，末端平截且向外伸出而形成特殊的弯管端；阳基中叶远长于侧叶，正面看中叶长舌形，端部急剧收缩呈双尖突；阳基侧面观，中叶内、外缘均广弧形外弯，近端部 2/5 膨大，端部尖锐。

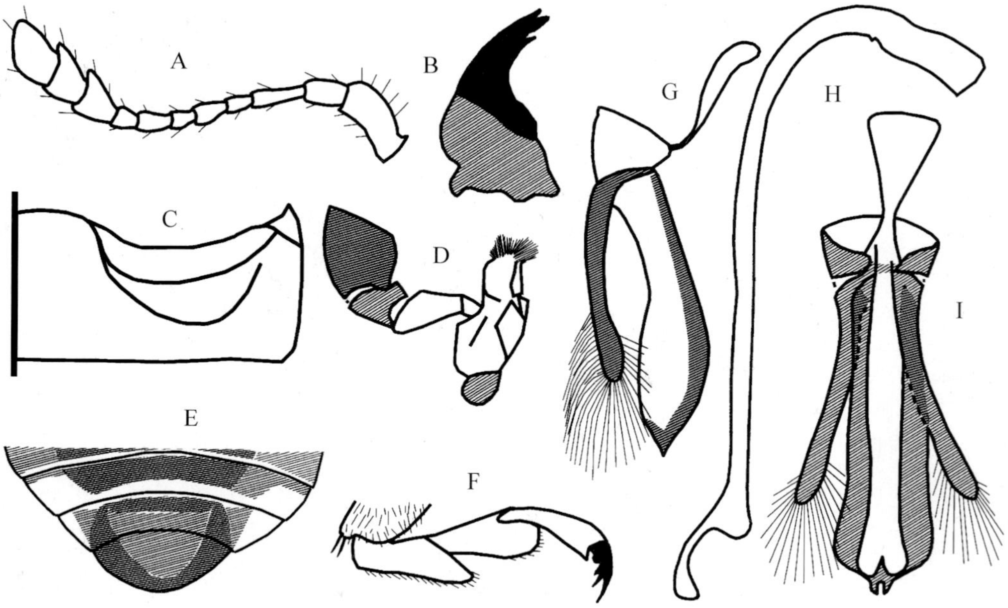

图 172　刀叶崎齿瓢虫

A. 触角　B. 上颚　C. 后基线　D. 下颚须　E. 雄虫腹板第 4 ~ 6 节
F. 中足跗节和爪　G. 阳基侧面观　H. 弯管　I. 阳基正面观

分布　西藏（吉隆热索、吉步 2 000 ~ 2 600 m，亚东林场 2 700 m）。尼泊尔。印度。

庞雄飞（1979）记述过刀叶崎齿瓢虫，绘制了雄外生殖器图，并指出“阳基中叶外缘在中部之前成双波状弯曲”，其分布地为亚东。在我们采集的 45 头标本中，也解剖到 1 头采自亚东、阳基侧面观中叶内缘呈双波状弯曲者，与庞雄飞所绘生殖器图完全一致。因此，尽管我们怀疑这是另外一个种，而不是同种的个体间差异。但由于我们采到的标本数量少、生殖器的其他形态与刀叶崎齿瓢虫基本一致，故我们仍把中叶内缘弯曲者归为本种。

141. 钩管崎齿瓢虫 *Afissula uniformis* Pang et Mao[2]（图版XXI－141，图 173）

体长 4.8 ~ 5 mm，体宽 3.5 ~ 3.8 mm。

虫体背面黄棕色。头部无黑斑，或仅于头顶至复眼之间有一黑斑，复眼黑色。前胸背板中央有一黑色的大型中斑，仅周缘浅色。小盾片浅色。鞘翅上的斑纹由 5 个斑点所组成，1 及 2、3 及 4 相连而成 1 +2、3 +4 两横带，横带及 5 斑的内缘均不连至鞘缝，鞘缝保留浅色的纵线。鞘翅的外缘色浅，仅 3 斑的外缘稍现黑色；在鞘缝的中线上于 1、2 两斑之间仍保留三角形的浅色部分。腹面与背面基色相同，但腹面中央色泽较深或黑色，前胸腹板黄棕色，腹部末端两节及第 3、4 腹片的外侧色泽较浅，鞘翅缘折、足亦为浅黄棕色。

虫体周缘长卵形，背面匀称地拱起，前胸背板中部最宽，两侧弧形；小盾片呈锐角三角形；鞘翅两侧缘较平直。后基线完整，后缘达腹板的 2/3，外缘末端微弱地斜伸至腹板前缘。雄性第 5 腹板后缘平截，第 6 腹板后缘弧形外突，雌性第 5 腹板后缘稍外突，第 6 腹板后缘亦为弧形外突，其中央无纵缝。跗爪分裂而有基齿。上颚有 3 个端齿和 1 个侧齿，齿上无锯状小齿。

雄性外生殖器形态特征见图 173。阳基中叶基部较厚，中部圆筒形，端部呈不对称的瓣状，末端成一尖突，端突的中央分裂。侧叶细窄，其长度相当于中叶的 3/4 左右。弯管强大，基部弧形弯曲，中部平直，端部成 210°的向内弯曲，组成钩状的弯管端。

寄主 葡萄科（Vitaceae）植物。

分布 云南（兰坪 3 000 m），四川（卧龙 1 780 m，峨眉山九老洞）。

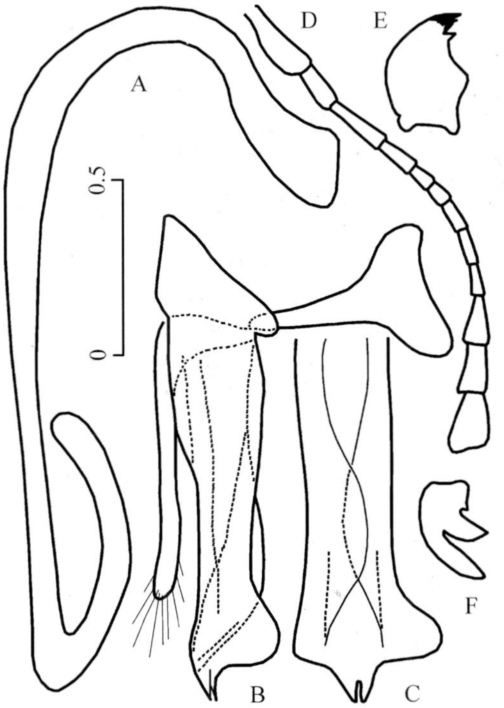

图 173 钩管崎齿瓢虫（图自庞雄飞，1979）

A. 弯管 B. 阳基侧面观 C. 阳基中叶正面观 D. 触角 E. 上颚 F. 跗爪

142. 八斑崎齿瓢虫 *Afissula octomaculatus* Hu，sp. nov.，新种（图版XXI－142，图 174）

体长 3. 8 mm，体宽 2. 7 mm。

虫体卵圆形，密被棕黄色绒毛。头部棕红色，复眼黑色。前胸背板棕红色，前缘具倒“山”字形黑斑，后半部有散碎的、界限不明晰的黑色斑点。小盾片正三角形，棕红色，约为体宽的 1/5。鞘翅棕红色，每个鞘翅具 4 个黑斑：1 斑由小盾斑和肩斑连合组成，前缘达鞘翅基缘，侧缘接近鞘翅外缘，内缘离鞘缝有一定距离；2 斑在鞘翅中部，靠近外缘，椭圆形；3 斑半圆形，位于鞘翅中央，靠鞘缝有一定距离；4 斑位于鞘翅约 5/6 处，横长椭圆形。头部腹面黄褐色。胸部黑色，缘折黄褐色。腹板黑色，各节腹板两侧有一个淡色斑。鞘翅缘折黄褐色，不达鞘翅末端。各足棕红色，跗爪分裂，有基齿。

触角第 3 节细长，端节念珠状，端缘平截。前胸腹板突宽短，纵隆线伸达第 1 腹板后缘的稍前方，前部叉开呈倒“八”字形。后基线不完整，后缘伸达前胸腹板约 2/3 处。雄虫第 5、6 腹板后缘仅轻微内凹。

雄外生殖器形态特征见图 174。从侧面观，弯管基部向内弯曲，端部向外弯曲，没有明显的弯管囊，自基部 1/3 逐步向端部膨大，到达近末端处急剧收缩，形成尖锐的端部；弯管正面观，基部绝大部分等宽，近端部处球形膨大，末端尖锐。阳基侧面观，中叶基部最厚，逐步向端部减薄，形成尖锐外弯的端部，中叶中间两度向内弯曲；侧叶平直，仅稍长于中叶的一半，近端部处内缘明显收缩，形成较尖的端部，从正面观，侧叶细长，稍外弯；中叶棒槌形，近端部处最宽大，然后急剧缢缩，形成尖锐的端部。

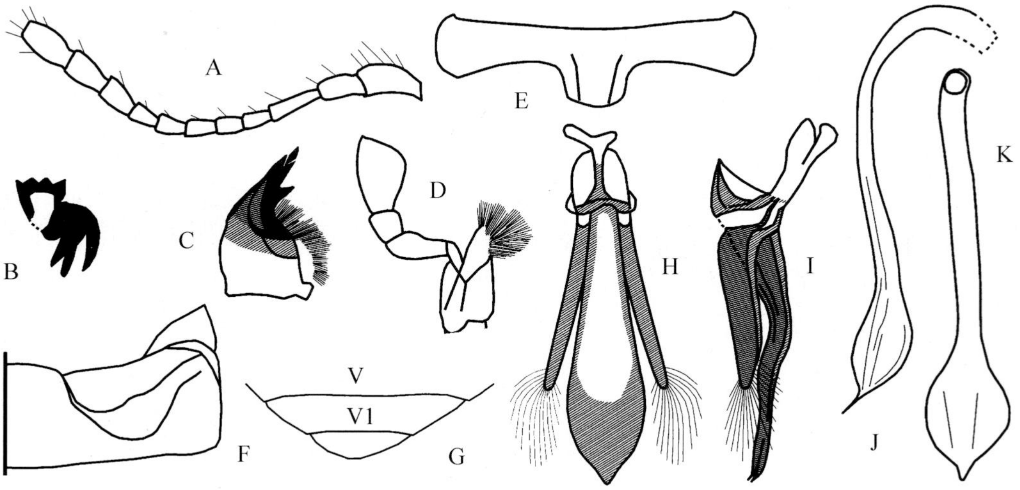

图 174　八斑崎齿瓢虫

Fig. 174　*Afissula octomaculatus* Hu, sp. nov.

A. 触角（antenna）　B. 跗爪（claw）　C. 上颚（mandible）　D. 下颚须（maxilla）
E. 前胸腹板纵隆线（prothoaxsternum, long itudinal carina）　F. 后基线（abdominal line）
G. 雄虫第5、6腹节（5－6 abdominal segment of male）　H. 阳基正面观（phallus, ventral view）
I. 阳基侧面观（phallus, lateral view）　J. 弯管侧面观（sipho, lateral view）
K. 弯管正面观（sipho, ventral view）

正模，♂，西藏亚东纳塘2 800 m，1991－Ⅷ－12，普琼采。玻片标本Na1306。

本种与缘毛长崎齿瓢虫 *Afissula craspedotricha* Yu 有些相似，但本种前胸背板前缘中央具一大黑斑，此黑斑不扩展到两侧缘；小盾片红褐色至黄褐色；鞘翅上的黄斑大，靠鞘缝的前2个中斑仅略前于侧斑；雄外生殖器形态完全不同。可易与后者相区别。

142. *Afissula octomaculatus* Hu, sp. nov., Plate, XXI-142, Fig. 174

Its body length is 3.8mm, and the width is 2.7 mm.

The body is oval, with densely brown fuzz. Head is brownish red, and compound eyes are black. Pronotum is brownish red, with a epsilon-type spot on front margin. There are indistinct black spots scattered around the latter part. Scutellum is equilateral triangle, brownish red, and about 1/5 of body width. Elytra are brownish red, and 4 black spots on each elytra: spots on scutellum and scapulet combine with the 1st one, the front margin can arrive elytra basal margin, lateral margin near elytra outer margin, but inner margin does not near elytra inner margin; the 2nd on the middle of elytra is oval, can near outer margin; the 3rd is half round, on the center of elytra, and there is a distance between the spot and inner margin; the 4th lateral is oblong, on about 5/6 of elytra. Ventral part of head is yellowish-brown. Thorax is black and marginfold is yellowish-brown. Sternum is black, with light spots on the two sides of each sternum. Elytra marginfolds are yellowish-brown, but do not arrive the end. Legs are brownish red; tarsal claw is divisive, with basal odontoid.

The 3rd antenna is long and thin, and end segment is bead-like. Margin of the end is truncation. Prothorax sternum apophysis is short and wide. Longitudinal carina near the after margin of the 1st sternum, and the front part is divergent just like fork. The posteoxal line of the first abdominal segment is incomplete, the back margin is near to 2/3 of propleuron. The male back margin of the 5th and 6th sternums just indent slightly.

Figure 174 shows the male genitalia. In lateral view: Base of sipho incurves and end curves outward; siphonal capsule is not obvious, and inflates from 1/3 to end, and constricts abruptly near the end. In ventral view; most of sipho base are equal to the width, near the end is bulbous inflation, with sharp terminal. In lateral view: base of middle lobe is thick, and thin to end, terminal is sharp and curves outward, middle of middle lobe constricts twice. Lateral lobes are straight, and it is longer than half of middle lobe, the inner margin constricted obviously in the end. In ventral view: lateral lobes are slight and long, and curve slightly. Middle lobe is clavate; near the end is the widest, and constricts abruptly to terminal sharp.

Holotype: male, Ya-dong Na-tang (2800m), Tibet, 12, Ⅷ, 1991, collected by Pu Qiong, specimens slide number: Na1306.

This species is similar with *Afissula craspedotricha* Yu. Distinctions are as follow: there is a big black spot on the center of pronotum front margin, and the spot can not extend to the lateral margin. Scutellum is bronzing or yellowish-brown. The yellow spot is large, and 2 middle spots near the seam of elytra just prior to lateral spot. The male genitalia is different to *Afissula craspedotricha* Yu.

143. 云南长崎齿瓢虫 *Afissula yunnanica* Cao et Wang[4]（图版XXI－143，图175）

体长3.9～4.1 mm，体宽3.3～3.5 mm。

虫体背面红褐色。体被灰黄色细毛，在黑斑上的细毛亦为灰黄色。复眼黑色，上颚端齿黑色。触角、口器黄褐色。前胸背板上有一大的黑色肾形中斑，小盾片与背面基色相同。鞘翅上各具5个黑色斑点，呈2－2－1排列，1斑与2斑相连，略成长方形，前缘与鞘翅基部相连，内侧不接近小盾片；外侧接近鞘翅外缘，但仍留有红褐色的窄带；3斑方形；4斑与3斑甚接近，长方形，但不与外缘相连；5斑位于鞘翅端角，呈倒三角形。虫体腹面为红褐色，但后胸腹板及腹部第1腹板中部黑色，足及鞘翅缘折亦为红褐色。

虫体周缘长卵形，背面拱起。触角11节，第3节较长，为第2节的2倍；上颚具3个端齿，1个侧齿，黑色，齿上无锯齿状小齿。前胸背板最宽处接近中部，其外缘弧形弯曲，鞘翅两侧平直。足股节可露出体侧之外。后基线近于完整，后缘达腹板的4/5左右，弧形弯曲。跗爪分裂有基齿；外齿尖锐，大于内齿。雄性第5腹板后缘近于平截，第 6 腹板后缘弧形外突，雌性第 5 腹板后缘稍外突，第 6 腹板后缘亦为弧形外突，其中央无纵缝。

雄性外生殖器形态特征见图 175。阳基中叶从侧面看，基部较厚，外缘弧形，内缘近端部之前向外突起，端部收窄成一尖突；阳基中叶对称。侧叶短于中叶，侧叶长度为中叶的 2/3 左右。弯管基半部略弧形弯曲，端部膨大呈匙状。雌性外生殖器生殖片长 0.65 mm，最宽处宽 0.4 mm。长三角形，端部为黑色。

寄主　香薷（唇形科）。

分布　云南（永德马鞍山 2 270 m）。

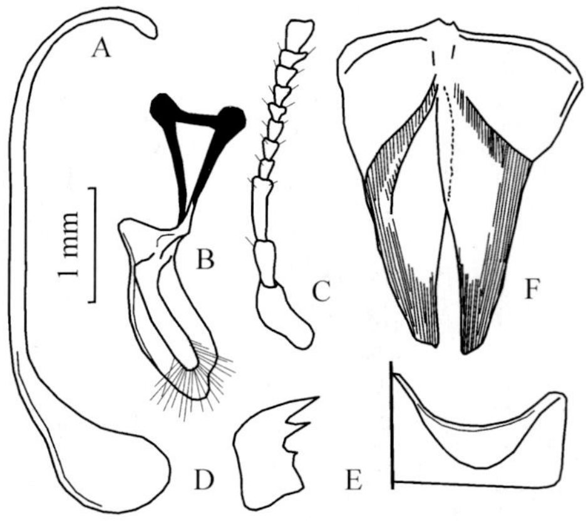

图 175　云南长崎齿瓢虫（图自曹诚一，1992）

A. 弯管　B. 阳基侧面观　C. 触角

D. 跗爪　E. 后基线　F. 雌外生殖器

食植瓢虫属 *Epilachna* Chevrolat，1837

本属区别于其他各属的主要特征：上颚有 3 个端齿和 2 个侧齿，侧面有锯齿状小齿，无基齿；跗爪分裂而无基齿，雌性第 6 腹板中央无纵缝，雄性外生殖器中叶背面无基刃，亦无细毛。本属种数较多，且包括形态上差异较大的类群，雄性外生殖器和雌性外生殖器也有多种形式，虽然在近年来已分出了不少属，但仍是本亚科中较复杂的一个属。[2]

本书记述青藏高原食植瓢虫属 29 种。

144. 拱背食植瓢虫 *Epilachna gibbera* Crotch，中国新纪录种（图版XXI－144，图 176）

Epilachna gibbera Crotch，1874：80［Type loc.，India］.

Epilachna（*Solanophila*）*gibbera* Crotch；Korschefsky，1931：29.

Afissa gibbera（Crotch）；Kapur，1963：9.

体长 11.5～13.8 mm，体宽 9～11 mm。

虫体基色黑色，具黄色至砖红色的斑纹，斑纹上的毛被与斑纹同色。头部深黄色，复眼黑色。前胸背板红褐色，中央 1/3 宽度从前缘到后缘具一大黑斑。小盾片黑色。鞘翅黑色，每鞘翅具 6 个黄褐色至红褐色斑，呈 1-2-2-1 排列：小盾斑近于圆形，达到鞘翅前缘，离鞘缝有一些距离；2 斑圆形，达到鞘翅外缘；3 斑明显由两个斑纹连接而成，前缘弧形向前突出，后缘中间三角形凹入，但此凹入从不伸达前缘，内缘与鞘缝相连；4 斑圆形，到达鞘翅外缘；5 斑近梯形，内缘宽，外缘窄；端斑三角形，外缘到达鞘翅端缘。虫体腹面：头部黄褐色，上颚末端黑色；前胸腹板黄褐色，前胸腹板突后缘黑褐色；腹部腹面黑色，鞘翅缘折黄褐色，至少基半部内侧黄褐色；雄性第 5 腹板后缘微内凹，第 6 腹板后缘凹入，雌性第 5 腹板后缘稍平截，第 6 腹板后缘弧形外突。各足除基节黑色外，均为黄褐色。

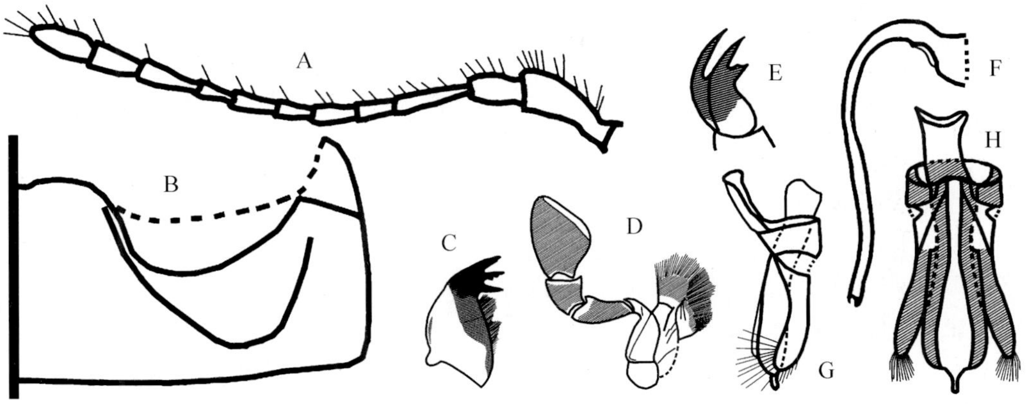

图 176　拱背食植瓢虫

A. 触角　B. 后基线　C. 上颚　D. 下颚须　E. 跗爪　F. 弯管　G. 阳基侧面观　H. 阳基正面观

虫体背面密被细毛，腹面被毛稀少，刻点细密。触角 11 节，柄节最粗长，第 3、9 节细长，第 8 节最短小。上颚具 2 个侧齿，端齿和侧齿均很粗长。后基线不完整，后缘伸达第 1 腹板 3/4 处。跗爪分裂，无基齿。

雄性外生殖器形态特征见图 176。弯管粗短，基半部向内弯曲，后半部略向外弯曲，弯管囊由弯管基部膨大形成，弯管端有缺口；阳基正面观，基柱粗短，中叶长舌形，长于侧叶，基半部中间缢缩，端半部中间膨大，近末端处急剧收缩，形成细小的指状突。

分布　西藏（亚东 2 900 m，定日绒辖 2 500 m，樟木 2 200 m，吉隆 2 900 m）。尼泊尔。印度（锡金）。

Kapur（1963）在研究了采自印度大吉岭及锡金的标本后认为："本种的色彩特别，背面隆拱，所采到的标本较少。本种的色彩斑纹相当稳定，但前胸和鞘翅的斑点可呈砖红色。"但在我们采集的标本中，本种的数量并不少，而且在亚东和吉隆均采到了取食一种灌木的幼虫，在寄主植物上幼虫数量也不少。因此，我们认为本种的集中产地应该是海拔 2 500～3 000 m 的喜马拉雅山中、西段南麓。

145. 绒辖食植瓢虫 *Epilachna hingstoni* Kapur（图版XXI－145，图 177）

体长 5. 1 mm，体宽 4 mm。

虫体短椭圆形，背面呈半球形拱起。头部除上颚顶端暗褐色和眼睛浅灰色外，均略带红色到砖红色。前胸背板除了中间 1/3 从基部到顶端是黑色外，其他均略带红色到砖红色。小盾片黑色。鞘翅红色到砖红色，在基部、中间和接近翅端处有 3 条黑色横带。第 1 条黑带从鞘翅一边的肩胛到另一边的肩胛，这条黑带中部 1/4 的部分一直延伸到鞘缝长度的 1/4，黑带前缘靠小盾片两侧各有一砖红色圆斑；第 2 条黑带比基部的黑带略宽，波浪形，而且其宽度的中部 1/4 处有更深的弯曲；端斑近三角形，中间不达鞘缝。浅色型的个体每个鞘翅上有 6 个黑斑，其中 1、5 斑位于鞘缝上，与另一鞘翅上相对应的斑点构成缝斑；1 斑有时连至小盾片而致小盾片亦为黑色；2 斑横形，3 斑位于中线上，4 斑接近外缘，3 及 4 斑常互相连接，6 斑较接近于外缘。虫体腹面沥青色到黑色，各足略带红色到砖红色。

头部密被淡黄色短柔毛。前胸背板稍拱起，前后角均圆形；刻点相当精细。小盾片中等大小，为等边三角形。鞘翅肩角圆。后基线近于半圆形，延伸至约第1个腹节长度的2/3。

雄性外生殖器形态特征见图177。弯管细长，基半部半圆形弯曲，端半部直形；弯管囊外突不明显，内突钩状；弯管端外侧有1个半圆形缺口。阳基正面观中叶长舌形，长于侧叶，近末端处急剧收缩，形成细小的指状突；侧叶细长，末端尖；阳基侧面观，基柱细长，中叶基部最厚，端部尖锐，略向外弯。

分布　西藏（定日县绒辖河谷3 000 m），云南。尼泊尔。印度（2 400～3 700 m）。

本种在外观上接近尼泊尔崎齿瓢虫 *Afissa nepalensis* Kapur，但从前胸背板和鞘翅的图案上可容易与后者相区别。尼泊尔崎齿瓢虫前胸背板的中央黑斑更窄小，其每侧各有1个小黑斑点，鞘翅上的黑带分支相连，且部分地沿着鞘缝扩展，而本种的黑带完全各自独立。本种鞘翅上黑色区域的软柔毛带灰色，而前种为黑色。本种鞘翅上的刻点也较前种更粗糙。

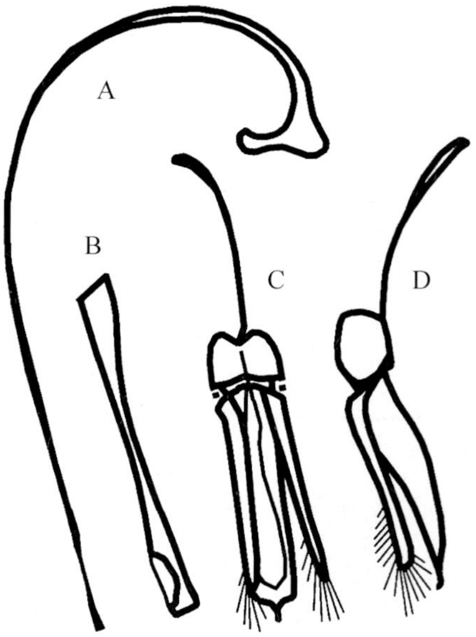

图177　绒辖食植瓢虫（仿任顺祥，2009）
A. 弯管　B. 弯管端
C. 阳基正面观　D. 阳基侧面观

146. 孟食植瓢虫 *Epilachna bengalica*（Dieke）（图版XXI－146，图178）

体长4.9～5.5 mm，体宽4.1～4.4 mm。

虫体卵圆形，半球形拱起。红褐色，覆浅灰色毛。前胸背板中央有一黑色纵斑，斑纹从前缘伸至后缘，前部较宽。小盾片黑色，每个鞘翅有6个黑斑，1斑与5斑在鞘缝和另一翅斑相接；2斑触及肩胛；3斑在中部略前于1/2处；4斑达边缘；6斑横形近端部。虫体腹面黑色，后基线完整。足部分黑色。

雄性外生殖器形态特征见图178。弯管基半部圆形弯曲，端半部直形；弯管囊外突粗短，内突细长，弯钩状。阳基正面观呈梭形，近末端处急剧收缩，形成细小的突起；侧叶细长，但仅及中叶长度的约7/10；阳基侧面观中叶前4/5厚度一致，然后急剧收缩，端部尖锐，弯向外侧；侧叶基部内弯。

分布　西藏（樟木口岸2 000 m）。印度。孟加拉国。

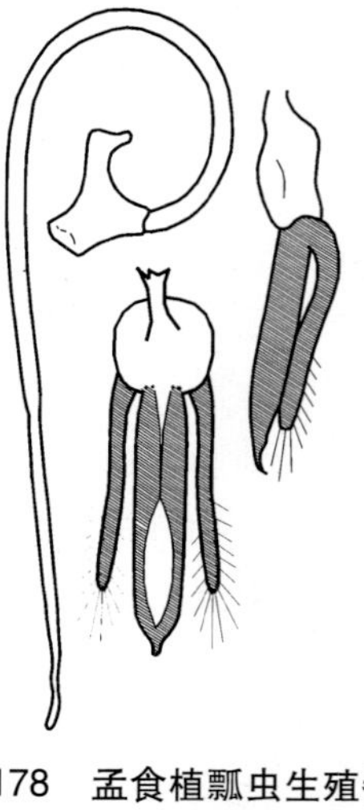
图178　孟食植瓢虫生殖器
（图自 Dieke，1947）

147. 察隅食植瓢虫 *Epilachna chayuensis* Pang & Mao[5]（图版XXI－147，图179）

体长5.5～7 mm，体宽4.1～5.3 mm。

虫体背面黄褐色。头顶有一黑斑，复眼及上颚末端黑色。前胸背板中央有一分界不明显的黑斑。小盾片与基色相同。鞘翅上的黑色斑纹较特殊，鞘翅基缘于小盾片的外侧有一长形的纵斑，该斑向后延伸达鞘翅的1/3；肩胛的外侧有一斜斑，而于此两斑之间有一近于圆形的黑斑；鞘翅中部有一长形的横斑，其内侧接近鞘缝，外侧到达中线，在该斑的外侧有一斜形的纵斑，该斑接近外缘；鞘翅端部有“V”形的黑斑。腹面前胸及中胸腹板红褐色，后胸腹板及侧板黑色，前胸背板缘折及鞘翅缘折黄褐色。虫体腹部第1腹片黑色，第2～4腹片黑色而后缘及侧缘红褐色，第5～6腹片红褐色。足红褐色。

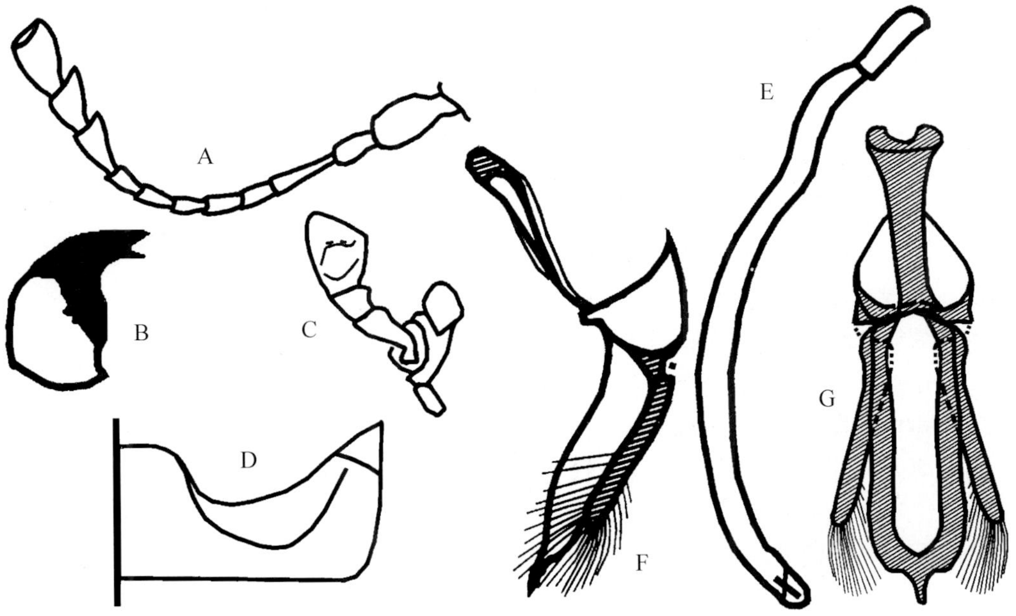

图179 察隅食植瓢虫

A. 触角 B. 上颚 C. 下颚须 D. 后基线 E. 弯管 F. 阳基侧面观 G. 阳基正面观

虫体卵圆形，背面中央甚拱起，末端稍窄。背面被黄色的短毛，在黑斑上的毛亦为黄色。后基线近于完整，弧形，后缘达腹板的1/2左右，末端伸向腹板的前角。雄性第5腹片后缘平截，第6腹片后缘弧形后突；雌性第5腹片后缘中央稍成弧形后突，第6腹片弧形后突。跗爪分裂而无基齿，内爪不对生。

雄性外生殖器形态特征见图179。阳基中叶从侧面看较粗厚，外缘较平直地伸出，至距基部的2/3开始成弧形弯曲；内缘弧形内弯，至距基部的2/3处做反向弯曲而与外缘形成端突。侧叶弯曲，侧叶的长度约为中叶长度的3/4。弯管较粗，呈弧形弯曲，端部略增粗而末端钝圆。雌性外生殖器的生殖瓣长三角形，末端尖细。

分布 西藏（察隅本堆2 070～2 600 m，波密2 100～2700 m）。

148. 错那食植瓢虫 *Epilachna cuonaensis* Pang & Mao[5]（图版XXI－148，图180）

体长3.8 mm，体宽2.6 mm。

虫体背面红褐色而带黑色斑纹。头部与背面基色相同，但复眼、触角端部、口附肢的端部黑褐色。前胸背板中央有一分界不明显的黑斑。小盾片色泽较暗。鞘翅上各有3个黑色斑点，呈2－2－1排列，其中1斑近于半圆形，接近鞘缝但不与鞘缝相连；2斑位于肩胛上；3斑横形，4斑不与鞘翅外缘相连，5斑位于端部，较其他黑斑大，横形。腹面前胸腹板红褐色，中、后胸腹板及侧板黑色。腹部各腹片大部分黑色，仅外缘及后缘红褐色。前足股节基部的大部分红褐色，端部及胫节、跗节黑色，中、后足均为黑色。

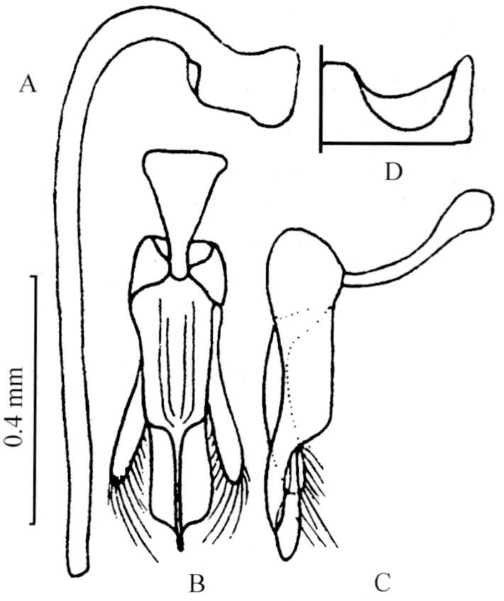

图180　错那食植瓢虫（图自庞雄飞，1979）
A. 弯管　B. 阳基正面观
C. 阳基侧面观　D. 后基线

虫体卵形，稍长，后端稍收窄。背面被金黄色毛，黑斑上的毛亦为黑色。后基线弧形，完整，后缘伸达腹板的4/5，末端伸达前缘。雄性第5腹片后缘中央部分微突，第6腹片后缘弧形后突。跗爪分裂而无基齿，其内爪对生，但不相接触。

雄性外生殖器形态特征见图180。阳基中叶的形态较特殊，基部之半较厚，在1/2处急剧减薄而成片状，但其中央成脊状突出于外方及内方而呈刀刃状，从正面看两侧近于平行，端部呈一尖突。侧叶长度相当于中叶的7/10，端部有长毛。弯管结构较简单，基部弯曲，中部及端部平直，末端较钝。

分布于西藏（错那麻儿乡2 900 m）。

149. 环斑食植瓢虫 *Epilachna circummaculata* Pang & Mao[5]（图版XXI－149，图181）

体长9.6～9.8 mm，体宽8～8.1 mm。

虫体背面朱红色。头部除复眼及上颚末端黑色外，其余部分均为朱红色。前胸背板无黑斑。小盾片色泽较深，但不为黑色。鞘翅基缘黑色，黑色部分连至小盾片的后方，鞘翅外缘黑色，中央有一黑色横带，自外缘伸达鞘缝，在横带之后的鞘缝亦为黑色。虫体腹面前、中、后胸腹板黑色；中胸侧片红黄色，后胸前侧片黑色，后胸后侧片红黄色。前胸背板缘折红黄色，鞘翅缘折的前半部红黄色，但外缘黑色，后半部全为黑色。腹部第1～4腹片基部中央黑色，外侧及后缘浅色，第5～6腹片红黄色。足红黄色。

虫体周缘近于圆形，拱起。前胸背板侧缘较平直地向前收窄，前缘成弧形内凹。背面在黑斑上的毛灰白色，但在朱红色部分的毛亦为朱红色。后基线不完整，弧形，伸至接近腹板后缘后急剧向前弯曲，中止于腹板的1/2处。雄性第5腹片成弧形向后伸出，第6腹片后缘亦为弧形，几乎全被第5腹片所遮盖。跗爪分裂而无基齿。

雌性外生殖器形态特征见图181。生殖瓣呈不规则的圆形；第10背片后部向前翻折。

分布　西藏（墨脱加热萨2 100 m，波密通麦2 100 ~2 900 m）。

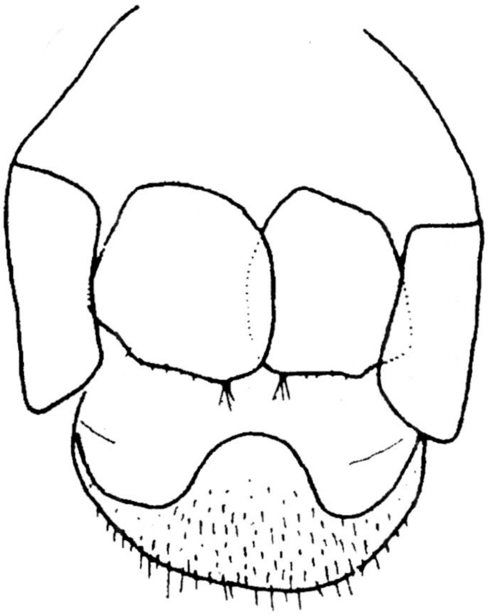

图181　环斑食植瓢虫生殖器
（图自庞雄飞，1977）

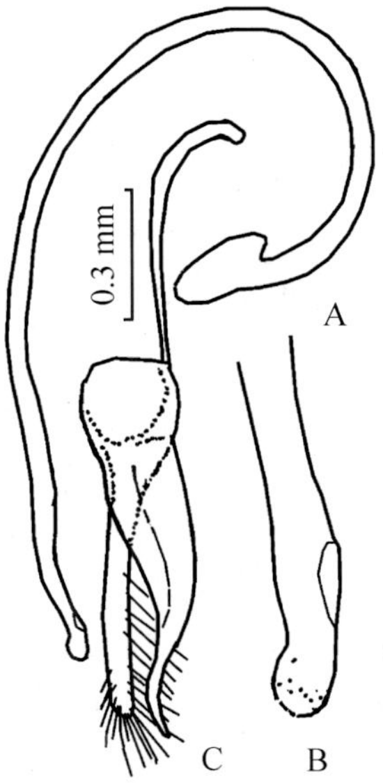

182　聂拉木食植瓢虫（图自庞雄飞，1977）
A. 弯管　B. 弯管端　C. 阳基侧面观

150. 聂拉木食植瓢虫 *Epilachna nielamuensis* Pang & Mao[5]（图版XXII－150，图182）

体长7 mm，体宽5. 8 mm。

虫体背面棕黄色。头部除复眼棕红色和上颚末端黑色外，其余部分均为棕红色。前胸背板上有一黑色的横斑，横斑较近于前缘而较远于后缘；前胸背板的侧缘色泽较浅而趋于黄色。小盾片的色泽与基色相似。鞘翅上各有5个黑色斑点，呈2－2－1排列：1斑前端较尖而后端较钝圆，位于小盾片的后方，与鞘缝不相连接；2斑亦近于三角形，位于肩胛上，其外缘甚接近鞘翅的肩角；3、4斑近于四角形，4斑的外缘与鞘翅外缘相连，但鞘翅缘折于相应的部位不成黑斑，仅有黑色的外缘；5斑位于鞘翅端部，距外缘较近而距鞘缝较远。腹面中、后胸的腹板及侧片黑色，腹部第1腹板中央大部分黑色，第2、3腹板基部黑色，其余部分与基色相同。背面毛被灰白色，黑斑上的毛亦为黑色。

虫体卵形，鞘翅的中部稍收窄，端部较尖；前胸背板侧缘弧形。后基线完整，其后缘达腹板的3/4。雄性第5腹片后缘弧形后突，第6腹片后缘中央近于平截而稍成弧形内凹。跗爪分裂而无基齿。

雄性外生殖器形态特征见图182。阳基中叶从侧面看基部最厚而向端部减薄而成尖锐的末端，略呈“S”形弯曲，末端弯向内方。阳基侧叶稍短于中叶。弯管基半部呈弧形弯曲，末端较钝，开口于内方。

分布　西藏（聂拉木樟木 2 000 ~2 500 m）。

151. 匙叶食植瓢虫 *Epilachna grayi* Mulsant[2]（图版XXII－151，图 183）

体长 7.5 ~7.9 mm，体宽 6 mm。

虫体背面砖红色，被灰黄色的长绒毛，黑斑上的绒毛亦为灰黄色。头部仅复眼及上颚末端黑色。前胸背板上有一大型的黑色横斑。小盾片与基色相同。鞘翅上各有 6 个黑色斑点：1、5 两斑甚接近鞘缝，4 斑甚接近外缘，3 斑位于中线上，6 斑较近于外缘而较远于鞘缝。腹面黑色，前胸腹板及腹部末端色泽较浅，鞘翅缘折与基色相同，中央有分界不明显的黑斑。

虫体周缘近于心形，背面明显拱起，最宽处位于中部之前肩胛之后，后端收窄。前胸背板侧缘弧形，后缘两侧内弯，后角突出；鞘翅外缘仅线形隆起。后基线完整，后缘达第 1 腹板的 3/4。雄性第 5 腹板后缘较平直，第 6 腹板后缘弧形突出，中央稍内凹；雌性第 5 腹板后缘稍外突，第 6 腹板后缘有缺切。

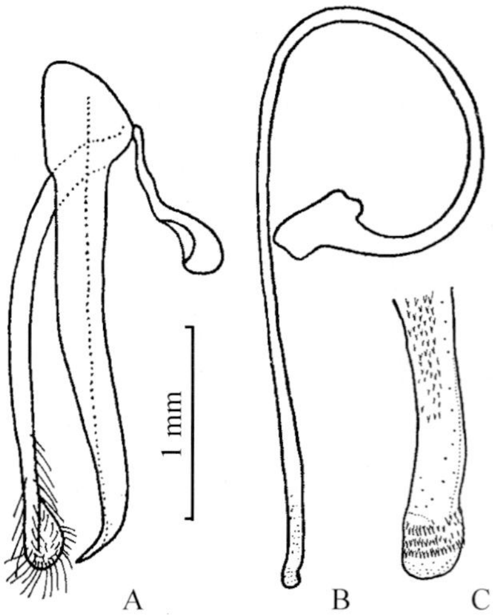

图 183　匙叶食植瓢虫（图自庞雄飞，1979）

A. 阳基侧面观　B. 弯管　C. 弯管端

雄性外生殖器形态特征见图 183。阳基的中叶细长，其基部较平直地伸出，至 1/2 稍向内弯，端部外弯，末端尖锐。侧叶与中叶几乎等长，细长，末端扩大呈匙状。弯管基半部成圆弧形弯曲，端半部平直，末端稍扩大，开口处的上方及其附近有刺状的毛片所覆盖。

分布　西藏（樟木口岸 1 700 ~2 200 m）。尼泊尔。孟加拉国。印度尼西亚（爪哇）。

152. 花斑食植瓢虫 *Epilachna mystica*（Mulsant）（图版XXII－152，图 184、185）

体长 5.2 ~6 mm，体宽 4 ~4.6 mm。

体短卵圆形，强烈拱起，密被白色细毛。头部棕色，复眼黑色。前胸背板红棕色，中央有倒三角形黑斑，两边各有 1 个小黑斑，有时褪去；有些个体前缘亦有黑色窄条纹。小盾片红棕色至黑色。鞘翅红棕色，鞘翅基缘、1/3 ~2/3 处及近端部处有 4 条黑色横带，近鞘缝处及近鞘翅外缘有两条黑色纵带，这些黑带相互连接成网状。浅色型的个体有些黑带断开，变成斑点（图 184A）。虫体腹面黑色，鞘翅缘折边缘黑色，缘折中间、前、中胸腹板及各足红棕色。雌虫第 5 腹板及以后各节红棕色，生殖片常常露出体外。雄虫第 5、6 腹板后缘轻微内凹；雌虫第 5 腹板后缘近于平截，第 6 腹板后缘圆形后突。

触角第 3 节很长，超过第 4 节的 2 倍，第 9、10 两节前外角向外扩展突出。上颚具有3个端齿，1个侧齿，基部外侧具有4根很粗的刚毛。后基线不完整，后缘超过第1腹板的一半，然后折向前外角。雄虫第5、6腹板后缘均内凹。前、中、后各足胫节末端都有刺距。跗爪分裂而无基齿。

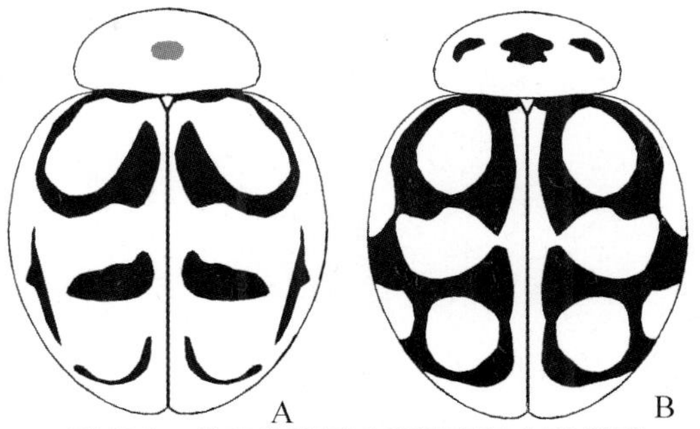

图184 花斑食植瓢虫斑纹变异主要类型
（图自 Kapur，1955）

雄性外生殖器形态特征见图185。弯管基部弧形弯曲，端半部较平直，端部外侧有开口。阳基基柱细长，基叶小；中叶基部2/3橄榄形，端部1/3匕首状，两侧缘近于平行，端部尖锐；侧叶细长，基部1/3处向外弯曲，以后平直；侧面观阳基中叶“S”形，基部粗，端部尖锐，侧叶端半部内缘及端部长有刚毛。

分布 西藏（吉隆热索2 300 m，聂拉木樟木2 200 m）。尼泊尔。印度。缅甸。

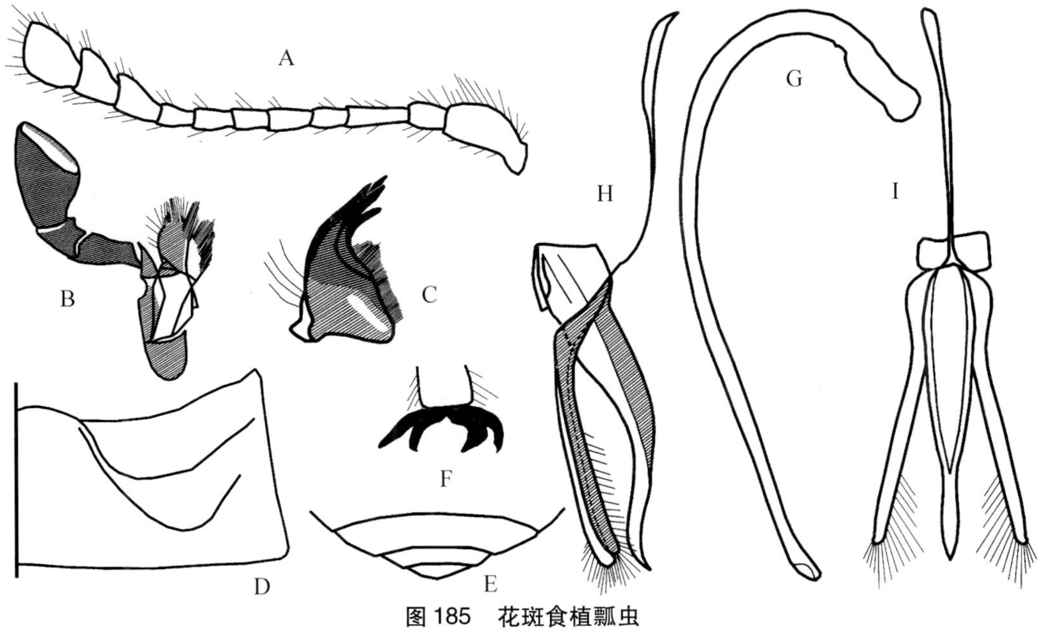

图185 花斑食植瓢虫
A. 触角 B. 下颚须 C. 上颚 D. 后基线 E. 雄虫第5、6腹板
F. 跗爪 G. 弯管 H. 阳基侧面观 I. 阳基正面观

153. 艾菊瓢虫 *Epilachna plicata* Weise[2]（图版XXII－153，图186）

体长5～5.5 mm，体宽3.5～3.9 mm。

虫体背面黄棕色。头部无黑斑。前胸背板上有一黑色的横斑；在浅色的个体中。黑斑可分割成7个不明显的小斑。小盾片与鞘翅的基色相同。鞘翅上的斑纹由5斑连接而成，1-2形成前缘弧形弯曲的横带，3及4斑均横置，或连成3-4的横带，5斑亦为横形，各横带均不连至鞘缝，成为各鞘翅上的独立横带。虫体腹面色浅，中胸腹板黑褐色。

虫体周缘长卵形，背面半圆形拱起。前胸背板前角钝圆，侧缘弧形，后缘内弯，后角明显突出。在鞘翅外缘近末端处有一条与鞘翅相平行的凹痕，构成本种特有的明显特征。后基线近于完整。雄性第 5 腹板后缘平截，第 6 腹板后缘中央有缺切；雌性第 5 腹板后缘稍呈弧形突出，第 6 腹板弧形突出。

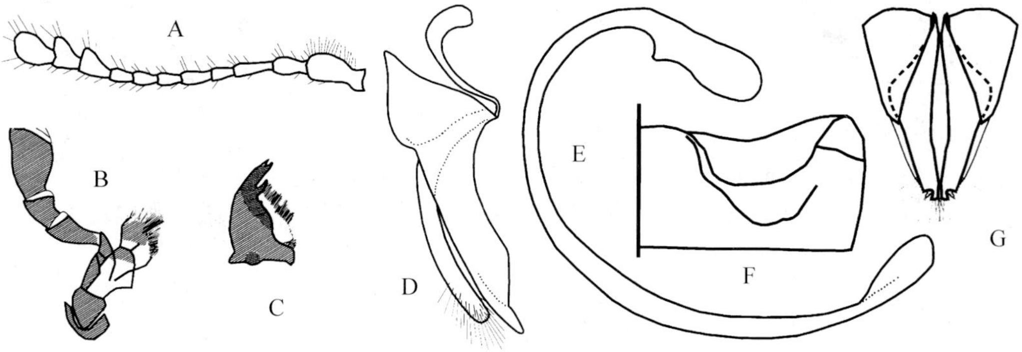

图 186　艾菊瓢虫（图自庞雄飞，1979）

A. 触角　B. 下颚须　C. 上颚　D. 阳基侧面观　E. 弯管　F. 后基线　G. 雌虫生殖片

雄性外生殖器形态特征见图 186。阳基中叶从侧面看，外缘稍成弧形，内缘略呈弧形外弯，至 3/4 处重新折向外方而构成末端的尖突；从正面看，两侧平行伸出，端部收窄，末端成尖突。侧叶稍短于中叶。弯管成弧形弯曲，末端钝，端部稍弯扭。

寄主　野艾 *Artemisia rubripes*。

分布　西藏（波密通麦 2 050 m），四川，甘肃（天水），陕西。

154. 九斑食植瓢虫 *Epilachna freyana* Beilawski[2]（图版XXII－154，图 187）

体长 4.3～4.7 mm，体宽 3.2～3.6 mm。

虫体背面红棕色。头部中央有一大型的黑斑；前胸背板中央黑色，周缘红棕色。小盾片与背面基色相同。鞘翅上各有 5 个黑色斑点，斑点较大，其中 1 斑在小盾片之后，紧接小盾片的侧缘及末端，且与另一鞘翅上相对应的斑点构成缝斑；2 斑位于肩胛上，接近鞘翅前缘，仅于肩角的边缘留有浅色的缝线；3 斑接近鞘缝，但鞘缝仍保留浅色的纵带；4 斑接近外缘，有时连至外缘，但不连至鞘翅缘折，有些个体 3 及 4 相连而成 3 + 4 的横斑；5 斑独立于鞘翅的端部。腹面黑色。前胸腹板及端部末端边缘色泽较浅；前胸背板缘折及鞘翅缘折

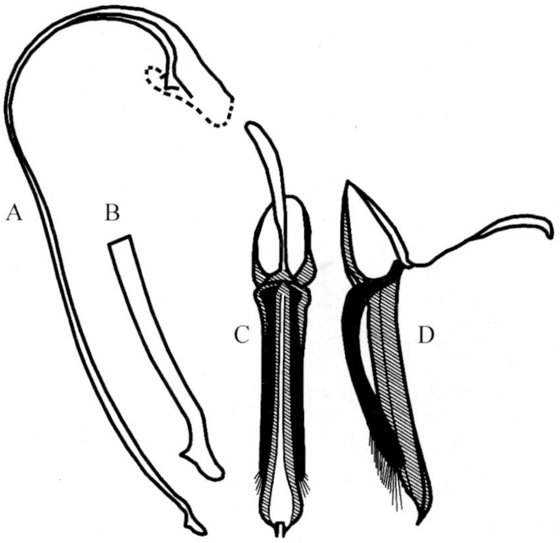

图 187　九斑食植瓢虫（仿任顺祥，2009）

A. 弯管　B. 弯管端　C. 阳基正面观　D. 阳基侧面观

浅色，无黑斑；足股节末端、胫节及跗节棕红色，股节的大部分黑色。

虫体周缘卵形，两侧缘近于平行，背面拱起，匀称。前胸背板侧缘直形，鞘翅末端稍向后平展。后基线完整，后缘达腹板的3/4，弧形前伸至腹板前缘。雄性第5腹板后缘略成弧形，第6腹板弧形突出；雌性第5腹板后缘弧形外突，第6腹板后缘亦为弧形外突。

雄性外生殖器形态特征见图187。阳基中叶呈圆筒形，从侧面看端部收窄而末端稍向外弯；从正面看中部稍收窄，端部锥形而末端中央纵裂。侧叶的长度相当于中叶的2/3。弯管基半部呈半圆形弯曲，端半部亦稍向内弯，弯管端的构造较特殊。

分布　四川（卧龙2 100～2 600 m，甘孜3 650 m，康定2 100 m，贡嘎山燕子沟3 340 m）。

155. 十一斑食植瓢虫 *Epilachna undecimspilota*（Hope）[2]（图版XXII－155，图188）

体长5.3～5.7 mm，体宽4.5～4.8 mm。

虫体背面棕红色至砖红色，毛被黄白色。前胸背板具有一个黑色的中斑。小盾片与基色相同。鞘翅上各有5个黑色斑纹，呈2－2－1排列，斑纹的大小常有变异，其中第3斑常常近于长方形，斜置。

虫体周缘长卵形，背面匀称地拱起。前胸背板侧缘弧形。后基线完整或近于完整。

据G. H. Dieke（1947）记述，Hope 1831年是根据采自尼泊尔的雌虫标本描述的本种。本种的上颚有一个侧齿。前胸背板具有一个深色斑。但到1947年，仍然没有人描述过本种的雄性外生殖器。也大概由于如此，对于这个种的描述到20世纪50年代都有一些混乱。Hope原来的描述是“栗红色，胸部边缘褐黄色，鞘翅具斑点……”Mulsant（1850）根据Hope的原模给出了较为详细的描述。Crotch（1874）对此提出质疑，并认为Hope的*E.* 11－*spilota*与Mulsant的*E. stephensii*是同种，他根据保存于大英博物馆的模式标本描述为：“椭圆形，黑色，头和腿红色，胸部两侧黄色，鞘翅暗红色，每个鞘翅具6个黑斑，其中两个在鞘缝上连合。”与Hope描述的颜色不同，可能是Mulsant看到的是原模标本，后来可能与另一种的标本混淆了。

1960年，印度的Rattan Lal. M. 解剖并描述了十一斑食植瓢虫的雄性外生殖器，其形态特征如图188。基片长方形，背面微凹；基柱基部细，逐步向端部扩大，端部膨大为球状。中叶分为两叶，像一对钳子在侧面覆盖住弯管，而不是沿着背中线或腹中线，每片中叶向端部缩尖，其内侧面微凹，端部斜直截断形，在背、腹两面形成钩状；侧叶指状，端部略膨大，端部1/3具长毛。弯管囊锤状，其外突端缘具不规则的突起；弯管端急剧内弯成勺状。

本种的中文名称，首先是庞雄飞等（1977）在“西藏自治区瓢虫记述——食植瓢虫亚科”中提出的，到1987年，庞雄飞仍然使用“十一斑食植瓢虫”这个中文名。但在1979年的《中国经济昆虫志 第十四册 瓢虫科（二）》中，庞雄飞等又将“*Epilachna hendecaspilota*（Mader）1927”称之为“十一斑食植瓢虫”。2009年任顺祥又在《中国瓢虫原色图鉴》中称“*E. dumerili* Mulsant 1850”为“十一星食植瓢虫”，而其生殖器照片就是本种。这就造成了两个不同的种同一个中文名称。根据“先用者保留”的原

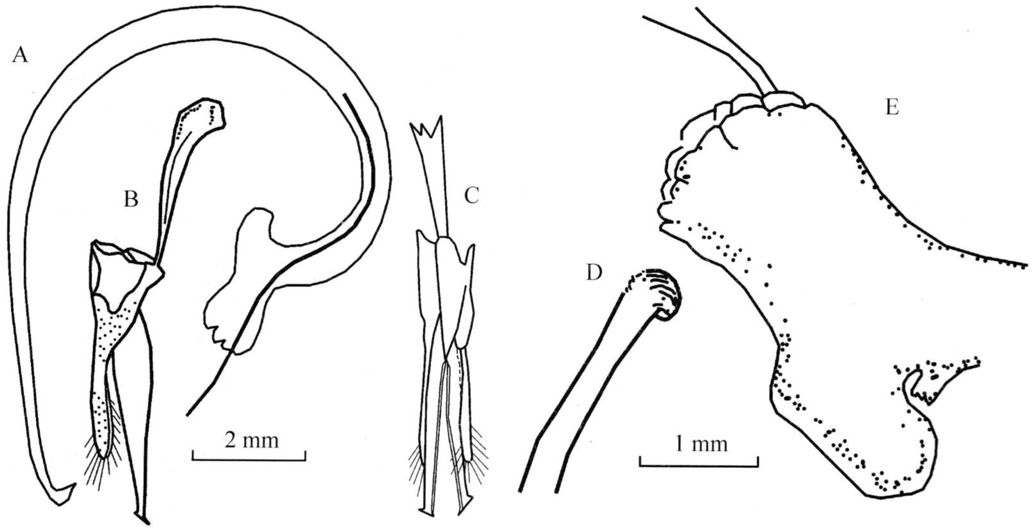

图 188　十一斑食植瓢虫（图自 Rattan Lal，M. 1960）

A. 弯管　B. 阳基侧面观　C. 阳基腹面观　D. 弯管端部　E. 弯管囊

则，我们建议本种继续使用“十一斑食植瓢虫”的中名，而 *E. hendecaspilota* 和 *E. dumerili*改用其他中名，至于是否有种间混淆，只能有待模式标本的检验。

本种与 *Epilachna hendecaspilota* 在外形、大小、斑纹上确实非常相似，特别是两者鞘翅斑纹均为圆点形的时候更为近似。但本种目前仅知分布于喜马拉雅山区，而后者分布于台湾；斯里兰卡，泰国，缅甸，越南，菲律宾，印度尼西亚，印度。除印度可能有两种的交叉分布外，其余分布地并不交叉。两者的雄外生殖器差异更大。

分布　西藏（樟木口岸 1 680 ~ 2 250 m）。尼泊尔。印度。孟加拉国北部。

156. 十二斑食植瓢虫 *Epilachna dodecaspilota* Hu & Wang，sp. nov.，新种（图版 XXII-156，图 189）

体长 6. 6 ~ 7. 1 mm，体宽 4. 1 ~ 4. 6 mm。

虫体长卵圆形，背面扁平地拱起，基色黑色，具黄斑，密被极短的黄白色绒毛。头部红褐色，基部具一黑色横带；复眼、上颚黑色，触角、下颚须黄褐色。前胸背板黄色，中央具一黑色大斑，起自前胸背板基缘，前缘止于背板 3/4 处，中央“V”形内凹，黑斑侧面中央向两侧延伸，达前胸背板侧缘。小盾片黑色。鞘翅基色黑色，肩角强烈突起；每一鞘翅具 6 个黄斑，呈 1 - 2 - 2 - 1 排列；小盾斑圆形，前缘达鞘翅基缘；2、3 斑近圆形，4、5 斑近方形，外斑不达鞘翅侧缘，内斑不达鞘缝；端斑近方形，离鞘翅侧缘、鞘缝更远一些。头部腹面、前胸腹板黄褐色，雄虫前胸腹板突和后足基节及周边黑色，雌虫前胸腹板突和前足基节黑色；中、后胸和腹部腹板黑色，后胸侧片和后侧片色较淡；鞘翅缘折黄褐色，不达翅端，外侧边缘黑褐色。足黄色至黄褐色，股节中间具黑斑，中、后足股节端部有 1 个刺距；跗爪黑褐色。雄虫第 5 腹板后缘中央略内凹，第 6 腹板后缘明显内凹；雌虫第 5、6 腹板后缘后凸。

虫体背面具极细密的刻点。触角 11 节，第 3 节最长，第 4 节最短小，第 9 ~ 11 节粗大，外前角向外扩展突出。上颚具 3 个端齿，一个粗大的侧齿。后基线不完整，广弧形弯曲，后缘伸达腹板的约 2/3 处，然后折向前方。虫体腹面刻点较粗大。中、后足胫节末端有粗的刺距；跗爪分裂，无基齿。

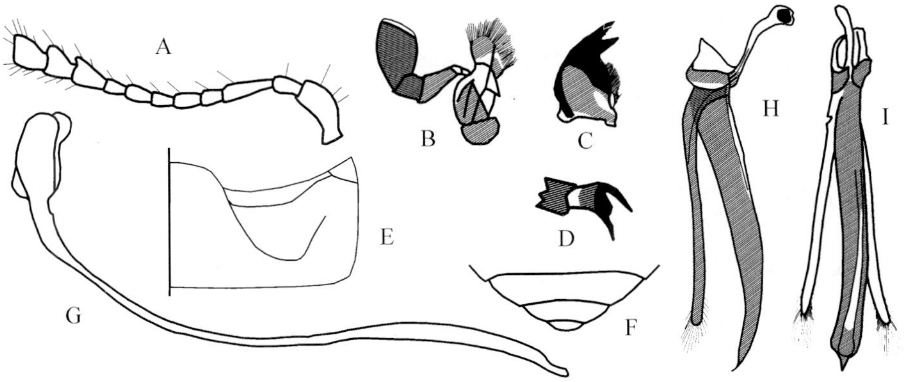

图 189 十二斑食植瓢虫

Fig. 189 *Epilachna dodecaspilota* Hu & Wang, sp. nov.

A. 触角（antenna） B. 下颚须（maxilla） C. 上颚（mandible）

D. 后足跗爪（tarsal claws of metapedes） E. 后基线（abdominal line）

F. 雄虫第 5、6 腹板（5 ~ 6 abdominal segment of male） G. 弯管（sipho）

H. 阳基侧面观（phallus, lateral view） I. 阳基正面观（phallus, ventral view）

雄性外生殖器形态特征见图 189。弯管细长，成广弧形弯曲，弯管囊膨大，中部细，近端部一段膨大，外弯，端部成一粗短的指状突。阳基侧面观，基柱很短，仅有中叶长度的 1/3，基片亦很短；中叶基部最厚，前 2/3 直形，端部 1/3 外弯，末端尖锐；侧叶细长，基部宽阔、内弯，中、后部直形。阳基正面观，中叶细长，侧叶仅及其长度的 6/7；从基部到近端部近于等宽，端部缢缩，形成尖锐的末端。

正模，♂，西藏鲁朗 3 000 m，2012 - Ⅷ - 27，王保海采。玻片标本编号 Na6。

配模，♀，西藏墨竹工卡县 3 900 m，1991 - Ⅹ - 10，李品华采。

副模，2♂ 1♀，采集时间、地点同配模；1♀，采集时间、地点同正模。

本种在外形上相似于十二斑巧瓢虫，不认真区分很容易混淆，但后者虫体背面无毛，触角短小，不及头的宽度，生殖器差异更大。

156. *Epilachna dodecaspilota* Hu & Wang, sp. nov., Plate, XXII-156, Fig. 189

Its body length is 6.6 ~ 7.1mm, and the width is 4.1 ~ 4.6mm.

The body is long ovoid, black, back arch gently, with yellow spot, covered by short yellowish white fuzz. Head is bronzing, and a black swath on basal part; compound eyes are black, antenna and labial palpus are yellowish-brown, and mandible is black. Pronotum is yellow, and a black spot on the center. The spot from basicosta to 3/4 of pronotum pit just like "V", and the center of this black spot lateral margin extends to pronotum lateral margin. Scutellum is black. Elytra are black with strongly raised humeral angle. There are 6 yellow spots on each elytra, arranged in 1-2-2-1. Scutellum spot is round, and the front margin arrives elytra basal margin. Both the 2nd and 3rd spot are round, the 4th and 5th are nearly square, outboard spot does not reach elytra lateral margin. Inboard spot does not reach the crack of elytra. End spot is nearly square, and far from elytra lateral margin and the crack of elytra. Head segmental venter and prostethium are yellowish-brown. Male prothorax sternum apophysis and hind legs coxa are black. Female prothorax sternum apophysis and fore legs coxa are black. All of mesothorax, metathorax and abdomen sternum are black, metathorax pleurun and epimeron are light. Elytra margin kink is yellowish-brown, and can not reach the wing end, lateral margin is black brown. Legs are yellow and yellowish-brown, with black spot on midst femur. There is a apical acantha on middle and hind legs femur. Claws are black brown. The 5th sternum of male hind margin center cups, and the hind margin of the 6th one is cupped obviously, the 5th and 6th sternum of female hind margin raise backwardly.

The punctuations on back are fine and close. Antenna consists of 11 segments. The 3rd segment of antenna is the longest, the 4th is the shortest and the 9th to 11th are thick, outer front angle extends. There are 3 incisor lobes and 1 molar lobe at mandible. Posteoxal line of the first abdominal segment is incomplete, and wide arc bending. Its hind margin reaches 2/3 of sternum, and then bends forward. The punctuations on venter are thick. There are thick apical spurs on middle and hind legs tibia, and tarsal claws are lobated. There are no basal odontoid.

Figure 189 shows the male genitalia. Sipho is thin and long, and with wide arches. Siphonal capsule swells, the midst is thin and near end swells. The sipho curves outside with a short and thick digitation on the end. In lateral view: the length of phallus pilum as 1/3 as middle lobe, basal lobe is short too. Base of middle lobe is thick. 2/3 front is straight the and curves outside that the end of 1/3. The end is sharp. Lateral lobe is thin and long, with base board and curves inside, and the middle and back part are straight. In ventral view: middle lobe is thin and long, and the lateral lobes are as 6/7 length as middle lobe. The breadth of basal part is the same as the end, and the terminal part constricts.

Holotype: male, Lu-lang (3000m), Tibet, 27, Ⅷ, 2012, collected by Wang Bao-hai, specimens slide number: Na6.

Allotype: female, Gong-ka county, Mo-zhu (3900m), Tibet, 10, Ⅹ, 1991, collected by Li Pin-hua.

Paratype: 2 male, 1female, Gong-ka county, Mo-zhu (3900m), Tibet, 10, X, 1991, collected by Li Pin-hua; 1female, Lu-lang (3000m), Tibet, 27, Ⅷ, 2012, collected by Wang Bao-hai.

This species external features are similar to *Oenopia bissexnotata* (Mulsant), but there is no hair on the latter back; antenna is short and narrow in head width. It is more different in genitalia.

157. 十三斑食植瓢虫 *Epilachna tridecimmaculosa* Pang & Mao[5](图版XXII－157，图190)

体长 5. 4 mm，体宽 3. 8 mm。

头部除复眼及上颚末端黑褐色外，其余部分红褐色。前胸背板中央有一梯形的黑斑，自后缘延达前缘，仅两侧黄色。小盾片黑色。鞘翅红褐色，在鞘缝上有3个黑斑，前斑位于小盾片之后，中斑约于鞘翅的2/3处，后斑甚小，位于端角上，此外，各鞘翅上还有5个黑斑，其中3个黑斑接近外缘，接近外缘的前面2个黑斑与外缘相连，靠后的黑斑稍离开外缘。腹面黑色，仅腹部末端色泽较浅；前胸背板缘折黄色，鞘翅缘折红褐色；足红褐色。

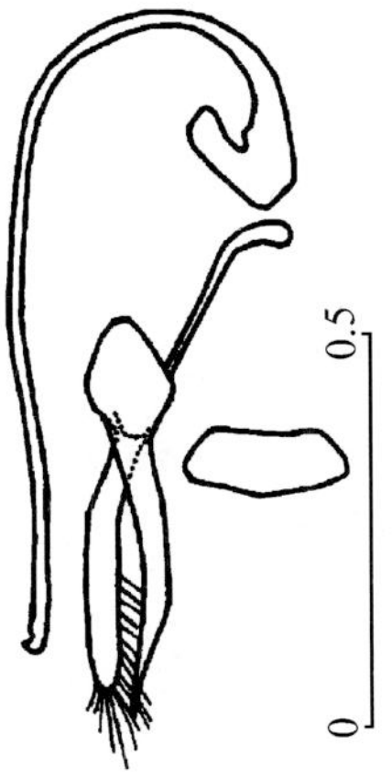

图190 十三斑食植瓢虫
（图自庞雄飞，1979）

虫体卵圆形，后部稍收窄。前胸背板于中线的两侧各有一近于圆形的凹隔，位于中部稍后处。头部及前胸背板上的刻点细密，鞘翅上粗疏与细密的刻点相间，背面被黄白色的较短的细毛，在黑斑上的毛亦为黄白色。腹面较拱突。雄性第5腹片后缘弧形后突，遮盖第6腹片，第6腹片后缘亦为弧形。后基线弧形，完整，后缘达腹板的3/4，末端伸达前缘。跗爪分裂而无基齿，内爪对生。

雄性外生殖器形态特征见图190。阳基中叶从侧面看基部较厚而末端尖锐，稍弯曲；侧叶稍短于中叶，着色较中叶为深。弯管基半部弧形弯曲，端半部较平直，开口于外方。

分布 西藏（聂拉木樟木1 680 ~2 250 m）。

本种与十一斑食植瓢虫 *E. undecimspilota*（Hope）相近似，但后者毛灰白色，且较长，前胸背板于中线的两侧中部稍后处无圆形的凹陷而易于与本种区别开来。

158. 十四斑食植瓢虫 *Epilachna marginicollis*（Hope）（图版XXII－158，图191）

体长12.2 ~14.1 mm，体宽8 ~10.3 mm。

虫体周缘长卵形，背面中度拱起，密被黄白色细毛。触角、上颚、下唇须黄褐色，上颚末端黑色。头部前半部黄褐色，复眼及复眼连线以后的头部后半部黑色。前胸背板黑色，前角及侧缘黄褐色，有时前胸背板前缘亦为黄褐色。小盾片黑色。鞘翅黑色，每鞘翅上有7个黄白色斑纹，呈1－3－2－1排列。除端斑为明显横置的椭圆形外，其余各斑均近圆形；1斑靠近鞘翅基缘，但不接触基缘，离鞘翅边缘远，离小盾片近；2斑位于鞘翅长度的近中间，最靠近鞘缝但不接触鞘缝，有时此斑为长椭圆形，斜置。虫体腹面黑色，足红褐色。

触角除基节外第3节最长，第9、10节前角向外扩展甚宽，第11节近方形，端缘平截。后基线近于完整，后部伸达第1腹板的2/3处。跗爪分裂，基部稍有些隆起。

雄性外生殖器形态特征见图191。弯管广弧形弯曲，末端外侧有一圆形开口；弯管囊与弯管基部同宽。阳基基柱宽阔；从正面观中叶梭形，中间大，两头尖，侧叶长棒状，略内弯，明显长于中叶，末端生有少量的短毛；从侧面观中叶尖刀状，基部2/3厚度基本相同，然后腹面急剧收缩，形成内弯的尖端。

寄主 葫芦科植物。

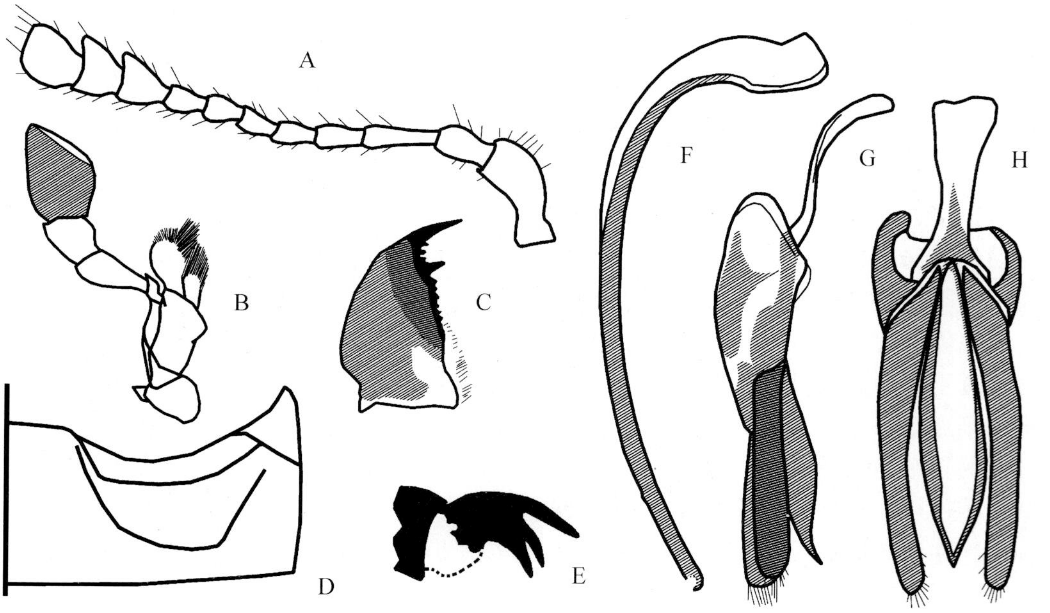

图 191　十四斑食植瓢虫

A. 触角　B. 下颚须　C. 上颚　D. 后基线　E. 后足跗爪　F. 弯管　G. 阳基侧面观　H. 阳基正面观

分布于我国的西藏（吉隆 2 500 ~ 2 800 m，亚东 2 700 ~ 2 900 m，樟木口岸 2 000 ~ 2 800 m）。尼泊尔。印度（锡金）。孟加拉国北部。缅甸。

在解剖观察的多头标本中，仅有 1 头标本的弯管囊与任顺祥等（2009）拍摄的相同，而且这头标本的触角第 9、10 节前角仅略微向外扩展，第 11 节为长椭圆形，但雄外生殖器的其他部分均一致。另外，成虫在鲜活的时候，虫体背面有鲜亮的蓝绿色闪光，但保存了一段时间后的标本，再也不会有这种闪光。

159. 索通食植瓢虫 *Epilachna suotongensis* Hu，sp. nov.，新种（图版XXIII－159，图 192）

体长 5 ~ 5.2 mm，体宽 3.8 ~ 4 mm。

虫体卵圆形，背面中度拱起，密被黄白色细毛。触角、上颚、下唇须深黄色，上颚末端黑色。头部全部为深黄色，或仅基缘为黑色。前胸背板黑色，侧缘从前角到后角有一倒三角形黄色斑，此斑与前胸背板的黑斑呈齿形交合，前胸背板侧缘的后半段具黑边。小盾片黑色。鞘翅黑色，每鞘翅上有 7 个黄白色斑点，呈 1 - 3 - 2 - 1 排列。除端斑为明显横置的椭圆形外，其余各斑均近圆形；1 斑靠近鞘翅基缘，但不接触基缘，离鞘翅边缘远，离小盾片近；2 斑位于鞘翅的中部之前，最靠近鞘缝但不接触鞘缝；5 斑位于近翅端 1/3 处，是最大的斑点。虫体腹面黑色，足红褐色。

触角基节最粗大，第 6 ~ 8 节最小，第 9、10 节外前角向外扩展明显，第 11 节近方形，端缘近于平截。上颚末端有 1 个大的端齿，顶端分三叉；两个侧齿。后基线近于完整，伸达靠近腹板后缘。跗爪分叉而无基齿，爪齿很长。

雄性外生殖器形态特征见图 192。弯管细长；弯管囊内突小，钩状；外突大，近长方形；弯管端外侧有一个小的缺口。阳基正面观基柱粗长，中叶长舌形，中间最宽，

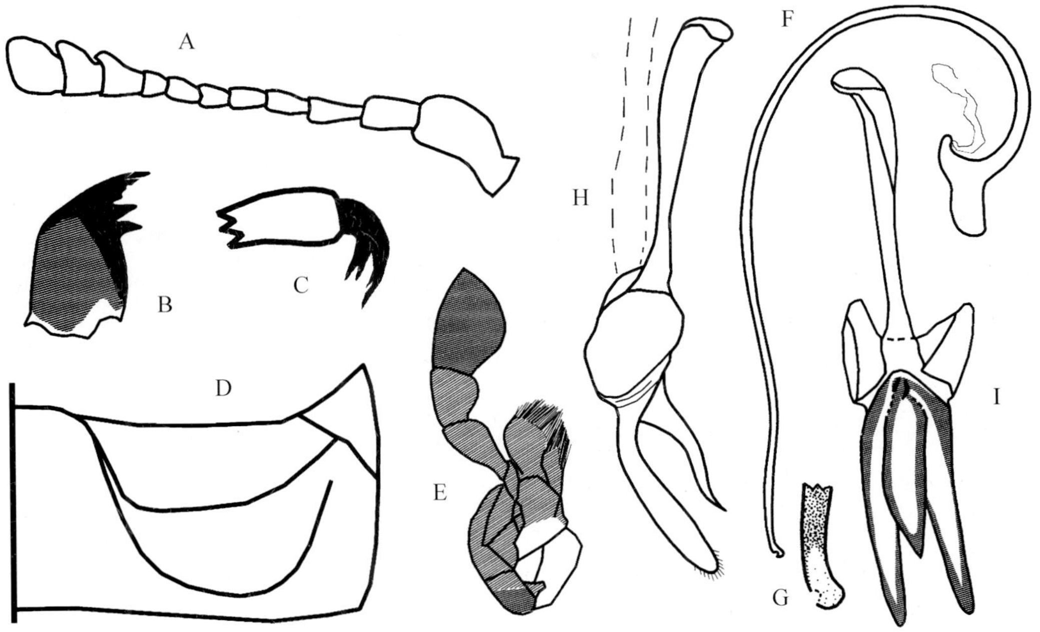

图 192　索通食植瓢虫

Fig. 192 *Epilachna suotongensis* Hu, sp. nov.

A. 触角（antenna）　B. 上颚（mandible）　C. 后足跗爪（tarsal claws of metapeds）
D. 后基线（abdominal line）　E. 下颚须（maxilla）　F. 弯管（sipho）　G. 弯管端（apex of siphon）
H. 阳基侧面观（phallus, lateral view）　I. 阳基正面观（phallus, ventral view）

端部尖细；侧叶基部宽大，逐步向端部收缩，形成尖细的端部。侧面观基片椭圆形，中叶呈“S”形，基部最宽大，逐步向端部收缩，形成尖锐的端部；侧叶基部弯曲，中后部呈直的棒状，端部基本上看不到刚毛。

正模♂，西藏波密古乡索通，2 700 m，1993. Ⅵ. 30，党卫东采。Na. 251。

配模♀，西藏波密古乡索通蔬菜地，2 700 m，1993. Ⅵ. 25，贺文利采。Na. 250。

副模 1♂，1♀，采集时间、地点同正模。

本种与十四斑食植瓢虫 *Epilachna marginicollis* Hope 在外形和斑纹上十分相似，但后者头部额区在复眼连线以后为黑色；鞘翅上的斑纹除 1、4 斑外，均比本种斑纹为小。雄虫外生殖器的形状更是完全不同。

159. *Epilachna suotongensis* Hu, sp. nov., Plate, XXIII-159, Fig. 192

Its body length is 5.0 ~ 5.2mm, and the width is 3.8 ~ 4.0mm.

The body is oval, and back arches upwardly, covered with dense yellowish white thin hair. All of antenna, mandible and labial palpus are deep yellow. Apex of mandible is black. Head is deep yellow, and there is black basal margin in some individuals. Pronotum is black, and there is black margin on the hind part of lateral edge. It is joint to black spot on pronotum that the inverted triangle yellow spot from lateral front angle to hind angle. Scutellum is black. Elytra is black. There are 7 yellowish white spots on each elytron, and are arranged in

1-3-2-1. The end spot is horizontal oblong, and others are nearly round. The 1st spot does near but not reach basal margin, and is also near to scutellum but far away from elytron margin. The 2nd spot is in the front of elytron midst, near but not reach gap of elytra. The 5th spot is the largest one, near the 1/3 of elytron end. The body venter is black. Legs are red brown.

Scape of antenna is the thickest, and the 6th to 8th segments are the smallest. The front outer angle of 9th to 10th segments extends obviously; the 11th segment is nearly square with truncation end margin. There are a large trifurcate molar lobe and 2 incisor lobes on the mandible. Posteoxal line of the first abdominal segment is nearly complete, and almost extending to the hind margin of the segment. There are no proxadentis on bifurcate tarsal claws. The claw tine is long.

Figure 192 shows the male genitalia. Sipho is slight, inner process of siphonal capsule is small and hook-like. The outer one is large and nearly rectangle. There is a little gap on the outside of the apex of sipho. In ventral view: base of phallus is thick and long. Middle lobe is long tongue like and with widest midst and sharp end. Base of lateral lobes is board, and narrow down to end. The apex of it is sharp and thin. In lateral view: base lobe is oval. Middle lobes are like "S". The basal part of middle lobe is the widest, and gradually narrowing until sharp end. Base of lateral lobe curves, middle and hind part are just like straight club. The chaeta is scarcely any on apex.

Holotype: male, Bomi Guxiang Suotong (2700m), Tibet, 30, Ⅵ, 1993, collected by Dang wei-dong.

Allotype: female, vegetable field of Bomi Guxiang Suotong (2700m), Tibet, 25, Ⅵ, 1993, He wen-li.

Paratype: 1 male, 1 female, Bomi Guxiang Suotong (2700m), Tibet, 30, Ⅵ, 1993, collected by Dang wei-dong.

This species external features are similar to *Epilachna marginicollis* (Hope), but the latters frons is in the back of compounds part black. Except the 1st and 4th spots on elytron, other spots are smaller than this species. The male genitalia is different obviously.

160. 雅鲁藏布食植瓢虫 *Epilachna yarlungzangbo* Yu[10]（图版XXIII－160，图193）

体长7.7 mm，体宽5.5 mm。

虫体周缘近于卵形，背面匀称地拱起。背面黄褐色。头部除复眼及上颚末端黑色外，其余为黄褐色；前胸背板黄白色，中央有1个大黑斑，不达前胸背板的前缘，呈"M"形，即中缘的前半黄褐色；小盾片黑色；每一鞘翅的四周黑色，中央有一黑色横带，横带中央连接不明显（左侧鞘翅）或断开（右侧鞘翅）。腹面棕色，但前胸腹板后缘、中胸腹板的周缘及前侧片、后胸的大部黑褐色或黑色，但后胸后侧片棕色；鞘翅缘折棕色，但外缘黑色；腹板黑色，第1～4腹板的两侧较浅，第5腹板仅中基部黑色；足棕色。复眼小，两眼距大于眼宽的3.5倍；上颚端齿3个，侧齿2个，上颚的近端部（背面）尚有很多小齿。

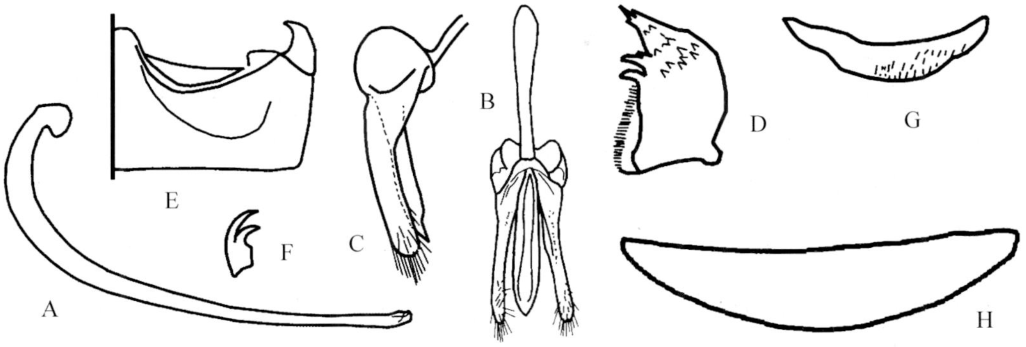

图 193 雅鲁藏布食植瓢虫（图自虞国跃，2004）

A. 弯管 B. 阳基正面观 C. 阳基侧面观 D. 上颚 E. 后基线 F. 爪 G. 第 6 腹板 H. 第 5 腹板

前胸背板侧缘稍弧形弯曲，刻点粗密均匀。鞘翅上的刻点细密，但其上散布粗大的刻点，甚大于前胸背板上的。鞘翅缘折无明显凹陷承受足股节末端。后基线不完整，约达第 1 腹板的 2/3，外缘弯向前方，消失于第 1 腹板的 1/3 处。第 5、6 腹板后缘均圆突。跗爪分裂，基部稍有些隆起。

雄性外生殖器形态特征见图 193。侧面观，阳基中叶的基部大部分厚度相似，端部收窄后向外弯，稍短于侧叶；腹面观，中叶基部稍窄，大部分几乎平行，端部逐渐收窄而成尖的末端，中叶开裂的中部有些小齿，但着生的位置与裂臀瓢虫属的相反，即侧面观时远离侧叶的一方。弯管较直，端部结构简单。

分布 西藏（墨脱 800 ~ 1 100 m）。

161. 五味子瓢虫 *Epilachna subacuta*（Dieke）[2]（图版XXIII – 160，图 194）

体长 6 ~ 7 mm，体宽 5.4 ~ 6 mm。

虫体背面红棕色。头部无黑斑。前胸背板中央有一与基缘相接的大形黑斑，两侧各有一个小形黑斑。小盾片浅色。鞘翅上的黑斑似由 6 个斑点所组成：1 及 2 斑并列；5 + 3 斑连成一个肾形斑；4 斑与鞘缝相连接，亦常与 3 斑相连，6 斑甚大。腹面主要为黑色，仅前胸腹板的侧面、中胸腹板的侧面、腹部腹板外缘、口器为浅色；足浅色，股节的中部色泽较深；鞘翅缘折的中部亦为黑色。

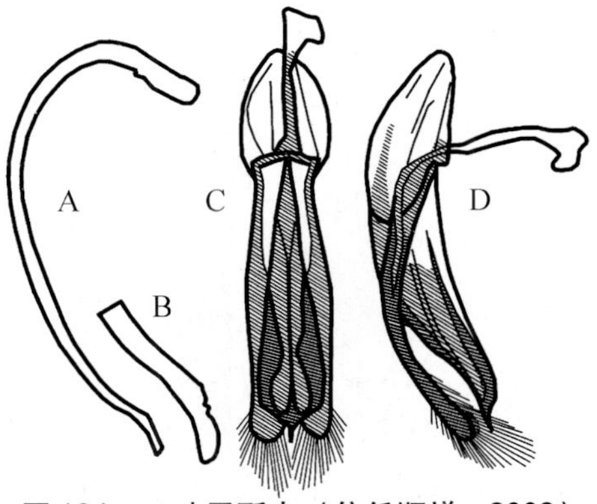

图 194 五味子瓢虫（仿任顺祥，2009）

A. 弯管 B. 弯管端

C. 阳基正面观 D. 阳基侧面观

虫体周缘近于圆形，半圆形拱起。前胸背板侧缘斜直，前角钝圆，基缘两侧直形，与鞘翅基缘紧密接合。后基线近于完整，其外缘末端仅及第 1 腹板的中部。雄性第 5 腹板弧形外突，第 6 腹板大部分被遮盖，第 6 腹板后缘有深缺切；雌性第 5 腹板亦弧形外突，第 6 腹板亦大部分被遮盖，但第 6 腹板后缘完整。

雄性外生殖器形态特征见图194。从侧面看阳基的基叶长卵圆形；阳基的中叶基部最厚，中部内弯且逐渐收窄，近端部处急剧收窄，形成尖锐的末端；侧叶细长，弧形弯曲，与中叶基本等长。从正面观中叶三角形，端部急剧弯曲，尖锐。弯管成弧形弯曲，末端构造特殊，稍向外弯。

寄主　五味子。

分布　四川（荥经泗坪1 100 m）。

162. 四川食植瓢虫 *Epilachna szechuana*（Dieke）[2]（图版XXIII-162，图195）

本种与五味子瓢虫 *E. subacuta*（Dieke）甚为近似，其外形、大小、体色及斑纹均难于区别。本种鞘翅端部的黑斑（6斑）近于圆形而前外角突出，而后者则近于方形；本种雄性第5腹板后缘近于平截，且于中央近后缘处有一狭窄的横置的凹陷，第6腹板后缘有一缺切；雌性第5腹板后缘亦近于平截，第6腹板后缘亦近于平截，且有一浅内凹。

本种的雄性外生殖器亦与五味子瓢虫甚近似，仅阳基的中叶两侧近于平行，直至端部收窄而形成尖锐的末端；而后者则自基部向后端渐宽，至端部收窄而成细小的末端；弯管亦甚相似，但本种的端部开口于内侧，后者则开口于外侧。两者的雌性外生殖器，特别是第10腹板的后缘有明显的区别。本种的第10背板后缘有深凹，而后者则较长而窄地伸出。

寄主　五味子。

分布　四川。

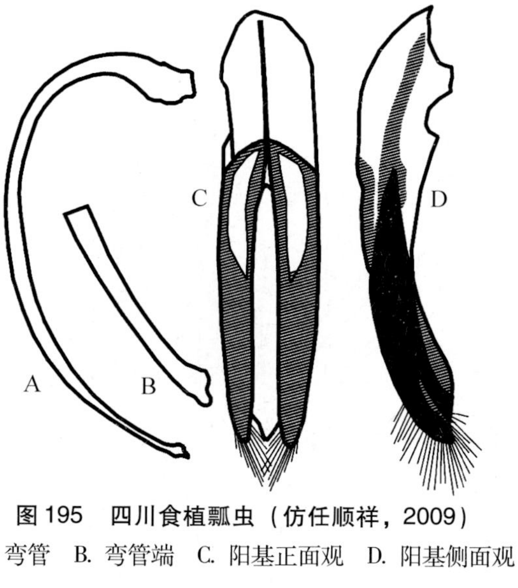

图195　四川食植瓢虫（仿任顺祥，2009）

A. 弯管　B. 弯管端　C. 阳基正面观　D. 阳基侧面观

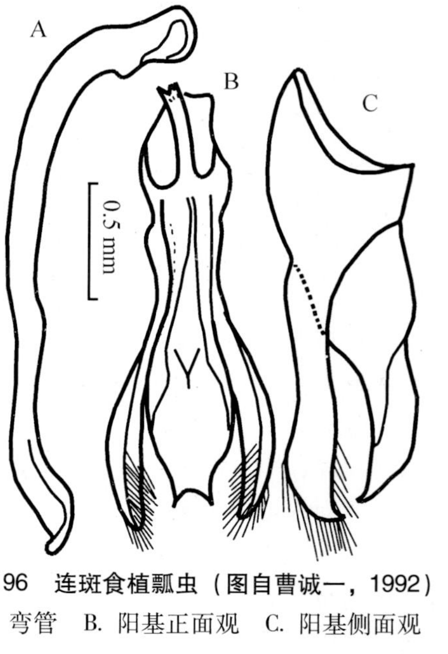

图196　连斑食植瓢虫（图自曹诚一，1992）

A. 弯管　B. 阳基正面观　C. 阳基侧面观

163. 连斑食植瓢虫 *Epilachna hauseri* Mader[4]（图版XXIII-163，图196）

体长7～8.2 mm，体宽6.4～6.7 mm。

虫体卵圆形，长略大于宽，背面黑色。头部黑色，前胸背板具一个大黑斑，仅前缘及侧缘为黄褐色。小盾片红褐色。体被黄白色柔毛。鞘翅基色红褐色，有大型黑斑在翅鞘的基部、中部及端部，连结成 3 条横带，与鞘缝相连，后横带不与鞘缝相连。斑纹常有变异，有时各斑独立，呈 1 –2 –2 排列；有时鞘翅上具 6 个红色斑点，第 1 个位于小盾片两侧，与鞘翅基缘相连。后胸腹板和腹部黑色，腹面其余部位色浅。

前胸背板明显窄于鞘翅基缘，中部之前最宽。后基线完整。雄性第 4 腹板后缘扩展为“V”形；第 5 腹板中部深凹，第 6 腹板中部有一分叉尖突；雌性第 5 腹板后缘略凹陷，第 6 腹板后缘亦凹陷。

雄性外生殖器形态特征见图 196。弯管粗短，内突不明显，基半部略呈弧形内弯，弯管端略向外弯，开口于外方。阳基粗壮，从侧面观，中叶基部厚而端半部渐薄；从正面观，中叶长舌形，基半部两侧近于平行，之后宽扩，距基部 3/5 处最宽，端缘深凹，端角尖锐。侧叶长于中叶。

分布　云南（蒙自、宾川鸡足山 1 800 m，大理 1 900 m，红河），四川（汶川映秀 800 ~1 200 m），贵州。

164. 眼斑食植瓢虫 *Epilachna ocellatae-maculata*（Mader）[2]（图版XXIII –164，图 197）

体长 4. 4 ~5. 4 mm，体宽 3. 5 ~4. 2 mm。

头部浅棕红色，无黑斑，复眼黑色。前胸背板浅棕红色，在中央之前有一横斑；在浅色的个体中，此横斑分割为中斑及两侧斑；在深色的个体中，此横斑扩大而仅留浅色的边缘及基缘。鞘翅上有 5 个黑色的斑点，呈 2 –2 –1 排列，与大多数具有 5 斑的类型的排列方式相似，但黑斑的外缘常有浅棕红色的环所围绕而成眼斑。腹面几乎全为黑色，浅色的个体前胸腹板及腹部浅色。口器及足浅色，股节上常有黑色的部分。

虫体周缘长卵形，背面拱起，中部最宽，被有密的浅灰色细毛，斑点上的细毛黑色。头部、前胸背板刻点细密，鞘翅刻点粗细混处，细刻点比前胸背板深，粗刻点深但稀疏分布。前胸背板横宽于长，呈横四边形，前缘浅弧形凹入，侧缘弧形，前角尖形。小盾片正三角形，较大。鞘翅肩角圆形，肩胛不明显。后基线近于完整，后缘伸达腹板的 4/5。雄性第 5 腹板后缘近于平截，第 6 腹板中央微凹；雌性第 5 腹板后缘平截，第 6 腹板后缘弧形外突。爪对裂，无基齿。

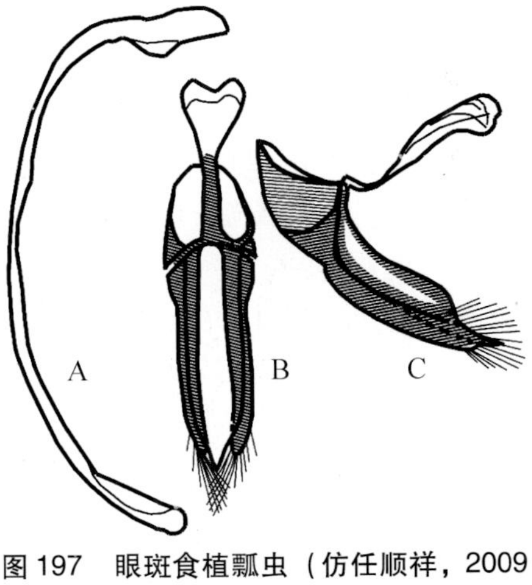

图 197　眼斑食植瓢虫（仿任顺祥，2009）

A. 弯管　B. 阳基正面观　C. 阳基侧面观

雄性外生殖器形态特征见图 197。阳基中叶从侧面看内缘呈双波状弯曲，并构成突出的端部；从正面看两侧近于平行，端部收窄，末端尖锐。侧叶稍短于中叶。弯管呈弧形弯曲，末端较钝，端部稍扭转。

寄主　野艾。

分布　云南（丽江2 750 m，小中甸3 200 m），四川（红原3 400 ~3 600 m，理县米亚罗2 800 m，汶川映秀900 m，卧龙1 200 ~2 800 m，康定2 100 ~2 600 m，泸定新兴1 900 ~2 100 m，贡嘎山燕子沟2 500 m），贵州。

165. 端尖食植瓢虫 *Epilachna quadricollis* (Dieke)[2]（图版XXIII－165，图198）

体长4.2 ~5.5 mm，体宽3.5 ~4.3 mm。

虫体背面红褐色。头部仅复眼及上颚末端黑色。前胸背板中央的两侧各有一个黑色大斑，此斑的内缘常相互平行，但一些个体中两者相互接近或连接，或黑斑缩小而在前胸背板上出现4个横列的黑斑。小盾片与基色相同。鞘翅上各有5个黑色斑点，2斑的前缘弯曲，围绕肩胛突起，1斑独立，或与另一鞘翅上相对应的斑点构成缝斑，位于小盾片末端之后，其他各斑均互相独立，不与外缘及鞘缝相接。腹面红褐色，一些个体中央部分色泽较深。

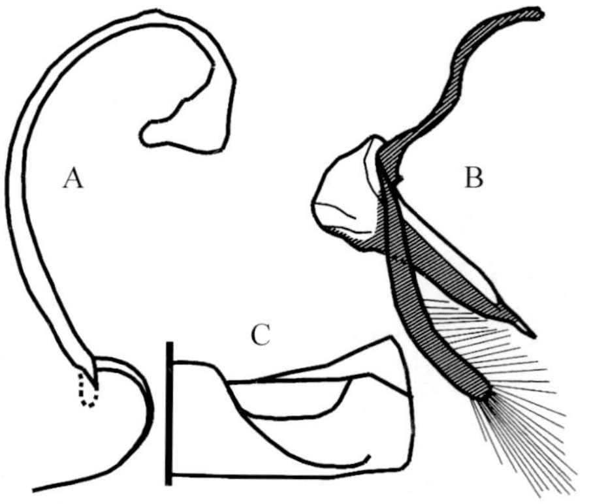

图198　端尖食植瓢虫（仿任顺祥，2009）

A. 弯管　B. 阳基侧面观　C. 后基线

虫体周缘近于卵圆形，背面拱起。前胸背板侧缘直线形，基缘自中线向两侧呈折线形。后基线近于完整，其外缘几乎与腹板的侧缘平行，末端不达第1腹板前缘，消失于距基部的1/2处。雄性第5腹板后缘近于平截而中央稍内凹，第6腹板中央内凹；雌性第5腹板后缘稍外突，第6腹板后缘外突。鞘翅缘折上有明显的下陷以承受中、后足股节末端。

雄性外生殖器形态特征见图198。阳基的中叶从侧面看外缘较平直，最厚处位于基部，向端部渐次减薄，内缘至端部明显外弯而形成尖锐的末端突出部分；从正面看两侧自基部向端部逐渐变宽，于端部急剧收窄，形成明显突出的末端。侧叶宽阔，较短于中叶。弯管基半部呈弧形弯曲，端半部较平直；弯管囊甚膨大，且无明显的外突；弯管端有一细长而呈螺旋形弯曲的附突。

寄主　白蜡树叶。

分布　四川（卧龙2 100 ~2 600 m），河北，山东，江苏，浙江，福建，广西。

166. 瓜茄瓢虫 *Epilachna admirabilis* Crotch[2]（图版XXIII－166，图199）

体长7.4 ~9 mm，体宽6.1 ~7.8 mm。

虫体背面棕色至棕红色。头部无黑斑或少数有一黑斑；前胸背板无黑斑或有一个黑色的中斑，或中斑甚大，几乎占有整个前胸背板，仅留浅色的前角；或中斑中央分离而成左右两斑。小盾片周边黑色，中央棕红色。鞘翅上有6个黑色斑点：1斑位于小盾片顶角之后，在鞘缝上与另一鞘翅上相对应的斑点构成缝斑，此斑常为最大的黑斑；5斑甚接近鞘缝，或与另一鞘翅上相对应的斑点构成缝斑；2斑位于肩胛上，扩大时与外缘相接；3斑位于中线上；4斑连接外缘，并连至鞘翅缘折上形成缘折上的黑斑；6

斑较近于外缘而较远于鞘缝。在深色的个体中，黑斑扩大，或连接成2 +1 +1′ +2′，4 + 3 +5 +5′ +3′ +4′两条横斑；在浅色的个体中，斑点缩小，常为不规则，或出现4 +3，或部分斑点消失。

虫体周缘近于心形，中部之前最宽，端部收窄。前胸背板侧缘弧形，基缘两侧内弯，后角突出。鞘翅侧缘线隆起。后基线近于完整，伸向前缘而不达前缘，其后缘达腹板的6/7 ~7/8。雄性第5腹板后缘平截而中央稍突出，第6腹板后缘中央有缺切；雌性第5腹板后缘广弧形内凹，第6腹板后缘弧形突出而中央亦有缺切。

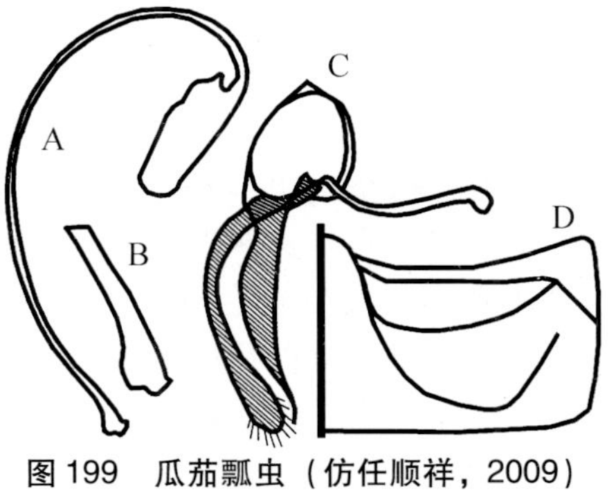

图199 瓜茄瓢虫（仿任顺祥，2009）
A. 弯管 B. 弯管端
C. 阳基侧面观 D. 后基线

雄性外生殖器形态特征见图199。阳基中叶从侧面看内缘平直伸出，外缘弧形，近中部之前最厚，端部逐渐减薄而形成尖锐的末端；从正面看两侧平行，端部锥形收细而成尖锐的末端。弯管基半部成半圆形弯曲；弯管端开口于外方，在开口处之前有带毛的唇状叶。

寄主 茄，龙葵，酸浆，苦瓜，南瓜，冬瓜。

分布 云南（沧源、永德、临沧、个旧、泸水），四川（卧龙1 900 m，泸定1 800 m），江苏，浙江，台湾。日本。缅甸。

167. 长管食植瓢虫 *Epilachna longissima*（Dieke）[2]（图版XXIII –167，图200）

体长6.5 ~7 mm，体宽5 ~5.6 mm。

虫体背面浅棕红色。前胸背板中央有一小黑斑。鞘翅上各有5个黑色斑点，呈2 –2 –1排列，其中1斑较3及5斑靠近鞘缝，但不与鞘缝连接；2斑位于肩胛的后外方；3斑接近4斑，4斑连接外缘；或连成3 +4的横带，自鞘翅外缘向内伸出，但不达鞘缝；5斑位于中线上。毛被浅灰色，但在黑斑上的毛亦为黑色。腹面除上颚末端及后胸腹板侧面黑色外，其余部分及足亦全为浅棕褐色。

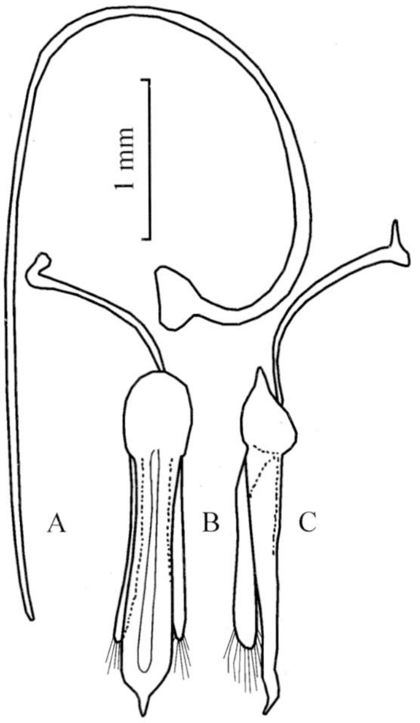

图200 长管食植瓢虫（图自庞雄飞，1979）

虫体周缘长卵形，背面半圆形拱起。前胸背板侧缘弧形，向前收窄。后基线近于完整，后缘达第1腹板的4/5。雄性第5腹板后缘近于平直或稍内凹，第6腹板后缘有明显的缺切；雌性第5腹板后缘弧形外突，第6腹板亦弧形外突。

雄性外生殖器形态特征见图200。阳基的

中叶细长，从侧面看基部最厚，外缘及内缘平直地伸出，向端部逐渐收窄，末端成稍弯曲的中突；从正面看两侧较平直地伸出，端部稍扩大后成锥形收窄，末端为一中突。侧叶短于中叶，其长度相当于中叶的5/7。弯管细长，基半部成圆形弯曲，端半部较平直。

分布　四川（汶川映秀1 600 ~ 1 780 m），台湾。

168. 钩管食植瓢虫 *Epilachna glochinosa* Pang et Mao[2]（图版XXIV – 168，图201）

体长7 ~ 7.5 mm，体宽6.1 ~ 6.5 mm。

虫体背面基色红褐色。头顶有一黑色斑点，或此斑扩及整个头部。前胸背板上有一黑色的中斑；或此中斑扩大而致前胸腹板黑色而仅留浅色的外缘。小盾片浅色，或色泽较基色深。鞘翅上有6个黑色斑点：其中1、5斑与另一鞘翅上相对应的斑点构成缝斑，1斑位于小盾片端角之后，紧接小盾片的端角，5斑位于鞘翅的1/2至2/3；4斑连至鞘翅外缘、且连至鞘翅缘折而成一黑斑；3、5斑亦常相互连接，6斑独立，或延至鞘翅末端。腹面后胸腹板黑色，中胸腹板亦有黑色的部分，一些个体黑色部分延及腹面的大部分。足浅色。

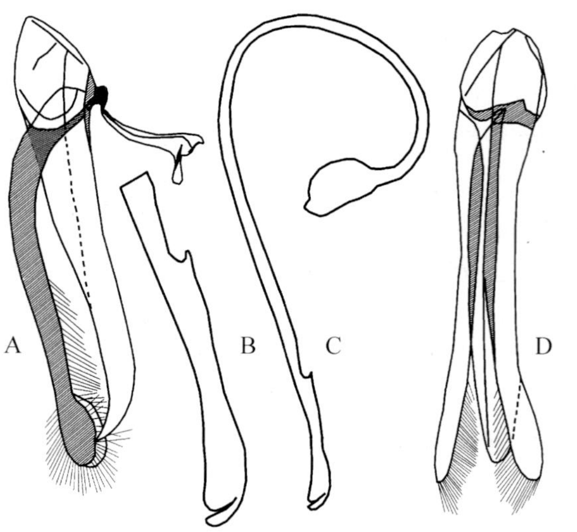

图201　钩管食植瓢虫（仿任顺祥，2009）

A. 阳基侧面观　B. 弯管端　C. 弯管　D. 阳基正面观

虫体周缘近于心形，背面拱起，最宽处近于中部之前、肩胛之后。前胸背板侧缘弧形，后缘两侧不内凹，但后角明显。鞘翅外缘约1/10向上翻起。鞘翅缘折上无明显的下陷，足股节可伸出于鞘翅外缘之外。雄性第5腹板后缘平截，第6腹板后缘弧形突出。

雄性外生殖器形态特征见图201。阳基的中叶较平直地伸出，向端部逐渐减薄，端部上弯，末端尖锐；侧叶稍长于中叶；弯管基半部呈圆弧形内弯，端半部较平直，端部稍做反向弯曲。弯管开口于外方，在开口处之前呈膜状突起，且着生细毛；在弯管距基部的4/5处收窄，而后于内方有一倒钩构成本种特有的特征。

寄主　荨麻、臭牡丹。

分布　云南（沧源、昌宁、金平、文山、西双版纳650 ~ 1 020 m），广西。

本种的雄性外生殖器阳基与大食植瓢虫 *E. maxima* 相似，但侧叶较长，其中弯管端部较特殊，特别是端部有倒钩，因而定名为钩管食植瓢虫 *E. glochinosa*。

169. 旋管食植瓢虫 *Epilachna spiraloides* Cao et Xiao[4]（图版XXIV－169，图202）

体长4.5 mm，体宽3.5 mm。

虫体背面红棕色，被黄色细毛。口器、触角黄褐色。前胸背板色较浅，呈黄褐色，上具1个黑色横斑，中部较宽，两侧较窄，斑点的后缘与背板后缘相连。小盾片红棕色。鞘翅上各具有6个黑色斑点：其中1、5斑与另一鞘翅上相对应的斑点构成缝斑，1斑位于小盾片后；2斑位于肩胛上，偏于肩胛前后与前缘和侧缘相连；3斑位于鞘翅1/2处的中线上，与4斑相连，4斑与鞘翅外缘相连；6斑位于鞘翅端角，远离鞘缝而与外缘相连；鞘翅外缘线黑色。前胸腹板及侧缘，中胸腹板黄褐色，后胸腹板黑色，腹部褐色，末端3节色较浅。鞘翅缘折黄褐色，外缘黑色。足黄褐色。

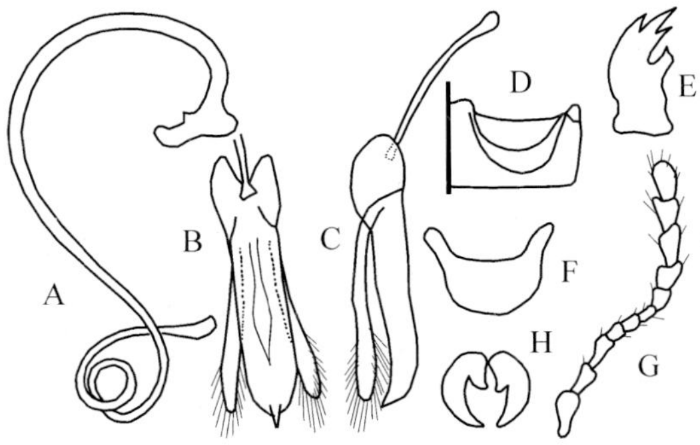

图202　旋管食植瓢虫（图自曹诚一，1992）
A. 弯管　B. 阳基正面　C. 阳基侧面观　D. 后基线
E. 上颚　F. 腹板　G. 触角　H. 跗爪

虫体长卵形，背面半圆形拱起。触角11节，末节端部钝圆。前胸背板侧缘弧形，中部最宽，前角钝圆，后角明显，基缘两侧直形。鞘翅外缘线形隆起。后基线完整，其后缘达腹板的2/3。雄性第5腹板后缘平截，第6腹板后缘弧形外突，端部微凹。

雄性外生殖器形态特征见图202。阳基从侧面看，中叶弧形内弯，端部形成钩状尖突，侧叶稍短于中叶；从正面看，中叶两侧近于平行，端部收窄，形成尖锐的末端。弯管囊内突长于外突。弯管基半部半圆形弯曲，端部卷曲720°，末端较粗。

分布　云南（沧源斑老电站1 010 m）。

170. 剑川食植瓢虫 *Epuachna jianchuanensis* Cao et Xiao[4]（图版XXIV－170，图203）

体长3.7 mm，体宽3 mm。

虫体背面黑色，被黄白色细毛。头部，口器，触角黄褐色。前胸背板黄褐色，上具一横置的大型黑斑。鞘翅上各具6个近圆形的黄褐色斑点，呈1－2－2－1排列：1斑与鞘翅的基缘相连，接近小盾片；2、3斑分别位于鞘翅1/3的内线，外线上；4、5斑分别位于鞘翅2/3的内线，外线上；6斑位于鞘翅端角，到侧缘与鞘缝的距离近相等。前胸腹板及侧缘黄褐色。中胸腹板黑色。腹部第1腹节黑

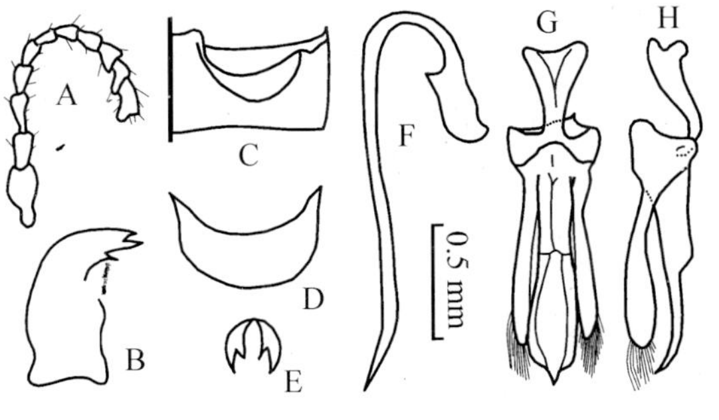

图203　剑川食植瓢虫（图自曹诚一，1984）
A. 触角　B. 上颚　C. 后基线　D. 腹部背面第8背板
E. 跗爪　F. 弯管　G. 阳基正面观　H. 阳基侧面观

色，其余各节褐色。鞘翅缘折黄褐色，前部颜色较浅，后部颜色较深。上颚末端黑色。

虫体卵圆形，背面拱起。触角 11 节。上颚末端黑色，端齿 3 个，侧齿 2 个。前胸背板侧缘弧形，前角钝圆，后角明显，基缘两侧平直，前足腿节露出于背板外。鞘翅中部最宽，鞘翅外缘线隆起。雄性第 5 腹板后缘平截，第 6 腹板后缘弧形外突。后基线完整，后缘伸达腹板的 1/2。跗爪分裂，无基齿。

雄性外生殖器形态特征见图 203。阳基中叶从正面看，两侧近于平行，末端急剧窄缩，形成尖锐的端部；从侧面看，中叶到中部急剧收窄，末端向外尖细，侧叶短于中叶。弯管囊外突长，内突短，端半部弧形弯曲，端部向外，较尖细。

分布　云南（剑川 2 800 m，永胜六德 2 400 m）。

本种与暗色食植瓢虫 *Epilachna lugubris* (Dieke) 外形相以，但鞘缝两侧中部的斑小于暗色食植瓢虫，且本种阳基中叶基半部厚而端半部甚薄，形状特殊；与茜草食植瓢虫 *Epilachna rubiacis* Cao et Xiao 的雄性外生殖器也有明显的区别。

171. 银莲花瓢虫 *Epilachna convexa* (Dieke)[2] （图版XXIV－171，图 204）

体长 8.4～10.3 mm，体宽 6.2～6.8 mm。

背面浅黄棕色。前胸背板中央有一与基缘相连接的大型黑斑。小盾片与基色相同。鞘翅上各有 5 个黑色斑点，呈 2－2－1 排列，其中 1 斑与 2 斑常部分相连，4 斑连至外缘。腹面基色与背面的相似，但后胸腹板黑色，腹板中部至基部色泽较深或为黑色；在深色的个体中，腹面的黑色部分向外扩大，甚至股节亦出现黑色的部分。上颚末端黑色。

体形较长，末端收窄，背面拱起，前胸背板侧缘后 4/5 直线形，前 1/5 弯向内方，前角钝圆；鞘翅肩胛之后向外斜直，然后向内弯。鞘翅在末端之前向外及向后平展，鞘翅的端角稍向上翻起。背面披黄色细毛，在黑斑上的细毛亦为黑色。后基线弧形，外缘仅达第 1 腹板之半。雄性第 6 腹板后缘甚突出而中央有一深缺切；雌性第 5 腹板后缘稍弧形外突，中央有一圆形的下陷，第 6 腹板有一深缺切，通过这个缺切第 7 腹节可显露出来。

雄性外生殖器形态特征见图 204。阳基粗厚，从侧面看中叶基部最厚，至中部稍外弯，端部为一宽大的开口，以致末端成缺口状；从正面看基部较窄，向端部增宽，端部开口，腹面成两叶，背面有深缺切，腹面较短于背面。侧叶与中叶等长。弯管成浅“S”形弯曲，末端较细。

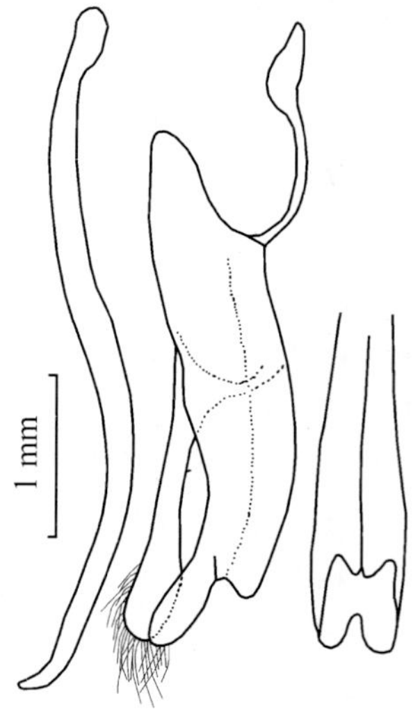

图 204　银莲花瓢虫
（图自庞雄飞，1979）

寄主　银莲花 *Anemone tomentosa*。

分布　四川（南平九寨沟 2 300 m，汶川映秀 900～1 000 m，卧龙 2 000 m），陕西。

龟瓢虫族 Epivertini

鞘翅外缘向外平展甚宽；鞘翅缘折宽阔，其外缘的2/3与腹面垂直，内缘的1/3与腹面平行，因而内外垂直屈折；无后基线。本族仅有一属，即龟瓢虫属。

龟瓢虫属 *Epiverta* Dieke，1947

虫体周缘近于圆形，背面中央拱起，鞘翅外缘向外平展甚宽；鞘翅缘折宽阔，其外缘与内缘成垂直屈折；无后基线。[2]

172. 龟瓢虫 *Epiverta chelonia*（Mader）[2]（图版XXIV－172，图205）

体长4.6～8.1 mm，体宽4.1～6.4 mm。

背面基色黑色，浅色部分红棕色至黄褐色，披灰黄色细毛，黑色部分上的细毛亦多为浅色。头部唇基、口器（除上颚外）及触角浅色。前胸背板前缘至前角浅色，或周缘亦为浅色。小盾片黑色。鞘翅上的黑色部分成不规则的条纹，典型的在每一鞘翅上围成13个浅色斑，其中在鞘翅末端的一个浅色斑构成缝斑；因而两鞘翅上有浅色斑25个。外方的浅色斑均延至外缘，且延至鞘翅缘折，在浅色斑的中央常出现深色的中心。在多数个体中，浅色斑扩大、相互接连而成不规则的花纹。腹面黑色，但前胸腹板缘折及鞘翅缘折与背面的浅色斑相对应的部分亦为浅色。足基节常为浅色，股节基部及端部浅色，中间黑色，胫节及跗节浅色。一些个体腹部末端亦出现浅色的部分。

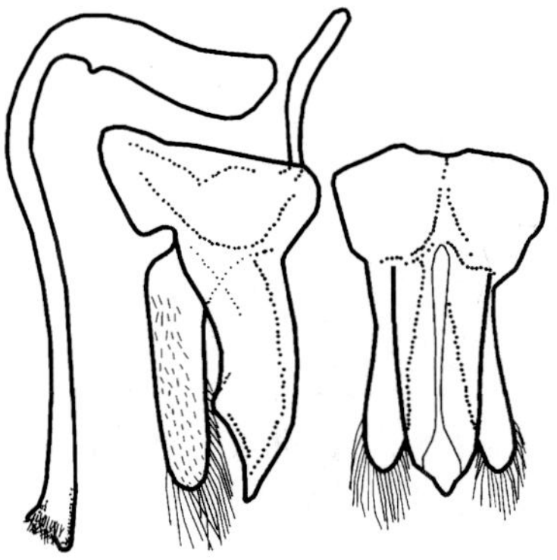

图205　龟瓢虫雄性外生殖器
（图自庞雄飞，1979）

虫体周缘近于圆形，背面的中央拱起，外缘向外平展甚宽，从外观上形似叶甲总科的龟甲，背面的花纹亦似龟纹。鞘翅缘折甚宽，鞘翅缘折外缘的2/3与腹面垂直，鞘翅缘折内缘的1/3与腹面齐平，因而其内外缘成直角形屈折。无后基线。

雄外生殖器形态如图205。阳基的中叶粗厚，侧面观内缘成弧形，外缘从基部起内弯，至2/3处成外突，而后内弯而构成尖锐的末端。

寄主　银莲花 *Anemone tomentosa*，艾 *Artemisia* sp.，草玉梅 *Anemone riveularis*。

分布　西藏（芒康海通3 250 m），四川（康定、理县、会理），云南（丽江）。

中文名索引

二画

三画

四画

五画

六画

七画

八画

九画

十画

十一画

十二画

十三画

十四画

十五画

十六画

拉丁学名索引

E

N

O

P

参考文献

[1]刘崇乐．中国经济昆虫志·第5册·瓢虫科(一)[M]．北京:科学出版社,1963:101.

[2]庞雄飞,毛金龙．中国经济昆虫志·第14册·瓢虫科(二)[M]．北京:科学出版社,1979:170.

[3]庞雄飞．西藏农业病虫及杂草·鞘翅目:瓢虫科[M]．拉萨:西藏人民出版社,1987:227－231.

[4]曹诚一,潘勇智,王红．云南瓢虫志[M]．昆明:云南科技出版社,1992:242.

[5]庞雄飞,毛金龙．西藏自治区瓢虫记述·食植瓢虫亚科[J]．昆虫学报,1977,20(3):323－328.

[6]庞雄飞,毛金龙．我国瓢虫亚科昆虫名录[J]．昆虫天敌,1980(2):32－39.

[7]经希立．横断山区昆虫·鞘翅目:瓢虫科[M]．北京:科学出版社,1992:541－573.

[8]任顺祥,王兴民,庞虹,等．中国瓢虫原色图鉴[M]．北京:科学出版社,2009:336.

[9]虞国跃．中国瓢虫亚科图志[M]．北京:化学工业出版社,2010:180.

[10]虞国跃．西藏雅鲁藏布大峡谷昆虫·鞘翅目:瓢虫科[M]．北京:中国科学技术出版社,2004:60－67.

[11]李鸿兴．西藏昆虫·鞘翅目:瓢虫科[M]．北京:科学出版社,1981:397－402.

[12]经希立．西藏南迦巴瓦峰地区昆虫(鞘翅目:瓢虫科)[M]．北京:科学出版社,1988:281－288.

[13]庞雄飞,毛金龙．中国的瓢虫属(瓢虫科)[J]．昆虫天敌,1979(1)(试刊):1－12.

[14]曹诚一,肖宁年．瓢虫科中国新记录种[J]．昆虫分类学报,1985,7(4):345－346.

[15]经希立．弯角瓢虫属一新种记述[J]．昆虫学报,1986,29(1):73－74.

[16]经希立．小巧瓢虫属及三新种记述(鞘翅目:瓢虫科)[J]．昆虫学报,1986,29(2):203－207.

[17]庞虹．六斑月瓢虫的色斑变异[J]．昆虫天敌,1990,12(2):82－84.

[18]经希立．黄壮瓢虫属新种(鞘翅目:瓢虫科)[J]．动物分类学报,1987,12(3):301－302.

[19]经希立．小巧瓢虫属一新种及中国二新纪录(鞘翅目:瓢虫科)[J]．动物分类学报,1987,12(4):413－414。

[20]经希立．突角瓢虫属二新种记述(鞘翅目:瓢虫科)[J]．动物分类学报,1986,11(2):205－208.

[21]经希立．兼食瓢虫属一新种及一新纪录(鞘翅目:瓢虫科)[J]．动物分类学报，1985,10(4):424-426.
[22]经希立．我国瓢虫亚科四种新纪录[J]．动物分类学报,1985,10(4):426.
[23]经希立．中国素菌瓢虫属简记(鞘翅目:瓢虫科)[J]．动物分类学报,1986,11(3):334-336.
[24]经希立．星盘瓢虫属一新种(鞘翅目:瓢虫科)[J]．动物分类学报,1986,11(3):307-309.
[25]经希立．黑中齿瓢虫——中国新纪录[J]．昆虫分类学报,1987,9(1):16.
[26]经希立．黄菌瓢虫属记述(鞘翅目:瓢虫科)[J]．昆虫学报,1987,30(2):201-202.
[27]经希立．锯毛腹瓢虫——中国新纪录[J]．昆虫分类学报,1987,9(3):226。
[28]虞国跃．瓢虫瓢虫[M]．北京:化学工业出版社,2008:1-195.
[29]虞国跃,庞雄飞．毛瓢虫属 *Scymnus* Kugelann(瓢虫科:小毛瓢虫族)[M]//全国瓢虫学术讨论会论文集．上海:上海科学技术出版社,1991:76-191
[30]虞国跃．台湾瓢虫图鉴[M]．北京:化学工业出版社,2011:1-198
[31]虞国跃,姚德富,刘后平．铁杉上的瓢虫种类研究[J]．林业科学,1997,33(5):432-440.
[32]王红,曹诚一．小崎齿瓢虫属一新种(鞘翅目:瓢虫科)[J]．昆虫分类学报,1992,14(3):203-205.
[33]庞雄飞．和谐瓢虫属一些种名的订正[J]．昆虫天敌,1984,6(3):145-149.
[34]曹诚一,肖宁年．云南瓢虫科新种记述[J]．昆虫分类学报,1984,6(2-3):109-132.
[35]曹诚一．长崎齿瓢虫属种类及地理分布的研究[J]．西南林学院学报,1989,9(2):162-169.
[36]曹诚一．云南食植瓢虫族的分类与分布[J]．西南林学院学报 10(2):192-202.
[37]蒲天胜．广西经济昆虫图册·瓢虫科[M]．南宁:广西科学技术出版社,1990:66-100.
[38]蔡振声．青海经济昆虫志:瓢虫科[M]．西宁:青海人民出版社,1994:97-106.
[39]DIEKE G H. Ladybeetles of the genus Epilachna (sens. lat.) in Asia, Europe and Australia. Smithson. mise. Coll. 1947,106(15):1-83,27 pls.
[40]IABLOKOFF - KHNZORIAN S M. Les Coccinelles Coleopteres - Coccinellidae Tribu Coccinellini des regions Palearctique et Orientale. Paris:Boubee. 1982,568.
[41]KAPUR A P. Coccinellidae of Nepal Rec. Indian Mus. 1955,53:309-338.
[42]KAPUR A P. Variation in the colour - pattern of certain Bull. nat. Inst. Sci. India. 1957(9):269-273.
[43]KAPUR A P. Geographical variation in the colour patterns of some India ladybeetles(Coccinellidae, Coleoptera) Part I, Coccinella septempuncata and Coelophora bissellata Muls. PRO. All - India Con. Zool. (1959) Part 2 Sci. Paper. 1959,479-492.
[44]KAPUR A P. The Coccinellidae of the third Mount Everest Expedition,1924 (Coleoptera).

Bull. Brit. Mus. (Nat. Hist.), Ent. 1963, 14:1 -48.

[45] KAPUR A P. On the Old World species of the genus *Stethorus* Weise. Bull. ent. Res. 1948, 39:297 -320.

[46] KAPUR A P. A revision of the tribe Aspidimerini Weise (Coleoptera - Coccinellidae). Trans. R. ent. Soc. Lond. 1948, 99:77 -128, pl. 1.

[47] LI C S, E E Cook. The Epilachninae of Taiwan (Col. :Coccinellidae.). Pacif. Ins. 1961, 3:31 -91.

[48] PANG X F. , ROBERT D. Gordon The scymnini (Coleoptera: Coccinellidae) of China The Coleopterists. 1986, 40(2):157 -199.

[49] SASAJI H. Fauna Japonica: Coccinellidae (Insecta: Coleoptera). Tokyo, Academic Press of Japan. 1971, 340.

[50] SASAJI H. A new species of the genus *Monocoryna* (Coleoptera, Coccinellidae) from Thailand, with notes on the phylogenetic position and the distribution of the the genus. 日本生物地理學會會報. 1989, 44:117 -121.

[51] SASAJI H. Supplementary Descriptions of the Coccinellid larvae of Japan (Coleoptera) The memoirs of the faculty of education, Fukui university series Ⅱ (Naturai Science). 1983, 32:33 -66.

[52] SASAJI H. Reproductive continuity and genetic Relationships in the forms of the genus Menochilus (Coleoptera: Coccinellidae) The memoirs of the faculty of education, Fukui university series Ⅱ (Naturai Science). 1979, 29:1 -18.

[53] YU G Y. Cladistic analyses of the Coccinellidae (Coleoptera). Entomologia Sinica. 1994, 1(1):17 -30.

[54] YU G Y. The Chinese species of Diomus Mulsant (Coleoptera: Coccinellidae). Entomotaxonomia. 1996, 18(4):276 -282.

[55] YU G Y. Notes on the genus Alloneda Iablokoff - Khnzorian with description of a new species (Coleoptera, Coccinellidae). Zoological Studies. 1998, 37(4):282 -285.

[56] YU G Y, LAU C S K. A contribution to knowledge of the ladybirds of Hong Kong, with descriptions of three new species (Coleoptera: Coccinellidae). Memoirs of the Hong Kong Natural History Society. 2000, 24:147 -179.